Patrik Vogt

Werbeaufgaben im Physikunterricht

VIEWEG+TEUBNER RESEARCH

Patrik Vogt

Werbeaufgaben im Physikunterricht

Motivations- und Lernwirksamkeit
authentischer Texte

VIEWEG+TEUBNER RESEARCH

Bibliografische Information der Deutschen Nationalbibliothek
Die Deutsche Nationalbibliothek verzeichnet diese Publikation in der
Deutschen Nationalbibliografie; detaillierte bibliografische Daten sind im Internet über
<http://dnb.d-nb.de> abrufbar.

Dissertation Universität Koblenz-Landau, Campus Landau, 2010 u. d. T.:
Vogt, Patrik: „Werbeaufgaben" in Physik: Motivations- und Lernwirksamkeit authentischer
Texte, untersucht am Beispiel von Werbeanzeigen

1. Auflage 2010

Alle Rechte vorbehalten
© Vieweg+Teubner Verlag | Springer Fachmedien Wiesbaden GmbH 2010

Lektorat: Ute Wrasmann | Anita Wilke

Vieweg+Teubner Verlag ist eine Marke von Springer Fachmedien.
Springer Fachmedien ist Teil der Fachverlagsgruppe Springer Science+Business Media.
www.viewegteubner.de

Das Werk einschließlich aller seiner Teile ist urheberrechtlich geschützt. Jede Verwertung außerhalb der engen Grenzen des Urheberrechtsgesetzes ist ohne Zustimmung des Verlags unzulässig und strafbar. Das gilt insbesondere für Vervielfältigungen, Übersetzungen, Mikroverfilmungen und die Einspeicherung und Verarbeitung in elektronischen Systemen.

Die Wiedergabe von Gebrauchsnamen, Handelsnamen, Warenbezeichnungen usw. in diesem Werk berechtigt auch ohne besondere Kennzeichnung nicht zu der Annahme, dass solche Namen im Sinne der Warenzeichen- und Markenschutz-Gesetzgebung als frei zu betrachten wären und daher von jedermann benutzt werden dürften.

Umschlaggestaltung: KünkelLopka Medienentwicklung, Heidelberg
Gedruckt auf säurefreiem und chlorfrei gebleichtem Papier.
Printed in Germany

ISBN 978-3-8348-1285-8

Meiner Familie

Vorwort

Um die bekannte Problematik des „trägen Wissens" zu lösen, wird von Seiten der Naturwissenschaftsdidaktik seit langem der Weg des kontextorientierten Unterrichts propagiert. Dem entspricht von Seiten der empirischen Pädagogik die Theorie des Situierten Lernens, welche davon ausgeht, dass Lernen nicht isoliert erfolgt, sondern stets in einem sozialen und inhaltlichen Kontext, welcher zu einem impliziten Bestandteil des Lerninhalts wird (Schnotz, 2006). Da das erworbene Wissen mit den sozialen und inhaltlichen Erfahrungen verbunden bleibt, lässt sich die Schlussfolgerung ziehen, dass es neben einem wohl organisierten, sachsystematischen Wissenserwerb von Anfang an einer Nutzung des erworbenen Wissens in lebensnahen, sozialen und problemorientierten Kontexten bedarf (Weinert, 1998). Unterricht ist also so zu gestalten, dass sowohl eine systematische Entwicklung der Begrifflichkeit als auch eine Anbindung an die Lebenswelt der Schülerinnen und Schüler möglich ist (Häußler et al., 1998). Reinmann-Rothmeier & Mandel (2001) empfehlen in diesem Zusammenhang, an den Ausgangspunkt des Lernens authentische Probleme zu stellen, die aufgrund ihres Realitätsgehalts und ihrer Relevanz dazu motivieren, neues Wissen oder Fertigkeiten zu erwerben.

Durch die Entwicklung von „Werbeaufgaben", gemeint sind Aufgaben zu Werbetexten, und der Untersuchung ihrer Effektivität im Physikunterricht der Sekundarstufe I hatte das hier beschriebene Forschungsvorhaben das Ziel, die o. g. Vorstellungen zugleich praxisnah zu verwirklichen und empirisch zu prüfen. Dabei wurde auf einen der führenden Ansätze des Situierten Lernens, den Anchored-Instruction-Ansatz (AI-Ansatz) sowie auf dessen Modifizierung (MAI-Ansatz) zurückgegriffen.

Bei der Arbeit am vorliegenden Buch, welches ich im November 2009 im Fachbereich Natur- und Umweltwissenschaften der Universität Koblenz-Landau, Campus Landau, als Dissertationsschrift eingereicht habe, wurde ich in vielfältiger Weise unterstützt. Mein uneingeschränkter Dank gilt meinem Doktorvater Prof. Dr. Andreas Müller, insbesondere für die stete und engagierte Betreuung bei der Planung und Realisierung des Forschungsvorhabens, aber auch für die mittlerweile zehn Jahre andauernde gute Zusammenarbeit sowie dafür, mein Interesse für die Physik und deren Didaktik frühzeitig erkannt und stets gefördert zu haben. Weiteren Dank schulde ich PD Dr. Jochen Kuhn, auf dessen umfangreichen Arbeiten ich aufbauen konnte und der mir ebenfalls stets beratend zur Seite stand. Ferner danke ich Prof. Dr. Wieland Müller für die durchgängige Beratung und die Bereitschaft, die Dissertationsschrift zu begutachten. Herzlich bedanken möchte ich mich außerdem bei Dr. Thomas Poth für einen intensiven Austausch und zahlreiche anregende Diskussionen über einzelne Aspekte des Forschungsprojekts, aber auch zu allgemeinen unterrichtspraktischen sowie physikdidaktischen Fragestellungen, was mich auch in meiner Tätigkeit als Physiklehrer voranbrachte. Weiteren Dank schulde ich den bei den Feldstudien beteiligten Lehrkräften Marion Keller, Helena Ernst, Deborah Herrmann, Margrit Scholl sowie Jochen Scheid wie auch deren Schülerinnen und Schülern, ohne die das Projekt nicht zu realisieren gewesen wäre. Ebenfalls bedanken möchte ich mich bei meinem Schulleiter Realschulrektor Herrmann Wolters dafür, dass er während meiner Teilabordnung an die Universität Koblenz-Landau das an der Realschule Kandel verbleibende Restdeputat stets auf einen Wochentag gelegt hat und mir dadurch ermöglichte, mich an vier Wochentagen ausschließlich auf meine universitären Aufgaben zu konzentrieren. Den Verantwortlichen des Landes Rheinland-Pfalz, der Universität Koblenz-Landau sowie der Graduiertenschule „Unterrichtsprozesse", stellvertretend seien deren Leiter Prof. Dr. Wolfgang Schnotz und deren Geschäftsführerin Dr. Heidrun Ludwig genannt, danke ich für die finanzielle Unterstützung des Forschungsvorhabens wie auch für die Bereitstellung der hierzu notwendigen Infrastruktur. Dem Vieweg+Teubner Verlag danke ich für die Bereitschaft, meine Arbeit zu veröffentlichen, Frau Anita Wilke für die reibungsfreie Zussamenarbeit und die Hilfestellungen bei der Formatierung des Manuskripts. Nicht zuletzt gilt mein ganz persönlicher Dank den wichtigsten Menschen meines Lebens, meiner Familie: allen voran meinen Eltern, die mir durch die finanzielle und moralische Unterstützung meines Studiums eine wissenschaftliche Tätigkeit ermöglicht haben, speziell meinem Vater für die Durchsicht des Manuskripts, aber auch meiner Frau und meinen Kindern für deren Geduld, Beistand und Toleranz dafür, dass das Familienleben während des Promotionsstudiums oftmals hintenanstehen musste.

Landau-Arzheim, Mai 2010 Patrik Vogt

Inhaltsverzeichnis

Vorwort vii

Abbildungsverzeichnis xiii

Tabellenverzeichnis xvii

Abkürzungen/Variablen xxiii

1 Einleitung und Aufbau der Arbeit 1

2 Modified-Anchored-Instruction: Ein Forschungs- und Interventionsprogramm 5
   2.1 Ausgangspunkt des Forschungsprogramms 5
   2.2 Der Anchored-Instruction-Ansatz 7
   2.3 Der modifizierte Anchored-Instruction-Ansatz 10
   2.4 „Werbeaufgaben" als MAI-Ankermedien 12
      2.4.1 Leithypothesen 23
      2.4.2 Themenauswahl: Curriculare Einbindung und Praktikabilität 25

3 Pilotstudie zur Wirksamkeit von „Werbeaufgaben" 27
   3.1 Stichprobe 27
   3.2 Material und Methoden 27
      3.2.1 Instruktionsmaterial 27
      3.2.2 Testinstrumente und Erhebungsverfahren 27
      3.2.3 Effektstärken- und Teststärkenanalyse 32
      3.2.4 Design der Intervention 36
   3.3 Ergebnisse der Pilotstudie 38
      3.3.1 Beeinflussung des Motivationsverlaufs 38
      3.3.2 Beeinflussung der Leistung 53
      3.3.3 Zusammenfassung 61

Hauptstudie zur Wirksamkeit von „Werbeaufgaben" im Physikunterricht der Sekundarstufe I 63

4 Hypothesen und Forschungsfragen 65

5 Material und Methoden 69

5.1 Stichprobe ... 69
5.2 Instruktionsmaterial ... 70
5.3 Testinstrumente und Erhebungsverfahren ... 72
    5.3.1 Motivation ... 73
    5.3.2 Leistung ... 74
    5.3.3 Kovariate ... 78
5.4 Organisation und Designs der Interventionen ... 79
    5.4.1 Organisation der Untersuchung ... 79
    5.4.2 Design der Forschungsfrage I: „Wirksamkeit" ... 80
    5.4.3 Design der Forschungsfrage II: „Dosis-Wirkungs-Beziehung" ... 82
    5.4.4 Design der Forschungsfrage III: „Robustheit" ... 84
    5.4.5 Methodik zur Dosis-Wirkungs-Beziehung ... 86

6 Ergebnisse ... 89

6.1 Ergebnisse zu Forschungsfrage I: „Wirksamkeit" ... 90
    6.1.1 Beeinflussung des Motivationsverlaufs ... 90
    6.1.2 Beeinflussung des Leistungsverlaufs ... 101
    6.1.3 Zusammenfassung ... 110
6.2 Ergebnisse zu Forschungsfrage II: „Dosis-Wirkungs-Beziehung" ... 111
    6.2.1 Beeinflussung des Motivationsverlaufs ... 111
    6.2.2 Beeinflussung des Leistungsverlaufs ... 118
    6.2.3 Zusammenfassung ... 125
6.3 Ergebnisse zu Forschungsfrage III: „Robustheit" ... 126
    6.3.1 Beeinflussung des Motivationsverlaufs ... 126
    6.3.2 Beeinflussung der Leistung ... 134
    6.3.3 Zusammenfassung ... 140
6.4 Ergebnisse der Gesamtstichprobe ... 141
    6.4.1 Beeinflussung des Motivationsverlaufs ... 141
    6.4.2 Beeinflussung der Leistung ... 155
    6.4.3 Beeinflussung der Leistungsbeständigkeit ... 162
    6.4.4 Zusammenfassung ... 170
6.5 Zusammenfassung und Umrechnung der wichtigsten Effektstärken ... 172
6.6 Dosis-Wirkungsanalyse des Motivationseffekts ... 175
    6.6.1 Vergleich der Effektstärken ... 175
    6.6.2 Logistische Regression ... 180

6.6.3 Zusammenfassung 185
6.7 Alltagsprobleme vs. traditionelle Aufgaben 186
    6.7.1 Beeinflussung des Motivationsverlaufs 186
    6.7.2 Beeinflussung des Leistungsverlaufs 191

7 Resümee, Diskussion und Ausblick 197
7.1 Ergebnisse zur motivationalen Wirkung 197
7.2 Ergebnisse zum Einfluss auf den Leistungsstand 200
7.3 Einfluss der Motivation auf die Leistung 202

Zusammenfassung 208
7.4 Wirksamkeit von „Zeitungs-" und „Werbeaufgaben" – ein Vergleich 208
7.5 Folgen für die Unterrichtspraxis 212
7.6 Weiterführende Entwicklungs- und Forschungsperspektiven 213
    7.6.1 Überblick 213
    7.6.2 Eine explorative Pilotstudie: „Artikelaufgaben" 218

Anhang 223

Literaturverzeichnis 305

Abbildungsverzeichnis

Abb. 1: Darstellung des Projektverlaufs 4
Abb. 2: AI-Designprinzipien. 7
Abb. 3: Beispiel einer „Zeitungsaufgabe" 11
Abb. 4: Beispiel einer „Werbeaufgabe" für den Mathematikunterricht 13
Abb. 5: Beispiel einer „Werbeaufgabe" für den Physikunterricht 16
Abb. 6: Werbeanzeige mit verschieden offenen Aufgabenstellungen 17
Abb. 7: „Werbeaufgabe" mit jahrgangsübergreifenden Inhalten 18
Abb. 8: Werbeanzeige, die das Funktionsprinzip eines Geräts unter
Nutzung physikalischer Gesetzmäßigkeiten erläutert 19
Abb. 9: Fehlerbehaftete Werbeanzeige, als Ausgangspunkt zur Abgrenzung von
Alltags- und Fachsprache 20
Abb. 10: Für die Sekundarstufe II oder die Lehrerbildung geeignete
„Werbeaufgabe" (hoher Offenheitsgrad) 21
Abb. 11: Für die Lehrerbildung geeignete „Werbeaufgabe"
(geringer Offenheitsgrad) 22
Abb. 12: „Werbeaufgabe" im Themenbereich „Heizwerte von Brennstoffen" 24
Abb. 13: Konventionell formuliertes Alltagsproblem im Themenbereich
„Heizwerte von Brennstoffen" 24
Abb. 14: Beispielitems des eingesetzten Konzepttests 31
Abb. 15: Beispielaufgaben zum eingesetzten Mathematiktest 32
Abb. 16: Vergleich des partiellen mit dem totalen Eta-Quadrat 33
Abb. 17: In Abhängigkeit der vorhandenen Effektstärke notwendiger
Stichprobenumfang (Motivation) 40
Abb. 18: Zeitlicher Verlauf der Gesamtmotivation, Pilotstudie 50
Abb. 19: Zeitlicher Verlauf der Subskala „Realitätsbezug/Authentizität",
Pilotstudie 50
Abb. 20: Zeitlicher Verlauf des Selbstkonzepts, Pilotstudie 51
Abb. 21: Zeitlicher Verlauf der intrinsischen Motivation, Pilotstudie 51
Abb. 22: In Abhängigkeit der vorhandenen Effektstärke notwendiger
Stichprobenumfang (Leistung) 54
Abb. 23: Vergleich der Leistung zwischen EG und KG, Pilotstudie 59
Abb. 24: Veranschaulichung der verschiedenen Aufgabentypen 71
Abb. 25: Zwei Beispielaufgaben des Screeningverfahrens für Schul- und
Bildungsberatung 79
Abb. 26: Einfluss der Lehrkraft auf den zeitlichen Verlauf der
Gesamtmotivation, Forschungsfrage I 92

Abb. 27: Zeitlicher Verlauf der Gesamtmotivation in Abhängigkeit des
eingesetzten Aufgabentyps, Forschungsfrage I 95
Abb. 28: Zeitlicher Verlauf der Authentizität in Abhängigkeit des
eingesetzten Aufgabentyps, Forschungsfrage I 95
Abb. 29: Zeitlicher Verlauf des Selbstkonzepts in Abhängigkeit des
eingesetzten Aufgabentyps, Forschungsfrage I 96
Abb. 30: Zeitlicher Verlauf der intrinsischen Motivation in Abhängigkeit
des eingesetzten Aufgabentyps, Forschungsfrage I 96
Abb. 31: Leistungsverlauf zum Themenbereich „spezifische Wärmekapazität" in
Abhängigkeit des eingesetzten Aufgabentyps, Forschungsfrage I 106
Abb. 32: Leistungsverlauf zum Themenbereich „Heizwert von Brennstoffen" in
Abhängigkeit des eingesetzten Aufgabentyps, Forschungsfrage I 106
Abb. 33: Zeitlicher Verlauf der Gesamtmotivation in Abhängigkeit des
eingesetzten Aufgabentyps, Forschungsfrage II 114
Abb. 34: Zeitlicher Verlauf der Authentizität in Abhängigkeit des
eingesetzten Aufgabentyps, Forschungsfrage II 114
Abb. 35: Zeitlicher Verlauf des Selbstkonzepts in Abhängigkeit des
eingesetzten Aufgabentyps, Forschungsfrage II 115
Abb. 36: Zeitlicher Verlauf der intrinsischen Motivation in Abhängigkeit
des eingesetzten Aufgabentyps, Forschungsfrage II 115
Abb. 37: Leistungsverlauf im Themenbereich „spezifische Wärmekapazität" in
Abhängigkeit des eingesetzten Aufgabentyps, Forschungsfrage II 120
Abb. 38: Leistungsverlauf im Themenbereich „Heizwert von Brennstoffen" in
Abhängigkeit des eingesetzten Aufgabentyps, Forschungsfrage II 124
Abb. 39: Zeitlicher Verlauf der Gesamtmotivation in Abhängigkeit des
eingesetzten Aufgabentyps, Forschungsfrage III 128
Abb. 40: Zeitlicher Verlauf der Authentizität in Abhängigkeit des eingesetzten
Aufgabentyps, Forschungsfrage III 129
Abb. 41: Zeitlicher Verlauf des Selbstkonzepts in Abhängigkeit des
eingesetzten Aufgabentyps, Forschungsfrage III 129
Abb. 42: Zeitlicher Verlauf der intrinsischen Motivation in Abhängigkeit des
eingesetzten Aufgabentyps, Forschungsfrage III 130
Abb. 43: Ergebnisse im Leistungstest 1 in Abhängigkeit des eingesetzten
Aufgabentyps, Forschungsfrage III 137
Abb. 44: Ergebnisse im Leistungstest 2 in Abhängigkeit des eingesetzten
Aufgabentyps, Forschungsfrage III 139
Abb. 45: Zeitlicher Verlauf der Gesamtmotivation in Abhängigkeit der
unterrichtenden Lehrkraft 143
Abb. 46: Zeitlicher Verlauf der Gesamtmotivation in Abhängigkeit des
eingesetzten Aufgabentyps, gesamte Stichprobe 146

Abbildungsverzeichnis

Abb. 47: Zeitlicher Verlauf der Authentizität in Abhängigkeit des eingesetzten Aufgabentyps, gesamte Stichprobe 146

Abb. 48: Zeitlicher Verlauf des Selbstkonzepts in Abhängigkeit des eingesetzten Aufgabentyps, gesamte Stichprobe 147

Abb. 49: Zeitlicher Verlauf der intrinsischen Motivation, gesamte Stichprobe 147

Abb. 50: Ergebnisse im Leistungstest 1 in Abhängigkeit des eingesetzten Aufgabentyps, gesamte Stichprobe 158

Abb. 51: Ergebnisse im Leistungstest 2 in Abhängigkeit des eingesetzten Aufgabentyps, gesamte Stichprobe 161

Abb. 52: Leistungsbeständigkeit im Themenbereich „Wärmekapazität" in Abhängigkeit des eingesetzten Aufgabentyps, gesamte Stichprobe 164

Abb. 53: Leistungsbeständigkeit im Themenbereich „Heizwert" in Abhängigkeit des eingesetzten Aufgabentyps, gesamte Stichprobe 168

Abb. 54: Parameter der Sigmoidfunktion 177

Abb. 55: Dosis-Wirkungs-Beziehung: Gesamtmotivation 179

Abb. 56: Dosis-Wirkungs-Beziehung: „Realitätsbezug/Authentizität" 179

Abb. 57: Dosis-Wirkungs-Beziehung: „Selbstkonzept" 180

Abb. 58: Logistische Regression des Dosis-Wirkungs-Effekts 183

Abb. 59: Verlauf der Gesamtmotivation in Abhängigkeit des eingesetzten Aufgabentyps, Alltagsprobleme vs. traditionelle Aufgaben 189

Abb. 60: Verlauf der Authentizität in Abhängigkeit des eingesetzten Aufgabentyps, Alltagsprobleme vs. traditionelle Aufgaben 189

Abb. 61: Verlauf des Selbstkonzepts in Abhängigkeit des eingesetzten Aufgabentyps, Alltagsprobleme vs. traditionelle Aufgaben 190

Abb. 62: Verlauf der intrinsischen Motivation in Abhängigkeit des eingesetzten Aufgabentyps, Alltagsprobleme vs. traditionelle Aufgaben 190

Abb. 63: Folgenanreize – grafische Darstellung der Mittelwerte 204

Abb. 64: Mittelwerte der Folgenanreize (Subskalen) 207

Abb. 65: Werbeprospekte sind oftmals unerwünscht 212

Abb. 66: Zeitungen besitzen im Allg. ein höheres Ansehen als Werbeprospekte 212

Abb. 67: Beispiel einer Aufgabe mit affektiv ansprechenden dekorativen Bildern 216

Abb. 68: Beispiel einer „Cartoon-Aufgabe" 216

Abb. 69: Beispiel einer „Videoaufgabe" 217

Abb. 70: Beispiel einer „Artikelaufgabe" 221

Abb. 71: Kompetenzstufen der naturwissenschaftlichen Grundbildung 299

Tabellenverzeichnis

Tab. 1: Übersicht über die eingesetzten statistischen Methoden mit Literaturangaben 3
Tab. 2: Variablen und Instrumente, Pilotstudie 28
Tab. 3: Beispiel-Items zum Vergleich der Motivationstests und Angaben zur Konstruktvalidität 29
Tab. 4: Instruktions- und Testablauf der Pilotstudie 37
Tab. 5: Deskriptive Statistiken zum Motivationsverlauf mit Subskalen, Pilotstudie 38
Tab. 6: Levene-Test auf Gleichheit der Fehlervarianzen; Motivationsverlauf, Pilotstudie 43
Tab. 7: Test auf Normalverteilung der Residuen (Kolmogorov-Smirnov-Test); Motivation, Pilotstudie 44
Tab. 8: Zeitlicher Verlauf der intrinsischen Motivation, gemittelt über die Lernenden aus EG und KG 46
Tab. 9: Motivation in Abhängigkeit des Geschlechts, Pilotstudie 49
Tab. 10: Ergebnisse der ANOVA zum Motivationsverlauf mit Subskalen, Pilotstudie (Multivariate Tests) 52
Tab. 11: Ergebnisse der ANOVA zum Motivationsverlauf mit Subskalen, Pilotstudie (Innersubjektkontraste) 52
Tab. 12: Ergebnisse der ANOVA zum Motivationsverlauf mit Subskalen, Pilotstudie (Zwischensubjekteffekte) 53
Tab. 13: Levene-Test auf Gleichheit der Fehlervarianzen; Leistung, Pilotstudie 56
Tab. 14: Test auf Normalverteilung der Residuen (Kolmogorov-Smirnov-Test); Leistung, Pilotstudie 56
Tab. 15: Deskriptive Leistungsdaten, Pilotstudie 57
Tab. 16: Im Leistungsposttest erzielte Leistung in Abhängigkeit des Geschlechts ... 59
Tab. 17: Ergebnisse der ANCOVA beim Leistungsposttest, Pilotstudie 60
Tab. 18: Stichprobe der Hauptuntersuchung 70
Tab. 19: Übersicht über die Variablen der Hauptstudie 72
Tab. 20: Bei der Hauptstudie zusätzlich berücksichtigte Items innerhalb des Motivationsinventars 73
Tab. 21: Charakteristische Kenngrößen der curricular validen Leistungstests 74
Tab. 22: Korrelationen zwischen den Leistungstests, dem TCI und der aktuellen mittleren Leistung 77
Tab. 23: Instruktions- und Testablauf der Hauptstudie - Forschungsfrage I 82
Tab. 24: Instruktions- und Testablauf der Hauptstudie - Forschungsfrage II 83
Tab. 25: Instruktions- und Testablauf der Hauptstudie - Forschungsfrage III 85

Tab. 26:	Zur Hypothesenprüfung eingesetzte statistische Methoden	87
Tab. 27:	Motivationsgrad in Abhängigkeit des Geschlechts, Forschungsfrage I	94
Tab. 28:	Ergebnisse der ANCOVA zum Motivationsverlauf mit Subskalen, Forschungsfrage I (Multivariate Tests)	97
Tab. 29:	Ergebnisse der ANCOVA zum Motivationsverlauf mit Subskalen, Forschungsfrage I (Innersubjektkontraste, Haupteffekte und Interaktionen)	98
Tab. 30:	Ergebnisse der ANCOVA zum Motivationsverlauf mit Subskalen, Forschungsfrage I (Innersubjektkontraste, Kovariate bzw. Moderatoren)	99
Tab. 31:	Ergebnisse der ANCOVA zum Motivationsverlauf mit Subskalen, Forschungsfrage I (Zwischensubjekteffekte)	100
Tab. 32:	Ergebnisse der ANCOVA mit Messwiederholung zum Leistungsverlauf (Wärmekapazität), Forschungsfrage I (Innersubjekteffekte)	104
Tab. 33:	Ergebnisse der ANCOVA mit Messwiederholung zum Leistungsverlauf (Wärmekapazität), Forschungsfrage I (Zwischensubjekteffekte)	105
Tab. 34:	Ergebnisse der ANCOVA mit Messwiederholung zum Leistungsverlauf (Heizwert), Forschungsfrage I (Innersubjekteffekte)	108
Tab. 35:	Ergebnisse der ANCOVA mit Messwiederholung zum Leistungsverlauf (Heizwert), Forschungsfrage I (Zwischensubjekteffekte)	109
Tab. 36:	Ergebnisse der ANCOVA zum Motivationsverlauf mit Subskalen, Forschungsfrage II (Multivariate Tests)	116
Tab. 37:	Ergebnisse der ANCOVA zum Motivationsverlauf mit Subskalen, Forschungsfrage II (Innersubjektkontraste)	116
Tab. 38:	Ergebnisse der ANCOVA zum Motivationsverlauf mit Subskalen, Forschungsfrage II (Zwischensubjekteffekte)	118
Tab. 39:	Ergebnisse der ANCOVA mit Messwiederholung zum Leistungsverlauf (Wärmekapazität), Forschungsfrage II (Innersubjekteffekte)	121
Tab. 40:	Ergebnisse der ANCOVA mit Messwiederholung zum Leistungsverlauf (Wärmekapazität), Forschungsfrage II (Zwischensubjekteffekte)	121
Tab. 41:	Ergebnisse der ANCOVA mit Messwiederholung zum Leistungsverlauf (Heizwert), Forschungsfrage II (Innersubjekteffekte)	124
Tab. 42:	Ergebnisse der ANCOVA mit Messwiederholung zum Leistungsverlauf (Heizwert), Forschungsfrage II (Zwischensubjekteffekte)	125
Tab. 43:	Ergebnisse der ANCOVA zum Motivationsverlauf mit Subskalen, Forschungsfrage III (Multivariate Tests)	131
Tab. 44:	Ergebnisse der ANCOVA zum Motivationsverlauf mit Subskalen, Forschungsfrage III (Innersubjektkontraste, Haupteffekte und Interaktionen)	132
Tab. 45:	Ergebnisse der ANCOVA zum Motivationsverlauf mit Subskalen, Forschungsfrage III (Innersubjektkontraste, Kovariate bzw. Moderatoren)	133

Tab. 46: Ergebnisse der ANCOVA zum Motivationsverlauf mit Subskalen, Forschungsfrage III (Zwischensubjekteffekte) 134
Tab. 47: Prädiktoren der Vorleistung, deskriptive Statistik - Forschungsfrage III ... 135
Tab. 48: Ergebnisse der ANCOVA zum Leistungsposttest 1, Forschungsfrage III 137
Tab. 49: Auf die Kovariaten adjustierte deskriptive Daten des Leistungsposttests 2 sowie die Vorleistung in Abhängigkeit des Geschlechts 139
Tab. 50: Ergebnisse der ANCOVA zum Leistungsposttest 2, Forschungsfrage III 140
Tab. 51: Auf die Kovariaten adjustierte Motivation in Abhängigkeit des Geschlechts, gesamte Stichprobe 145
Tab. 52: Ergebnisse der ANCOVA zum Motivationsverlauf mit Subskalen, gesamte Stichprobe (Multivariate Tests) 148
Tab. 53: Ergebnisse der ANCOVA zum Motivationsverlauf mit Subskalen, gesamte Stichprobe (Innersubjektkontraste, Haupteffekte und Interaktionen) 149
Tab. 54: Ergebnisse der ANCOVA zum Motivationsverlauf mit Subskalen, gesamte Stichprobe (Innersubjektkontraste, Kovariate bzw. Moderatoren) 150
Tab. 55: Ergebnisse der ANCOVA zum Motivationsverlauf mit Subskalen, gesamte Stichprobe (Zwischensubjekteffekte) 151
Tab. 56: Deskriptive Statistik der zusätzlichen Items (Lehrerengagement) 153
Tab. 57: Ergebnisse der ANOVA zu Item 27 (Lehrerengagement) 153
Tab. 58: Ergebnisse der ANOVA zu Item 28 (Lehrerengagement - Spaß am Physikunterricht) 154
Tab. 59: Deskriptive Statistik zum Item 29 (kritischer Umgang mit Werbung) 155
Tab. 60: T-Tests zum Item 29 (kritischer Umgang mit Werbung) 155
Tab. 61: Prädiktoren der Vorleistung; deskriptive Statistik, gesamte Stichprobe 156
Tab. 62: Ergebnisse der ANCOVA beim Leistungsposttest 1, gesamte Stichprobe 159
Tab. 63: Ergebnisse der ANCOVA beim Leistungsposttest 2, gesamte Stichprobe 162
Tab. 64: Deskriptive Statistik zur Leistungsbeständigkeit 163
Tab. 65: Ergebnisse der ANCOVA mit Messwiederholung zur Leistungsbeständigkeit im Themenbereich „Wärmekapazität" (Innersubjekteffekte) 165
Tab. 66: Ergebnisse der ANCOVA mit Messwiederholung zur Leistungsbeständigkeit im Themenbereich „Wärmekapazität" (Zwischensubjekteffekte) 166

Tab. 67:	Ergebnisse der ANCOVA mit Messwiederholung zur Leistungsbeständigkeit im Themenbereich „Heizwert" (Innersubjekteffekte)	169
Tab. 68:	Ergebnisse der ANCOVA mit Messwiederholung zur Leistungsbeständigkeit im Themenbereich „Heizwert" (Zwischensubjekteffekte)	170
Tab. 69:	Verschiedene Effektstärken für den Vergleich des zeitlichen Verlaufs des Motivationsgrads von EG und KG bei voller Aufgabendosis (Kontrastvariable Prätest 1 – Posttest 2)	173
Tab. 70:	Verschiedene Effektgrößen für den Einfluss der Experimentalbedingung auf die Leistung unter Berücksichtigung verschiedener Auswerteverfahren	174
Tab. 71:	Verschiedene Effektgrößen für den Einfluss der Experimentalbedingung auf die Leistungsbeständigkeit	175
Tab. 72:	Motivationsunterschiede zwischen EG und KG in Abhängigkeit der Aufgabendosis	178
Tab. 73:	Sigmoidale Kurvenanpassung der Dosis-Wirkungs-Beziehung	178
Tab. 74:	Dosis-Wirkungs-Beziehung: Datensatz zur logistischen Regression	181
Tab. 75:	Logistische Regression für die Dosis-Wirkungs-Beziehung, Wahrscheinlichkeit für das Eintreten eines praktisch relevanten Effekts in Abhängigkeit der Aufgabendosis	183
Tab. 76:	Logistische Regression für die Dosis-Wirkungs-Beziehung, Klassifizierungstabelle	184
Tab. 77:	Deskriptive Motivationsdaten des Vergleichs Alltagsprobleme vs. traditionelle Aufgaben (auf die Kovariaten adjustiert)	186
Tab. 78:	Deskriptive Leistungsdaten zum Vergleich „Alltagsprobleme vs. traditionelle Aufgaben" (auf die Kovariaten adjustiert)	192
Tab. 79:	Ergebnisse der ANCOVA mit Messwiederholung zum Leistungsverlauf, Vergleich „Alltagsprobleme vs. traditionelle Aufgaben" (Innersubjekteffekte)	192
Tab. 80:	Deskriptive Statistik zum Motivationsverlauf mit Subskalen	193
Tab. 81:	Deskriptive Leistungsdaten zum Leistungstest 1	194
Tab. 82:	Deskriptive Leistungsdaten zum Leistungstest 2	195
Tab. 83:	Durch die Instruktion erzielte Leistungszuwächse (Hake-Indizes)	202
Tab. 84:	Folgenanreize – Deskriptive Itemstatistik	204
Tab. 85:	Mittelwertsvergleiche der Folgenanreize: ANOVA Post-hoc-Tests nach Games-Howell	205
Tab. 86:	Folgenanreize (Subskalen)	206
Tab. 87:	Unterschiedsprüfung der Subskalenmittelwerte: ANOVA Post-hoc-Tests nach Games-Howell	207

Tab. 88:	Wirkung der Motivation auf das Abschneiden in den Leistungstests (Zwischensubjekteffekte)	207
Tab. 89:	Vergleich der motivationalen Wirkung von „Werbe-" und „Zeitungsaufgaben"	209
Tab. 90:	Vergleich der Nachhaltigkeit der motivationalen Wirkung von „Werbe-" und „Zeitungsaufgaben"	209
Tab. 91:	Überblick über die in den verschiedenen Untersuchungen eingesetzten Aufgaben	224
Tab. 92:	Leistungsunterschiede zum Thema „Heizwert"; Gegenüberstellung der Ergebnisse mit und ohne Berücksichtigung der Aufgabe 2 des Leistungstests	300

Abkürzungen/Variablen

$\beta\text{-}1$	Teststärke
ω^2	Omega-Quadrat (Schätzwert des Populationseffekt)
η^2	totales Eta-Quadrat
η_p^2	partielles Eta-Quadrat
AI	im standardisierten Intelligenztest erzieltes Ergebnis
d	Cohen's d
df	Freiheitsgrade der Hypothese
df_{Error}	Freiheitsgrade des Fehlers
d_{korr}	korrigiertes Cohen's d (Berücksichtigung von Vortestergebnissen)
DN	Notendurchschnitt im Fach Deutsch zu Beginn der Untersuchung
EG	Experimentalgruppe
F	Prüfgröße der Varianz- bzw. Kovarianzanalyse
FF	Forschungsfrage
g	Hake-Index
IE	Subskala „Intrinsische Motivation/Engagement" des Motivationsinventars
kA	konventionelle Alltagsprobleme
KG	Kontrollgruppe
LESE	im standardisierten Lesekompetenztest erzieltes Ergebnis
LK	Lehrkraft
LV	Leistungsverlauf
MN	Notendurchschnitt im Fach Mathematik zu Beginn der Untersuchung
MOT	im Motivationsprätest erzieltes Ergebnis
MT	im standardisierten Mathematiktest erzieltes Ergebnis
MV	Motivationsverlauf
MW	Mittelwert
N	Stichprobenumfang
p	Signifikanz
PHN	Notendurchschnitt im Fach Physik zu Beginn der Untersuchung
QS	Quadratsumme
r	Korrelationskoeffizient
RA	Subskala „Realitätsbezug/Authentizität" des Motivationsinventars

$r_{adj.}^2$ adjustiertes r-Quadrat (Gütemaß der Regressionsanalyse)
SD   Standardabweichung
SEM   Standardfehler des Mittelwerts
SK   Subskala „Selbstkonzept" des Motivationsinventars
TCI   Konzepttest zur Wärmelehre
W   Woche/Kendalls Konkordanzkoeffizient
WA   Werbeaufgaben

1 Einleitung und Aufbau der Arbeit

Zahlreiche internationale Vergleichsstudien der letzten Jahre (TIMSS, PISA) und deren umfangreichen Analyse bestätigen unmissverständlich die von Jung bereits im Jahr 1995 getroffene Aussage, dass sich der Physikunterricht zweifellos in einer Krise befindet. Ein Problem, welches in diesem Zusammenhang immer wieder angeführt wird, sind die Leistungsschwächen deutscher Schülerinnen und Schüler bei der Anwendung des erworbenen Wissens auf neue inner- und außerfachliche Problemstellungen. Die Lernenden können zwar noch relativ gut eingeübte Routineaufgaben lösen, es gelingt ihnen jedoch nicht, das Gelernte bei offeneren Aufgaben anzuwenden (Müller, 2006). Folgerichtig fordert deshalb die vielfach zitierte BLK-Expertise (BLK, 1997) eine Optimierung der Aufgabenkultur. Folgende Ansatzpunkte zur Weiterentwicklung lassen sich aus der Kritik an der gegenwärtigen Situation ableiten (Häußler & Lind, 1998):

1) Aufgaben sollen ihre bisher eher „randständige Position" verlieren und stärker ins Zentrum des Unterrichts rücken.

2) Es sollen Aufgaben entwickelt und erprobt werden, die mehrere Zugangsweisen und Lösungswege zulassen.

3) Zur Flexibilisierung und Konsolidierung des Wissens sollen außerdem abwechslungsreiche Anwendungsaufgaben in variierenden Kontexten entwickelt und erprobt werden.

4) Es sollen Aufgaben entwickelt und erprobt werden, die auch länger zurückliegenden Unterrichtsstoff systematisch wiederholen und diesen mit neuen Lerninhalten verknüpfen.

Die vorliegende Arbeit soll einen Beitrag zur Weiterentwicklung einer solchen Aufgabenkultur leisten und speziell der dritten Forderung gerecht werden. Ziel war also die Entwicklung und Erprobung alltagsbezogener Aufgaben in variierenden Kontexten, um insbesondere eine höhere Flexibilisierung des erworbenen Wissens zu realisieren. Hierzu wurden auf Grundlage des Anchored-Instruction-Ansatzes und dessen Modifizierung so genannte „Werbeaufgaben" (gemeint sind Aufgaben zu Werbetexten) konzipiert und deren Wirksamkeit in mehreren quasiexperimentellen Feldstudien mit der von konventionell formulierten Alltagsproblemen verglichen.

Im folgenden Kapitel werden der Ausgangspunkt sowie der theoretische Hintergrund der Arbeit ausführlich beschrieben, der Aufgabentyp „Werbeaufgabe" an mehreren Beispielen erläutert sowie in den „Modified-Anchored-Instruction-Ansatz" (MAI) eingeordnet.

Das dritte Kapitel dieser Arbeit stellt die im Frühjahr 2007 durchgeführte Pilotstudie zur Wirksamkeit von „Werbeaufgaben" vor. Neben der Stichprobe werden die eingesetzten Instruktions- und Testinstrumente, das Design sowie die Untersuchungsergebnisse in ausführlicher Weise beschrieben. Außerdem erfolgt eine Test- und Effektstärkenanalyse wie auch eine Diskussion der zur Auswertung des Datenmaterials notwendigen Voraussetzungen.

Die Forschungsfragen und Hypothesen der im Jahr 2008 erfolgten Hauptuntersuchung werden in Kapitel 4 formuliert, woran sich eine detaillierte Darstellung der eingesetzten Materialien sowie der genutzten Designs anschließt (Kapitel 5).

Eine ausführliche Ergebnisdarstellung der Hauptuntersuchung, getrennt nach Forschungsfragen und unter Berücksichtigung der gesamten Stichprobe erfolgt in Kapitel 6. Dabei werden im Fließtext vorwiegend die statistisch signifikanten und für die Praxis relevanten Effekte beschrieben und für eine vollständige Darstellung auf die entsprechende Tabelle verwiesen. Insgesamt ist die Zahl der eingebundenen Tabellen infolge der verschiedenen Forschungsfragen verhältnismäßig hoch. Dennoch wurde bewusst darauf verzichtet, die Zusammenstellungen in den Anhang der Arbeit zu integrieren, um dem Leser ein häufiges Nachschlagen zu ersparen.

Im siebten Kapitel werden schließlich die wichtigsten Resultate zusammengefasst, ein Vergleich der Wirksamkeit von „Werbeaufgaben" mit der von „Zeitungsaufgaben" – sie stellen das originäre MAI-Ankermedium dar – vorgenommen, der Einfluss der Motivation auf die Leistung diskutiert sowie Folgen für die Unterrichtspraxis formuliert. Ein Ausblick auf weiterführende, als gewinnbringend erachtete Entwicklungs- und Forschungsperspektiven runden die Darstellung ab.

Die zur Analyse des Datenmaterials genutzten statistischen Methoden werden als bekannt vorausgesetzt und nur in den wenigsten Fällen ansatzweise erläutert. Eine Zusammenstellung der verwendeten Verfahren und Hinweise zu einschlägiger Literatur, welche dem Autor zur Einarbeitung in die Methode geeignet erscheint, kann der Tab. 1 entnommen werden. Eine Übersicht zum Ablauf des Projekts geht aus Abb. 1 hervor.

1 Einleitung und Aufbau der Arbeit

Tab. 1: Übersicht über die eingesetzten statistischen Methoden mit Literaturangaben

Statistische Methode	Inhaltliche Apekte	Kapitel, Seitenzahl	Literatur
Reliabilitätsanalyse	Bestimmung der internen Konsistenz (Cronbach's Alpha) der Motivations- und Leistungstests	3.2.2.1, S. 28 3.2.2.2, S. 29 5.3.2, S. 74	Bortz & Döring, 2003; S. 198
Stichprobenumfangsplanung	Berechnung der für die Pilotstudie notwendigen Stichprobengröße	3.3.1.1 3.3.2.1	Rasch et al., 2006; Kapitel 5.3.4
Levene-Test	Prüfung auf Gleichheit der Fehlervarianzen (Voraussetzung der ANOVA)	3.3.1.2, S. 40 3.3.2.2, S. 54	Diehl & Arbinger, 2001; S. 340
Kolmogorov-Smirnov-Test	Prüfung auf Normalverteilung der Residuen (Voraussetzung der ANOVA)	3.3.1.2, S. 40 3.3.2.2, S. 54	Diehl & Arbinger, 2001; S. 510
AN(C)OVA mit und ohne Messwiederholung	Vergleich der Leistungsfähigkeit/des Leistungsverlaufs sowie des Motivationsverlaufs zwischen den Lerngruppen	3.3, S. 38 6.1-6.4, 6.7	Rasch et al., 2006
H-Test nach Kruskal und Wallis	Verteilungsfreies Verfahren für den Mittelwertvergleich unabhängiger Stichproben; Einfluss der Experimentalbedingung auf die Motivation (Pilotstudie)	3.3.1.3, S. 45	Pospeschill, 2006; Kapitel 19.4, S. 435
Expertenrating, Interraterreliabilität (Intraklassenkorrelation, Kendalls W)	Zuordnung der PISA-Kompetenzstufen zu den Aufgaben der Leistungstests mittels Expertenrating (Hauptstudie)	5.3.2, S. 74	Wirtz & Caspar, 2002; Kapitel 5.2.2.2; 6.1
Trennschärfebestimmung	Leistungstests der Hauptstudie	5.3.2, S. 74	Bortz & Döring, 2003; S. 218
Kreuzvalidierung	Kreuzvalidierung einer Kurzfassung des Potsdamer Motivationsinventars mit dem von Kuhn (2008) modifizierten und validierten Motivationstest	7.3, S. 202	Niketta, 2005
Faktorenanalyse	Subskalen des Motivationsinventars von Kuhn (2008)	3.2.2.1, S. 28	Rudolf & Müller, 2004; Kapitel 4
T-Test	Testung, ob der Mittelwert beim zusätzlichen Item 29 von der Prüfgröße 2,5 statistisch bedeutsam abweicht; Stichwort: „kritischer Umgang mit Werbung"	6.4.1.4, S. 151	Pospeschill, 2006; Kapitel 9
Logistische Regression	Dosis-Wirkungs-Beziehung des Motivationseffekts	6.6.2, S. 180	Backhaus et al., 2008; Kapitel 7

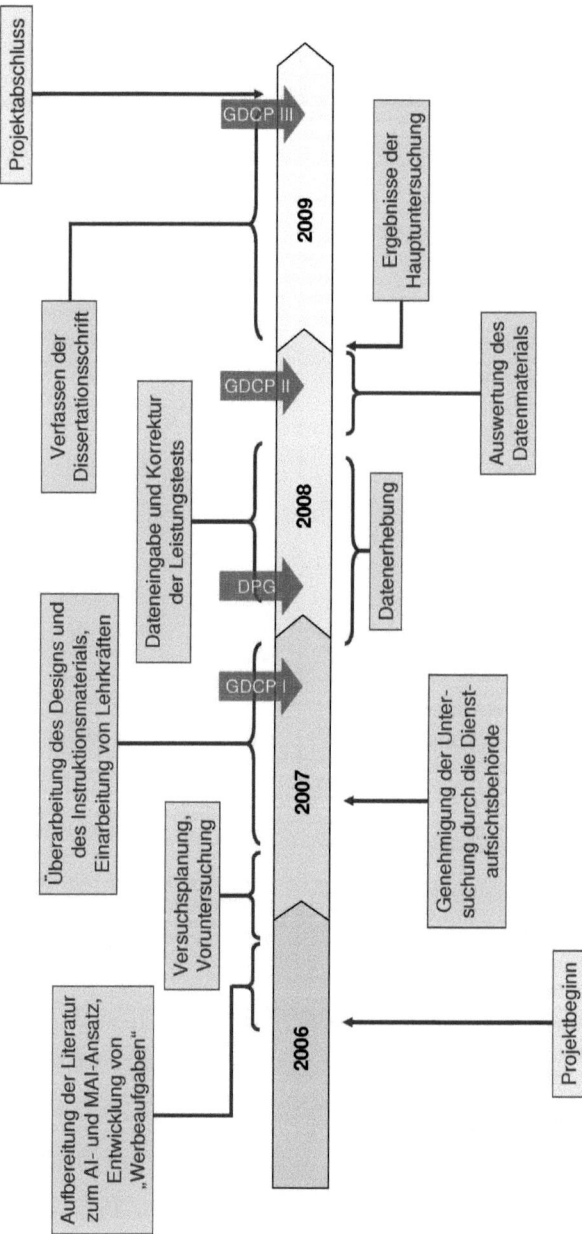

Abb. 1: Darstellung des Projektverlaufs

2 Modified-Anchored-Instruction: Ein Forschungs- und Interventionsprogramm

Die vorliegende Arbeit zur Motivations- und Lernwirksamkeit authentischer Texte (insbesondere Werbetexte) im Physikunterricht der Sekundarstufe I gliedert sich in ein umfangreiches Forschungsprogramm des Lehrstuhls Physik der Universität Koblenz-Landau, Campus Landau ein, in dessen Rahmen verschiedene Realisierungsansätze von kontextorientierten Aufgabenstellungen auf der Basis der „Anchored-Instruction"-Theorie ausgearbeitet und untersucht werden (Müller et al., 2010). Hierzu zählen Aufgaben zu

- Zeitungsartikeln,
- Werbeanzeigen,
- Originalarbeiten,
- dekorativen Bildern
- sowie Comics und Cartoons.

Analog zu einem Forschungsprogramm in den Fachwissenschaften sind auch die einzelnen fachdidaktischen Projekte unserer Arbeitsgruppe eng miteinander verzahnt, beruhen auf demselben theoretischen Hintergrund und nutzen zumindest teilweise die gleiche Infrastruktur (z. B. Lehrernetzwerk), die gleichen Erhebungsinstrumente, Versuchsdesigns sowie statistischen Methoden.

Da der Ausgangspunkt wie auch der theoretische Hintergrund des übergeordneten Forschungsvorhabens von Kuhn und Müller bereits mehrfach publiziert wurden (z. B. Kuhn & Müller, 2005a; Kuhn & Müller, 2005b), erfolgt hierzu an dieser Stelle ausschließlich eine überblicksartige Darstellung der wesentlichen Aspekte. Für ausführliche Erläuterungen sei insbesondere auf die Habilitationsschrift von Kuhn (2008) verwiesen, an der sich die Darstellungen dieses Kapitels grundsätzlich orientieren.

2.1 Ausgangspunkt des Forschungsprogramms

Aufbauend auf den hinlänglich bekannten internationalen Schulleistungsvergleichsstudien der letzten Jahre (z. B. TIMSS und PISA) liegen umfangreiche Analysen vor. Ein entscheidendes Ergebnis dieser Analysen sind die Leistungsschwächen deutscher

Schülerinnen und Schüler bei der Anwendung des Gelernten auf neue inner- und außerfachliche Problemstellungen (BLK, 1997) sowie die in dieser Hinsicht konsequente Forderung der hervorgehobenen Bedeutung einer neuen „Aufgabenkultur" (Kuhn & Müller, 2005b). In der Fachdidaktik begründet man dieses Defizit damit, dass Begriffe und Inhalte im traditionellen Physikunterricht in einem reinen Schulkontext erlebt werden, welcher mit „der Welt draußen" kaum etwas zu tun hat (Müller, 2006). Müller spricht in diesem Zusammenhang von einer „synthetischen Wirklichkeit", die sich u. a. dadurch ergibt, dass man im Physikunterricht weitestgehend mit Gegenständen arbeitet, die man sonst nirgendwo sieht, Begriffe verwendet, welche man im Alltag niemals benötigt und Handlungen vollzieht, die im täglichen Leben keine Rolle spielen. Um dieser Situation entgegenzuwirken und somit die Problematik des „trägen Wissens"[1] zu lösen, wird seit langer Zeit die Forderung eines kontextorientierten Unterrichts erhoben. Diese wird von der instruktionspsychologischen Theorie des Situierten Lernens gestützt, die davon ausgeht, dass Lernen nicht isoliert erfolgt, sondern stets episodisch sowie in einem sozialen und inhaltlichen Kontext, welcher zu einem impliziten Bestandteil des Lerninhalts wird (Schnotz, 2006). Da das erworbene Wissen mit den sozialen und inhaltlichen Erfahrungen verbunden bleibt, lässt sich die Schlussfolgerung ziehen, dass es neben einem wohl organisierten, sachsystematischen Wissenserwerbs von Anfang an einer Nutzung des erworbenen Wissens in lebensnahen, sozialen und problemorientierten Kontexten bedarf (Weinert, 1998). Unterricht ist also so zu gestalten, dass sowohl eine systematische Entwicklung der Begrifflichkeit als auch eine Anbindung an die Lebenswelt der Schülerinnen und Schüler möglich ist (Häußler et al., 1998). Reinmann-Rothmeier & Mandel (2001) empfehlen in diesem Zusammenhang, an den Ausgangspunkt des Lernens authentische Probleme zu stellen, die aufgrund ihres Realitätsgehalts und ihrer Relevanz dazu motivieren, neues Wissen oder Fertigkeiten zu erwerben.

  Obwohl die Forderung nach mehr Alltagsbezug im Physikunterricht und authentischeren Problemstellungen schon seit langer Zeit erhoben wird, scheint das Ziel noch nicht in ausreichendem Maß erreicht wie auch nicht hinlänglich untersucht zu sein und es stellt sich die Frage, auf welche Weise sich Alltagskontexte in den Physikunterricht einbinden lassen (Müller, 2006). Durch die Ausarbeitung und Untersuchung verschie-

---

[1] Der Begriff des „trägen Wissens" („inert knowledge") wurde von Whitehead geprägt, welcher bereits im Jahr 1929 die Unfähigkeit vieler Schüler und Studenten beklagte, das an Schulen und Universitäten erworbene Wissen in anderen Zusammenhängen bzw. Alltagssituationen sinnvoll anzuwenden (Whitehead, 1929; zitiert nach Poth, 2009).

dener Realisierungsansätze kontextorientierter Aufgabenstellungen versucht das Forschungsprogramm unserer Arbeitsgruppe hierauf eine Antwort zu geben, um somit insbesondere einen Beitrag zur Reduktion des „trägen Wissens" zu leisten. Dabei wird auf einen der führenden Ansätze des Situierten Lernens, den Anchored-Instruction-Ansatz (AI-Ansatz) zurückgegriffen.

2.2 Der Anchored-Instruction-Ansatz

Der AI-Ansatz wurde Anfang der 1990er Jahre von der Cognition and Technology Group at Vanderbilt University entwickelt (CTGV, 1990) und geht von der Annahme aus, dass es wichtig ist, Lehren und Lernen in möglichst authentischen Kontexten zu verankern (Wenninger, 2002; Stichwort: „verankerte Instruktion"). Die Verankerung wird durch das eingesetzte Unterrichtsmedium realisiert (Ankermedium), welches insbesondere eine narrative und affektiv ansprechende Einbettung sowie die Möglichkeit zum selbständigen Arbeiten bieten und die Lernenden in eine komplexe, authentische Problemsituation versetzen soll.

Insgesamt orientiert sich die Entwicklung von Ankermedien an sieben hauptsächlichen Designprinzipien (CTGV, 1997, S. 45ff), welche in Abb. 2 grafisch veranschaulicht sind und im Folgenden beschrieben werden. Die Darstellung orientiert sich an Kuhn (2008).

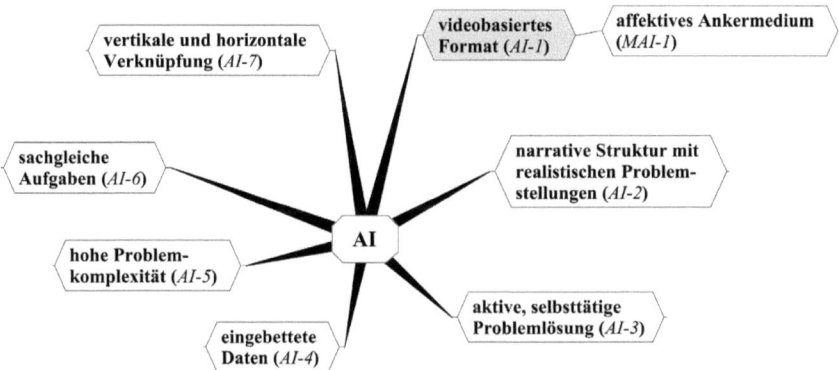

Abb. 2: AI-Designprinzipien; das AI-Kriterium „videobasiertes Format" wird beim MAI-Ansatz derart modifiziert, dass allgemeiner alle affektiv ansprechenden Medien zugelassen sind (vgl. 2.3). Dadurch soll ein entscheidender Vorteil des originären Mediums, nämlich dessen motivationale Wirkung, erhalten bleiben und gleichzeitig eine höhere Praktikabilität und Flexibilität erreicht werden (Kuhn, 2008).

AI-1: Videobasiertes Format

Die Darbietung der Lerninhalte in einem videobasierten Format verfolgt zwei Ziele: Zum einen sollen die Lernenden stärker motivational und emotional angesprochen werden als durch herkömmliche Unterrichtsmedien, zum anderen können die Schülerinnen und Schüler spezielle Sequenzen nach Bedarf nochmals betrachten. So sollen auch die schwächeren von ihnen bei der Recherche nach relevanten Informationen und dem Aufbau mentaler Situationsmodelle unterstützt werden.

AI-2: Narrative Struktur mit realistischen Problemstellungen

Zur Vermeidung „trägen Wissens" ist es notwendig, dass der Lerngegenstand in einen bedeutungsvollen, authentischen und komplexen Kontext integriert wird, den so genannten Makrokontext (CTGV, 1991; Schmidt, 2000). Die oft anzutreffende Vorgehensweise, eine Aufgabe auf einen Minimalkontext zu reduzieren, löst dagegen eher Lernschwierigkeiten aus und trägt nicht zur Überwindung des „trägen Wissens" bei. Es wird außerdem empfohlen, Aufgaben in Geschichten einzubinden, damit der Lerngegenstand den Schülerinnen und Schülern lebensnäher erscheint, diese sich intensiver mit ihm auseinandersetzen und sich besser daran erinnern.

AI-3: Aktive, selbsttätige Problemlösung

Durch die Anpassung des Ankermediums an die Vorwissensstruktur der Schülerinnen und Schüler soll erreicht werden, dass ihre Kompetenz zur Problemdefinition und zur Entwicklung von Problemlösungsstrategien vorangetrieben wird. Ganz entscheidend hierbei ist, dass die Schülerinnen und Schüler ihren Lernprozess aktiv beeinflussen statt passiv zur Lösung eines Problems geführt zu werden.

AI-4: Eingebettete Daten

Die zur Lösung des Problems notwendigen Daten sollen dem Lernanker entnommen werden können. Darüber hinaus wird aus verschiedenen Gründen das Vorhandensein weiterer, für die Problemlösung irrelevanter Angaben gefordert: 1) Das Vorhandensein irrelevanter Daten unterstreicht den authentischen Charakter des Lernankers. 2) Die Schülerinnen und Schüler lernen, Wichtiges von Unwichtigem zu unterscheiden. 3) Die „detektivische Suche" nach relevanten Informationen soll motivierend wirken.

AI-5: Hohe Problemkomplexität

Durch den Einsatz des Ankermdiums sollen die Schülerinnen und Schüler lernen, mit komplexen Problemstellungen umzugehen. Dies soll dadurch realisiert werden, dass sich das komplexe Problem in mehrere kleine, aufeinander bezogene Teilprobleme zerlegen lässt, so dass die Lernenden mehrere Schritte durchlaufen müssen. Diese Forderung berücksichtigt zum einen die unterschiedlichen Lernvoraussetzungen der Schülerinnen und Schüler und lässt sie erfahren, dass Durchhaltevermögen, Organisation und Problemlösefertigkeiten für einen erfolgreichen Abschluss wesentlich sind (Kuhn, 2008).

AI-6: Verbindung aufeinander bezogener, sachgleicher Ankermedien
Da die Einbettung eines physikalischen Inhalts in nur einen Kontext „träges Wissen" erzeugen kann, müssen die Schülerinnen und Schüler zur Flexibilisierung der erworbenen Kenntnisse verschiedene sachgleiche Ankermedien bearbeiten. Infolgedessen wird gefordert, dass sich zu einem Lerngegenstand mehrere, für einen Unterrichtseinsatz geeignete Anker finden lassen.

AI-7: Horizontale und vertikale Verbindung von Curriculuminhalten
Auch die horizontale (fachübergreifende) sowie vertikale (jahrgangsübergreifende) Verknüpfung von Lerninhalten soll dem Problem des „trägen Wissens" entgegensteuern und darüber hinaus deren lebensweltliche Bedeutsamkeit verdeutlichen.

Zur Sicherstellung der sozialen Situierung soll neben den sieben geforderten Designprinzipien auch eine *kooperative Bearbeitung* des Lernankers möglich sein. Darüber hinaus werden durch manche Arbeiten weitere Ankerkriterien formuliert, welche jedoch nicht als primär gelten.

Beim originären AI-Ansatz wird den Schülerinnen und Schülern zu Beginn des Unterrichts mittels Videodisk eine ca. 15-20-minütige Filmsequenz präsentiert, in der eine authentische Geschichte mit realen Personen in einer existenten Umgebung dargestellt ist. Im Anschluss erfolgt die Formulierung einer Problemstellung hoher Komplexität, die im Klassenverband oder in Kleingruppen vorwiegend selbständig und unter Zuhilfenahme der Videodisks bearbeitet wird[2]. Es ist offenkundig, dass solche Ankermedien die formulierten Designprinzipien erfüllen und mehr als ein Dutzend Versuchs-Kontrollgruppen-Experimente bestätigen deren Vorteile gegenüber konventionellen Aufgaben. Bei einer von Blumschein (2003) durchgeführten Metaanalyse ergibt sich

---

[2] Bei den ursprünglichen Ankermedien besteht die Möglichkeit, auf einzelne Episoden des Films nochmals zuzugreifen; bei denen der zweiten Generation (Kuhn, 2008) sind die Videosequenzen in eine computerbasierte Lernumgebungen implementiert, welche die Schülerinnen und Schüler bei der Problemlösung durch interaktive Werkzeuge zusätzlich unterstützen (Crews et al., 1997).

ein Produkt-Moment-Korrelationskoeffizient von 0,33, was nach Cohen (1988) einem Effekt mittlerer Größe entspricht.

2.3 Der modifizierte Anchored-Instruction-Ansatz

Der originäre AI-Ansatz ist neben seinen Vorzügen auch mit erheblichen Problemen verbunden (Kuhn, 2008):

- Die Entwicklung der Ankermedien bedarf einen derart enormen personellen und materiellen Aufwand, dass sogar Vertreter des Ansatzes das Kosten-Nutzen-Verhältnis kritisch einschätzen (Romiszowski, 1988; Shyu, 1999); einschlägige Schätzungen legen nahe, dass pro Unterrichtsstunde mindestens 100 Entwicklungsstunden vonnöten sind (Brahler, Peterson & Johnson, 1999).

- Es kann nicht davon ausgegangen werden, dass die unterrichtenden Lehrkräfte über das notwendige technische Know-how bzw. über die notwendigen technischen Voraussetzungen (Hard- und Software) zum Unterrichtseinsatz verfügen.

- Es besteht keine Möglichkeit, den Lernanker auf individuelle Bedürfnisse des Unterrichts anzupassen; z. B. im Hinblick auf unterschiedliche Lernvoraussetzungen, eine notwendige Binnendifferenzierung oder die Sprache des Unterrichts (Schmidt, 2000; Zanger, 2003).

Mit dem Ziel einer höheren Praktikabilität und Flexibilität für den Unterricht entwickelten Kuhn & Müller einen **modifizierten** Anchored-Instruction-Ansatz (MAI-Ansatz), bei dem als Lernanker „Zeitungsaufgaben" – statt Videodisks bzw. Multimedia-Software – zum Einsatz kommen (Kuhn & Müller, 2005a; Kuhn & Müller, 2005b; Kuhn, 2007; Kuhn, 2008). Hierbei handelt es sich um Aufgaben zu Texten, die nahezu unverändert aus Zeitungen entnommen werden (Abb. 3).

Wie das Beispiel zeigt, besitzen „Zeitungsaufgaben" eine narrative Einbettung („Story-Charakter"), sind authentisch, enthalten weitestgehend die zur Problemlösung erforderlichen Daten, ermöglichen vertikale sowie horizontale Verknüpfungen von Curriculuminhalten, können an das Vorwissen der Schülerinnen und Schüler angepasst werden und erlauben eine aktive, konstruktive Erarbeitung. Darüber hinaus können zum gleichen physikalischen Inhalt verschiedene Ankermedien gefunden und somit sachgleiche Aufgaben konzipiert werden. Lediglich dem AI-Designprinzip „videobasiertes Format" wird also vom Aufgabentyp „Zeitungsaufgabe" keine Rechnung getragen. Dieses Kriterium wird im Rahmen von MAI jedoch bewusst derart modifiziert,

2.3 Der modifizierte Anchored-Instruction-Ansatz

dass allgemeiner solche Medien zulässig sind, die ein affektiv ansprechendes Format aufweisen, wodurch der gemäß dem originären AI-Ansatz beabsichtigte Nutzen, die Lernenden zu motivieren und komplexes Verständnis zu unterstützen, gewährleistet werden soll (Kuhn, 2008; Abb. 2).

Katamaran-Rennen

Transatlantik-Weltrekord

(*si/apa*) Der Amerikaner Steve Fossett und seine neunköpfige Mannschaft haben am Mittwoch einen Transatlantik-Weltrekord (von West nach Ost) für Segelboote aufgestellt. Mit einem 38-Meter-Katamaran legten sie die 5417 Kilometer zwischen New York und der Südwestküste Englands in 4 Tagen, 17 Stunden und 28 Minuten zurück. Der Millionär Fossett unterbot den Rekord des Franzosen Serge Madec aus dem Jahr 1990 (6 Tage, 13 Stunden und 3 Minuten) um mehr als 43 Stunden.

Neue Züricher Zeitung, 11.10.2000

a) Welche Durchschnittsgeschwindigkeit erreichten Steve Fossett und seine Crew bei ihrem Transatlantik-Weltrekord?
b) Welche Durchschnittsgeschwindigkeit hatte Serge Madec 1990 erreicht?
c) Wäre Madec gemeinsam mit Fossett gestartet und in der bisherigen Rekordzeit hinter ihm ins Ziel gekommen, um wie viel Kilometer hätte er zurückgelegen?

Abb. 3: Beispiel einer „Zeitungsaufgabe" (Kuhn, 2005a)

Es leuchtet ein, dass durch den Einsatz von „Zeitungsaufgaben" bei Beibehaltung der Vorzüge des originären AI-Ansatzes dessen Nachteile überwunden werden, denn:

- Der Herstellungsaufwand einer „Zeitungsaufgabe" ist gering, weshalb sich – im Gegensatz zu den originären Medien – eine ausgezeichnete Kosten-Nutzen-Rechnung ergibt.

- Zeitungsaufgaben können ohne Weiteres an die Lernvoraussetzungen einer Klasse oder eines Schülers angepasst werden, wodurch eine innere Differenzierung ermöglicht und dem modifizierten MAI-Designprinzip „sinnvolle Problemkomplexität" Rechnung getragen wird.

- Die technischen Voraussetzungen zum Unterrichtseinsatz von „Zeitungsaufgaben" sind gering und an jeder Schule vorhanden (Tageslichtprojektor zur Projektion einer Folie oder Kopiergerät zur Vervielfältigung von Arbeitsblättern).

Umfangreiche Untersuchungen zum Einsatz von „Zeitungsaufgaben" im Physikunterricht der Sekundarstufe I bestätigen eine leistungs- und motivationssteigernde Wirkung des Lernankers großer Effektstärke (Kuhn & Müller, 2005a; Kuhn & Müller, 2005b; Kuhn, 2007; Kuhn, 2008; vgl. 7.4).

2.4 „Werbeaufgaben" als MAI-Ankermedien

Die Ergebnisse der umfangreichen Untersuchungen zur Wirksamkeit von „Zeitungsaufgaben" werfen die Frage auf, mit welchen anderen authentischen Medien ebenfalls eine Steigerung der Schülermotivation und -leistung erzielt werden kann. Ein Medium, mit dem bereits Schülerinnen und Schüler der Sekundarstufe I fast täglich konfrontiert werden und das somit ebenfalls eine hohe Authentizität besitzt, sind Werbeanzeigen. Ein Großteil der Vorzüge des MAI-Ansatzes (u. a. affektiv ansprechend, hohe Authentizität, Praktikabilität und Flexibilität im Unterricht) sind auch bei so genannten „Werbeaufgaben" gegeben (Abb. 4). Sie bestehen aus einer Werbeanzeige, die unverändert einem Werbeprospekt entnommen wurde und einer oder mehrerer Aufgabenstellungen, die sich auf die Werbeanzeigen beziehen. Diese Art von Aufgaben wurde an verschiedenen Stellen für den Mathematikunterricht bereits vorgeschlagen (Blum et al., 2006; KMK, 2006), in der naturwissenschaftlichen Unterrichtspraxis wie auch in der Physikdidaktik spielte sie bisher jedoch keine Rolle.

Dass „Werbeaufgaben" – ein einführendes Beispiel für den Physikunterricht zeigt die Abb. 5 – tatsächlich in den theoretischen Rahmen des MAI-Ansatzes eingeordnet werden können, verdeutlicht die im Folgenden vorgenommene Diskussion der MAI-Designprinzipien (Kuhn, 2008).

MAI-1: Affektiv ansprechendes Format
Im Gegensatz zum originären AI-Ansatz, bei dem den Lernenden ein videobasiertes Format angeboten wird, sind bei MAI allgemeiner solche Medien zugelassen, die ein affektiv ansprechendes Layout aufweisen. Es liegt in der Natur der Sache, dass Werbeanzeigen einen potentiellen Käufer emotional ansprechen sollen, weshalb sie gerade auch unter Beachtung dieses Aspekts entwickelt werden. „Werbeaufgaben" sollten somit das Kriterium „affektiv ansprechendes Format" im besonderen Maße erfüllen.

2.4 „Werbeaufgaben" als MAI-Ankermedien 13

Autokauf

Herr Möller will sich ein Auto der Marke Opel kaufen. In seiner Tageszeitung sieht er folgendes Angebot:

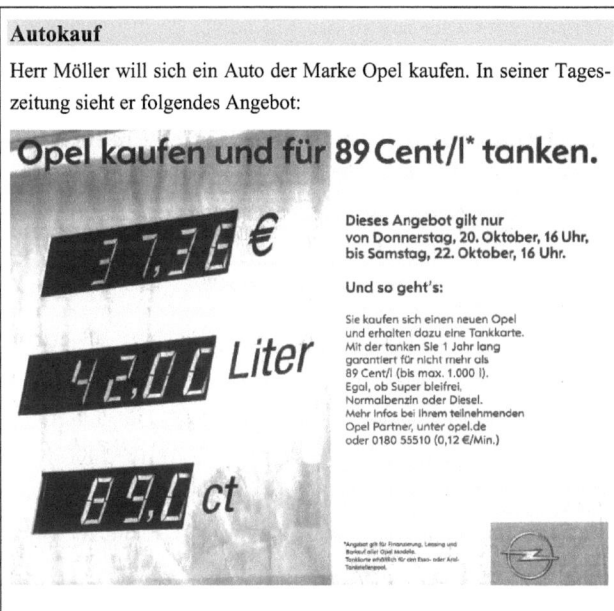

Ein Autohändler macht Herrn Möller für den Kauf eines 14 035 Euro teuren Opels folgende Angebote:
- Gewährung von 3 % Rabatt auf den Kaufpreis oder
- Kauf des Opels im Rahmen der oben beschriebenen Aktion.

Zu welcher Entscheidung würdest du Herrn Möller raten? Begründe deine Antwort.

Abb. 4: Beispiel einer „Werbeaufgabe" für den Mathematikunterricht (Blum et al., 2006)

MAI-2: Authentische Problemstellungen
Ankermedien werden als authentisch definiert, wenn sie reale Zusammenhänge aus dem täglichen Leben unter Verwendung realer Daten beschreiben sowie als gesellschaftlich relevant und bedeutungsvoll eingestuft werden können (Kuhn, 2008). Es ist offensichtlich, dass es sich in diesem Sinne bei einer Werbeanzeige um ein authentisches Medium handelt. Im Gegensatz zu einem Zeitungsartikel ist dagegen die narrative Einbettung („Story-Charakter") bei einem Werbetext geringer ausgeprägt und nur bei den wenigsten Werbeanzeigen vorhanden.

MAI-3: Aktive, selbsttätige Problemlösung
Völlig analog zu den „Zeitungsaufgaben" können „Werbeaufgaben" durch ihre Einbettung in eine problemorientierte Aufgaben- und Lernumgebung (Kuhn, 2008, S. 41) das

generative Problemlösen fördern. Im Gegensatz zu den Videodisks des originären AI-Ansatzes besteht bei „Zeitungs-" wie auch bei „Werbeaufgaben" die Möglichkeit, das Lernmaterial ohne großen Aufwand an die Lernvoraussetzungen der Schülerinnen und Schüler anzupassen. Die dadurch realisierte Anknüpfung an die Vorwissensstruktur der Lernenden – sie werden dort „abgeholt", wo sie tatsächlich stehen – ist bekanntlich eine notwendige Voraussetzung zur Erreichung des größtmöglichen Lernerfolgs (Kourilsky & Wittrock, 1992; Greeno, 1989; CTGV, 1991).

MAI-4: Eingebettete Daten
Um das Prinzip der eingebetteten Daten zu erfüllen, müssen analog zu den Zeitungsartikeln für die Aufgabenkonzeption solche Werbeanzeigen ausgewählt werden, die alle zur Lösung notwendigen Informationen beinhalten. Alternativ müssen fehlende Angaben innerhalb des Aufgabentextes formuliert oder durch zusätzliches Instruktionsmaterial zur Verfügung gestellt werden. Wie bereits von den Ankermedien des ursprünglichen Ansatzes gefordert, sind auch bei Werbetexten oftmals deutlich mehr Informationen (z. B. auch in Form quantitativer Daten) enthalten, als zur Bearbeitung der Problemstellung vonnöten wären. Die „detektivische" Suche nach problemrelevanten Daten und die damit einhergehenden positiven Aspekte, sind also auch bei der Bearbeitung von „Werbeaufgaben" vorhanden.

MAI-5: Sinnvolle Problemkomplexität
Genau wie bei „Zeitungsaufgaben" besteht auch bei dem hier diskutierten Aufgabentyp die Möglichkeit, zu dem gleichen Ankermedium verschiedene Aufgabenvarianten zu formulieren (Abb. 6). So ist es ohne großen Aufwand möglich, leistungsstärkere Schülerinnen und Schülern mit einer eher offenen Aufgabe zu konfrontieren und schwächeren dagegen eine geschlossenere Variante anzubieten. Der Einsatz des Ankermediums „Werbeanzeige" stellt somit eine ausgezeichnete Möglichkeit zur inneren Differenzierung dar, welcher in heterogenen Lerngruppen eine bedeutende Rolle zukommt (Corno & Snow, 1986; Snow & Swanson, 1992).

MAI-6: Verbindung aufeinander bezogener, sachgleicher Ankermedien
Ein Ankermedium soll die Möglichkeit bieten, den Lernenden mehrere Ankermedien zu sachgleichen Themen bereitzustellen, um diese in ihrer Transferfähigkeit zu fördern. Natürlich wird diesem Kriterium auch von dem Medium „Werbeanzeige" Rechnung getragen; so ist es ohne weiteres möglich, zu dem gleichen Thema mehrere „Werbeaufgaben" zu konzipieren, durch deren Unterrichtseinsatz die von den Schüle-

2.4 „Werbeaufgaben" als MAI-Ankermedien

rinnen und Schülern erworbenen Kenntnisse flexibilisiert werden. Beispiele für sachgleiche „Werbeaufgaben" befinden sich im Anhang dieser Arbeit (vgl. A.1); ein Großteil der bei den Studien zur Wirksamkeit von „Werbeaufgaben" eingesetzten Aufgaben lässt sich mit Hilfe der Grundgleichung der Wärmelehre lösen; der Lerninhalt wird den Schülerinnen und Schülern jedoch stets in einem anderen Kontext präsentiert.

MAI-7: Horizontale und vertikale Verbindung von Curriculuminhalten
Der Forderung nach einem fächer- und jahrgangsübergreifenden Ankermedium werden „Werbeaufgaben" ebenfalls gerecht. Abgesehen von der Anknüpfung zum Unterrichtsfach Sozialkunde, in dem das Thema „Werbung" zumeist in den Lehrplänen der Sekundarstufe I curricular verankert ist – z. B. ist an den Gymnasien in Rheinland-Pfalz die Thematik Lerngegenstand der 9. Klasse (MBWW, 1998b) –, hängt es natürlich vom Inhalt der Werbeanzeige ab, ob und zu welcher Disziplin fächerverbindende Bezüge bestehen. Die Befähigung der Schülerinnen und Schüler die Kosten, Nutzen und Umweltverträglichkeit eines Produkts abzuschätzen, welche im Zentrum des Sozialkundeunterrichts steht, stellt natürlich auch ein wichtiges fachübergreifendes Lernziel innerhalb des Physikunterrichts dar. Werbetexte, deren Aussagen rechnerisch geprüft und als falsch identifiziert werden können, scheinen hierzu im besonderen Maße geeignet. Zum Beispiel stellt sich die in Abb. 5 angegebene Temperaturerhöhung nur unter der Annahme ein, dass während des Erwärmens des Wassers von diesem keine Energie abgestrahlt wird. Dies ist jedoch nicht zutreffend, weshalb die tatsächliche Aufwärmzeit und damit auch die anfallenden Betriebskosten des Whirlpools höher sind, als ausgehend von den angegebenen Daten zu erwarten wäre. Durch die kritische Betrachtung von Werbeanzeigen innerhalb des Physikunterrichts wird im Übrigen auch dem durch die Bildungsstandards formulierten Kompetenzbereich „Bewertung" (KMK, 2005) Rechnung getragen.

Genau wie Zeitungsartikel, nehmen Werbeanzeigen ebenfalls keine Rücksicht auf curricular vorgeschriebene Lerninhalte, so dass bei der Bearbeitung von „Werbeaufgaben" teilweise Wissen benötigt wird, welches schon vor längerer Zeit behandelt wurde. Ein Beispiel für eine solche Problemstellung zeigt die Abb. 7; innerhalb des Curriculums der Realschulen im Land Rheinland-Pfalz ist die Kalorik Lerngegenstand der Klassenstufe 9, die Elektrizitätslehre dagegen Thema der Klasse 10 (MBWW, 1998a).

Der aufblasbare Whirlpool

a) Steigert sich die Wassertemperatur wirklich, wie in der Werbeanzeige behauptet, um 1,5-2 °C pro Stunde? Rechne nach!
b) Wie lange dauert in etwa das Aufwärmen des Wassers?
c) Was kostet das Erwärmen einer Whirlpool-Füllung bei einem Kilowattstundenpreis von 14 Cent?

Abb. 5: Beispiel einer „Werbeaufgabe" zum Themenbereich „spezifische Wärmekapazität"

2.4 „Werbeaufgaben" als MAI-Ankermedien

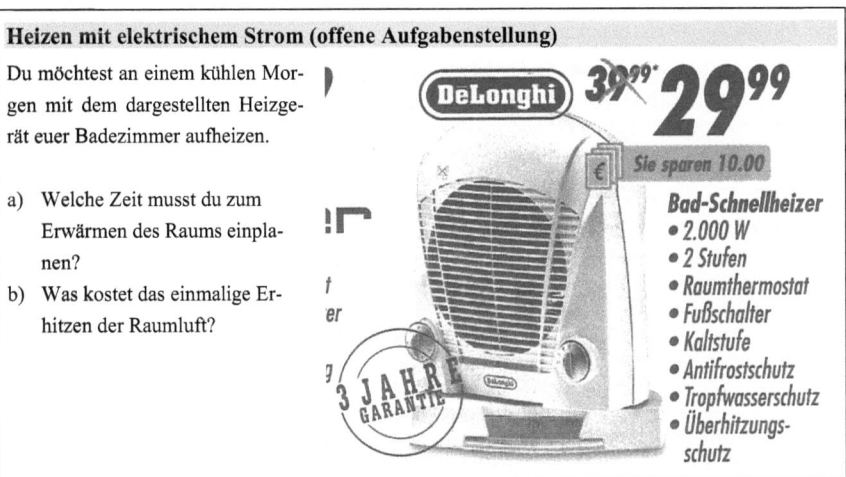

Heizen mit elektrischem Strom (offene Aufgabenstellung)

Du möchtest an einem kühlen Morgen mit dem dargestellten Heizgerät euer Badezimmer aufheizen.

a) Welche Zeit musst du zum Erwärmen des Raums einplanen?
b) Was kostet das einmalige Erhitzen der Raumluft?

Heizen mit elektrischem Strom (geschlossene Aufgabenstellung)

Du möchtest an einem kühlen Morgen mit dem dargestellten Heizgerät euer Badezimmer (A = 15 m^2) von 12 °C auf 20 °C aufheizen.
a) Schätze das Volumen der zu erwärmenden Luft für eine Raumhöhe von 2,50 m ab.
b) Die Dichte der Luft beträgt 1,3 kg/m^3. Berechne die Masse des Luftvolumens.
c) Wie viel Energie benötigt man zum Erhitzen der Luft? (Die spezifische Wärmekapazität von Luft beträgt 1 kJ/(kg·K).) Gib die berechnete Wärme in Kilowattstunden an.
d) Welche Zeit musst du zum Erwärmen des Raums einplanen? Gehe bei deiner Abschätzung davon aus, dass die aufgenommene elektrische Energie vollständig in Wärmeenergie der Luft umgewandelt wird!
e) Was kostet das einmalige Erhitzen der Raumluft bei einem Kilowattstundenpreis von 14 Cent?

Abb. 6: Werbeanzeige mit verschieden offenen Aufgabenstellungen

Wie bereits die einführenden Beispiele zeigen, stehen in der vorliegenden Arbeit quantitative Problemstellungen im Vordergrund; meist sind bei den für die Untersuchungen konzipierten Aufgaben (vgl. A.1) getroffene Behauptungen rechnerisch zu prüfen oder für den Endverbraucher interessante Größen abzuschätzen. Beispielsweise beeinflusst die zum Erhitzen der Whirlpool-Füllung benötigte Zeit die Betriebskosten des Geräts, welche für den potentiellen Käufer von elementarem Interesse sind (Abb. 5).

Beim Lösen von „Werbeaufgaben" vollziehen die Lernenden die gleichen Tätigkeiten wie bei der Bearbeitung von konventionell formulierten Anwendungsaufgaben, wobei eine Reihe der durch die Bildungsstandards für den Mittleren Schulabschluss (KMK, 2005) formulierten Kompetenzen vorangetrieben werden.

Die Physik des Wasserkochers

Um Tee zu kochen, sollen mit Hilfe des dargestellten Wasserkochers 1,5 Liter Wasser zum Sieden gebracht werden.

a) Wie lange dauert das Erhitzen des Wassers?
b) Was kostet das Erhitzen des Wassers bei einem Kilowattstundenpreis von 16 ct?
c) Wie groß ist der elektrische Strom?
d) Berechne den elektrischen Widerstand der Heizspirale!
e) Erläutere die Funktionsweise der Abschaltautomatik!

Abb. 7: „Werbeaufgabe" mit jahrgangsübergreifenden Inhalten

Die Schülerinnen und Schüler

- stellen eine Gleichung zur Lösung des Problems auf,
- stellen die Formel nach der gesuchten Größe um,
- wählen die zur Berechnung notwendigen physikalischen Größen aus und recherchieren ggf. nach weiteren, die zur Berechnung notwendig sind,
- setzen die physikalischen Größen in die Berechnungsgleichung ein und bestimmen das Ergebnis,
- prüfen und bewerten ggf. ihr Ergebnis.

Neben quantitativen Problemstellungen gibt es natürlich auch rein qualitative Aufgaben, die z. B. nach der Funktionsweise des „angepriesenen" Geräts fragen. Hierzu sind besonders solche Werbetexte geeignet, welche die Physik des vorgestellten Artikels explizit aufgreifen – die physikalische Erklärung der Funktionsweise soll vermutlich dem Leser suggerieren, dass es sich um ein hoch innovatives Produkt handelt (Abb. 8).

Bei der Auswahl solcher Annoncen ist natürlich auf sachliche Korrektheit sowie auf eine akzeptable Verwendung von Alltags- und Fachsprache zu achten. Erfüllt eine Werbeanzeige diese Punkte nur unzureichend, dann kann sie durch eine darauf abgestimmte Aufgabenformulierung dennoch einen sinnvollen Lernanlass bieten (Abb. 9), schließlich ist das Lernen aus Fehlern eine vielfach propagierte Strategie beim Physiklernen (BLK, 1997; Kuhn, 2003).

Besseres Aroma durch hydrodynamische Gesetze!

Geniale Erfindung belüftet Ihren Rotwein – von der Flasche direkt ins Glas.

Sie belüften nur so viel Wein, wie Sie auch trinken.

Fast alle Rotweine, aber auch schwere Weißweine brauchen unbedingt Luft, um ihr Aroma zu entfalten. Doch jetzt müssen Sie nicht mehr 2-4 Stunden nach dem Dekantieren warten. Und: Sie belüften nur so viel Wein, wie Sie auch trinken möchten. Denn mit dieser Erfindung kommt Ihr köstlicher Tropfen bereits beim Ausgießen mit der nötigen Luft in Kontakt.

Herzstück des Dekantierausgießers ist ein Venturi-Rohr, benannt nach dem italienischen Physiker G. B. Venturi (1746-1822).

Eine Verengung, ähnlich einer Sanduhr, erhöht die Fließgeschwindigkeit des Weines – und erzeugt einen Unterdruck, der Luft in das Rohr einsaugt. Ihr Wein wird optimal mit Sauerstoff angereichert und entfaltet seine vollen Geschmacks- und Aromastoffe. Ein Sieb mit acht Löchern in zwei Größen spaltet zudem den Wein und belüftet ihn zusätzlich. Dieser Dekantierausgießer erhielt 1999 den norwegischen Sjølyst Designpreis. Gefertigt aus Kunststoff, rostfreiem Stahl und fest schließendem Gummistopfen. 9,5 cm lang, 1,6 cm ⌀. Wiegt 35 g. Ideal für jeden Rotweinliebhaber.

- Venturi Dekantierausgießer
  Nr. 124-743-30
  € 29,95

Elegantes Design birgt ein aufwändiges Innenleben: Das Venturi-Rohr belüftet Ihren Rotwein beim Ausschenken optimal.

a) Erklären Sie die Funktionsweise des auf dem „Venturi-Prinzip" beruhenden Dekantierausgießers unter Nutzung der physikalischen Fachsprache und insbesondere der Gleichung von Bernoulli!

b) Erläutern Sie mindestens drei weitere Geräte, die vom „Venturi-Prinzip" Gebrauch machen! Recherchieren Sie hierzu z. B. im Internet oder in der Bibliothek!

Abb. 8: Beispiel einer Werbeanzeige, die das Funktionsprinzip eines Geräts unter Nutzung physikalischer Gesetzmäßigkeiten erläutert

Bei der Beurteilung von Werbeannoncen im Hinblick auf ihre Brauchbarkeit zur Aufgabenkonzeption fällt auf, dass nur ein geringer Teil zum Einsatz im Physikunterricht der Sekundarstufe II geeignet erscheint; das Medium „Werbeanzeige" kann somit insbesondere als ein Medium der Sekundarstufe I betrachtet werden. Zwei für die Sekundarstufe II oder gar für die Lehrerbildung geeignete Beispiele unterschiedlichen Offenheitsgrades gehen aus Abb. 10 und Abb. 11 hervor.

Ferner wird ersichtlich, dass „Werbeaufgaben" meist dem Anforderungsbereich II („Wissen anwenden") der Bildungsstandards für den Mittleren Schulabschluss (KMK, 2005) zugeordnet werden können, dem im Physikunterricht der Sekundarstufe I eine besondere Bedeutung zukommt.

Physikalische Größen und Einheiten im Alltag

Modell	① Herkules '40'	② Herkules '50'	③ Herkules '60'
Leistung	1,5 kW	1,85 kW	2,2 kW
Leistungsaufnahme	10 A	11 A	14 A
Max. Schubkraft	4 t	5 t	6 t
Max. Spaltlänge	37 cm	54 cm	57/107 cm
Gewicht	35 kg	70 kg	92 kg
Maße	82 x 28 x 46 cm	60 x 50 x 150 cm	68 x 52 x 155 cm
Sonstiges		fahrbares Untergestell	fahrbares Untergestell
OS-/Produkt-Nr.	3371 - 1199800	3371 - 1194379	3371 - 1194386
Preis	199,-	549,-	699,-

Häufig nutzt man in der Alltagssprache Begriffe, die auch in der Physik zu Hause sind. Daher ist es zwingend notwendig, die Alltagssprache von der physikalischen Fachsprache abzugrenzen. Beispielsweise meint man im Alltag mit dem Begriff „Arbeit" meist seinen Beruf, in der Physik dagegen das Produkt aus Kraft und Weg. Insbesondere bei der Verwendung von Einheiten kommt es im Alltag – aus physikalischer Sicht – immer wieder zu Fehlern. Auch in die obenstehende Werbeanzeige haben sich gleich mehrere Fehler eingeschlichen; kannst du sie finden?

Abb. 9: Fehlerbehaftete Werbeanzeige, als Ausgangspunkt zur Abgrenzung von Alltags- und Fachsprache

2.4 „Werbeaufgaben" als MAI-Ankermedien

Wasserspaß durch Sonnenenergie

a) Begründen Sie, dass die Erwärmung des Wassers unabhängig vom Durchmesser und somit unabhängig von der Fläche des Planschbeckens ist!
b) Schätzen Sie die Erwärmung des Wassers über einen Zeitraum von 4 Stunden mit und ohne Boden ab! Ist der in der Werbeanzeige angepriesene schwarze Boden aus physikalischer Sicht tatsächlich sinnvoll?

Abb. 10: Für die Sekundarstufe II oder die Lehrerbildung geeignete „Werbeaufgabe" (hoher Offenheitsgrad)

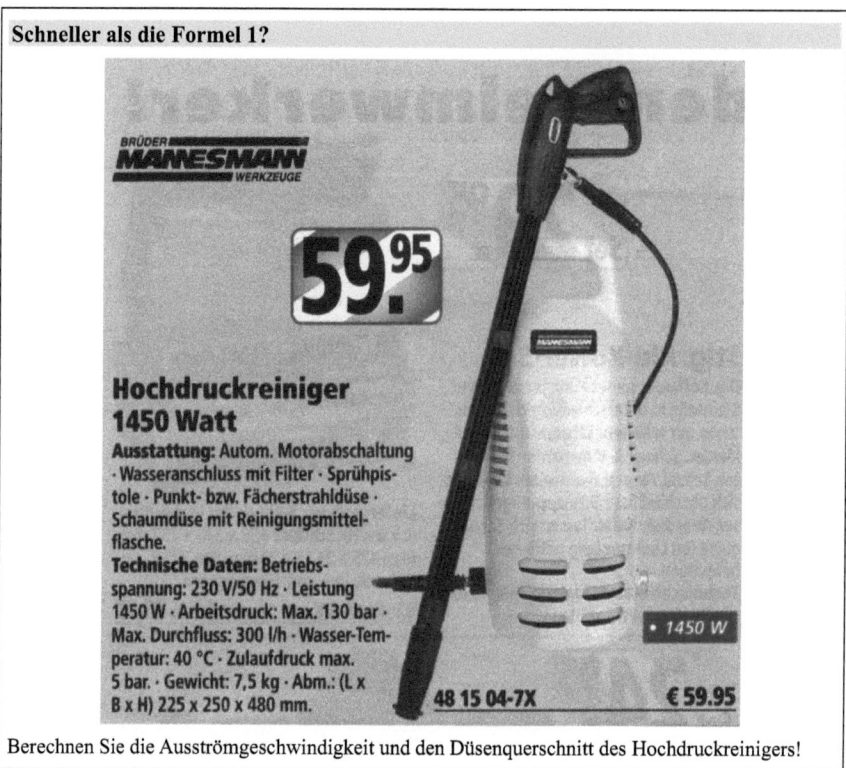

Abb. 11: Für die Lehrerbildung geeignete „Werbeaufgabe" (geringer Offenheitsgrad)

2.4.1 Leithypothesen

In Anlehnung an die Arbeit von Kuhn (2008) werden an dieser Stelle für die beiden abhängigen Variablen „Motivation" und „Leistung" übergeordnete Hypothesen formuliert, die für die Pilot- wie auch für die Hauptuntersuchung zur Wirksamkeit von „Werbeaufgaben" gelten.

„Werbeaufgaben" fördern die Motivation

M1. Die Motivation in der Experimentalgruppe (EG)[3] ist größer als in der Kontrollgruppe (KG)[4], d. h. das Ankermedium „Werbeaufgabe" führt zu einem größeren Motivationsgrad verglichen mit konventionell formulierten Alltagsproblemen.

M2. Der Unterschied im Motivationsverlauf zwischen EG und KG hat über einen mittelfristigen Zeitraum bestand, d. h. „Werbeaufgaben" fördern nachhaltig die Motivation einer Lerngruppe.

„Werbeaufgaben" fördern die Leistung

L1. Die Leistung in der EG ist größer als in der KG, d. h. das Ankermedium „Werbeaufgabe" führt zu einer größeren Leistung im Vergleich zu konventionell formulierten Alltagsproblemen.

Weitere Forschungsfragen und Hypothesen, welche durch die Analysen der Hauptstudie beantwortet bzw. geprüft wurden, werden im Kapitel 4 ergänzt.

---

[3] Lerngruppe, in der die Schülerinnen und Schüler mit „Werbeaufgaben" entsprechend der Abb. 12 arbeiten.
[4] Lerngruppe, in der die Schülerinnen und Schüler mit konventionell formulierten Alltagsproblemen entsprechend der Abb. 13 arbeiten.

Heizen mit Dieselkraftstoff

a) Welchen Vorteil hat ein Diesel-Heizgebläse gegenüber einem herkömmlichen Holzofen?
b) Überprüfe rechnerisch die Leistung des Diesel-Heizgebläses!

Der Heizwert von Diesel beträgt $42{,}5 \, \frac{MJ}{kg}$.

Abb. 12: „Werbeaufgabe" im Themenbereich „Heizwerte von Brennstoffen"

Heizen mit Dieselkraftstoff

Ein Diesel-Heizgebläse verbraucht in einer Stunde 1,7 kg Dieselkraftstoff.
a) Welchen Vorteil hat ein Diesel-Heizgebläse gegenüber einem herkömmlichen Holzofen?
b) Berechne die Leistung des Diesel-Heizgebläses!

Der Heizwert von Diesel beträgt $42{,}5 \, \frac{MJ}{kg}$.

Abb. 13: Konventionell formuliertes Alltagsproblem im Themenbereich „Heizwerte von Brennstoffen"

2.4.2 Themenauswahl: Curriculare Einbindung und Praktikabilität

Damit die Überprüfung der Wirksamkeit von „Werbeaufgaben" im Physikunterricht für die beteiligten Schulen keine übermäßige Zusatzbelastung mit sich bringt, müssen solche Lerninhalte ausgewählt werden, die curricular in dem betreffenden Lehrplan verankert sind. Darüber hinaus sind bei einer empirischen Studie natürlich eine größere Zahl von Aufgaben einzusetzen; es muss also gewährleistet sein, dass sich zur ausgewählten Thematik ausreichend viele Werbeanzeigen finden lassen, zu denen geeignete Problemstellungen formuliert werden können. Wie die Begutachtung zahlreicher Werbeprospekte zeigt, trifft letzteres u. a. für die Themen „spezifische Wärmekapazität" und „Heizwerte von Brennstoffen" zu.

Die Behandlung der spezifischen Wärmekapazität und des Heizwertes von Brennstoffen ist laut dem gültigen Lehrplanentwurf Physik für Realschulen des Landes Rheinland-Pfalz (MBWW, 1998a) verbindlich für die Klassenstufe 9 vorgesehen (bei den in dieser Arbeit beschriebenen Studien nahmen ausschließlich Realschulklassen des genannten Bundeslandes teil). Hierauf entfallen im konventionellen Unterricht erfahrungsgemäß ca. fünf Unterrichtsstunden, also zwei Instruktionsstunden weniger als im Design von Forschungsfrage I vorgesehen (vgl. 5.4.2). Diese Differenz lässt sich aus vielen Gründen rechtfertigen:

- Aktualität des Themas aufgrund der anhaltenden Diskussion um den Klimawandel;
  - fast 90 % der im Haushalt genutzten Energie entfallen auf die Warmwasserbereitung (spezifische Wärmekapazität!) und auf die Heizung (Heizwerte von Brennstoffen!),
  - nahezu zwei Drittel der Kohlendioxid-Emissionen werden im Haushalt verursacht.
- Das Aufgreifen von regenerativen Energien wird im Lehrplan (MBWW, 1998a) explizit als Projekt vorgeschlagen; diese Thematik wird bei der Bearbeitung des Heizwertes bereits vielfach angesprochen (vgl. A.1; Eingesetzte Aufgaben), weshalb sich der Anschluss eines solchen Projekts geradezu anbietet.
- Bei den durch die Lehrpläne formulierten Stundenangaben handelt es sich stets um eine Empfehlung und nicht um eine verbindliche Vorgabe. Darüber hinaus nehmen die von den Lehrplänen vorgegebenen Inhalte im Bundesland Rheinland-Pfalz lediglich zwei Drittel der laut Stundentafel zur Verfügung stehenden Zeit in Anspruch. Ein Drittel der Unterrichtszeit fällt in die pädagogische Freiheit des Lehrers

und kann z. B. genutzt werden, um die „Grundbildung durch Üben, Anwenden und Wiederholen zu verbessern" (MBWW, 1998a); genau diesem Aspekt wird durch die zusätzlichen Unterrichtsstunden Rechnung getragen.

Die schriftlichen Überprüfungen am Ende der jeweiligen Instruktionsphasen erfüllen die formalen Kriterien eines Leistungsnachweises und können somit zur Bildung der Zeugnisnoten herangezogen werden. Sie sind also insbesondere auch Instrumente der Leistungsdiagnostik des Fachlehrers. Um aus den Ergebnissen dieser Leistungsposttests fundiert auf einen Effekt des Unterrichtsmaterials schließen zu können, ist die Erfassung von potentiellen Moderatorvariablen zwingend erforderlich (Helmke & Schrader, 2001; Helmke, 2007). Diese kommen jedoch nicht nur der empirischen Unterrichtsforschung, sondern auch dem Fachlehrer für eine effizientere Planung des weiteren Unterrichts zugute:

- Mangelnde Fähigkeit im Umgang mit sachlichen Texten stellt auch für den Leistungsfortschritt in Physik ein Hemmnis dar (Deutsches PISA-Konsortium, 2001). Folglich ist das Wissen um die Lesekompetenz der Lernenden auch für den Physiklehrer von Bedeutung.

- Kenntnisse über die allgemeine Intelligenz können Hinweise zu sinnvollen Differenzierungen geben.

- Der Motivationsprätest gibt dem Lehrer eine Rückmeldung über die motivationale Wirkung seines bisherigen Unterrichts.

Um den Lehrgang des Physikunterrichts weniger stark zu beeinflussen, können die Instrumente zur Messung von Kovariaten nach Möglichkeit in Vertretungsstunden eingesetzt werden.

Zusammenfassend lässt sich feststellen, dass die Untersuchungen zur Wirksamkeit von „Werbeaufgaben" im regulären Unterricht stattgefunden haben und der Unterrichtsgegenstand den laut Lehrplan vorgesehenen Inhalten sowie den durch die Bildungsstandards für den Mittleren Schulabschluss formulierten Kompetenzen entsprach (KMK, 2005). Darüber hinaus wurden die beteiligten Lehrkräfte durch die Bereitstellung der Unterrichtsmaterialien und die Korrektur der Leistungstests bei ihrer Unterrichtsplanung und -nachbereitung entlastet, so dass sich die Zusatzbelastung für die beteiligten Schulen auf ein Minimum reduzieren ließ.

3 Pilotstudie zur Wirksamkeit von „Werbeaufgaben"

3.1 Stichprobe

Die Pilotstudie wurde in zwei 9. Klassen einer Realschule in Rheinland-Pfalz durchgeführt, die beide vom Autor unterrichtet wurden. Eine Klasse (11 Mädchen, 15 Jungen) arbeitete als Experimentalgruppe (EG) während der Instruktionsphase mit „Werbeaufgaben" und die zweite Klasse (8 Mädchen, 18 Jungen) als Kontrollgruppe (KG) mit Alltagsproblemen ohne Bilder. Das Alter der Schülerinnen und Schüler lag in beiden Lerngruppen zwischen 14 und 16 Jahren.

3.2 Material und Methoden

3.2.1 Instruktionsmaterial

Unter Einhaltung der Vorgaben des gültigen Lehrplanentwurfs des Landes Rheinland-Pfalz (MBWW, 1998a) sowie des Stoffverteilungsplans der Realschule, an der die Pilotstudie durchgeführt wurde, fand die Untersuchung aufgrund der in Kapitel 2.4.2 aufgeführten Gründe im Rahmen von Unterrichtssequenzen zu den Themen „spezifische Wärmekapazität" und „Heizwert von Brennstoffen" statt. Welches Instruktionsmaterial – insbesondere Aufgabenmaterial – bei der Voruntersuchung zum Einsatz gekommen ist, geht aus Tab. 91 hervor und ist im Anhang dieser Arbeit dargestellt (vgl. A.1). In ihrer Formulierung stimmten die in der KG bearbeiteten Problemstellungen mit denen der EG nahezu völlig überein, lediglich die durch die Werbetexte bereitgestellten technischen Daten waren in die Aufgabenstellung integriert; auf ein dekoratives Bild wurde verzichtet.

3.2.2 Testinstrumente und Erhebungsverfahren

Im folgenden Teilabschnitt werden die bei der Pilotstudie eingesetzten Instrumente dargestellt. Zuerst erfolgt die Beschreibung der Testinstrumente der beiden abhängigen Variablen „Motivation" und „Leistung", eine Schilderung der Fragebögen zur Erfassung potentieller Moderatorvariablen schließt sich an. Zur besseren Übersicht gehen die im Rahmen der Voruntersuchung erfassten Variablen aus Tab. 2 hervor, auf die dazugehörenden Instrumente, Quellen und Kapitel wird verwiesen.

Tab. 2: Variablen und Instrumente, Pilotstudie

	Variable	Quelle/Kapitelverweis
AV	Leistung (in %)	selbst konzipierter, curricular valider Leistungstest (vgl. 3.2.2.2)
	Motivation (in %)	standardisierte Tests (Helmke, Ridder & Schrader, 2000; Kuhn, 2008; vgl. 3.2.2.1)
UV	Gruppenzugehörigkeit	–
	Geschlecht	–
MV	Lesekompetenz (in %)	standardisierter Test (Lang, Mengelkamp & Jäger, 2004; vgl. 3.2.2.3.2)
	mathematische Kompetenz (in %)	standardisierter Test (MARKUS, 2000; 3.2.2.3.3)
	konzeptuelles Verständnis (in %)	standardisierter Test (Yeo & Zadnik, 2001; vgl. 3.2.2.3.1)
	Notendurchschnitt zu Beginn der Studie	–

Erläuterungen: AV abhängige Variablen, UV unabhängige Variablen, MV Moderatorvariablen

3.2.2.1 Motivation

In der Pilotstudie wurde zum einen ein Motivationsinventar eingesetzt, welches sich auf den bisher erlebten Physikunterricht bezog (Prätest und Follow up, Tab. 4, B.2) und zum anderen ein Testinstrument, welches die aktuelle Motivation direkt im Anschluss an die Instruktionsphasen erfasste (Posttest 1 und Posttest 2, Tab. 4, B.1). Beide Tests bestehen aus den sinngemäß gleichen 26 Items, orientieren sich an dem Motivationstest der MARKUS-Untersuchung (Helmke, Ridder & Schrader, 2000), welcher von Kuhn (2008) zur Untersuchung der Wirksamkeit von „Zeitungsaufgaben" weiter modifiziert und validiert wurde. Aufgrund der sehr ähnlichen Fragestellungen sowie des analogen theoretischen Hintergrunds der beiden Arbeiten, bot sich der Einsatz der Motivationstests für die hier beschriebene Studie geradezu an.

Die Testinstrumente beinhalten drei Subskalen (Intrinsische Motivation/Engagement (IE), Selbstkonzept (SK), Realitätsbezug/Authentizität (RA)), was Kuhn unter Nutzung einer Hauptachsenanalyse mit anschließender Varimax-Rotation anhand eines Datensatzes von 180 Fällen belegen konnte (Kuhn, 2008). Entsprechend dem Kaiser-Guttman-Kriterium (Rudolf & Müller, 2004, S. 131) wurden alle Faktoren mit einem Eigenwert größer als 1 extrahiert.

3.2 Material und Methoden

Bei einer Varianzaufklärung der ersten drei Faktoren von 63 %, konnte jedes Item eindeutig einem Faktor zugeordnet werden[5]. Die Konstruktvalidität der einzelnen Skalen sowie des Gesamtinventars sind zufrieden stellend (Tab. 3).

Tab. 3: Beispiel-Items zum Vergleich der Motivationstests und Angaben zur Konstruktvalidität

Skala	Beispiel-Item zur allgemeinen Motivation	Beispiel-Item zur aktuellen Motivation	Itemzahl	Cronbachs α[6] (Kuhn, 2008)	Cronbachs α (eigene Daten)
(Sk)	Meine Leistungen in Physik sind nach meiner eigenen Einschätzung gut.	Meine Leistungen in den letzten Physikstunden waren nach meiner eigenen Einschätzung gut.	10	0,89	0,89
(IE)	Ich freue mich auf den Physikunterricht.	Ich habe mich auf die letzten Physikstunden gefreut.	8	0,89	0,86
(RA)	Was wir im Physikunterricht lernen, ist im Alltag nützlich.	Was wir in den letzten Physikstunden gelernt haben, ist im Alltag nützlich.	8	0,95	0,93
gesamt			26	0,93	0,94

Erläuterungen: Die Werte der vorletzten Spalte stammen aus der Arbeit von Kuhn (2008, S. 74), die in der letzten Spalte angegebenen Reliabilitäten beruhen auf den vom Autor erhobenen Daten. Zur Berechnung wurden die Daten des Motivationsprätests berücksichtigt ($N = 377$).

3.2.2.2 Leistung

Beim Leistungsposttest handelt es sich um eine schriftliche Überprüfung, welche sieben curricular valide Aufgaben umfasst (vgl. B.4). Diese Problemstellungen sind mit den während der Instruktionsphase bearbeiteten Aufgaben vergleichbar, prüfen insbesondere die Anwendbarkeit des erarbeiteten Wissens ab und besitzen unterschiedliche Anforderungsniveaus. Im Gegensatz zur Hauptuntersuchung wurde bei der Pilotstudie auf ein Expertenrating bzgl. der Aufgabenschwierigkeit (PISA-Kompetenzstufen) verzichtet, weshalb ausschließlich die beobachtete Aufgabenschwierigkeit[7] als Anhalts-

---

[5] Unter Berücksichtigung der Prätests des vom Autor erhobenen Datensatzes werden durch die ersten drei Faktoren 58,8 % der Varianz aufgeklärt.
[6] Cronbachs Alpha ist ein Maß für die interne Konsistenz eines Instruments bzw. einer Skala (Bortz & Döring, 2003, S. 198); sie gilt für $\alpha > 0,70$ als gut (Nunnally & Bernstein, 1994).
[7] Die eingesetzten Aufgaben besitzen unterschiedliche Lösungsraten, welche als Aufgabenschwierigkeit quantifizierbar sind. Ihre Definition erfolgt in Anlehnung an die Itemschwierigkeit für mehrstufige Items (Bortz & Döring, 2003, S. 218), d. h. sie entspricht dem über alle Probanden gemittelten Lösungsanteil.

punkt für das Anforderungsniveau dienen kann; diese reicht von 0,252 (Aufgabe 7) bis 0,867 (Aufgabe 5), die des Gesamttests liegt bei 0,553 (Tab. 17). Obwohl es sich bei dem Leistungstest nicht um einen standardisierten Test mit einer Vielzahl von Items handelt, ist seine interne Konsistenz mit $\alpha = 0{,}74$ verhältnismäßig hoch.

3.2.2.3 Kovariate

Lernerfolg und Motivation werden durch vielfältige Faktoren determiniert (Helmke, 2007; Helmke & Schrader, 2001), die bei der Auswertung einer Interventionsstudie kontrolliert werden müssen. Aus diesem Grund werden bei den Analysen dieser Arbeit neben der Experimentalbedingung auch das Geschlecht der Lernenden sowie mehrere potentielle Kontrollvariablen berücksichtigt. Bei der Vorstudie sind das der mittlere aktuelle Leistungsstand im Fach Physik zu Beginn der Untersuchung (erhoben als Mittelwert der im Schuljahr bis zur Intervention geschriebenen Leistungstests), das konzeptuelle Verständnis im Unterrichtsgegenstand Wärmelehre (vgl. 3.2.2.3.1), die Lesekompetenz (vgl. 3.2.2.3.2) sowie die mathematischen Fähigkeiten (3.2.2.3.3) der Schülerinnen und Schüler.

3.2.2.3.1 Konzepttest zur Wärmelehre

Möchte man die mittleren Leistungen zweier Gruppen am Ende einer Instruktionsphase miteinander vergleichen, so ist es zwingend erforderlich, dass die Analyse des Datenmaterials unter Berücksichtigung der Vorleistung erfolgt; schließlich stellt das Vorwissen einer der wichtigsten Prädiktoren des Lernerfolgs dar (z. B. Stark, 1999; Renkl, 1997). Neben der Erhebung des mittleren Leistungsstandes im Fach Physik zu Beginn der Untersuchung kommt hierzu ein leicht überarbeiteter standardisierter Konzepttest (vgl. B.7) zum Einsatz (TCI)[8], dessen Originalfassung von Yeo und Zadnik (2001) veröffentlicht sowie von Engelke ins Deutsche übersetzt wurde[9]. Anhand von 27 Multiple-Choice-Aufgaben prüft das Inventar das konzeptuelle Verständnis zum Themenbereich „Wärmelehre" ab. Die mittels Testhalbierungsmethode bestimmte Reliabilität beträgt nach Durchführung einer Spearman-Brown-Korrektur 0,81 (Bortz & Döring, 2003, S. 197; Yeo & Zadnik, 2001), die Testdauer liegt bei 15 bis 20 Minuten.

---

[8] In Anlehnung an den Force Concept Inventory (FCI) (Hestenes et al., 1992) wird in der vorliegenden Arbeit der Konzepttest zur Wärmelehre mit TCI abgekürzt.

3.2 Material und Methoden 31

Ein entscheidender Unterschied zwischen Konzept- und curricular validen Leistungstests besteht darin, dass zur Bearbeitung eines Konzepttests kein fachliches Vorwissen (z. B. Formeln) vonnöten ist. Somit kann er auch zu Beginn einer Studie eingesetzt werden, obgleich noch nicht in den Lerngegenstand eingeführt wurde. Ein Beispielitem des genutzten Instruments soll diesen Sachverhalt verdeutlichen (Abb. 14).

Marcel holt aus dem Kühlschrank eine Dose Cola und eine Plastikflasche Cola, die dort über Nacht standen. Er misst schnell die Temperatur in der Coladose. Sie beträgt 7 °C. Welches ist am ehesten die Temperatur der Plastikflasche und der Cola, die sie enthält?

a) Beide liegen unter 7 °C.

b) Beide haben genau 7 °C.

c) Beide haben über 7 °C.

d) Es ist abhängig von der Colamenge und/oder der Flaschengröße.

Abb. 14: Beispielitems des eingesetzten Konzepttests

3.2.2.3.2 Lesekompetenztest

Zur Erhebung der Kovariate „Lesekompetenz" wurde der standardisierte und gut validierte Lesekompetenztest nach Lang, Mengelkamp und Jäger (2004) eingesetzt. Dieser besteht aus einem kurzen Instruktionstext (293 Wörter) und 12 Multiple-Choice-Aufgaben, welche sich auf den einführenden Text beziehen. Als Maß für die Lesekompetenz fließt der prozentuale Anteil richtig gelöster Aufgaben in die Analysen ein. Die Bearbeitungszeit beträgt 15 bis 20 Minuten.

3.2.2.3.3 Mathematischer Fähigkeitstest

Die mathematischen Fähigkeiten der Schülerinnen und Schüler wurden ebenfalls mit einem standardisierten Instrument erhoben, welches für die Mathematik-Gesamterhebung des Landes Rheinland-Pfalz „MARKUS" entwickelt wurde (MARKUS, 2000). Obwohl der aus 15 Aufgaben bestehende Test ursprünglich für die 8. Klassenstufe vorgesehen war, erscheint er aufgrund seiner Inhalte für die durchgeführte Studie als geeignet; Hauptbestandteile des Inventars sind das Aufstellen und Lösen von Gleichungen (Abb. 15), d. h. es werden genau die mathematischen Fertig-

---

[9] Die Übersetzung von T. Engelke ist abrufbar unter http://www.didaktik.physik.uni-muenchen.de/forschung/testdatenbank/inhalt_testdatenbank/verst_waermelehre.pdf [Stand 06/09].

keiten geprüft, welche zur Bearbeitung der eingesetzten Aufgaben (vgl. A.1) benötigt werden. Analog zur Erhebung der anderen Kovariaten beträgt die Testbearbeitungszeit 15 bis 20 Minuten und auch die mathematischen Fähigkeiten werden als Prozentsatz richtig gelöster Aufgaben quantifiziert.

Aufgabe 8
Bestimme die Lösung der folgenden Gleichung: $3x - 21 = 42$
Trage die Lösung in den Antwortborgen ein.

Aufgabe 9
Löse die Ungleichung (Grundmenge ℚ): $13x + 100 > 7x - 20$
Trage die Lösung in den Antwortbogen ein.

Aufgabe 10
Welche Lösung hat die folgende Gleichung: $2x + 4 + (x + 6) = 7x$
Trage die Lösung in den Antwortbogen ein.

Abb. 15: Beispielaufgaben zum eingesetzten Mathematiktest

3.2.3 Effektstärken- und Teststärkenanalyse

3.2.3.1 Effektmaße – eine „Übersetzungshilfe"

In den Ergebnisdarstellungen der Vor- und Hauptstudie wird als Effektmaß vorwiegend das partielle Eta-Quadrat η_p^2 genutzt; es entspricht dem Anteil der aufgeklärten Variabilität der Messwerte relativ zur Summe der Quadratsummen des systematischen Effekts und des Residuums auf der Ebene der Stichprobe (Rasch et al., 2006). Es gilt:

$$\eta_p^2 = \frac{QS_{\text{Effekt}}}{QS_{\text{Effekt}} + QS_{\text{Res}}}$$

(QS_{Effekt} Quadratsumme des Effekts, QS_{Res} Quadratsumme des Residuums)

Vom partiellen Eta-Quadrat ist das totale Eta-Quadrat η^2 zu unterscheiden, das im Nenner die gesamte Quadratsumme QS_{Gesamt} berücksichtigt:

$$\eta^2 = \frac{QS_{\text{Effekt}}}{QS_{\text{Gesamt}}}$$

Das totale Eta-Quadrat gibt also Auskunft darüber, welcher Anteil der Gesamtvarianz durch den betrachteten Faktor erklärt wird. Im Falle einer einfaktoriellen Varianzana-

3.2 Material und Methoden

lyse stimmen die beiden Effektstärken überein, da dann die Summe aus Effekt- und Fehlerquadratsumme gerade der gesamten Quadratsumme entspricht. Anders ist die Situation bei einer mehrfaktoriellen Analyse oder immer dann, wenn Kovariaten kontrolliert werden. Ein entscheidender Unterschied zwischen den beiden Effektmaßen besteht dann darin, dass die Summe der partiellen Eta-Quadrate im Allg. nicht eins ergibt. Dies ist leicht einzusehen; wäre z. B. die Residualvarianz gleich Null, so würden bei einer zweifaktoriellen Analyse der Haupteffekt A, der Haupteffekt B wie auch der Interaktionseffekt A x B jeweils 100 % der Varianz aufklären! Dies wäre insbesondere auch dann der Fall, wenn der Haupteffekt A an der Gesamtvarianz viel weniger erklären würde als der Haupteffekt B, was deutlich macht, dass ein Vergleich der partiellen Eta-Quadrate einer mehrfaktoriellen Analyse nur bedingt interpretiert werden kann. Ist die Fehlerquadratsumme dagegen groß, so ist die Summe der partiellen Eta-Quadrate kleiner eins. Da sich bei der Verwendung des totalen Eta-Quadrats die Haupt- und Interaktionseffekte dagegen stets zu eins bzw. zu 100 % addieren, besitzt es eine höhere Aussagekraft und ist somit dem partiellen Eta-Quadrat vorzuziehen. Abb. 16 veranschaulicht diesen Sachverhalt anhand eines Beispiels; dargestellt sind die bei der Voruntersuchung auf die Leistung wirkenden Effekte (Tab. 17).

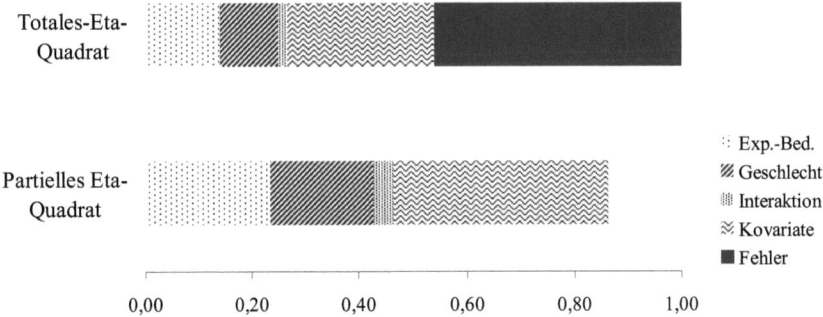

Abb. 16: Vergleich des partiellen mit dem totalen Eta-Quadrat

Das totale Eta-Quadrat entspricht dem Anteil der aufgeklärten Varianz der Messwerte und macht lediglich Aussagen über die gezogene Stichprobe. Der Wert von η^2 fällt im Vergleich zum Populationseffekt jedoch zu groß aus, weshalb eine Schätzung des wahren Effekts ω^2 (ausgehend von η^2) empfohlen wird[10] (Rasch et al., 2006). Für den univariaten Fall erfolgt diese nach Wolf (1998) mit der Gleichung

$$\omega^2 = \frac{\eta^2 \cdot (df_{\text{Error}} + df) - df}{1 - \eta^2 + df_{\text{Error}}}$$

(ω^2 Schätzwert des Populationseffekts, df_{Error} Freiheitsgrade des Fehlers, df Freiheitsgrade der Hypothese, η^2 totales Eta-Quadrat).

Aus dem so geschätzten ω^2 lässt sich darüber hinaus mit der Beziehung

$$d = \sqrt{\left(\frac{4n\omega^2}{1-\omega^2} + 4\right) \cdot \frac{1}{n-2}} \qquad \text{(mit } n = df_{\text{Error}} + df + 1\text{)}$$

und falls $n \gg 1$ mit

$$d = 2 \cdot \sqrt{\frac{\omega^2}{1-\omega^2}}$$

das nach Cohen benannte Distanzmaß d ermitteln[11] (Wolf, 1998).

Bei einem einfachen Gruppenvergleich (unabhängige Stichproben) entspricht es dem Quotienten aus der Mittelwertsdifferenz von EG und KG sowie der gepoolten Standardabweichung SD_p. Es gilt:

$$d = \frac{\overline{X}_{\text{EG}} - \overline{X}_{\text{KG}}}{SD_p} \quad \text{mit} \quad SD_p = \sqrt{\frac{(N_{\text{EG}} - 1) \cdot SD_{\text{EG}}^2 + (N_{\text{KG}} - 1) \cdot SD_{\text{KG}}^2}{N_{\text{EG}} + N_{\text{KG}} - 2}}$$

($\overline{X}_{\text{EG}}, \overline{X}_{\text{KG}}$ Mittelwert der EG bzw. KG, N_{EG}, N_{KG} Anzahl der Versuchspersonen in EG bzw. KG; SD_{EG}, SD_{KG} Standardabweichung der EG bzw. KG)

Da durch Unterschiede in den Vortestwerten von EG und KG ein einfacher Vergleich der Nachtestergebnisse den Effekt der Experimentalbedingung nur unvollkommen widerspiegelt, müssen die Effektstärken – wenn sie auf Grundlage der deskriptiven Daten berechnet werden sollen – unter Berücksichtigung der Vortestergebnisse

---

[10] Nach der Klassifikation von Cohen (1988) gelten Effekte als klein, falls $0{,}01 < \eta^2$; $\omega^2 \le 0{,}06$, als mittelgroß falls $0{,}06 < \eta^2$; $\omega^2 \le 0{,}14$ und als groß wenn $0{,}14 < \eta^2$; ω^2.
[11] Nach Cohen (1988) indiziert $0{,}2 \le d < 0{,}5$ einen kleinen, $0{,}5 \le d < 0{,}8$ einen mittleren und $d \ge 0{,}8$ einen starken Effekt.

3.2 Material und Methoden

korrigiert werden. Die korrigierte Effektstärke d_{korr} wird wie folgt berechnet (Jacobs, 2003):

$$d_{korr} = d_{Nachtest} - d_{Vortest}$$

$d_{Nachtest}$ bzw. $d_{Vortest}$ entsprechen dem Cohen's d für einen einfachen Vortest- bzw. Nachtestvergleich.

Aufgrund der Vielzahl der in dieser Arbeit präsentierten Effektstärken, wird aus Gründen der Einfachheit – das benutzte Statistikprogramm SPSS berechnet ausschließlich das partielle Eta-Quadrat – trotz der beschriebenen Nachteile überwiegend das partielle Eta-Quadrat verwendet. Eine Umrechnung der wichtigsten Effekte in η^2, ω^2 und d kann dem Kapitel 6.5 entnommen werden.

3.2.3.2 Teststärke, Stichprobenumfangsplanung

Ein ganz wesentlicher Schritt vor Beginn einer jeden Untersuchung sind Teststärkeanalysen und Stichprobenumfangsplanungen. Sie beantworten die Frage, wie groß eine Stichprobe sein muss, damit jedes Untersuchungsergebnis sinnvoll interpretiert werden kann oder umgekehrt, wie groß die Effektstärke eines vermuteten Zusammenhangs sein muss, um bei gegebener Stichprobengröße mit hoher Wahrscheinlichkeit statistisch signifikant werden zu können. Wurde keine Stichprobenumfangsplanung durchgeführt, so können sich nach Rasch et al. (2006, S. 43) folgende Probleme ergeben:

- Bei zu kleiner Stichprobe ist die Teststärke[12] möglicherweise so klein, dass die Nullhypothese (H_0) nicht verworfen werden kann, obwohl die Alternativhypothese Gültigkeit besitzt.

- Der Stichprobenumfang ist zu groß, weshalb die H_0 bereits bei kleinen, für die Praxis nicht relevanten Effekten zugunsten der Alternativhypothese verworfen wird.

Der zweite Punkt stellt ein deutlich geringeres Problem dar, weil unter Beachtung der Effektstärke entschieden werden kann, ob der signifikante Effekt tatsächlich von praktischer Relevanz ist oder nicht.

---

[12] Die Teststärke (Power) β - 1 entspricht der Wahrscheinlichkeit eines Tests, bei Gültigkeit der Alternativhypothese die H_0 tatsächlich zu verwerfen. Somit stellt sie die Gegenwahrscheinlichkeit des β-Fehlers (Wahrscheinlichkeit β die H_0 beizubehalten, obgleich ein Unterschied zwischen den Gruppen existiert) dar.

Sehr bequem lässt sich eine Stichprobenumfangsplanung (wie auch eine Teststärkeanalyse a posteriori[13]) mit der kostenlosen Software G*Power (Buchner et al., 2008) durchführen, wozu lediglich die den Stichprobenumfang bestimmenden Parameter in das Berechnungsprogramm eingegeben werden müssen. Diese sind bei einer Varianzanalyse

- die erwartete Effektstärke,
- die Anzahl der Faktorstufen,
- die gewünschte Teststärke,
- das Signifikanzniveau

sowie für eine Varianzanalyse mit Messwiederholung (abhängige Stichproben) zusätzlich

- die mittlere Korrelation zwischen den Faktorstufen und
- die Anzahl der Messzeitpunkte.

Falls vorhanden, kann bei der Festlegung der erwarteten Effektstärke auf das Ergebnis einer Pilotstudie bzw. einer ähnlichen Untersuchung zurückgegriffen werden; alternativ geht man von einer aufgrund anderer Kriterien geforderten (oft mittleren) Effektgröße aus. Die Ergebnisse der Stichprobenumfangsplanung sind für die Pilotstudie in Kapitel 3.3.1.1 (für die Motivation) und in Kapitel 3.3.2.1 (für die Leistung) dargestellt.

3.2.4 Design der Intervention

Zur Prüfung der in Kapitel 2.4.1 formulierten Hypothesen wird eine Feldstudie mit quasiexperimentellem Design durchgeführt, welche ein Vergleich der verschiedenen Aufgabentypen im Hinblick auf ihre Lernwirksamkeit sowie motivationalen Wirkung ermöglicht (Tab. 4).

Die Untersuchung beginnt mit der Erfassung möglicher Moderatorvariablen (Lesekompetenz, mathematische Kompetenz, konzeptuelles Verständnis, momentaner Leistungsstand, Ausgangsmotivation), woran sich die Einführung in das Thema „spezifi-

---

[13] Mit einer Teststärkeanalyse a posteriori lässt sich ausgehend von der berechneten Effektstärke abschätzen, mit welcher Wahrscheinlichkeit bei gleichem Design ein tatsächlich vorhandener Mittelwertsunterschied hätte gefunden werden können. Ist die a posteriori bestimmte Teststärke gering, so lässt sich das gefundene Ergebnis unter Umständen nicht abschließend interpretieren.

3.2 Material und Methoden

sche Wärmekapazität" anschließt. Nach einer Übungsphase bestehend aus zwei Arbeitsblättern (vgl. A.1) erfolgt ein erster Motivationsposttest; ein völlig identischer Instruktionsablauf schließt sich für das Thema „Heizwert" an. Am Ende der zweiten Instruktionsphase wird die Motivation der Schülerinnen und Schüler erneut sowie deren Leistung erstmalig erhoben. Dabei kommt eine schriftliche Überprüfung mit curricular validen Aufgaben zu beiden Themenbereichen zum Einsatz (vgl. 3.2.2.2).

Nachdem beide Lerngruppen zehn Unterrichtsstunden konventionell, d. h. ohne „Werbeaufgaben" unterrichtet wurden, findet zur Überprüfung der Nachhaltigkeit eines ggf. vorhandenen Effekts eine abschließende Motivationsmessung statt (Follow-up).

Tab. 4: Instruktions- und Testablauf der Pilotstudie

Woche	Stunde	V-Klasse („Werbeaufgaben")	K-Klasse (Alltagsprobleme)
1	1	Mathematiktest, Lesekompetenztest	Mathematiktest, Lesekompetenztest
1	2	Konzepttest, Motivationsprätest	Konzepttest, Motivationsprätest
2	3	Experimentelle Bestimmung der spezifischen Wärmekapazität	Experimentelle Bestimmung der spezifischen Wärmekapazität
2	4	Die Grundgleichung der Wärmelehre	Die Grundgleichung der Wärmelehre
3	5	Arbeitsblatt 1	Arbeitsblatt 1
3	5	Arbeitsblatt 2	Arbeitsblatt 2
3	6	Motivationsposttest 1	Motivationsposttest 1
3	6	Einführung des Heizwertes	Einführung des Heizwertes
4	7	Arbeitsblatt 3	Arbeitsblatt 3
4	8	Arbeitsblatt 4	Arbeitsblatt 4
5	9	Motivationsposttest 2, Leistungsposttest	Motivationsposttest 2, Leistungsposttest
5...10	10...19	konventioneller Unterricht	konventioneller Unterricht
11	20	Follow-up (Motivation)	Follow-up (Motivation)

Erläuterungen: Einsatz von Instrumenten, Instruktionsphase, konventioneller Unterricht

Durch die Berücksichtigung der Vorleistungen, der Ausgangsmotivation sowie der potentiellen Moderatorvariablen und die Vermeidung eines Effekts infolge verschiedener Lehrkräfte – beide Klassen werden von der gleichen Lehrkraft unterrichtet, so dass beim Vergleich dieser Gruppen ein Effekt aufgrund verschiedener Lehrstile oder Lehrerpersönlichkeiten auszuschließen ist – kann bei einem signifikanten Mittelwertsunterschied zwischen den Postmessungen (Vergleich mittels ANCOVA) bzw. bei unterschiedlichem Motivationsverlauf (Vergleich mittels ANOVA mit Messwiederholung) begründet auf einen Effekt der Experimentalbedingung geschlossen werden.

3.3 Ergebnisse der Pilotstudie

3.3.1 Beeinflussung des Motivationsverlaufs

Die deskriptiven Daten des Motivationsverlaufs für die Gesamtmotivation wie auch nach Subskalen getrennt (RA: Realitätsbezug/Authentizität, SK: Selbstkonzept; IE: Intrinsische Motivation/Engagement), gehen aus der unten stehenden Tabelle hervor. Die Resultate der Signifikanztests zeigen Tab. 10 bis Tab. 12.

Tab. 5: Deskriptive Statistiken zum Motivationsverlauf mit Subskalen, Pilotstudie

Gruppe		N	Motivationsprätest				Motivationsposttest 1			
			total	RA	SK	IE	total	RA	SK	IE
EG	MW	19	43,4	48,5	49,4	32,8	45,1	65,5	48,7	25,4
	(SEM)		(2,8)	(4,5)	(2,3)	(3,8)	(3,4)	(4,6)	(4,1)	(3,7)
	(SD)		(12,2)	(19,6)	(10,0)	(16,6)	(14,8)	(20,1)	(17,9)	(16,1)
KG	MW	18	56,7	57,9	63,8	47,7	53,1	60,2	56,9	43,4
	(SEM)		(3,1)	(4,9)	(2,6)	(4,2)	(3,8)	(5,1)	(4,6)	(4,1)
	(SD)		(13,2)	(20,8)	(11,0)	(17,8)	(16,1)	(21,6)	(19,5)	(17,4)
Gruppe		N	Motivationsposttest 2				Follow up			
			total	RA	SK	IE	total	RA	SK	IE
EG	MW	19	49,6	64,3	56,3	30,8	45,3	55,6	52,8	29,1
	(SEM)		(4,2)	(5,4)	(4,7)	(4,6)	(3,1)	(4,9)	(3,3)	(4,0)
	(SD)		(18,3)	(23,5)	(20,5)	(20,1)	(13,5)	(21,4)	(14,4)	(17,4)
KG	MW	18	42,2	49,5	42,7	35,7	48,2	59,1	49,1	38,6
	(SEM)		(4,6)	(6,0)	(5,2)	(5,1)	(3,4)	(5,4)	(3,6)	(4,5)
	(SD)		(19,5)	(25,5)	(22,1)	(21,6)	(14,4)	(22,9)	(15,3)	(19,1)

Erläuterungen: *MW* Mittelwert; *SEM* Standardfehler des Mittelwertes; *SD* Standardabweichung

Zur Auswertung des Motivationsverlaufs entsprechend Tab. 4 wird eine 4 x 2 x 2-faktorielle Varianzanalyse mit Messwiederholung durchgeführt (Anzahl der Gruppen in Faktor 1 (Zeit): 4, Anzahl der Gruppen in Faktor 2 (Experimentalbedingung): 2, Anzahl der Gruppen in Faktor 3 (Geschlecht): 2).

3.3.1.1 Stichprobenumfangsplanung

Aufgrund des identischen theoretischen Ansatzes kann bei der Stichprobenumfangsplanung davon ausgegangen werden, dass „Werbeaufgaben" einen ähnlichen Unterschied im Motivationsverlauf bewirken wie „Zeitungsaufgaben". Bei der hier beschriebenen Schätzung wird deshalb die von Kuhn (2007) für die Wirksamkeit von „Zeitungsaufgaben" angegebene minimale Effektgröße $\eta_p^2 = 0{,}10$ berücksichtigt. Bei zwei Faktorstufen (EG und KG), vier Messzeitpunkten, einem Signifikanzniveau[14] von $\alpha = 0{,}05$, einer mittleren Korrelation von $r = 0{,}50$ und einer gewünschten Teststärke[15] von $\beta - 1 = 0{,}80$ ergibt sich der notwendige Gesamtstichprobenumfang zu $N = 38$. Experimental- und Kontrollgruppe sollen also mindestens 19 Lernende umfassen, was durch die Abwesenheit einiger Schülerinnen und Schüler zu verschiedenen Messzeitpunkten – hat ein Schüler einen Motivationstest versäumt, so kann er bei der Analyse nicht mehr berücksichtigt werden – noch näherungsweise erfüllt ist ($N(EG) = 19$; $N(KG) = 18$).

Stimmt der durch den Einsatz von „Werbeaufgaben" hervorgerufene Unterschied im Motivationsverlauf mit dem der „Zeitungsaufgaben" nicht überein, so würde sich entsprechend der Abb. 17 eine andere Stichprobengröße ergeben.

Die hier beschriebene Stichprobenumfangsplanung gilt ausschließlich für die Varianzanalyse mit Messwiederholung. Für alternative Auswerteverfahren, z. B. für eine multivariate Betrachtung der mehrfach erhobenen AV oder für eine Auswertung der aus den AV gebildeten Kontrastvariablen, ergeben sich größere Stichprobenumfänge. So berechnet sich bei der Analyse von Kontrastvariablen, sie entspricht einer einfachen AN(C)OVA und stellt für die vorliegende Arbeit das entscheidende Auswerteverfahren dar, die notwendige Stichprobengröße zu $N = 58$ (mit $\beta - 1 = 0{,}80$ und $\alpha = 0{,}05$). Auf die EG und KG müssten demnach 29 Schülerinnen und Schüler entfallen, was bei der ursprünglichen Planung nur näherungsweise erfüllt war; die Zahl der Lernenden beträgt in beiden Gruppen 26, allerdings sind aufgrund krankheitsbedingter Ausfälle die tatsächlichen Stichprobenumfänge deutlich kleiner ($N(EG) = 19$, $N(KG) = 18$). Bei der Auswertung von Kontrastvariablen reduziert sich daher die Teststärke bei einem angenommenen Effekt von $\eta_p^2 = 0{,}10$ und einem Signifikanzniveau von $\alpha = 0{,}05$ auf $\beta - 1 = 0{,}63$.

---

[14] Da es sich bei den untersuchten Forschungsfragen um gerichtete Hypothesen handelt, kann man bei der Berechnung des benötigten Stichprobenumfangs von einem Signifikanzniveau von 0,10 statt 0,05 ausgehen.
[15] Die Teststärke sollte laut Cohen (1988) mindestens 0,80 betragen.

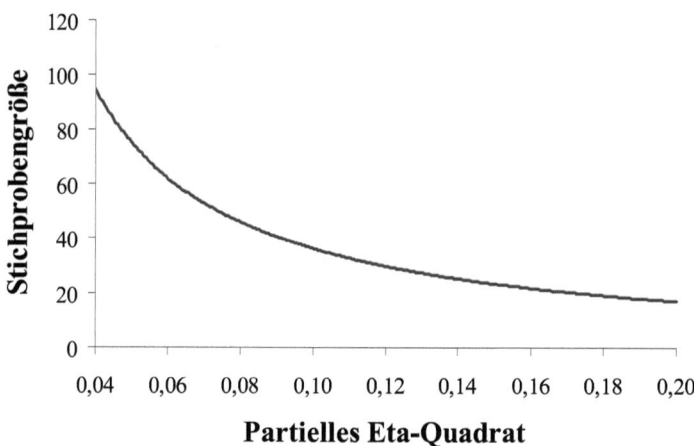

Abb. 17: In Abhängigkeit der vorhandenen Effektstärke notwendiger Stichprobenumfang (Motivation), berechnet mit G*Power (1 - β = 0,80; α = 0,05; r = 0,50, 2 Faktorstufen; 4 Messzeitpunkte)

3.3.1.2 Voraussetzungen der Analysemethode

<u>Beschreibung der Voraussetzungen.</u> Die Varianzanalyse mit Messwiederholung, wie auch jede andere Form der Varianzanalyse entspricht einem parametrischen Verfahren, welches an bestimmte Voraussetzungen geknüpft ist. Eine Grundvoraussetzung für die Durchführung parametrischer Verfahren stellt die Intervallskaliertheit der abhängigen Variablen dar. Für solche mit Ordinal- oder Nominalskalenniveau muss auf so genannte nichtparametrische oder verteilungsfreie Verfahren zurückgegriffen werden. Neben dem Intervallskalenniveau der AV werden für die Durchführung einer Varianzanalyse mit Messwiederholung streng genommen zusätzlich die folgenden drei Voraussetzungen gefordert (Rudolf & Müller, 2004; Rasch et al., 2006; Bortz, 2005):

I) Varianzhomogenität der Residuen zwischen den Gruppen
Die Varianzen der Residuen unter den einzelnen Faktorstufen, sie entsprechen den Varianzen der abhängigen Variablen unter den einzelnen Faktorstufen, müssen homogen sein, was mit Hilfe des relativ robusten Levene-Tests (Diehl & Arbinger, 2001, S. 340) geprüft werden kann (Rudolf & Müller, 2004, S. 79).

3.3 Ergebnisse der Pilotstudie

II) Normalverteilung der Residuen innerhalb der Gruppen
Die Residuen in den Zellen des Versuchsplans müssen jeweils normalverteilt sein, was mittels Kolmogorov-Smirnov-Test (Diehl & Arbinger, 2001, S. 510) untersucht werden kann (Rudolf & Müller, 2004, S. 79).

III) Homogenität der Korrelationen zwischen den Faktorstufen
Ferner wird gefordert, dass alle Korrelationen zwischen den einzelnen Stufen des messwiederholten Faktors homogen sein müssen, was einer sehr strengen Voraussetzung entspricht. Untersuchungen haben jedoch gezeigt, dass eine Varianzanalyse mit Messwiederholung auch dann noch zu validen Entscheidungen führt, wenn die Varianzen der Differenzen zwischen jeweils zwei Faktorstufen homogen sind (Rasch et al., 2006, S. 108); man spricht in diesem Zusammenhang von der *Zirkularitätsbedingung* (auch *Sphärizitätsannahme*). Die Homogenität der Korrelationen zwischen den Faktorstufen ist eine spezielle Form der Sphärizität, letztgenannte also eine weniger strenge Voraussetzung; sie kann z. B. mit dem Mauchly-Test geprüft werden.

Bewertung der Voraussetzungen. Zur Robustheit der verschiedenen Formen der Varianzanalysen liegen umfangreiche Untersuchungen vor, welche die nachstehenden Empfehlungen zulassen (Rudolf & Müller, 2004; Bortz, 2005; Rasch et al., 2006):

- Die o. g. Voraussetzungen verlieren mit steigendem Stichprobenumfang an Bedeutung (Bortz, 2005, S. 286).

- Bei gleichgroßen Stichproben beeinflussen heterogene Varianzen den Signifikanztest nur unerheblich (Bortz, 2005, S. 287).

- Wenn die Voraussetzung der Varianzhomogenität erfüllt ist, ist die Varianzanalyse gegen Verletzungen der Normalverteilungsannahme relativ robust (Rudolf & Müller, 2004, S. 80).

- Zu einer Verletzung der Zirkularitätsbedingung kommt es, wenn heterogene Korrelationen zwischen den Messzeitpunkten unsystematisch variieren, was durch die Verwendung modifizierter Freiheitsgrade kompensiert werden kann (Bortz, 2005, S. 354).[16]

---

[16] Da viele empirische Datensätze der Sphärizitätsbedingung nicht entsprechen, ist die Anwendung von messwiederholten Varianzanalysen kritisch zu sehen. Eine Alternative zur Korrektur der Freiheitsgrade stellt die Durchführung einer multivariaten Varianzanalyse dar, bei der die aus den verschiedenen Messzeitpunkten gebildeten Kontrastvariablen als abhängige Variablen betrachtet werden (vgl. 3.3.1.3). Die Zirkularitätsannahme ist hierfür nicht relevant. Eine weitere Möglichkeit ist

- Nur falls die Stichproben ungleich groß sowie klein ($N < 10$) sind und darüber hinaus eine oder mehrere Voraussetzungen verletzt sind, sollte statt der Varianzanalyse ein verteilungsfreies Verfahren eingesetzt werden (Bortz, 2005, S. 287).

Außerdem sei angemerkt, dass im Gegensatz zu den Signifikanztests die Berechnung der Effektstärke an keinerlei Voraussetzungen gebunden ist (Bortz, 2005, S. 284).

Prüfung der Voraussetzungen in dieser Studie. Die Prüfung der Voraussetzungen der Varianzanalyse wird an dieser Stelle (sowie in Kapitel 3.3.2.2) exemplarisch für den Datensatz der Pilotstudie durchgeführt. Aufgrund der Robustheit der Analysemethode gegen etwaige Verletzungen der Voraussetzungen, falls die Stichprobenumfänge größer als 10 und in etwa gleichgroß sind, wird im Ergebnisteil der Hauptstudie auf eine Darstellung der Voraussetzungsprüfung verzichtet (für den Haupteffekt der Experimentalbedingung sind die Zellbesetzungen stets deutlich größer als 10 und ungefähr gleichgroß).

Zu I): Die Varianzhomogenität der Residuen unter den einzelnen Faktorstufen wurde mit Hilfe des Levene-Tests geprüft (Tab. 6). Wie der Tabelle zu entnehmen ist, liegt eine Verletzung der Voraussetzung ausschließlich für die Gesamtmotivation beim Motivationsprätest vor. Da die Zellbesetzungen der Experimentalbedingung größer als 10 und näherungsweise gleichgroß sind, sind die Signifikanztests für den Einfluss der Experimentalbedingung dennoch robust. Beispielhaft werden im Kapitel 3.3.1.3 dennoch die berechneten Signifikanzen mit den Ergebnissen eines nichtparametrischen Verfahrens verglichen.

Zu II): Zur Überprüfung der Normalverteilung der Residuen wurde für jede Zelle des Versuchsplans sowie für jeden Messzeitpunkt ein Kolmogorov-Smirnov-Test durchgeführt, und zwar für die Gesamtmotivation wie auch für die drei Subskalen des Motivationsinventars. Die Ergebnisse gehen aus Tab. 7 hervor; kein Test führt zu einem signifikanten Ergebnis, weshalb die Bedingung der Normalverteilung stets erfüllt ist.

Zu III): Da zahlreiche Datensätze der Zirkularitätsannahme nicht genügen, wird bei der Auswertung des Motivationsverlaufs in der vorliegenden Arbeit stets auf eine alternative Auswertemöglichkeit messwiederholter Daten zurückgegrif-

---

die Betrachtung einzelner Kontrastvariablen (in Abhängigkeit der Fragestellung können das beispielsweise die aus der Prä- und den Folgemessungen gebildeten Differenzvariablen sein), wobei die Homogenität der Korrelationen ebenfalls keine Rolle spielt (Bortz, 2005, S. 359).

fen, nämlich auf die multivariate Betrachtung der abhängigen Variablen sowie auf die Auswertung gebildeter Kontrastvariablen[16]. Bei beiden Verfahren ist das Vorliegen der Zirkularität keine notwenige Voraussetzung. Die Betrachtung der Kontrastvariablen bietet darüber hinaus noch den Vorteil, dass sie eine Aussage darüber zulässt, zwischen welchen Messzeitpunkten signifikante Unterschiede bestehen und wie groß die jeweiligen Effektstärken sind. Da multivariate Analysen wie auch die Tests zu den Innersubjektkontrasten mit Hilfe des Statistikprogramms SPSS unter Nutzung der Prozedur „Messwiederholung" erfolgen, wird bei der Beschreibung des Auswerteverfahrens dennoch von einer AN(C)OVA mit Messwiederholung gesprochen.

Tab. 6: Levene-Test auf Gleichheit der Fehlervarianzen; Motivationsverlauf, Pilotstudie

		F	df	df_{Error}	p
Gesamtmotivation	Motivationsprätest	3,399	3	33	0,029
	Motivationsposttest 1	1,014	3	33	0,399
	Motivationsposttest 2	1,546	3	33	0,221
	Follow up	,957	3	33	0,424
Realitätsbezug/	Motivationsprätest	,674	3	33	0,574
Authentizität	Motivationsposttest 1	,639	3	33	0,595
	Motivationsposttest 2	,976	3	33	0,416
	Follow up	1,244	3	33	0,310
Selbstkonzept	Motivationsprätest	1,990	3	33	0,135
	Motivationsposttest 1	,515	3	33	0,675
	Motivationsposttest 2	2,782	3	33	0,056
	Follow up	,660	3	33	0,583
Intrinsische Motivati-	Motivationsprätest	1,381	3	33	0,266
on/	Motivationsposttest 1	1,033	3	33	0,391
Engagement	Motivationsposttest 2	1,277	3	33	0,299
	Follow up	,582	3	33	0,631

Erläuterungen: Der Levene-Test prüft die Nullhypothese, dass die Fehlervarianzen der abhängigen Variablen über Gruppen hinweg gleich sind; eine Signifikanz über 0,05 spricht also für eine Varianzhomogenität beim jeweiligen Test (F Prüfgröße des Levene-Tests, df Freiheitsgrade der Hypothese, df_{Error} Fehlerfreiheitsgrade, p Signifikanz).

Tab. 7: Test auf Normalverteilung der Residuen (Kolmogorov-Smirnov-Test); Motivation, Pilotstudie

Zelle		Standardisierte Residuen für die Gesamtmotivation				Standardisierte Residuen für die Subskala RA				Standardisierte Residuen für die Subskala SK				Standardisierte Residuen für die Subskala IE			
		Prä	Post 1	Post 2	Follow up	Prä	Post 1	Post 2	Follow up	Prä	Post 1	Post 2	Follow up	Prä	Post 1	Post 2	Follow up
EG, Mädchen (N = 7)	SD	0,646	0,973	0,828	1,317	0,548	1,273	0,734	1,211	0,520	1,316	1,110	1,361	0,751	0,605	0,716	0,796
	Z	0,695	0,682	0,426	0,754	0,435	0,549	0,619	0,808	0,509	0,761	0,670	0,588	0,542	0,539	0,591	0,517
	p	0,719	0,741	0,993	0,620	0,991	0,923	0,839	0,531	0,958	0,608	0,760	0,880	0,931	0,934	0,876	0,952
EG, Jungen (N = 12)	SD	1,344	1,153	0,562	0,867	1,231	0,832	0,754	0,637	1,386	1,065	0,508	0,895	1,248	1,235	0,807	1,071
	Z	1,051	0,416	0,808	0,567	0,858	0,615	0,505	0,513	0,641	0,646	0,610	0,887	0,778	0,617	0,804	0,663
	p	0,219	0,995	0,531	0,904	0,453	0,844	0,961	0,955	0,805	0,799	0,851	0,411	0,581	0,841	0,538	0,772
KG, Mädchen (N = 5)	SD	0,593	1,197	1,039	0,531	0,885	1,257	1,283	0,896	0,974	0,879	0,913	0,804	1,022	1,252	0,993	0,896
	Z	0,642	0,655	0,494	0,681	0,933	0,551	0,532	0,485	0,384	0,608	0,372	0,571	0,485	0,419	0,456	0,355
	p	0,805	0,784	0,967	0,743	0,349	0,922	0,940	0,973	0,998	0,853	0,999	0,900	0,973	0,995	0,985	1,000
KG, Jungen (N = 13)	SD	0,877	0,762	1,326	1,049	0,974	0,883	1,188	1,174	0,732	0,767	1,273	0,935	0,832	0,804	1,252	1,055
	Z	0,513	0,740	0,453	0,463	0,835	0,487	0,431	0,493	0,487	0,627	0,410	0,439	0,401	0,657	0,435	0,407
	p	0,955	0,644	0,986	0,983	0,489	0,972	0,992	0,968	0,972	0,827	0,996	0,991	0,997	0,781	0,992	0,996

<u>Erläuterungen:</u> Der Kolmogorov-Smirnov-Test prüft, ob die abhängige Variable normalverteilt ist; die Annahme der Normalverteilung wird bei einer Signifikanz kleiner als 0,05 verworfen (SD Standardabweichung, Z Prüfgröße des Tests, p Signifikanz, N Stichprobenumfang).

3.3.1.3 Ergebnisse

Notwendig für den Nachweis eines Effekts des Lernmaterials auf die Motivation ist ein signifikanter Wechselwirkungseffekt, mit dem nachgewiesen werden kann, dass sich die Veränderung im Motivationsverlauf zwischen den Gruppen unterscheidet; entscheidend für den Einfluss der Experimentalbedingung und somit für die Überprüfung der Hypothese M1 (2.4.1) ist also die Interaktionsvariable „Motivationsverlauf x Gruppe" (Tab. 10, Tab. 11). Ein signifikanter Haupteffekt „Gruppe" ist diesbezüglich weder hinreichend noch notwendig, da ein Gruppenunterschied über alle Messzeitpunkte bereits durch eine Abweichung erklärt werden kann, die schon vor der Intervention bestand. Gleiches gilt für den Haupteffekt „Motivationsverlauf", da zeitliche Änderungen der Motivation in beiden Gruppen gleichermaßen auftreten können (Rudolf & Müller, 2004).

Aus Gründen der Übersichtlichkeit werden im Folgenden vorwiegend statistisch signifikante und praktisch relevante Ergebnisse beschrieben; für eine vollständige Ergebnisdarstellung sei auf die entsprechenden Tabellen verwiesen. Als Effektstärkemaß dient in den nachfolgenden Erläuterungen das partielle Eta-Quadrat η_p^2, eine Umrechnung der wichtigsten Ergebnisse in η^2, ω^2 und d kann dem Kapitel 6.5 entnommen werden.

<u>Multivariate Tests (Tab. 10).</u> Der multivariate Test prüft, ob ein Haupt- oder Interaktionseffekt einen signifikanten Einfluss auf den zeitlichen Verlauf der AV nimmt; er entspricht einer mehrfaktoriellen Varianzanalyse, welche die Kontraste (hier die „Differenzvariablen" Posttest 1 – Prätest, Posttest 2 – Prätest und Follow up – Prätest) als abhängige Variablen berücksichtigt (Rudolf & Müller, 2004). Dieser multivariate Ansatz stellt eine Alternative zur Auswertung messwiederholter Daten dar, bei der die Zirkularitätsannahme – sie ist bei vielen Datensätzen verletzt – nicht relevant ist (Rasch et al., 2006)[16]. Der multivariate Ansatz macht jedoch keine Aussage darüber, zwischen welchen Messzeitpunkten signifikante Unterschiede bestehen.

- Der **Motivationsverlauf** unterliegt bei der Subskala „intrinsische Motivation/Engagement" einer signifikanten Änderung mit großer Effektstärke[10] ($F(3; 31) = 3,403$; $p = 0,030$; $\eta_p^2 = 0,248$); wie aus Tab. 8 hervorgeht, nimmt die intrinsische Motivation der Lernenden im Verlauf der Instruktionsphase ab. Dieser Motivationsverlust ist keineswegs erstaunlich und lässt sich mit der überdurchschnittlich hohen Zahl der eingesetzten Aufgaben pro Zeit erklären; die Bearbeitung von quantitativen Problemstellungen ist vergleichbar mit einem Krafttraining, das zwar zahlreiche Vorteile mit sich bringt (Konsolidierung des Wissen, Erhöhung der Transferfähigkeit etc.), jedoch aufgrund der hohen Anstrengung bei den Schülerinnen und Schülern im Allgemeinen nicht sehr beliebt ist. Der zeitliche Verlauf der Gesamtmotivation sowie der beiden anderen Subskalen unterliegt als Haupteffekt, also über beide Lerngruppen hinweg, keiner signifikanten Änderung.

Tab. 8: Zeitlicher Verlauf der intrinsischen Motivation, gemittelt über die Lernenden aus EG und KG (Pilotstudie, $N = 37$)

Messzeitpunkt	*MW*	*SEM*	*SD*
Prätest	40,3	2,9	17,6
Posttest 1	34,4	2,8	17,0
Posttest 2	33,3	3,4	20,7
Follow up	33,9	3,0	18,2

Erläuterungen: *MW* Mittelwert, *SEM* Standardfehler des Mittelwerts, *SD* Standardabweichung

- Die **Experimentalbedingung** (Interaktionsvariable „Motivationsverlauf x Gruppe") hat einen signifikanten Einfluss auf den zeitlichen Verlauf der *Gesamtmotivation* ($F(3; 31) = 2{,}931; p = 0{,}025; \eta_p^2 = 0{,}221$), sowie auf den zeitlichen Verlauf der Subskala *„Realitätsbezug/Authentizität"* ($F(3; 31) = 2{,}333; p = 0{,}047; \eta_p^2 = 0{,}184$) und zwar zugunsten der Experimentalgruppe (Tab. 5). Bei der Subskala *„Selbstkonzept"* ist der Einfluss sogar hoch signifikant ($F(3; 31) = 6{,}044; p = 0{,}001; \eta_p^2 = 0{,}369$). Entsprechend der Klassifizierung nach Cohen (1988), sind alle beschriebenen Effekte als groß einzustufen. Der Einfluss der Experimentalbedingung auf den zeitlichen Verlauf der *intrinsischen Motivation/des Engagements* bleibt insignifikant. Allerdings kann bei einer Teststärke von 0,628 und einem partiellen Eta-Quadrat von 0,171 (!) dieses Ergebnis nicht abschließend interpretiert werden. Diese Kennzahlen lassen vermuten, dass sehr wohl auch bei der Subskala „intrinsische Motivation/Engagement" ein Effekt vorhanden ist, der sich lediglich infolge der geringen Teststärke nicht signifikant zeigt.

Innersubjektkontraste (Tab. 11). Im Gegensatz zum multivariaten Ansatz, prüfen die Tests der Innersubjektkontraste, ob ein Haupteffekt, eine Interaktions- oder eine Kontrollvariable einen signifikanten Einfluss auf den zeitlichen Verlauf zwischen zwei Messzeitpunkten nimmt; unter Berücksichtigung der Fragestellung werden bei der vor-

3.3 Ergebnisse der Pilotstudie

liegenden Arbeit stets so genannte einfache Kontraste[17] ausgewertet, die aus der Prämessung und den jeweiligen Folgeerhebungen gebildet werden.

- Die **Experimentalbedingung** hat einen statistisch signifikanten und praktisch relevanten Einfluss auf den zeitlichen Verlauf der *Gesamtmotivation* zugunsten der Experimentalgruppe (Abb. 18); nach der Instruktionsphase zum Thema „Heizwert", also nach voller Aufgabendosis, liegt ein hoch signifikanter Unterschied mit großer Effektstärke vor (Vergleich Prätest – Posttest 2: $F(1; 33) = 8,361$; $p = 0,004$; $\eta_p^2 = 0,202$), beim Vergleich Prätest – Follow up besteht ein signifikanter mittlerer Effekt ($F(1; 33) = 5,039$; $p = 0,016$; $\eta_p^2 = 0,132$). Der Vergleich Prätest – Posttest 1 bleibt (bei geringerer Aufgabendosis) insignifikant. Da die Voraussetzung der Varianzhomogenität für die Gesamtmotivation beim Motivationsprätest verletzt ist (vgl. 3.3.1.2), werden die hier beschriebenen Signifikanztests mit einem nichtparametrischen Verfahren, dem Kruskal-Wallis-Test (H-Test) (Pospeschill, 2006, S. 435) überprüft. Hierzu berechnet man aus der Differenz zwischen den Postmessungen und der Prämessung neue abhängige Variablen, die einem Gruppenvergleich unterzogen werden. Die so erhaltenen Ergebnisse stimmen in ihren Kernaussagen mit denen der ANOVA überein. Beim Vergleich Posttest 2 – Prätest besteht ein hoch signifikanter Unterschied zwischen den Lerngruppen, d. h. die Experimentalbedingung hat einen signifikanten Einfluss auf den zeitlichen Verlauf der Gesamtmotivation ($p = 0,003$; mittlerer Rang EG: 23,9; mittlerer Rang KG: 13,8). Gleiches gilt für die gebildete Differenzvariable Prätest – Follow up ($p = 0,005$; mittlerer Rang EG: 23,5; mittlerer Rang KG: 14,2), der Kontrast Prätest – Posttest 1 bleibt analog zur varianzanalytischen Betrachtung insignifikant ($p = 0,247$; mittlerer Rang EG: 20,2; mittlerer Rang KG: 17,8).

- Bei der Subskala *„Realitätsbezug/Authentizität"* ergibt sich für die **Experimentalbedingung** ausschließlich beim Vergleich Prätest – Posttest 2 ein signifikanter Unterschied ($F(1; 33) = 5,408$; $p = 0,013$; $\eta_p^2 = 0,141$); es handelt sich um einen großen Effekt. Der grafischen Darstellung zum zeitlichen Verlauf der Unterdimension kann entnommen werden, dass der Unterschied zugunsten der Experimentalgruppe signifikant ist (Abb. 19).

---

[17] Bei den einfachen Kontrasten wird der Effekt jeder Faktorstufe mit dem Effekt einer Referenzfaktorstufe verglichen; es ist nahe liegend, dass bei der zu untersuchenden Fragestellung die Prämessung als Referenzstufe berücksichtigt wird.

- Bezüglich des *Selbstkonzepts* liegen bei den Vergleichen Prätest – Posttest 2 sowie Prätest – Follow up jeweils höchst signifikante Effekte mit großen Effektstärken vor (Prätest – Posttest 2: $F(1; 33) = 13{,}405$; $p < 0{,}001$; $\eta_p^2 = 0{,}289$; Prätest – Follow up: $F(1; 33) = 13{,}879$; $p < 0{,}001$; $\eta_p^2 = 0{,}296$).

- Die **Experimentalbedingung** hat keinen signifikanten Einfluss auf den zeitlichen Verlauf der *intrinsischen Motivation* der Schülerinnen und Schüler. Allerdings spricht das für den Vergleich Prätest – Posttest 2 berechnete partielle Eta-Quadrat von 0,061 für einen mittleren Effekt; wie bereits beschrieben, ist möglicherweise in der Population tatsächlich ein signifikanter Unterschied zwischen EG und KG vorhanden, welcher infolge einer geringen Teststärke von $\beta - 1 = 0{,}420$ auf der Stichprobenebene nicht nachweisbar ist.

Zwischensubjekteffekte (Tab. 12). Hier wird geprüft, welche Faktoren, Interaktionen und ggf. einbezogene Kovariate unter Berücksichtigung aller Messzeitpunkte einen signifikanten Einfluss auf die AV im Allgemeinen (nicht auf deren zeitlichen Verlauf!) haben. Zur Überprüfung des Treatmentfaktors sind die Zwischensubjekteffekte also nicht von Bedeutung; signifikante Unterschiede zwischen EG und KG können bereits vor der Intervention bestanden haben.

- Das **Geschlecht** hat einen statistisch bedeutsamen Einfluss auf die Motivation der Lernenden; dies gilt für die Gesamtmotivation, wie auch für die betrachteten Subskalen (total: $F(1; 33) = 19{,}313$; $p < 0{,}001$; $\eta_p^2 = 0{,}369$; RA: $F(1; 33) = 6{,}997$; $p = 0{,}012$; $\eta_p^2 = 0{,}175$; SK: $F(1; 33) = 22{,}234$; $p < 0{,}001$; $\eta_p^2 = 0{,}403$; IE: $F(1; 33) = 10{,}643$; $p = 0{,}003$; $\eta_p^2 = 0{,}244$). Wie Tab. 27 zeigt, folgt das Datenmaterial der allgemein bekannten Tatsache, dass die intrinsische Motivation der Jungen stärker ausgeprägt ist als die der Mädchen (Häußler & Hoffmann, 1998). Gleiches gilt für das Selbstkonzept und die Einschätzung der Physik im Hinblick auf ihren Realitätsbezug.

- Der Haupteffekt „**Experimentalbedingung**" sowie der Interaktionseffekt „**Experimentalbedingung x Geschlecht**" bleiben als Zwischensubjektfaktoren insignifikant.

Da es sich bei den eingesetzten Motivationstests nicht exakt um die gleichen Instrumente handelt (3.2.2), dürfte die Auswertung der Daten zum Motivationsposttest 1 und Motivationsposttest 2 streng genommen nicht mit einer Varianzanalyse mit Messwiederholung erfolgen; vielmehr wäre eine Kovarianzanalyse, welche die Ausgangsmotivation (Motivationsprätest) als mögliche Moderatorvariable berücksichtigt, das geeignete statistische Verfahren. Die Tatsache, dass die Items der beiden Testinstrumente sowie die bei den verschiedenen Auswertemethoden gewonnenen Ergebnisse in ihren Kernaussagen einander entsprechen, rechtfertigt die Durchführung der Varianzanalyse mit Messwiederholung. Diese besitzt gegenüber der Kovarianzanalyse meist eine höhere Güte (Rudolf & Müller, 2004, S. 98) und stellt daher für das vorliegende Versuchsdesign im Allg. die favorisierte statistische Methode dar. Darüber hinaus können so die Ergebnisse der Pilotstudie mit denen der Hauptstudie verglichen werden – bei der Hauptuntersuchung wurde ausschließlich ein Motivationsinventar eingesetzt (vgl. B.2), weshalb die Varianzanalyse mit Messwiederholung zweifelsfrei das bevorzugte Verfahren darstellt –, was für die in Kapitel 6.6 vorgenommene Dosis-Wirkungs-Analyse eine notwendige Voraussetzung darstellt; Effektgrößen aus Analysen mit unabhängigen Stichproben dürfen nicht mit Effektgrößen aus Untersuchungen mit Messwiederholung verglichen werden (Rasch, Friese et al., 2006, S. 113).

Tab. 9: Motivation in Abhängigkeit des Geschlechts, Pilotstudie

Skala		Mädchen ($N = 12$)	Jungen ($N = 25$)
total	*MW*	39,5	56,4
	(SEM)	(3,2)	(2,2)
	(SD)	(19,5)	(13,4)
Intrinsische Motivation/ Engagement	*MW*	27,1	43,8
	(SEM)	(4,2)	(2,9)
	(SD)	(17,3)	(17,6)
Realitätsbezug/ Authentizität	*MW*	50,8	64,3
	(SEM)	(4,2)	(2,9)
	(SD)	(25,5)	(17,6)
Selbstkonzept	*MW*	42,5	62,3
	(SEM)	(3,5)	(2,4)
	(SD)	(21,3)	(14,6)

Erläuterungen: *MW* Mittelwert, *SEM* Standardfehler des Mittelwerts, *SD* Standardabweichung

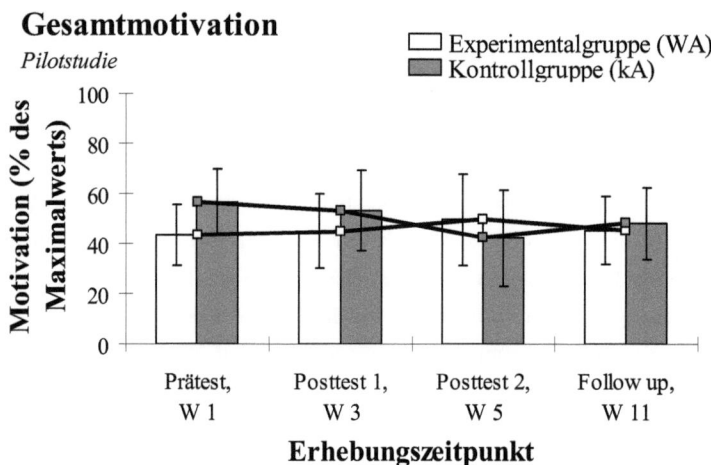

Abb. 18: Zeitlicher Verlauf der Gesamtmotivation, Pilotstudie

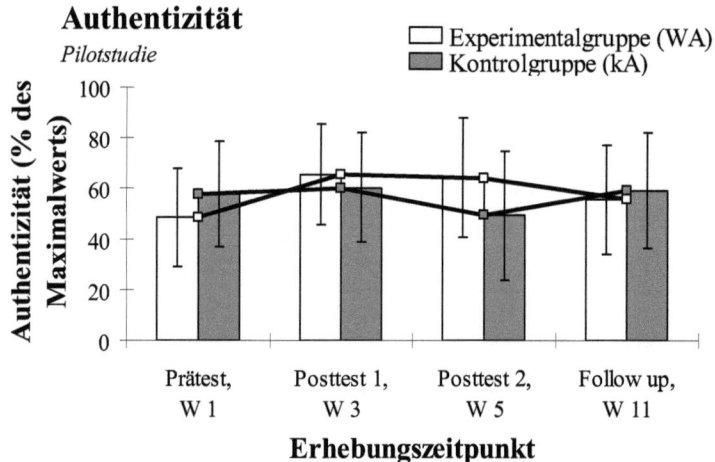

Abb. 19: Zeitlicher Verlauf der Subskala „Realitätsbezug/Authentizität", Pilotstudie

3.3 Ergebnisse der Pilotstudie   51

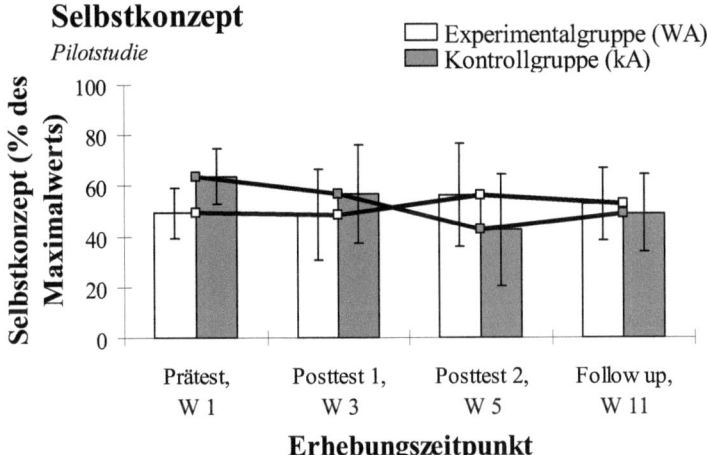

Abb. 20: Zeitlicher Verlauf des Selbstkonzepts, Pilotstudie

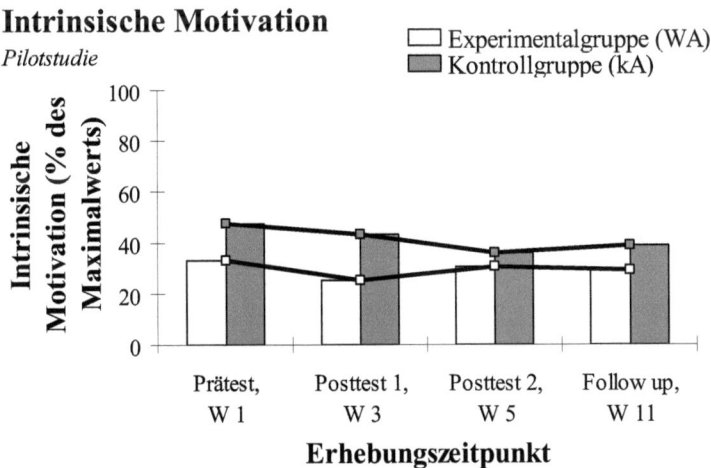

Abb. 21: Zeitlicher Verlauf der intrinsischen Motivation, Pilotstudie

Tab. 10: Ergebnisse der ANOVA zum Motivationsverlauf mit Subskalen, Pilotstudie (Multivariate Tests)

	df	df$_{Error}$	IE $F(\eta_p^2)$	SK $F(\eta_p^2)$	RA $F(\eta_p^2)$	Total $F(\eta_p^2)$
Motivationsverlauf MV	3	31	3,403* (0,248)	1,723 (0,143)	2,016 (0,163)	0,746 (0,067)
MV x GRUPPE	3	31	2,133 (0,171)	6,044** (0,369)	2,333* (0,184)	2,931* (0,221)
MV x GENDER	3	31	3,393* (0,247)	0,463 (0,043)	0,370 (0,035)	1,073 (0,094)
MV x GRUPPE x GENDER	3	31	0,648 (0,059)	1,073 (0,094)	0,772 (0,070)	1,053 (0,092)

Erläuterungen: *** $p < 0,001$, ** $p < 0,01$, * $p < 0,05$

Tab. 11: Ergebnisse der ANOVA zum Motivationsverlauf mit Subskalen, Pilotstudie (Innersubjektkontraste)

		df	IE $F(\eta_p^2)$	SK $F(\eta_p^2)$	RA $F(\eta_p^2)$	Total $F(\eta_p^2)$
Motivationsverlauf MV	Posttest 1 gegen Prätest	1	10,630** (0,244)	1,600 (0,046)	4,559* (0,121)	0,157 (0,005)
	Posttest 2 gegen Prätest	1	4,310* (0,116)	3,456 (0,095)	0,517 (0,015)	1,350 (0,039)
	Follow up gegen Prätest	1	5,730* (0,148)	5,442* (0,142)	1,012 (0,030)	2,056 (0,059)
MV x GRUPPE	Posttest 1 gegen Prätest	1	0,763 (0,023)	1,068 (0,031)	2,625 (0,074)	1,245 (0,036)
	Posttest 2 gegen Prätest	1	2,160 (0,061)	13,405*** (0,289)	5,408* (0,141)	8,361** (0,202)
	Follow up gegen Prätest	1	1,008 (0,030)	13,879*** (0,296)	0,490 (0,015)	5,039* (0,132)
MV x GENDER	Posttest 1 gegen Prätest	1	0,529 (0,016)	0,000 (0,000)	0,090 (0,003)	0,003 (0,000)
	Posttest 2 gegen Prätest	1	0,980 (0,029)	0,877 (0,026)	0,408 (0,012)	0,888 (0,026)
	Follow up gegen Prätest	1	3,942 (0,107)	0,513 (0,015)	1,021 (0,030)	2,387 (0,067)
MV x GRUPPE x GENDER	Posttest 1 gegen Prätest	1	0,173 (0,005)	1,057 (0,031)	0,241 (0,007)	0,018 (0,001)
	Posttest 2 gegen Prätest	1	0,005 (0,000)	1,314 (0,038)	0,799 (0,024)	0,008 (0,000)
	Follow up gegen Prätest	1	1,174 (0,034)	0,012 (0,000)	2,209 (0,063)	1,417 (0,041)
Error		33				

Erläuterungen: *** $p < 0,001$, ** $p < 0,01$, * $p < 0,05$

3.3 Ergebnisse der Pilotstudie

Tab. 12: Ergebnisse der ANOVA zum Motivationsverlauf mit Subskalen, Pilotstudie (Zwischensubjekteffekte)

	df	IE $F(\eta_p^2)$	SK $F(\eta_p^2)$	RA $F(\eta_p^2)$	Total $F(\eta_p^2)$
Experimentalbedingung (GRUPPE)	1	5,329* (0,139)	0,103 (0,003)	0,126 (0,004)	1,162 (0,034)
Geschlecht (GENDER)	1	10,643** (0,244)	22,234*** (0,403)	6,997* (0,175)	19,313*** (0,369)
GRUPPE x GENDER	1	0,421 (0,013)	0,132 (0,004)	0,069 (0,002)	0,126 (0,004)
Error	33				

Erläuterungen: *** $p < 0,001$, ** $p < 0,01$, * $p < 0,05$

3.3.2 Beeinflussung der Leistung

Zum Vergleich der im Leistungsposttest erzielten mittleren Leistungen der EG und KG wird eine multivariate 2 x 2-faktorielle Kovarianzanalyse (ANCOVA) durchgeführt (Anzahl der Gruppen in Faktor 1 (Experimentalbedingung): 2, Anzahl der Gruppen in Faktor 2 (Geschlecht): 2; AV: Gesamtleistung sowie Ergebnisse der Teilaufgaben), welche das Abschneiden im Konzepttest, den aktuellen mittleren Leistungsstand im Fach Physik, die Lesekompetenz, die Ergebnisse des Mathematiktests sowie die Ausgangsmotivation als mögliche Moderatorvariablen berücksichtigt.

3.3.2.1 Stichprobenumfangsplanung

Analog zur in Kapitel 3.3.1.1 beschriebenen Stichprobenumfangsplanung für die Untersuchung des Motivationsverlaufs, wird auch bei der Festsetzung der erwarteten Effektstärke des Leistungsunterschieds von der durch Kuhn angegebenen Effektgröße ausgegangen; das mittels ANCOVA bestimmte partielle Eta-Quadrat für den Leistungsunterschied zwischen EG („Zeitungsaufgaben") und KG (konventionelle Aufgaben) beträgt mindestens 0,16 (Kuhn, 2007). Obwohl die erwartete Effektstärke der Leistungsunterschiede somit größer ist als die bzgl. des Motivationsverlaufs ($\eta_p^2 = 0,10$; vgl. 3.3.1.1), ist es nicht selbstverständlich, dass der in Kapitel 3.3.1.1 berechnete Stichprobenumfang auch zur Analyse von Leistungsunterschieden ausreicht. Die Varianzanalyse mit Messwiederholung verfügt nämlich im Allgemeinen über eine höhere Teststärke, weshalb zur Untersuchung einer Forschungsfrage weniger Versuchspersonen benötigt werden (Rasch et al., 2006, S. 137).

Die Berechnung mit G*Power ergibt, dass bei einem zweistufigen Faktor (EG/KG), einem Signifikanzniveau[14] von $\alpha = 0,05$ und einer gewünschten Teststärke von $1 - \beta =$

0,80 eine Gesamtstichprobe von 34 Personen notwendig ist; EG und KG sollten also aus mindestens 17 Schülerinnen und Schülern bestehen, was trotz der durch Abwesenheit bedingten Ausfälle gut erfüllt ist (N(EG) = 19; N(KG) = 21). Die Abhängigkeit des Gesamtstichprobenumfangs von der Effektstärke zeigt Abb. 22.

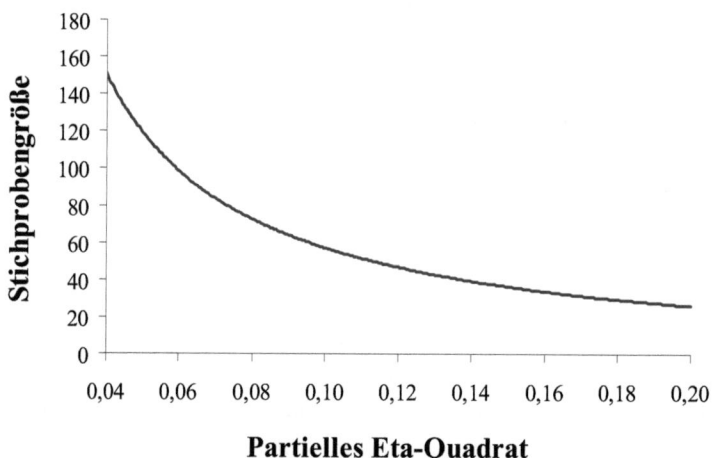

Partielles Eta-Quadrat

Abb. 22: In Abhängigkeit der vorhandenen Effektstärke notwendiger Stichprobenumfang (Leistung), berechnet mit G*Power (1 - β = 0,80; α = 0,05; 2 Faktorstufen)

3.3.2.2 Prüfung der Voraussetzungen der Analysemethode

<u>Beschreibung der Voraussetzungen.</u> Die Varianzhomogenität der Residuen zwischen den Gruppen sowie die Normalverteilung der Residuen innerhalb der Zellen des Versuchsplans (vgl. 3.3.1.2) stellen ebenfalls Voraussetzungen der ANCOVA dar. Die bei der Messwiederholung zusätzlich geforderte Homogenität der Korrelationen zwischen den Faktorstufen entfällt dagegen bei einem Vergleich unabhängiger Stichproben. Stattdessen bestehen zusätzlich die beiden folgenden Voraussetzungen:

IV) Unabhängigkeit der Messwerte voneinander

Die Abweichungen der einzelnen Probanden vom Zellenmittelwert sollen von den Abweichungen der anderen Versuchspersonen unabhängig sein (Rudolf & Müller, 2004, S. 79). Diese Voraussetzung wird bereits durch die Wahl des Versuchsdesigns erfüllt bzw. verletzt; so wäre die Unabhängigkeit der Messwerte beim Vergleich zweier randomisierter Gruppen[18] stets erfüllt und z. B. nicht gegeben, falls eine Versuchsperson mehrfach beobachtet wird.

V) Homogenität der Regressionen
Bei der Berücksichtigung etwaiger Moderatorvariablen wird zusätzlich gefordert, dass der Zusammenhang zwischen der Kovariaten und der abhängigen Variablen unter allen Faktorstufen mit dem gleichen Regressionskoeffizienten beschrieben werden kann (Rudolf & Müller, 2004, S. 94).

Bewertung der Voraussetzungen. Die in Kapitel 3.3.1.2 genannten Empfehlungen gelten für die Kovarianzanalyse entsprechend. Ergänzend lässt sich feststellen, dass

- beim Vergleich zweier Schulklassen zwar keine randomisierten Gruppen vorliegen, die Messwerte der einzelnen Versuchspersonen aber zumindest näherungsweise voneinander unabhängig sind.

- die ANCOVA gegen Verletzungen der Homogenität der Regressionen robust ist; dies gilt insbesondere dann, wenn die Zellen des Versuchsplans gleich stark besetzt sind (Rudolf & Müller, 2004, S. 94).

- auf ein alternatives Auswerteverfahren nur dann zurückgegriffen werden sollte, falls die Einflüsse der Kovariaten auf die abhängigen Variablen sich zwischen den Faktorstufen unterscheiden, die Stichproben ungleich groß und die Residuen nicht normalverteilt sind (Bortz, 2005, S. 369). Gerade aber der letzte Punkt ist bei der vorliegenden Arbeit stets erfüllt, weshalb die ANCOVA prinzipiell genutzt werden kann.

Prüfen der Voraussetzungen. Analog zum Kapitel 3.3.1.2 wird auch bei den Leistungsdaten die Normalverteilung der Residuen mittels Kolmogorov-Smirnov-Test sowie deren Varianzhomogenität unter Nutzung des Levene-Tests geprüft; die Ergebnisse sind in Tab. 13 und Tab. 14 dargestellt. Keiner der durchgeführten Tests führt zu einem signifikanten Ergebnis, weshalb die zu überprüfenden Voraussetzungen als erfüllt angesehen werden können. Aufgrund der Robustheit der ANCOVA gegen Verletzungen der Bedingung V, wurde auf die Testung der Homogenität der Regressionen verzichtet.

---

[18] Man spricht von randomisierten Gruppen, wenn zufällig ausgewählte Versuchspersonen wahllos den Faktorstufen des Versuchsplans zugeordnet werden.

Tab. 13: Levene-Test auf Gleichheit der Fehlervarianzen; Leistung, Pilotstudie

	F	df	df$_{Error}$	p
total	0,772	3	36	0,517
Frage 1	0,376	3	36	0,771
Frage 2	2,244	3	36	0,100
Frage 3	0,190	3	36	0,902
Frage 4	1,426	3	36	0,251
Frage 5	2,093	3	36	0,118
Frage 6	0,525	3	36	0,668
Frage 7	0,007	3	36	0,999

Erläuterungen: Der Levene-Test prüft die Nullhypothese, dass die Fehlervarianzen der abhängigen Variablen über Gruppen hinweg gleich sind; eine Signifikanz über 0,05 spricht also für eine Varianzhomogenität beim jeweiligen Test (F Prüfgröße des Levene-Tests, df Freiheitsgrade der Hypothese, df$_{Error}$ Fehlerfreiheitsgrade, p Signifikanz).

Tab. 14: Test auf Normalverteilung der Residuen (Kolmogorov-Smirnov-Test); Leistung, Pilotstudie

Zelle			Standardisierte Residuen						
			total	Frage 1	Frage 2	Frage 3	Frage 4	Frage 5	Frage 6	Frage 7
EG Mädchen (N = 7)		SD	1,143	1,035	0,584	1,005	1,104	0,832	0,902	0,916
		Z	0,557	0,792	0,954	0,418	0,515	0,538	0,631	0,839
		p	0,916	0,558	0,322	0,995	0,954	0,934	0,821	0,482
EG Jungen (N = 12)		SD	0,947	0,883	0,790	0,838	0,972	0,795	1,060	1,002
		Z	0,805	0,682	1,240	0,504	0,458	01,030	0,533	0,828
		p	0,535	0,741	0,092	0,961	0,985	0,239	0,939	0,500
KG Mädchen (N = 6)		SD	0,488	0,698	0,929	0,919	0,446	0,463	0,635	0,889
		Z	0,453	0,472	0,628	0,610	0,545	0,684	0,571	0,648
		p	0,987	0,979	0,826	0,851	0,927	0,738	0,900	0,795
			total	Frage 1	Frage 2	Frage 3	Frage 4	Frage 5	Frage 6	Frage 7
KG Jungen (N = 15)		SD	0,930	0,984	1,127	0,963	0,938	1,160	0,916	0,885
		Z	0,700	0,996	0,677	0,572	0,612	01,135	0,535	0,664
		p	0,711	0,274	0,749	0,900	0,848	0,152	0,937	0,770

Erläuterungen: Der Kolmogorov-Smirnov-Test prüft, ob die abhängige Variable normalverteilt ist; die Annahme der Normalverteilung wird bei einer Signifikanz kleiner als 0,05 verworfen (SD Standardabweichung, Z Prüfgröße Tests, p Signifikanz, N Stichprobenumfang).

3.3.2.3 Ergebnisse

Die auf die Kovariaten adjustierten mittleren Leistungen der EG und KG gehen aus Tab. 15 bzw. der Abb. 23 hervor. Das Ergebnis der multivariaten 2 x 2-faktoriellen Kovarianzanalyse ist in Tab. 17 dargestellt. Aus Gründen der Übersichtlichkeit und der praktischen Relevanz werden im Text vorwiegend die Irrtumswahrscheinlichkeiten und Stärken solcher Effekte angegeben, die sich auf einem Signifikanzniveau von 0,05 und höher signifikant zeigen. Eine ausführliche Ergebnisdarstellung findet sich in der dazugehörigen Tabelle.

Tab. 15: Deskriptive Leistungsdaten (auf die Kovariaten adjustiert), Pilotstudie

Gruppe		N	Leistungsposttest								TCI	PHN
			A 1	A 2	A 3	A 4	A 5	A 6	A 7	total		
EG	MW	19	76,8	95,6	66,3	78,7	98,1	60,4	36,0	69,2	45,1	3,35
	(SEM)		(7,6)	(9,9)	(5,7)	(7,8)	(7,8)	(11,3)	(6,3)	(4,5)	(3,8)	(0,17)
	(SD)		(33,1)	(43,2)	(24,8)	(34,0)	(34,0)	(49,3)	(27,5)	(19,6)	(16,6)	(0,74)
KG	MW	21	21,2	39,0	55,0	50,0	81,4	58,5	22,6	48,8	37,1	3,27
	(SEM)		(7,0)	(9,1)	(5,3)	(7,2)	(7,2)	(10,4)	(5,8)	(4,1)	(3,4)	(0,16)
	(SD)		(32,1)	(41,7)	(24,3)	(33,0)	(33,0)	(47,7)	(26,6)	(18,8)	(15,6)	(0,73)

Erläuterungen: *MW* Mittelwert, *SEM* Standardfehler des Mittelwerts, *SD* Standardabweichung, *N* Stichprobenumfang, TCI Ergebnisse im Konzepttest, PHN aktueller mittlerer Leistungsstand in Physik bei Untersuchungsbeginn

- Beim Vergleich der Leistung zwischen den Lerngruppen hat die **Experimentalbedingung** einen hoch signifikanten Einfluss auf die Gesamtleistung sowie auf das Abschneiden in Aufgabe 4 (total: $F(1; 31) = 9{,}457$; $p = 0{,}002$; $\eta_p^2 = 0{,}234$; Aufgabe 4: $F(1; 31) = 6{,}227$; $p = 0{,}009$; $\eta_p^2 = 0{,}167$), bei Aufgabe 1 und 2 ist der Unterschied sogar höchst signifikant (Aufgabe 1: $F(1; 31) = 24{,}436$; $p < 0{,}001$; $\eta_p^2 = 0{,}441$; Aufgabe 2: $F(1; 31) = 15{,}061$; $p < 0{,}001$; $\eta_p^2 = 0{,}327$); die berechneten Effektstärken sind allesamt groß. Aus den auf die Kovariaten adjustierten Werten (Tab. 15) geht hervor, dass die Schülerinnen und Schüler der EG im Mittel bei allen Teilaufgaben besser abschneiden als die Lernenden der KG. Die Nullhypothese, dass nämlich der Mittelwert der KG größer bzw. gleich dem Mittelwert der EG ist, kann demnach verworfen werden. Dass sich bei den anderen Teilaufgaben keine signifikanten Unterschiede ergeben, geht möglicherweise auf die relativ geringe Teststärke zurück; betrachtet man allein die Effektstärken, so ergeben sich bei Aufgabe 5 und 7 immerhin mittlere Effekte, bei Aufgabe 3 noch ein kleiner Effekt (Aufgabe 3: 1 - β = 0,371; Aufgabe 5: 1 - β = 0,413; Aufgabe 7: 1 - β = 0,413). Das heißt ausschließlich bei Aufgabe 6 kann die H_0 zweifelsfrei aufrechterhalten werden, eine Interpretation der anderen insignifikanten Ergebnisse ist infolge geringer Teststärken nicht möglich.

- Das **Geschlecht** hat einen signifikanten Einfluss auf das Ergebnis im Gesamttest sowie auf das Abschneiden in Aufgabe 7 (total: $F(1; 31) = 7,440; p = 0,010; \eta_p^2 = 0,194$; Aufgabe 7: $F(1; 31) = 5,811; p = 0,022; \eta_p^2 = 0,158$); bei Aufgabe 3 ist der Einfluss sogar hoch signifikant ($F(1; 31) = 9,780; p = 0,004; \eta_p^2 = 0,240$). Erwähnenswert ist die Tatsache, dass es die Mädchen sind, die in allen Teilaufgaben des Leistungstests besser abschneiden (Tab. 16), obwohl die Vorleistung und die Motivation der Jungen signifikant höher sind (Konzepttest: $F(1; 38) = 5,906; p = 0,020; \eta_p^2 = 0,135$; aktueller mittlerer Leistungsstand: $F(1; 38) = 13,059; p = 0,001; \eta_p^2 = 0,256$; vgl. 3.3.1). Offensichtlich kommt hier noch ein weiterer Effekt hinzu, der bei dem Experiment nicht kontrolliert wurde, nämlich der Beschäftigungsumfang außerhalb des Unterrichts; um die Bestimmungen der Schulordnung für die Durchführung von Leistungsnachweisen einzuhalten, musste die schriftliche Überprüfung aufgrund ihres Umfangs eine Woche vorher angekündigt werden. Die Lernenden konnten sich also nach eigenem Ermessen auf den Leistungstest vorbereiten und möglicherweise haben die Mädchen hierfür im Mittel deutlich mehr Zeit investiert.

- Die Interaktionsvariable „**Gruppe x Geschlecht**" hat keinen signifikanten Einfluss auf das Abschneiden im Leistungsposttest.

- Der **mittlere aktuelle Leistungsstand** im Fach Physik hat einen höchst signifikanten Einfluss auf das Gesamtergebnis des Leistungstests, sowie auf das Abschneiden in Aufgabe 3, bei Aufgabe 4 und 7 liegt ein hoch signifikanter bzw. signifikanter Einfluss vor (total: $F(1; 31) = 17,204; p < 0,001; \eta_p^2 = 0,357$; Aufgabe 3: $F(1; 31) = 19,095; p < 0,001; \eta_p^2 = 0,381$; Aufgabe 4: $F(1; 31) = 10,631; p = 0,003; \eta_p^2 = 0,255$; Aufgabe 7: $F(1; 31) = 7,429; p = 0,010; \eta_p^2 = 0,193$).

- Alle **anderen Kovariaten** nehmen keinen signifikanten Einfluss auf das Abschneiden im Leistungstest. Dies ist insofern überraschend, da es mittlerweile als unbestritten gilt, dass der Faktor „Motivation" die Lernleistung entscheidend beeinflusst (Rheinberg, 1996).

3.3 Ergebnisse der Pilotstudie

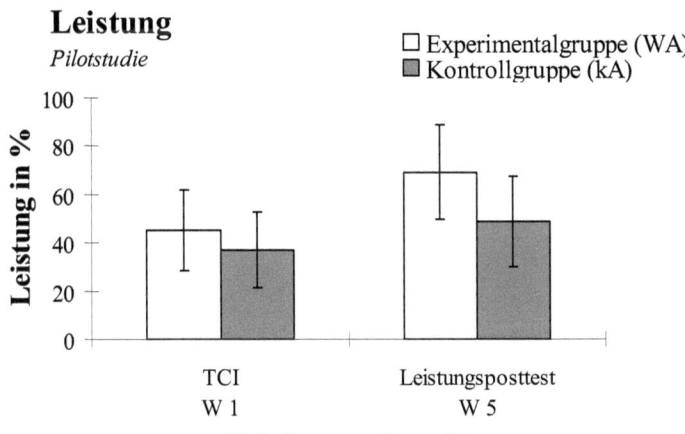

Abb. 23: Vergleich der Leistung zwischen EG und KG (auf die Kovariaten adjustiert), Pilotstudie

Tab. 16: Im Leistungsposttest erzielte Leistung in Abhängigkeit des Geschlechts (auf die Kovariaten adjustiert)

		Mädchen ($N = 13$)	Jungen ($N = 27$)
total	MW	69,0	49,0
	(SEM)	(5,5)	(3,4)
	(SD)	(19,8)	(17,7)
Aufgabe 1	MW	54,6	43,4
	(SEM)	(9,3)	(5,8)
	(SD)	(33,5)	(30,1)
Aufgabe 2	MW	71,4	63,1
	(SEM)	(12,1)	(7,6)
	(SD)	(43,6)	(39,5)
Aufgabe 3	MW	75,2	46,1
	(SEM)	(7,0)	(4,4)
	(SD)	(34,6)	(22,9)
Aufgabe 4	MW	75,4	53,3
	(SEM)	(9,6)	(6,0)
	(SD)	(34,6)	(31,2)
Aufgabe 5	MW	69,5	83,0
	(SEM)	(9,5)	(6,0)
	(SD)	(34,3)	(31,2)
Aufgabe 6	MW	63,3	55,6
	(SEM)	(13,9)	(8,7)
	(SD)	(50,1)	(45,2)
Aufgabe 7	MW	41,6	17,0
	(SEM)	(7,7)	(4,8)
	(SD)	(27,8)	(24,9)

Erläuterungen: *MW* Mittelwert, *SEM* Standardfehler des Mittelwerts, *SD* Standardabweichung, *N* Stichprobenumfang

Tab. 17: Ergebnisse der ANCOVA beim Leistungsposttest, Pilotstudie

	df AS (SEM) (SD)	A1 $F(\eta_p^2)$ 0,456 0,059 0,375	A2 $F(\eta_p^2)$ 0,646 0,065 0,410	A3 $F(\eta_p^2)$ 0,559 0,040 0,251	A4 $F(\eta_p^2)$ 0,603 0,052 0,328	A5 $F(\eta_p^2)$ 0,867 0,043 0,273	A6 $F(\eta_p^2)$ 0,579 0,064 0,406	A7 $F(\eta_p^2)$ 0,252 0,038 0,239	Total $F(\eta_p^2)$ 0,553 0,031 0,199
Haupteffekte und Interaktionen									
Experimentalbedingung GRUPPE	1	24,436*** (0,441)	15,061*** (0,327)	1,800 (0,055)	6,227** (0,167)	2,116 (0,064)	0,013 (0,000)	2,113 (0,064)	9,457** (0,234)
Geschlecht GENDER	1	0,817 (0,026)	0,265 (0,008)	9,780** (0,240)	3,003 (0,088)	1,143 (0,036)	0,178 (0,006)	5,811* (0,158)	7,440* (0,194)
GRUPPE x GENDER	1	0,005 (0,000)	0,084 (0,003)	2,984 (0,088)	1,193 (0,037)	0,372 (0,012)	0,025 (0,001)	1,660 (0,051)	1,173 (0,036)
Kovariate bzw. Moderatoren									
Konzepttest (TCI)	1	0,282 (0,009)	0,068 (0,002)	0,268 (0,009)	1,117 (0,035)	1,303 (0,040)	0,136 (0,004)	0,025 (0,001)	0,220 (0,007)
mittlerer aktueller Leistungsstand in Physik	1	2,370 (0,071)	0,137 (0,004)	19,095*** (0,381)	10,631** (0,255)	2,837 (0,084)	1,645 (0,050)	7,429** (0,193)	17,204*** (0,357)
Lesekompetenztest	1	1,130 (0,035)	0,118 (0,004)	0,261 (0,008)	6,620* (0,176)	3,545 (0,103)	0,825 (0,026)	0,012 (0,000)	0,289 (0,009)
Mathematiktest	1	0,230 (0,007)	0,834 (0,026)	4,087 (0,116)	0,710 (0,022)	0,020 (0,001)	0,027 (0,001)	0,010 (0,000)	0,623 (0,020)
Motivationsprätest	1	1,279 (0,040)	0,343 (0,011)	0,026 (0,001)	2,349 (0,070)	0,000 (0,000)	3,171 (0,093)	0,219 (0,007)	0,157 (0,005)
Error	31								

Erläuterungen: *** $p < 0,001$, ** $p < 0,01$, * $p < 0,05$; *df* Anzahl der Freiheitsgrade, *AS* Aufgabenschwierigkeit, *SEM* Standardfehler des Mittelwerts, *SD* Standardabweichung

3.3.3 Zusammenfassung

Zur Prüfung der Hypothese M1 (vgl. 2.4.1), dass nämlich das Ankermedium „Werbeanzeige" zu einem größeren Motivationsgrad führt als konventionell formulierte Alltagsprobleme, wurde der Motivationsverlauf von EG und KG miteinander verglichen. Dabei zeigte sich ein statistisch signifikanter und praktisch relevanter Einfluss der Experimentalbedingung auf den zeitlichen Verlauf der abhängigen Variablen „Motivation". Dies gilt für die Gesamtmotivation ($F(3; 31) = 2,931; p = 0,025; \eta_p^2 = 0,221$) wie auch für die beiden Subskalen „Realitätsbezug/Authentizität" ($F(3; 31) = 2,333; p = 0,047; \eta_p^2 = 0,184$) und „Selbstkonzept" ($F(3; 31) = 6,044; p = 0,001; \eta_p^2 = 0,369$); ein beobachteter Unterschied im zeitlichen Verlauf der intrinsischen Motivation bleibt insignifikant, was infolge einer großen Effekt- und geringen Teststärke jedoch nicht abschließend interpretiert werden kann. Entsprechend der Klassifikation zur Beurteilung des partiellen Eta-Quadrats sind alle beschriebenen Effekte groß, die Nullhypothese wird zugunsten der Alternativhypothese M1 verworfen.

Außerdem war zu beobachten, dass sich signifikante Unterschiede zwischen den Gruppen erst am Ende der Instruktionsphase zum zweiten Themenbereich ergeben, also nach größerer „Aufgabendosis" (Vergleich Prätest – Posttest 2: Gesamtmotivation: $F(1; 33) = 8,361; p = 0,004; \eta_p^2 = 0,202$; RA: $F(1; 33) = 5,408; p = 0,013; \eta_p^2 = 0,141$; SK: $F(1; 33) = 13,405; p < 0,001; \eta_p^2 = 0,289$). Dies deutet darauf hin, dass der Effekt des Treatmentfaktors – analog zu den Wirkstoffen der Medizin – von der Dosis (Anzahl der behandelten Aufgaben) abhängt. Der Nachweis eines solchen Zusammenhangs liefert zwar eine fast triviale Erkenntnis, er wirft jedoch die Frage auf, wie genau der Unterschied im Motivationsverlauf von der Aufgabenzahl abhängt: Ab welcher Dosis ergibt sich ein praktisch relevanter Effekt? Ab welcher Aufgabenanzahl wird eine Sättigung oder gar ein Rückgang des Effekts erreicht? Im Gegensatz zur Medizin, wo Untersuchungen von Dosis-Wirkungsbeziehungen unerlässlich sind, liegen bisher keine dem Autor bekannten Dosis-Wirkungsstudien von Unterrichtsmaßnahmen vor. Für die Wirksamkeit von „Werbeaufgaben" erfolgt eine solche Analyse im Zuge der Hauptstudie (vgl. 5.4.5, 6.6).

Zur Untersuchung der Nachhaltigkeit des vorhandenen Treatmenteffekts (Hypothese M2, vgl. 2.4.1) wurde geprüft, ob sich EG und KG im Motivationsverlauf zwischen Prä- und Follow up-Messung unterscheiden. Auch diese Tests lieferten signifikante Unterschiede mit mittlerer bzw. großer Effektstärke und zwar bei der Gesamtmotivation wie auch bei der Subskala SK (Vergleich Prätest – Follow up: Gesamtmotivation:

$F(1; 33) = 5{,}039$; $p = 0{,}016$; $\eta_p^2 = 0{,}132$; SK: $F(1; 33) = 13{,}879$; $p < 0{,}001$; $\eta_p^2 = 0{,}296$); der durch das Lernmaterial hervorgerufene Motivationsunterschied zwischen EG und KG hat also längerfristig Bestand, die Hypothese M2 wird bestätigt.

Unter Berücksichtigung der erhobenen Kovariaten schneiden die Schülerinnen und Schüler der EG auch beim Leistungsposttest hoch signifikant besser ab als die Lernenden der KG ($F(1; 31) = 9{,}457$; $p = 0{,}002$; $\eta_p^2 = 0{,}234$). Auch hier kann somit die Nullhypothese zugunsten der Alternativhypothese L1 (vgl. 2.4.1) verworfen werden.

Hauptstudie zur Wirksamkeit von „Werbeaufgaben" im Physikunterricht der Sekundarstufe I

4 Hypothesen und Forschungsfragen

Im Folgenden werden die der Hauptuntersuchung zugrundeliegenden Forschungsfragen (FF) sowie deren untergeordneten Hypothesen formuliert, welche (mit Ausnahme von FF 2) aus den theoriegeleiteten Annahmen über die postulierten Einflüsse des Lernmaterials auf die abhängigen Variablen „Motivation" und „Leistung" resultieren. Die Motivation bzw. Leistung betreffenden Hypothesen sind mit M bzw. L gekennzeichnet.

FF1: Besitzen „Werbeaufgaben" im Physikunterricht der Sekundarstufe I eine höhere Wirksamkeit als konventionell formulierte Alltagsprobleme?

(„Wirksamkeit")

„Werbeaufgaben" fördern die Motivation

M1   Die Motivation in der Experimentalgruppe (EG)[19] ist größer als in der Kontrollgruppe (KG)[20], d. h. „Werbeaufgaben" führen zu einem höheren Motivationsgrad verglichen mit konventionell formulierten Alltagsproblemen.

M2   Ein sich nach M1 ergebender Motivationsgewinn ist zeitlich stabil („nachhaltig"; zumindest mittelfristig).

(M3) Der Einsatz von konventionell formulierten Alltagsproblemen führt zu einem höheren Motivationsgrad verglichen mit traditionellen Problemstellungen ohne Alltagsbezug.

„Werbeaufgaben" fördern die Leistung

L1   Die Leistung in der EG ist größer als in der KG, d. h. „Werbeaufgaben" führen zu einer größeren Leistung im Vergleich zu konventionell formulierten Alltagsproblemen.

L2   Ein sich nach L1 ergebender Leistungsgewinn ist zeitlich stabil („nachhaltig"; zumindest mittelfristig).

---

[19] Lerngruppe, in der die Schülerinnen und Schüler mit „Werbeaufgaben" entsprechend der Abb. 24 arbeiten.
[20] Lerngruppe, in der die Schülerinnen und Schüler mit konventionell formulierten Alltagsproblemen entsprechend der Abb. 24 arbeiten.

L3 Die Bearbeitung von Aufgaben zu Werbetexten veranlasst die Schülerinnen und Schüler zu einem kritischeren Umgang mit Werbung, wodurch dem durch die Bildungsstandards für den Mittleren Schulabschluss (KMK, 2005) formulierten Kompetenzbereich „Bewertung" im besonderen Maße Rechnung getragen wird.

(L4) Der Einsatz von konventionell formulierten Alltagsproblemen führt zu einer höheren Leistung verglichen mit traditionellen Problemstellungen ohne Alltagsbezug.

Übergeordnetes Ziel der vorliegenden Arbeit ist die Überprüfung der Wirksamkeit eines weiteren MAI-Ankermediums, weshalb die Beantwortung der Forschungsfrage I im Fokus des Interesses steht und die getroffenen Behauptungen (M1, M2, L1, L2, L3) als die Generalhypothesen der Hauptstudie betrachtet werden können.

Um auch für konventionell formulierte Aufgaben mit Alltagsbezug einen etwaigen Ankereffekt durch Realitätsbezug/Authentizität zu prüfen, erfolgt außerdem ein Vergleich ihrer Wirksamkeit mit der von traditionellen Aufgaben ohne Kontexteinbettung.

FF2: In welchem Umfang muss das Ankermedium „Werbeanzeige" eingesetzt werden, damit eine höhere Wirksamkeit erreicht wird als mit konventionell formulierten Alltagsproblemen? („Dosis-Wirkungs-Beziehung")

M4 Je größer die „Aufgabendosis", desto größer ist der Unterschied im Motivationsverlauf von EG und KG.

L5 Je größer die „Aufgabendosis", desto größer ist der Unterschied im Leistungsverlauf von EG und KG.

Forschungsfrage II zielt auf eine Dosis-Wirkungs-Analyse der durch die Experimentalbedingung hervorgerufenen Motivations- und Leistungsunterschiede ab. Es ist offenkundig – und bereits die Vorstudie liefert konkrete Hinweise darauf –, dass der Einfluss des Treatmentfaktors, analog zu den Wirkstoffen der Medizin, von der „Dosis" (Anzahl der behandelten Aufgaben) abhängt. Die Frage, ab welcher Aufgabenzahl sich ein praktisch relevanter Effekt des Lernmaterials einstellt, drängt sich also geradezu auf und es ist umso erstaunlicher, dass die empirische Unterrichtsforschung der Dosis-Wirkungs-Analyse von Unterrichtsmaßnahmen bisher kaum Beachtung schenkte.

FF3: Besitzen „Werbeaufgaben" auch in Verbindung mit anderen Medien und Unterrichtsphasen eine höhere Wirksamkeit als konventionell formulierte Alltagsprobleme? („Robustheit")

Zur Beantwortung der Forschungsfrage I wurde ein Versuchsdesign entwickelt (Tab. 23), welches eine gewisse Distanz zum Vorgehen im realen Unterricht aufweist (Einsatz von Aufgaben ausschließlich in Übungsphasen, kein Methodenwechsel, überdurchschnittlich hohe Zahl von Aufgaben pro Zeit). Diese Abweichung ist natürlich beabsichtigt und muss für ein kontrolliertes Experiment billigend in Kauf genommen werden.

Unter Einbindung der beteiligten Lehrkräfte wurde zur Prüfung der Forschungsfrage III ein Unterrichtskonzept entworfen (vgl. Anhang C), das in verschiedenen Phasen des Unterrichts eine mittlere Zahl von Aufgaben aufgreift sowie unterschiedliche Medien und Sozialformen berücksichtigt. Das Ankermedium „Werbeanzeige" wird also bei höherer Unterrichtsvariabilität erprobt, weshalb die Beantwortung der Forschungsfrage III für die Unterrichtspraxis von großem Interesse ist.

5 Material und Methoden

5.1 Stichprobe

Die Hauptstudie zur Untersuchung der Wirksamkeit von „Werbeaufgaben" im Physikunterricht der Sekundarstufe I wurde an vier Realschulen des Landes Rheinland-Pfalz unter Einbindung von fünf Lehrkräften durchgeführt. Insgesamt waren 308 Schülerinnen und Schüler (127 männlich/181 weiblich[21]) im Alter von 14 bis 16 Jahren beteiligt, von denen 140 in Experimentalgruppen und 168 in Kontrollgruppen unterrichtet wurden. Aus methodischen Gründen instruierte jede Lehrkraft mindestens zwei Klassen parallel, davon stets eine mit „Werbeaufgaben" und die andere mit Aufgaben eines konventionellen Typs. Im Gegensatz zur Pilotstudie, bei der innerhalb der Kontrollgruppe ausschließlich Alltagsprobleme ohne Bilder zum Einsatz kamen, wurden die Lernenden der Kontrollklassen im Rahmen der Hauptuntersuchung mit drei unterschiedlichen Aufgabentypen instruiert (Abb. 24): Alltagsprobleme ohne Bilder (A_o), Alltagsprobleme mit dekorativen Bildern (A_m) und traditionelle Aufgaben ohne Alltagsbezug (T). Wie der untenstehenden Übersicht zu entnehmen ist (Tab. 18), wurde bei der Planung der Interventionsstudie den Alltagsproblemen ohne Bilder besondere Beachtung geschenkt; dies hat seine Ursache darin, dass dieser Aufgabentyp in den Schulbüchern und somit gewiss auch in der Unterrichtspraxis den meisten Raum einnimmt.

Bei der ursprünglichen Planung der Interventionsstudie war eine Zusammenarbeit mit acht Lehrkräften unter Beteiligung von insgesamt 19 Lerngruppen vorgesehen. Aus verschiedenen Gründen verringerte sich die Stichprobe jedoch auf den beschriebenen Umfang[22].

---

[21] Die relativ hohe Diskrepanz in den geschlechtsspezifischen Schülerzahlen beruht auf der Teilnahme zweier Mädchenklassen, die von Lehrkraft 3 unterrichtet wurden.
[22] Eine Lehrkraft hat ohne Angabe von Gründen die Zusammenarbeit kurzfristig abgesagt, ein Kollege wurde unmittelbar nach Beginn der Studie unvorhergesehen zur Dienstaufsichtsbehörde versetzt und bei einer weiteren Lehrkraft haben nur die wenigsten Schülerinnen und Schüler die Instrumente ernsthaft bearbeitet, weshalb die erhobenen Daten unbrauchbar sind.

Tab. 18: Stichprobe der Hauptuntersuchung

Schule	Lehr-kraft	FF (Aufgabentyp)	EG (W)	(A$_o$)	KG (A$_m$)	(T)	Gesamt
S1	LK1	I	27	29	-	24	80
S2	LK2	I	25	-	24	-	49
S3	LK3	II	31	32	-	-	63
S4	LK4	III	29	29	-	-	58
S4	LK5	III	28	30	-	-	58
Gesamt			140	120	24	24	**308**

Erläuterungen: FF Forschungsfrage, EG Experimentalgruppe, KG Kontrollgruppe, S Schule, LK Lehrkraft, W Werbeaufgaben, A$_o$ Alltagsprobleme ohne Bilder, A$_m$ Alltagsprobleme mit Bilder, T traditionelle Aufgaben ohne Alltagsbezug

5.2 Instruktionsmaterial

Analog zur Pilotstudie fand auch die Hauptuntersuchung aufgrund der in 2.4.2 aufgeführten Gründe im Rahmen von Unterrichtssequenzen zu den Themen „spezifische Wärmekapazität" und „Heizwert von Brennstoffen" statt. Welches Instruktionsmaterial – insbesondere Aufgabenmaterial – bei der Hauptstudie zum Einsatz gekommen ist, geht aus Tab. 91 hervor und ist im Anhang dieser Arbeit dargestellt. Abgesehen von den traditionellen Aufgaben ohne Alltagsbezug stimmten die in der KG bearbeiteten Problemstellungen in ihrer Formulierung mit denen der EG fast völlig überein, lediglich die durch die Werbetexte bereitgestellten technischen Daten waren in die Aufgabenstellung integriert.

„Werbeaufgabe" (Einsatz in EG)

Um Tee zu kochen, sollen mit Hilfe des dargestellten Wasserkochers 1,5 Liter Wasser zum Sieden gebracht werden.

a) Wie lange dauert das Erhitzen des Wassers?
b) Was kostet das Erhitzen des Wassers bei einem Kilowattstundenpreis von 16 Cent?
c) Wie groß ist der fließende elektrische Strom?
d) Berechne den elektrischen Widerstand der Heizspirale!

Alltagsproblem mit dekorativem Bild (Einsatz in KG, A_m)

Um Tee zu kochen, sollen mit Hilfe eines Wasserkochers (2200 W) 1,5 Liter Wasser zum Sieden gebracht werden.

a) Wie lange dauert das Erhitzen des Wassers?
b) Was kostet das Erhitzen des Wassers bei einem Kilowattstundenpreis von 16 Cent?
c) Wie groß ist der fließende elektrische Strom?
d) Berechne den elektrischen Widerstand der Heizspirale!

Alltagsproblem ohne dekoratives Bild (Einsatz in KG, A_o)

Um Tee zu kochen, sollen mit Hilfe eines Wasserkochers (2200 W) 1,5 Liter Wasser zum Sieden gebracht werden.

a) Wie lange dauert das Erhitzen des Wassers?
b) Was kostet das Erhitzen des Wassers bei einem Kilowattstundenpreis von 16 Cent?
c) Wie groß ist der fließende elektrische Strom?
d) Berechne den elektrischen Widerstand der Heizspirale!

Traditionelle Aufgabenstellung ohne Alltagsbezug (Einsatz in KG, T)

Ein Körper der Masse $m = 1,5$ kg und der spezifischen Wärmekapazität $c = 4,19$ kJ/(kg·K) soll mit Hilfe einer Heizspirale (2200 W) um 84 K erhitzt werden.

a) Wie lange dauert der Vorgang?
b) Was kostet das Erhitzen des Körpers bei einem Kilowattstundenpreis von 16 Cent?
c) Wie groß ist der fließende elektrische Strom?
d) Berechne den elektrischen Widerstand der Heizspirale!

Abb. 24: Veranschaulichung der verschiedenen Aufgabentypen

5.3 Testinstrumente und Erhebungsverfahren

In diesem Teilabschnitt werden die bei der Hauptuntersuchung eingesetzten Instrumente dargestellt. Zuerst erfolgt die Beschreibung der Testinstrumente der beiden abhängigen Variablen „Motivation" und „Leistung", eine Schilderung der Fragebögen zur Erfassung potentieller Moderatorvariablen schließt sich an. Da ein Großteil der Instrumente bereits bei der Pilotstudie genutzt wurde, wird an den betreffenden Stellen auf die Erläuterungen in Kapitel 3 hingewiesen. Zur besseren Übersicht gehen die im Rahmen der Hauptuntersuchung erfassten Variablen aus Tab. 19 hervor, auf die dazugehörenden Instrumente, Quellen und Kapitel wird verwiesen.

Tab. 19: Übersicht über die Variablen der Hauptstudie

Variable	Erhebungsinstrument (Quelle)	Kapitelverweis
Abhängige Variablen		
Themenspezifische Leistung in Physik (in %)	selbst konzipierte, curricular valide Leistungstests	5.3.2
Motivationsgrad (in %)	standardisierter Motivationstest (Helmke, Ridder & Schrader, 2000; Kuhn, 2008)	3.2.2, B.2
Unabhängige Variablen		
Gruppenzugehörigkeit (Experimentalbedingung)	-	-
Geschlecht	-	-
Lehrkraft	-	-
Moderatorvariablen		
Vorleistungen im Fach Physik (Notendurchschnitt)	-	-
Konzeptverständnis (in %)	standardisierter Konzepttest (TCI) (Yeo & Zadnik, 2001)	3.2.2.3.1, B.7
Lesekompetenz (in %)	standardisierter Lesekompetenztest (Lang, Mengelkamp & Jäger, 2004)	3.2.2.3.2
Mathematische Kompetenz (in %)	standardisierter Mathematiktest (MARKUS, 2000)	3.2.2.3.3
Allgemeine Intelligenz (in %)	standardisierter Intelligenztest (Kornmann & Horn, 2001)	5.3.3
Leistungen im Fach Deutsch (Notendurchschnitt)	-	-
Leistungen im Fach Mathematik (Notendurchschnitt)	-	-

5.3.1 Motivation

Das Motivationsinventar der Hauptuntersuchung entspricht dem indirekten Motivationstest der Pilotstudie (vgl. 3.2.2, B.2), welcher ausschließlich zur Messung des Motivationsverlaufs dient. Auf den Einsatz des Tests zur aktuellen Motivation wird im Zuge der Hauptstudie verzichtet. Der mehrfache Einsatz des gleichen Instruments bietet den Vorteil, dass die Auswertung des Motivationsverlaufs unter Nutzung einer Varianzanalyse mit Messwiederholung erfolgen kann, welche prinzipiell eine höhere Güte besitzt als eine Kovarianzanalyse (Rudolf & Müller, 2004).

Um auszuschließen, dass ein ggf. zu beobachtender Motivationseffekt bereits damit erklärt werden kann, dass die beteiligten Lehrkräfte beim Unterrichten der EG einfach nur engagierter waren als bei der Instruktion der KG, wurde das Inventar um zwei Items ergänzt (Tab. 20), die jedoch separat ausgewertet werden, bei der Berechnung des Motivationsgrads also unberücksichtigt bleiben. Durch die Analyse von Item 27 wird geprüft, ob sich die Lehrkräfte in den unterschiedlichen Lerngruppen unbewusst verschieden stark engagierten, mit Item 28 wird getestet, ob sich ein Unterschied im Lehrerengagement auch auf die Motivation der Lernenden auswirkt.

Mit dem zusätzlichen Item 29, welches lediglich in die Motivationsposttests der EG integriert war, wird geprüft, ob die Bearbeitung von „Werbeaufgaben" die Schülerinnen und Schüler tatsächlich zu einem kritischeren Umgang mit Werbung veranlasst, was ein fachübergreifendes Lernziel bei der Bearbeitung von „Werbeaufgaben" darstellt (vgl. Hypothese L3, Kapitel 4).

Tab. 20: Bei der Hauptstudie zusätzlich berücksichtigte Items innerhalb des Motivationsinventars

Item 27	Die Lehrkraft war in den zurückliegenden Physikstunden engagierter als sonst.
Item 28	Der zurückliegende Physikunterricht hat mehr Spaß gemacht, weil die Lehrkraft engagierter war.
Item 29	Die Bearbeitung von Aufgaben zu Werbetexten veranlasst mich zu einem kritischeren Umgang mit Werbung, d. h. ich werde in Zukunft die Angaben in Werbetexten oder anderer Werbung stärker hinterfragen.

5.3.2 Leistung

Zur Messung des Leistungsoutputs wurden für die Themenbereiche „spezifische Wärmekapazität" und „Heizwert" curricular valide Leistungstests konzipiert, welche Aufgaben zur Reproduktion, zur Anwendung sowie zur Transferierung des während der Instruktionsphase erarbeiteten Lerngegenstands beinhalten (vgl. B.5, B.6). Es ist selbstverständlich, dass die Lernenden aus EG und KG aus methodischen Gründen die gleichen Testinstrumente bearbeiten müssen. Um die Schülerinnen und Schüler der KG nicht durch die Konfrontation mit einem unbekannten Aufgabentyp zu benachteiligen, wurde beim Erstellen der Leistungstests auf die Aufnahme von „Werbeaufgaben" verzichtet. Die nachfolgende Tabelle gibt einen Überblick über typische Kenngrößen, welche die schriftlichen Überprüfungen charakterisieren.

Tab. 21: Charakteristische Kenngrößen der curricular validen Leistungstests

	Aufgabe	Aufgabenschwierigkeit in %		korrigierte Trennschärfe	Reliabilität (falls Aufgabe gelöscht)	PISA-Stufe	Hake-Index
		MW	SEM				
Leistungstest „Wärmekapazität" (N = 288)	Aufgabe 1	47,3	2,7	0,40	0,73	I/II	-0,07
	Aufgabe 2	72,8	1,6	0,51	0,67	I	0,45
	Aufgabe 3	67,2	1,9	0,61	0,62	III	0,61
	Aufgabe 4	61,6	2,0	0,51	0,66	III	0,52
	Aufgabe 5	38,4	1,9	0,44	0,69	IV	0,20
	gesamt	60,6	1,4	-	0,72	-	0,46
Leistungstest „Heizwert" (N = 290)	Aufgabe 1	72,9	1,9	0,32	0,61	I	0,26
	Aufgabe 2	88,5	1,3	0,25	0,63	II	0,75
	Aufgabe 3	24,3	1,5	0,46	0,54	III	0,25
	Aufgabe 4	43,6	2,1	0,49	0,513	III	0,33
	Aufgabe 5	34,5	1,9	0,41	0,56	IV	0,31
	gesamt	46,1	1,2	-	0,63	-	0,33

Erläuterungen: Die Aufgabenschwierigkeit entspricht dem mittleren prozentualen Lösungsanteil im Leistungsposttest, *MW* Mittelwert, *SEM* Standardfehler des Mittelwerts, die korrigierte Trennschärfe entspricht der Korrelation zwischen dem bei der Aufgabe erzielten Ergebnis und dem Gesamttestwert ohne Berücksichtigung der jeweiligen Aufgabe, PISA-Kompetenzstufen: I nominell, II funktional (naturwissenschaftliches Alltagswissen), III funktional (naturwissenschaftliches Grundwissen), IV konzeptuell und prozedural, V konzeptuell und prozedural (Modelle) (vgl. Anhang F); die Hake-Indizes beruhen auf den Daten der Teilstichprobe von Forschungsfrage I, gemittelt über EG und KG.

5.3 Testinstrumente und Erhebungsverfahren

Aufgabenschwierigkeit. Die eingesetzten Aufgaben besitzen unterschiedliche Lösungsraten, welche als Aufgabenschwierigkeit quantifizierbar sind. Ihre Definition erfolgt in Anlehnung an die Itemschwierigkeit für mehrstufige Items (Bortz & Döring, 2003, S. 218), d. h. sie entspricht dem über alle Probanden gemittelten Lösungsanteil. Extrem schwierige Aufgaben (Aufgabenschwierigkeit nahe 0) werden nur von sehr wenigen Versuchspersonen richtig gelöst, sehr leichte Aufgaben (Aufgabenschwierigkeit nahe 1) beantworten dagegen nahezu alle korrekt. Da solche Problemstellungen keine Personenunterschiede sichtbar machen können, sind sie nur wenig informativ. Empfohlen werden daher Schwierigkeiten zwischen 0,2 und 0,8, wobei die Aufgaben eines Tests eine möglichst breite Schwierigkeitsstreuung aufweisen sollen. So wird gewährleistet, dass ein Leistungstest unterschiedliche Fähigkeiten annähernd gleich gut differenziert (Bortz & Döring, 2003, S. 218). Die in den Leistungsposttests gemessenen Aufgabenschwierigkeiten gehen aus Tab. 21 hervor; es wird deutlich, dass die formulierten Empfehlungen für beide Testinstrumente gut erfüllt sind. Lediglich die Schwierigkeit von Aufgabe 2 des Posttests zum Thema „Heizwert" liegt mit 88,5 % außerhalb des empfohlenen Intervalls. Die Schwierigkeit des Gesamttests beträgt für die spezifische Wärmekapazität 60,6 %, für das Thema „Heizwert von Brennstoffen" 46,1 %.

Korrigierte Trennschärfe. Die Trennschärfe einer Aufgabe gibt an, wie gut sie das Gesamtergebnis eines Tests repräsentiert (Bortz & Döring, 2003, S. 218). Erzielt eine Versuchsperson bei einer trennscharfen Aufgabe eine hohe Punktzahl, so schneidet sie auch im Gesamttest gut ab und umgekehrt. Quantifiziert wird die Aufgabentrennschärfe durch den Trennschärfekoeffizienten, welcher der Korrelation zwischen dem Aufgabenergebnis und dem Gesamttestwert entspricht. Da das Aufgabenergebnis in die Berechnung des Gesamttestwerts selbst mit einfließt, überschätzt jedoch die so definierte Trennschärfe den tatsächlichen Wert. Dieser Umstand wird von der korrigierten Trennschärfe dadurch berücksichtigt, dass bei der Bestimmung des Gesamtergebnisses die jeweilige Aufgabe unberücksichtigt bleibt.

Prinzipiell sind möglichst hohe Trennschärfen anzustreben; Werte zwischen 0,3 und 0,5 gelten als mittelmäßig, Werte über 0,5 gelten als hoch. Aufgrund der Tatsache, dass Aufgaben mit geringen Trennschärfen Informationen generieren, die nicht mit dem Gesamtergebnis übereinstimmen, sind sie aus einem Test zu entfernen (Bortz & Döring, 2003, S. 219). Die aus den Posttestdaten berechneten Aufgabentrennschärfen gelten mit einer Ausnahme als mittel bis hoch (Tab. 21); lediglich die Trennschärfe von

Aufgabe 2 des Tests zum Thema „Heizwert" liegt unterhalb von 0,3. Ursache für die geringe Trennschärfe ist die Aufgabenschwierigkeit, welche mit 88,5 % außerhalb des empfohlenen Intervalls liegt. Es ist offenkundig, dass man bei extrem schweren oder leichten Aufgaben Trennschärfeeinbußen in Kauf nehmen muss (Bortz & Döring, 2003, S. 219). Da sich bei den Analysen zum Leistungsverlauf durch das Entfernen von Aufgabe 2 keine nennenswerten Unterschiede ergeben (vgl. Anhang G), wurde bei den im Ergebnisteil dargestellten Auswertungen dennoch der gesamte Leistungstest berücksichtigt.

Reliabilität falls Aufgabe gelöscht. Der vorletzten Spalte von Tab. 21 kann Cronbach's Alpha[6] als Maß für die interne Konsistenz des jeweiligen Tests entnommen werden. Die angegebene Reliabilität gilt für den Fall, dass die betreffende Aufgabe aus dem Test entfernt wird. Obwohl es sich bei den beiden Leistungstests nicht um standardisierte Tests mit einer Vielzahl von Aufgaben handelt – die Reliabilität nimmt i. d. R. mit der Testlänge zu –, liegt zumindest die interne Konsistenz des Leistungstests zur Wärmekapazität mit 0,72 in einem annehmbaren Bereich. Das Cronbach Alpha des Tests zum Thema „Heizwert" beträgt 0,63.

PISA-Stufe. Zur Erstellung der Leistungstests wurde ein Expertenrating durchgeführt, bei dem 12 Lehrerinnen und Lehrer eine Vorauswahl von 13 Aufgaben je Themenbereich unter Berücksichtigung der PISA-Kompetenzstufen (vgl. Anhang F) beurteilten. Auf Grundlage dieser Expertenbefragung erfolgte die Zusammenstellung der Leistungstests derart, dass zum einen möglichst viele PISA-Kompetenzstufen abgedeckt werden und zum anderen ein hohes Maß an Beurteilerübereinstimmung vorhanden ist. So beträgt die Intraklassenkorrelation[23] für den Leistungstest zur Wärmelehre 0,96 und für den Test zum Heizwert 0,97; beide Werte sprechen für eine ausgezeichnete Übereinstimmung. Da die Berechnung des Intraklassenkorrelationskoeffizienten streng genommen intervallskalierte Ratingwerte voraussetzt, wurde zusätzlich Kendalls Konkordanzkoeffizient W bestimmt. Dieser erfordert mindestens ordinalskalierte Ratings und nimmt Werte zwischen 0 und 1 an (0 = keine Übereinstimmung, 1 = vollständige Übereinstimmung); eine hohe Übereinstimmung liegt für $W > 0,70$ vor, was bei beiden

---

[23] Die Intraklassenkorrelation stellt für intervallskalierte Ratingwerte die angemessene Methode zur Quantifizierung der Beurteilerübereinstimmung dar. In der Literatur wird im Allgemeinen eine Intraklassenkorrelation von mindestens 0,7 als ein Indiz für eine gute Übereinstimmung angegeben (Wirtz & Caspar, 2002); ihr Wertebereich liegt zwischen -1 und 1 (0 = keine Übereinstimmung, 1 = vollständige Übereinstimmung, negative Werte kommen i. d. R. nicht vor).

5.3 Testinstrumente und Erhebungsverfahren

Leistungstests gegeben ist (W(„Wärmekapazität") = 0,82, W(„Heizwert") = 0,85). Zwischen der Aufgabenschwierigkeit und den ermittelten PISA-Kompetenzstufen besteht eine signifikante Korrelation. Der pearsonsche Korrelationskoeffizient r beträgt -0,63 und spricht somit für einen großen Zusammenhang[24]. Der negative Betrag folgt der Erwartung, dass sich bei höheren PISA-Stufen geringere Aufgabenschwierigkeiten einstellen.

Hake-Index. Der Hake-Index g entspricht dem Verhältnis aus realisiertem zu maximal möglichem Lernzuwachs (Hake, 1998) und berücksichtigt somit die nahe liegende Vermutung, dass ein bestimmter absoluter Lernzuwachs bei größerer Vorleistung schwerer zu realisieren ist. Beispiel: Gruppe 1 erreicht im Mittel bei einer Prämessung 80 %, Gruppe 2 dagegen nur 10 %; der absolute Lernzuwachs zwischen Prä- und Postmessung soll in beiden Lerngruppen 10 % entsprechen. Die Berechnung der Hake-Indizes liefert für Gruppe 1 einen Wert von g = 10 / 20 = 0,5, für Gruppe 2 ergibt sich g = 10 / 90 ≈ 0,11. Entsprechend der Klassifikation von Hake (1998) gilt ein gewichteter Lernzuwachs als klein falls $g < 0,3$, als mittel falls $0,7 > g \geq 0,3$ und als groß falls $g \geq 0,7$. Entsprechend dieser Einteilung sind die für die Teilstichprobe von Forschungsfrage I berechneten Hake-Indizes der Gesamttests wie auch der meisten Teilaufgaben als mittelgroß einzustufen (Tab. 21).

Tab. 22: Korrelationen zwischen den Leistungstests, dem TCI und der aktuellen mittleren Leistung

		Posttest WK, gesamt	Posttest H, gesamt	PHN	TCI
Posttest „Wärmekapazität" (WK), gesamt	r	1	0,378***	-0,386***	0,173**
	N	335	324	333	331
Posttest „Heizwert" (H), gesamt	r	0,378***	1	-0,373***	0,191***
	N	324	337	336	331
aktueller mittlerer Leistungsstand (PHN)	r	-0,386***	-0,373***	1	-0,185**
	N	333	336	356	346
Konzepttest zur Wärmelehre (TCI)	r	0,173**	0,191***	-0,185**	1
	N	331	331	346	348

Erläuterungen: *** $p < 0,001$, ** $p < 0,01$, * $p < 0,05$; r pearsonscher Korrelationskoeffizient

---

[24] Nach Bortz & Döring (2003) indiziert $0,1 \leq r < 0,3$ einen kleinen, $0,3 \leq r < 0,5$ einen mittleren und $r \geq 0,5$ einen großen korrelativen Zusammenhang.

Korrelation der Leistungsdaten. Zwischen den beiden curricular validen Leistungstests, dem TCI und dem aktuellen mittleren Leistungsstand bestehen ausnahmslos mindestens hoch signifikante korrelative Zusammenhänge (Tab. 22). Entsprechend der Klassifikation des Korrelationskoeffizienten gelten die Zusammenhänge zwischen den Leistungstests und dem aktuellen mittleren Leistungsstand als mittelgroß, zwischen dem TCI und den anderen Variablen durchweg als klein[24].

5.3.3 Kovariate

Zur Erhebung des Konzeptverständnisses im Bereich der Wärmelehre, der Lesekompetenz sowie der mathematischen Fähigkeiten wurde bei der Hauptuntersuchung auf die bei der Pilotstudie genutzten Instrumente zurückgegriffen (vgl. 3.2.2.3). Als Indikator für die allgemeine (logische) Grundbildung diente zusätzlich das standardisierte Instrument des Screeningverfahrens für Schul- und Bildungsberatung (SSB) nach Kornmann und Horn (2001)[25]. Dieses beinhaltet 25 Aufgaben zum logischen Denken, von denen zwei in Abb. 25 dargestellt sind. Die Bearbeitungszeit des Tests betrug 15 bis 20 Minuten.

---

[25] Als Grad der allgemeinen Intelligenz wird in dieser Arbeit der relative Anteil der richtigen Testaufgaben an der Aufgabenzahl verstanden (in %).

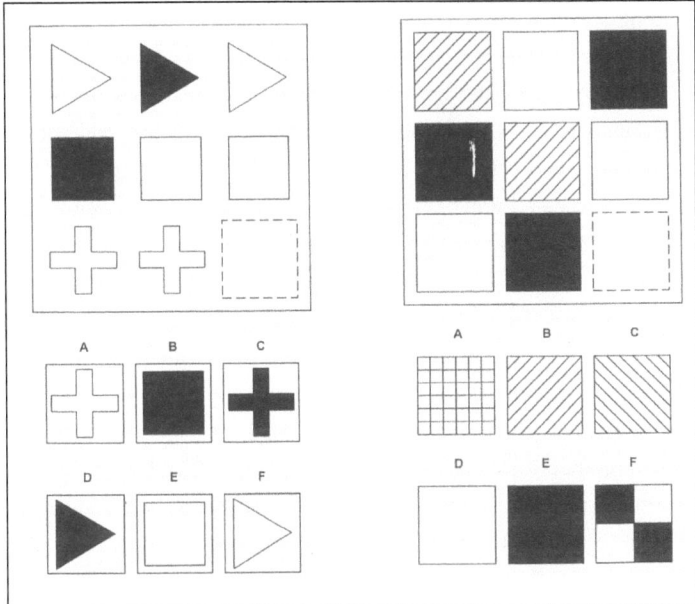

Abb. 25: Zwei Beispielaufgaben des Screeningverfahrens für Schul- und Bildungsberatung (SSB) nach Kornmann und Horn (2001)

5.4 Organisation und Designs der Interventionen

5.4.1 Organisation der Untersuchung

Wie bereits bei den Studien zur Wirksamkeit von „Zeitungsaufgaben" (Kuhn, 2008) stellte die geforderte Ankereigenschaft „Praktikabilität" auch die Untersuchung zur Lernwirksamkeit von „Werbeaufgaben" vor die Herausforderung, zwei an sich gegensätzliche Ansprüche zu vereinen: Nämlich die Einbindung des Lernmaterials in einen möglichst authentischen Physikunterricht – dies schließt die Durchführung eines einfach zu kontrollierenden Laborexperiments aus – sowie die Forderung einer hohen Validität der Untersuchung durch die Reduktion und Kontrolle potentieller Moderatoren.

Aufgrund der Tatsache, dass die unterrichtende Lehrperson den Motivations- wie auch den Leistungsverlauf ganz entscheidend mitbestimmt, konnten bei der Studie ausschließlich Lehrkräfte teilnehmen, welche mindestens zwei Klassen parallel unterrichteten; analog zum Design der Pilotstudie diente eine Klasse stets als Experimental-

und die andere als Kontrollgruppe. Durch diese Bedingung kann ein Einfluss des Faktors „Lehrkraft" zumindest zwischen diesen Gruppen ausgeschlossen werden.

Da zur erfolgreichen Bearbeitung des entwickelten Instruktionsmaterials die Schülerinnen und Schüler eine Reihe von Lernvoraussetzungen aufweisen müssen, wurde im Vorfeld der Untersuchung den beteiligten Lehrkräften das Instruktionsmaterial, sowie die sich daraus ergebenden Lernvoraussetzungen vorgestellt. Diese waren im Rahmen der ansonsten frei zu gestaltenden Einführungsstunden verbindlich zu erarbeiten.

Damit sich ein zusätzlicher Aufwand durch die Teilnahme an der Studie auf ein Minimum reduzieren lies und für die jeweilige Schule keine finanziellen Nachteile in Form von Kopierkosten entstanden, wurden die Instrumente wie auch das Instruktionsmaterial den Lehrkräften in ausreichender Zahl zur Verfügung gestellt. Darüber hinaus erhielten die Lehrer eine Checkliste sowie einen umfangreichen Organisationsleitfaden (vgl. Anhang D, Anhang E), woraus zahlreiche bei der Vorbesprechung angesprochene und verbindlich einzuhaltende Punkte hervorgingen (z. B. die Dauer der einzelnen Tests oder die Bitte, die Motivationstests stets vor den Leistungstests bearbeiten zu lassen).

Der Zeitraum zur Durchführung der Untersuchung war den beteiligten Lehrkräften weitestgehend freigestellt und sollte sich am Stoffverteilungsplan der jeweiligen Schule orientieren; lediglich eine Deadline zur Abgabe der bearbeiteten Materialien wurde gesetzt, wodurch jedoch bei keiner Klasse eine Anpassung des Lehrgangs vonnöten war.

5.4.2 Design der Forschungsfrage I: „Wirksamkeit"

Für die Hauptuntersuchung zur Wirksamkeit von „Werbeaufgaben" wurde das Design der Pilotstudie (Tab. 4) unter Berücksichtigung der im Folgenden formulierten Zielsetzungen modifiziert:

- *Berücksichtigung zweier Leistungsposttests, welche unmittelbar nach der jeweiligen Instruktionsphase wie auch als Prätests eingesetzt werden*

  Begründung: 1) Aufgrund des zeitlichen Umfangs der Untersuchung ist es selbstverständlich, dass die Ergebnisse der Leistungsposttests zur Bildung der Zeugnisnote herangezogen werden müssen. Da eine Leistungsüberprüfung im Umfang des Tests der Pilotstudie entsprechend den Bestimmungen der Schulordnung des Landes Rheinland-Pfalz angekündigt werden muss, ist nicht auszuschließen, dass eine

5.4 Organisation und Designs der Interventionen

intensive, durch die Notengebung extrinsisch motivierte Vorbereitung der Lernenden einen Treatmenteffekt überlagert. 2) Setzt man die Posttests auch zur Prämessung ein, so lässt sich der Leistungsverlauf von EG und KG mittels Kovarianzanalyse mit Messwiederholung vergleichen, was zu valideren Ergebnissen führt als ein Vergleich der Leistungsposttests unter Berücksichtigung der erhobenen Kovariaten.

- *Motivations- und Leistungsmessungen unmittelbar vor bzw. nach der Instruktion*

  Begründung: Durch die Motivations- und Leistungsmessung im Anschluss an die Einführung des Lerngegenstandes und unmittelbar vor der eigentlichen Instruktion kann ausgeschlossen werden, dass ein Effekt der Experimentalbedingung auf unterschiedliche Einführungsstunden zurückzuführen ist.

- *Erhebung der Kovariaten außerhalb des Versuchsablaufs*

  Begründung: Durch die Erfassung der Kovariaten außerhalb des eigentlichen Instruktions- und Testablaufs wird der Untersuchungszeitraum verkürzt, weniger Unterrichtszeit in Anspruch genommen und die unterrichtende Lehrkraft entlastet. Daher wurde den beteiligten Lehrern geraten, die Instrumente zur Erfassung möglicher Moderatorvariablen in Vertretungsstunden oder in anderen Fächern einzusetzen – z. B. den Lesekompetenztest im Fach Deutsch oder den mathematischen Fähigkeitstest im Fach Mathematik.

Das weiterentwickelte Design geht aus Tab. 23 hervor. Die Untersuchung beginnt mit der Einführung in das Thema „spezifische Wärmekapazität", wobei das Vorgehen der unterrichtenden Lehrperson völlig freigestellt ist; wie bereits erläutert, wurden lediglich die zu erreichenden Lernziele – sie entsprechen den Lernvoraussetzungen der Instruktionsphase – verbindlich festgelegt. Nach der Einführung in die neue Thematik erfolgt die Erfassung der Ausgangsmotivation sowie der Vorleistung, woran sich die eigentliche Instruktionsphase, bestehend aus zwei Arbeitsblättern, anschließt. Im weiteren Verlauf der Untersuchung werden die Motivation und Leistung erneut mit den gleichen Instrumenten erhoben, infolgedessen das Datenmaterial mittels Kovarianzanalyse mit Messwiederholung ausgewertet werden kann. Ein völlig identischer Testablauf schließt sich der Einführung in das Thema „Heizwert" an und nachdem beide Lerngruppen fünf Wochen konventionell, d. h. ohne „Werbeaufgaben" instruiert wurden, erfolgt zur Überprüfung der Nachhaltigkeit eines ggf. vorhandenen Effekts eine abschließende Motivations- und Leistungsmessung (Follow up).

Tab. 23: Instruktions- und Testablauf der Hauptstudie - Forschungsfrage I

Woche	Stunde	V-Klasse („Werbeaufgaben")	K_A-Klasse (Alltagsprobleme)	T-Klasse (Aufgaben ohne Alltagsbezug)
1	1	Einführung der spezifischen Wärmekapazität			
	2	Grundgleichung der Wärmelehre Motivationsprätest 1, Leistungsprätest 1			
2	3	Arbeitsblatt 1			
	4	Arbeitsblatt 2			
3	5	Motivationsposttest 1, Leistungsposttest 1			
	6	Einführung des Heizwertes			
4	7	Motivationsprätest 2, Leistungsprätest 2			
	8	Arbeitsblatt 3			
5	9	Arbeitsblatt 4			
	10	Motivationsposttest 2, Leistungsposttest 2			
6 … 10	11…20	konventioneller Unterricht			
11	21	Follow up (Motivation und Leistung)			

Erläuterungen: ▨ Einsatz von Instrumenten   ▬ Instruktionsphase   ☐ konventioneller Unterricht

5.4.3 Design der Forschungsfrage II: „Dosis-Wirkungs-Beziehung"

Aufgrund der Vermutung, dass zwischen der Aufgabendosis und dem hervorgerufenen Unterschied im Motivations- und Leistungsverlauf von EG und KG ein monoton wachsender Zusammenhang besteht (Hypothese M4/L5, vgl. Kapitel 4) und ferner zur Beobachtung eines signifikanten und praktisch relevanten Motivations- und Leistungsunterschied die Zahl eingesetzter Aufgaben voraussichtlich einen gewissen Schwellenwert überschreiten muss, wurde in die Instruktionsphase des Designs von Forschungsfrage I (Tab. 23) eine überdurchschnittlich hohe Aufgabendosis integriert (hohe Aufgabendosis ➔ großer Effekt ➔ hohe Teststärke!). Aufgrund dieser Distanz zum „normalen" Unterricht wirft ein signifikanter und praktisch relevanter Einfluss

5.4 Organisation und Designs der Interventionen

der Experimentalbedingung bei Design I die Frage auf, in welchem Umfang das Ankermedium „Werbeanzeige" mindestens eingesetzt werden muss, um bedeutsame Motivations- und Leistungsunterschiede zwischen EG und KG zu erreichen (Forschungsfrage II, vgl. Kapitel 4) und wie genau die Wirkung des Treatments von der Aufgabendosis abhängt.

Natürlich war es im Rahmen der vorliegenden Arbeit nicht möglich, eine Dosis-Wirkungs-Analyse mit hoher Auflösung durchzuführen; hierzu hätte die Wirksamkeit zahlreicher Dosen untersucht werden müssen, was infolge der begrenzten Stichprobe sowie der zur Verfügung stehenden Mittel ausgeschlossen war. Eine Prüfung auf die Existenz einer vermuteten Dosis-Wirkungs-Beziehung und auch eine näherungsweise Quantifizierung ist aber möglich.

Hierzu wurde ein verkürztes Design eingesetzt (Tab. 24), welches bzgl. der Instrumente sowie des Testablaufs dem von Forschungsfrage I völlig entspricht; lediglich die

Tab. 24: Instruktions- und Testablauf der Hauptstudie - Forschungsfrage II

Woche	Stunde	V-Klasse („Werbeaufgaben")	K_A-Klasse (Alltagsprobleme ohne Bilder)
1	1	Einführung der spezifischen Wärmekapazität	
	2	Grundgleichung der Wärmelehre	
		Motivationsprätest 1, Leistungsprätest 1	
2	3	Arbeitsblatt 1	
	4	Motivationsposttest 1, Leistungsposttest 1	
3	5	Einführung des Heizwertes	
	6	Motivationsprätest 2, Leistungsprätest 2	
4	7	Arbeitsblatt 2	
	8	Motivationsposttest 2, Leistungsposttest 2	
5…9	9…18	konventioneller Unterricht	
10	19	Follow up (Motivation und Leistung)	

Erläuterungen: ▨ Einsatz von Instrumenten ▪ Instruktionsphase □ konventioneller Unterricht

Dauer der Instruktionsphasen wurde halbiert und die zu bearbeitende Aufgabenzahl von elf auf sechs herabgesetzt. Aufgrund der identischen Testabläufe besitzen die Ergebnisse der beiden Teilstichproben eine hohe Vergleichbarkeit, was die Beobachtung eines vorhandenen Dosis-Wirkungs-Zusammenhangs ermöglicht.

5.4.4 Design der Forschungsfrage III: „Robustheit"

Dadurch, dass bei Design I und II die konzipierten Aufgaben ausschließlich in Übungsphasen und die Testinstrumente stets unmittelbar vor bzw. nach der Instruktion eingesetzt wurden, konnte ein Höchstmaß an Kontrollierbarkeit des Experiments erreicht werden. Dabei wurde eine gewisse Distanz zum Vorgehen im realen Unterricht in Kauf genommen, in welchem Aufgaben eben nicht nur zur Festigung des erarbeiteten Wissens dienen, sondern u. a. auch zur Problemfindung oder sogar zur Erarbeitung eines Lerngegenstandes. Darüber hinaus sollten im Sinne der Methodenvielfalt stets verschiedene Medien und unterschiedliche Sozialformen berücksichtigt werden. Diese verschiedenen Unterrichtselemente werden nun von Lehrkräften in verschiedener Weise und unterschiedlichen Anteilen eingesetzt, wodurch sich in der Praxis zusätzliche Varianzquellen auftun. Die Beachtung dieser Punkte, welche i. Allg. Kriterien guten Unterrichts darstellen, hätte die Kontrollierbarkeit des Experiments somit herabgesetzt, weshalb bei Design I und II auf ihre Einhaltung verzichtet wurde.

Zur Beantwortung von Forschungsfrage III (vgl. Kapitel 4) wurde unter Einbindung der beteiligten Lehrkräfte ein Unterrichtskonzept konzipiert (vgl. Anhang C), das in verschiedenen Phasen des Unterrichts eine mittlere Zahl von Aufgaben aufgreift sowie unterschiedliche Medien und Sozialformen berücksichtigt. Der Instruktionsablauf entspricht also dem eines „normalen" Unterrichts, d. h. das Ankermedium „Werbeanzeige" wird bei hoher Unterrichtsvariabilität erprobt. Der Instruktions- und Testablauf von Forschungsfrage III geht aus Tab. 25 hervor.

Aufgrund der Ähnlichkeit zum Design I bzw. II wird auf eine ausführliche Beschreiung des Instruktions- und Testablaufs verzichtet und im Folgenden ausschließlich die wichtigsten Unterschiede herausgestellt:

- Die Einführung sowie die Festigung der Lerninhalte nimmt einen Zeitraum von vier Unterrichtsstunden ein, was dem Vorgehen im regulären Unterricht entspricht; bei Design I sind es dagegen 6,5 Schulstunden, was aus den genannten Gründen für eine empirische Untersuchung zwar gerechtfertigt erscheint, der Unterrichtspraxis jedoch widerspricht.

5.4 Organisation und Designs der Interventionen

Tab. 25: Instruktions- und Testablauf der Hauptstudie - Forschungsfrage III

Woche	Stunde	V-Klasse („Werbeaufgaben")	K$_A$-Klasse (Alltagsprobleme ohne Bilder)
1	1	Motivationsprätest, Konzepttest	
1	2	Experimentelle Bestimmung der spezifischen Wärmekapazität	
2	3	Grundgleichung der Wärmelehre	
2	4	Motivationsposttest 1, Leistungsposttest 1	
3	5	Einführung des Heizwertes	
3	6	Übungsstunde zum Heizwert	
4	7	Motivationsposttest 2, Leistungsposttest 2	
4 … 9	8 … 17	konventioneller Unterricht	
9	18	Follow up (Motivation und Leistung)	

Erläuterungen: ▨ Einsatz von Instrumenten ▬ Instruktionsphase ☐ konventioneller Unterricht

- Da das Unterrichtskonzept von Forschungsfrage III bereits innerhalb der Problemfindungs- sowie Erarbeitungsphase Aufgaben aufgreift, können vor Untersuchungsbeginn keine curricular validen Leistungstests eingesetzt werden. Die Lernvoraussetzungen zu deren Bearbeitung wären noch nicht vorhanden, was die Lernenden demotivieren könnte; zum anderen käme es voraussichtlich zu einem Bodeneffekt, d. h. der Großteil der Schülerinnen und Schüler würde nur einen geringen Teil der Tests korrekt bearbeiten, die auftretenden Varianzen wären gering und die erfassten Daten nur wenig aussagekräftig. Aus diesem Grund dienen bei der Auswertung des Datenmaterials von Forschungsfrage III lediglich der standardisierte Konzepttest (TCI) sowie der aktuelle mittlere Leistungsstand im Fach Physik als Indikatoren der Vorleistung. Analog zur Pilotstudie erfolgt die Auswertung des Datenmaterials also nicht durch einen Vergleich des Leistungsverlaufs mittels Kovarianzanalyse mit Messwiederholung, sondern durch eine Gegenüberstellung der Leistung am Ende der jeweiligen Instruktionsphase unter Berücksichtigung der erfassten Kovariaten (einfache Kovarianzanalyse).

5.4.5 Methodik zur Dosis-Wirkungs-Beziehung

Wie bereits erläutert, kann die Existenz eines Dosis-Wirkungs-Zusammenhangs durch ein Vergleich der Analysen des Datenmaterials von Forschungsfrage I und II aufgrund der hohen Vergleichbarkeit infolge identischer Instruktions- und Testabläufe nachgewiesen werden. Zur genaueren Untersuchung der Dosis-Wirkungs-Beziehung müsste man streng genommen die Wirksamkeit zahlreicher Dosen bei identischen Testabläufen analysieren, was aus verschiedenen Gründen nicht möglich war.

Um den Dosis-Wirkungs-Zusammenhang dennoch – zumindest ansatzweise – genauer zu untersuchen (Hypothese M4, vgl. Kapitel 4), werden die Effekte aller Teilstichproben (auch die von Forschungsfrage III sowie der Vorstudie) miteinander verglichen; dabei wird außer Acht gelassen, dass die Designs – zusätzlich zur unterschiedlichen Aufgabendosis – nicht vollständig miteinander übereinstimmen (vgl. 6.6.1).

In einem zweiten Schritt erfolgt eine alternative Auswertung der Dosis-Wirkungsbeziehung mit dem Verfahren der logistischen Regression, welche u. a. in klinischen Studien zur Dosis-Wirkungs-Analyse von Medikamenten genutzt wird (Tutz, 2000). Diese ermöglicht eine Schätzung der Wahrscheinlichkeit, unter der sich in Abhängigkeit der eingesetzten Aufgabenzahl ein praktisch relevanter Unterschied zwischen EG und KG einstellt (6.6.2).

Die nachfolgende Übersicht bildet den Abschluss des Kapitels „Material und Methoden". Aus ihr geht hervor, welche statistischen Methoden zur Prüfung der verschiedenen Hypothesen verwendet werden (Tab. 26).

5.4 Organisation und Designs der Interventionen

Tab. 26: Zur Hypothesenprüfung eingesetzte statistische Methoden

Hypothese		statistische Methode	Stichprobe	Ergebniskapitel
M1	Höhere Motivation durch „Werbeaufgaben"	Kovarianzanalyse mit Messwiederholung: Betrachtung der multivariaten Tests sowie der aus dem Prätest und den Folgemessungen gebildeten Innersubjektkontraste	Gesamt	6.4.1
			FF I	6.1.1
			FF II	6.2.1
			FF III	6.3.1
M2	Nachhaltiger Motivationsunterschied	Kovarianzanalyse mit Messwiederholung: Betrachtung der Kontrastvariable Prätest – Follow up	Gesamt	6.4.1.2
			FF I	6.1.1.2
			FF II	6.2.1.2
			FF III	6.3.1.2
M3	Höhere Motivation durch Alltagsprobleme als durch traditionelle Aufgaben	vgl. M1	LK1	6.7.1
M4	Monoton wachsender Dosis-Wirkungs-Zusammenhang	• Effektstärke-Dosis-Diagramme (Kurvenanpassung) • Logistische Regression	Gesamt	6.6.1 6.6.2
L1	Höhere Leistung durch „Werbeaufgaben"	Kovarianzanalyse: Betrachtung der Zwischensubjekteffekte	Gesamt	6.4.2
			FF 3	6.3.2
		Kovarianzanalyse mit Messwiederholung: Betrachtung der Innersubjekteffekte	FF 1	6.1.2
			FF2	6.2.2
L2	Nachhaltiger Leistungsunterschied	Kovarianzanalyse mit Messwiederholung: Betrachtung der Innersubjekteffekte	Gesamt	6.4.3
L3	Kritischer Umgang mit Werbung	T-Test	Gesamt (EG)	6.4.1.4
L4	Höhere Leistung durch Alltagsproleme als durch traditionelle Aufgaben	Kovarianzanalyse mit Messwiederholung: Betrachtung der Innersubjekteffekte	LK1	6.7.2
L5	Monoton wachsender Dosis-Wirkungs-Zusammenhang	• Effektstärke-Dosis-Diagramme (Kurvenanpassung) • Logistische Regression	Gesamt	nicht nachweisbar

6 Ergebnisse

Im nachfolgenden Kapitel werden die Ergebnisse der durchgeführten Analysen zur Wirksamkeit von „Werbeaufgaben" im Detail vorgestellt[26]: Nach der Beschreibung der Resultate für die verschiedenen Teilstichproben (vgl. 6.1-6.3) erfolgt eine Ergebnisdarstellung der gesamten Stichprobe (vgl. 6.4), eine Analyse des dosisbedingten Motivationseffekts (vgl. 6.6) sowie ein abschließender Vergleich von traditionellen Problemstellungen ohne Kontexteinbettung und konventionellen Alltagsaufgaben (vgl. 6.7). Die auf die Kovariaten adjustierten, deskriptiven Daten des Motivationsverlaufs wie auch der Leistung können den Tabellen am Ende des Kapitels (Tab. 80 - Tab. 82) entnommen werden.

Die Auswertung des Motivationsverlaufs erfolgt unabhängig von der betrachteten Stichprobe unter Nutzung einer Varianzanalyse mit Messwiederholung und somit analog zur Pilotstudie – angegeben werden stets die Ergebnisse der multivariaten Tests, der Innersubjektkontraste[27] wie auch der Zwischensubjektfaktoren. Unter Berücksichtigung der Tatsache, dass für die mit traditionellen Aufgaben instruierte Lerngruppe kein Motivationsposttest 1 vorliegt, bleibt diese Klasse bei den Analysen zum Motivationsverlauf unberücksichtigt.

Der Einfluss auf die Lernleistung wird wegen den fehlenden Vortestergebnissen bei der Teilstichprobe von Forschungsfrage III sowie bei der Gesamtstichprobe – beim Design von Forschungsfrage III waren keine Prätests vorgesehen – mit einer „einfachen" Kovarianzanalyse geprüft, welche die Leistung am Ende der Instruktionsphase unter Berücksichtigung der erhobenen Kontrollvariablen miteinander vergleicht. Im Gegensatz dazu können bei den Teilstichproben von Forschungsfrage I und II Kovarianzanalysen mit Messwiederholung erfolgen, die eine Gegenüberstellung des Leistungsverlaufs ermöglichen; dargestellt werden die Innersubjektkontraste wie auch die Zwischensubjekteffekte.

---

[26] Aufgrund der Robustheit der genutzten Analysemethoden gegen etwaige Verletzungen der Voraussetzungen wird im Zuge der Hauptuntersuchung auf deren Überprüfung verzichtet (vgl. 3.3.1.2).
[27] Infolge der großen Zahl signifikanter und für die Praxis relevanter Kontrastvariablen werden ausschließlich die Effekte der Experimentalbedingung (Interaktionsvariable „Motivationsverlauf x Gruppe") im Fließtext erläutert; für eine vollständige Darstellung sei auf die entsprechende Tabelle verwiesen.

Da wegen des Wegfalls mehrerer eingeplanter Lehrkräfte[22] (insgesamt 8 Klassen!) lediglich eine Kontrollgruppe mit bebilderten Alltagsproblemen und eine Gruppe mit traditionellen Aufgaben unterrichtet wurden, erfolgt bei den meisten Analysen (vgl. 6.1-6.6) lediglich ein Vergleich der Wirksamkeit von „Werbeaufgaben" mit der von konventionellen Problemstellungen; zwischen den Kontrollgruppen wird also meist nicht unterschieden. Ein Vergleich der Wirksamkeit von Alltagsproblemen mit der von traditionellen Aufgaben ohne Alltagsbezug erfolgt in Kapitel 6.7.

Aus Gründen der Übersichtlichkeit und der praktischen Relevanz werden vorwiegend statistisch signifikante Effekte beschrieben und für eine vollständige Ergebnisdarstellung auf die entsprechende Tabelle verwiesen. Die Zahl der eingebundenen Tabellen ist durch die Berücksichtigung zahlreicher Moderatorvariablen und die Überprüfung mehrerer Forschungsfragen verhältnismäßig hoch. Um dem Leser ein häufiges Nachschlagen zu ersparen, sind die Übersichten dennoch in den Ergebnisteil und nicht in den Anhang dieser Arbeit integriert.

6.1 Ergebnisse zu Forschungsfrage I: „Wirksamkeit"

6.1.1 Beeinflussung des Motivationsverlaufs

Zur Auswertung des Motivationsverlaufs entsprechend Tab. 23 wird für die Stichprobe von Forschungsfrage I (Tab. 18) eine 5 x 2 x 2 x 2-faktorielle Kovarianzanalyse mit Messwiederholung durchgeführt (Anzahl der Messungen (Zeit): 5, Anzahl der Gruppen in Faktor 2 (Experimentalbedingung): 2, Anzahl der Gruppen in Faktor 3 (Geschlecht): 2; Anzahl der Gruppen in Faktor 4 (Lehrkraft): 2). Als mögliche Kontrollvariablen fließen die in Tab. 19 genannten Kovariaten in die Analysen ein.

6.1.1.1 Multivariate Tests

- Die **Experimentalbedingung** (Interaktionsvariable „MV x Gruppe") hat einen höchst signifikanten Einfluss auf den zeitlichen Verlauf der Gesamtmotivation (Abb. 27) sowie auf den Verlauf des Selbstkonzepts (Abb. 29) (Gesamtmotivation: $F(4; 71) = 6{,}103$; $p < 0{,}001$; $\eta_p^2 = 0{,}256$; SK: $F(4; 71) = 6{,}454$; $p < 0{,}001$; $\eta_p^2 = 0{,}267$). Bei der Subskala „Realitätsbezug/Authentizität" (Abb. 28) ist der Unterschied zwischen EG und KG hoch signifikant, bei der intrinsischen Motivation (Abb. 30) signifikant (RA: $F(4; 71) = 3{,}877$; $p = 0{,}004$; $\eta_p^2 = 0{,}179$; IE: $F(4; 71) = 2{,}890$; $p = 0{,}014$; $\eta_p^2 = 0{,}140$); es handelt sich stets um große Effekte. Wie den grafischen Darstellungen oder den deskriptiven Daten zu entnehmen ist (Tab. 80), sind

6.1 Ergebnisse zu Forschungsfrage I: „Wirksamkeit"

es stets die Schülerinnen und Schüler der EG, die unter Berücksichtigung der Prämessung eine höhere mittlere Motivationsausprägung besitzen. Die Nullhypothese, dass also der Motivationsverlauf der KG dem der EG mindestens gleichwertig ist, kann somit zugunsten der Alternativhypothese M1 (vgl. Kapitel 4) verworfen werden. Ferner lässt sich beobachten, dass die signifikanten Unterschiede zwischen den Gruppen nicht auf einer Motivationssteigerung innerhalb der EG beruhen, sondern auf einer Abnahme des mittleren Motivationsgrads der KG. Ein Erklärungsansatz hierfür stellt die Tatsache dar, dass die Bearbeitung quantitativer Problemstellungen bei den Lernenden im Allg. nicht sehr beliebt ist, was durch den konsistenten Interaktionseffekt „MV x mittlerer Leistungsstand Mathematik" empirisch gestützt wird (Tab. 30). Offensichtlich lässt sich in intensiven Übungsphasen entsprechend dem Design von Forschungsfrage I (Tab. 23) durch den Einsatz von „Werbeaufgaben" zumindest ein Absinken der Ausgangsmotivation verhindern.

- Die unterrichtende **Lehrkraft** hat einen hoch signifikanten Einfluss auf den zeitlichen Verlauf der Gesamtmotivation ($F(4; 71) = 3{,}697$; $p = 0{,}009$; $\eta_p^2 = 0{,}172$) sowie des Selbstkonzepts ($F(4; 71) = 4{,}346$; $p = 0{,}003$; $\eta_p^2 = 0{,}197$); beide Effekte sind als groß einzustufen. Während die über EG und KG gemittelte Motivation bei Lehrkraft 2 nahezu unverändert bleibt, ist bei Lehrkraft 1 ein Rückgang des Motivationsgrads zu verzeichnen. Sobald in beiden Klassen konventionell unterrichtet wird, nähert sich dieser dem Ausgangswert erneut an (Abb. 26).

- Der **mittlere Leistungsstand im Fach Mathematik** hat einen hoch signifikanten Einfluss auf den zeitlichen Verlauf der Gesamtmotivation ($F(4; 71) = 4{,}206$; $p = 0{,}004$; $\eta_p^2 = 0{,}192$) wie auch eine signifikante Wirkung auf den Verlauf der drei Unterdimensionen (RA: $F(4; 71) = 2{,}833$; $p = 0{,}031$; $\eta_p^2 = 0{,}138$; SK: $F(4; 71) = 3{,}076$; $p = 0{,}021$; $\eta_p^2 = 0{,}148$; IE: $F(4; 71) = 2{,}772$; $p = 0{,}034$; $\eta_p^2 = 0{,}135$). Da es sich bei den eingesetzten Übungsaufgaben ausschließlich um quantitative Problemstellungen handelt, ist der beobachtete Einfluss nahe liegend.

- Die **Lesekompetenz** hat einen signifikanten Einfluss auf den zeitlichen Verlauf der Gesamtmotivation wie auch auf den Verlauf der Subskala „intrinsische Motivation/Engagement" (Gesamt: $F(4; 71) = 2{,}498$; $p = 0{,}050$; $\eta_p^2 = 0{,}123$; IE: $F(4; 71) = 2{,}571$; $p = 0{,}045$; $\eta_p^2 = 0{,}127$). Die Effektgrößen gelten als mittelgroß bzw. klein. Alle anderen Kovariaten bleiben insignifikant.

Gesamtmotivation

Forschungsfrage I

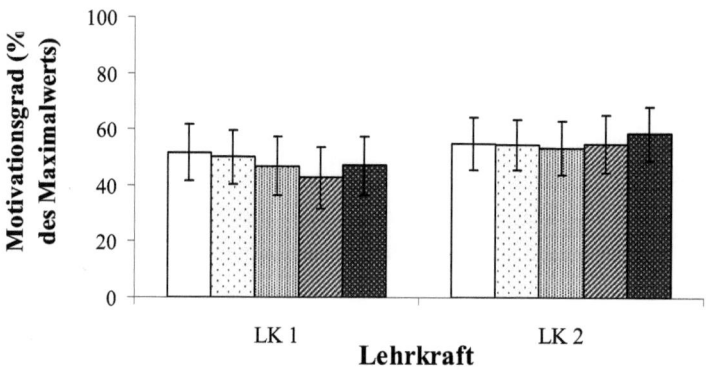

☐ Prätest 1 ☐ Posttest 1 ▦ Prätest 2 ▨ Posttest 2 ▩ Follow up

Abb. 26: Einfluss der Lehrkraft auf den zeitlichen Verlauf der Gesamtmotivation, Forschungsfrage I

6.1.1.2 Innersubjektkontraste

- Beim Vergleich Prätest 1 – Posttest 2 hat die Experimentalbedingung einen höchst signifikanten Einfluss auf die *Gesamtmotivation* ($F(1; 74) = 17{,}145$; $p < 0{,}001$; $\eta_p^2 = 0{,}188$), die Effektstärke ist groß; beim Vergleich Prätest 1 – Prätest 2 ist der beobachtete Unterschied signifikant ($F(1; 74) = 3{,}593$; $p = 0{,}031$; $\eta_p^2 = 0{,}046$). Der Vergleich Prätest 1 – Posttest 1 bleibt analog zur Pilotstudie insignifikant, was die Vermutung eines Dosis-Wirkungszusammenhangs stützt. Auch beim Vergleich Prätest 1 – Follow up ist kein signifikanter Einfluss der Experimentalbedingung festzustellen, was gegen die vermutete Nachhaltigkeit des Motivationseffekts spricht; die Hypothese M2 (vgl. Kapitel 4) wird daher zugunsten der Nullhypothese abgelehnt.

- Bezüglich der Subskala *„Realitätsbezug/Authentizität"* hat die Experimentalbedingung einen signifikanten Einfluss beim Vergleich Prätest 1 – Prätest 2: $F(1; 74) = 4{,}710$; $p = 0{,}017$; $\eta_p^2 = 0{,}060$) sowie einen hoch signifikanten Einfluss beim Kontrast Prätest 1 – Posttest 2 ($F(1; 74) = 10{,}560$; $p = 0{,}001$; $\eta_p^2 = 0{,}125$). Bei der Gegenüberstellung Prätest 1 – Follow up ergibt sich kein signifikanter Unterschied zwischen EG und KG ($F(1; 74) = 0{,}043$; $p = 0{,}418$; $\eta_p^2 = 0{,}001$), d. h. auch für die

Unterdimension „Realitätsbezug/Authentizität" stellt sich die beobachtete Diskrepanz zwischen EG und KG nicht als nachhaltig heraus.

- Beim *Selbstkonzept* ergibt sich bereits beim Kontrast Prätest 1 – Posttest 1 ein signifikanter Unterschied ($F(1; 74) = 2,816$; $p = 0,049$; $\eta_p^2 = 0,037$), welcher beim Vergleich Prätest 1 – Posttest 2, also nach voller Aufgabendosis, sogar höchst signifikant wird ($F(1; 74) = 17,861$; $p < 0,001$; $\eta_p^2 = 0,194$); die Effektstärke ist groß. Wie schon bei der Voruntersuchung, ist der für das Selbstkonzept beobachtete Effekt größer als für die Authentizität, was – da der Interventionsbedingung schließlich ein unterschiedlicher Authentizitätsgrad des Lernmaterials entspricht – ein überraschendes Ergebnis darstellt. Auch für das Selbstkonzept bleibt trotz großen Unterschieds beim Motivationsposttest 2 ein nachhaltiger Effekt aus (Vergleich Prätest 1 – Follow up: $F(1; 74) = 0,036$; $p = 0,425$; $\eta_p^2 < 0,001$).

- Die Experimentalbedingung hat einen hoch signifikanten Einfluss auf den zeitlichen Verlauf der *intrinsischen Motivation* zwischen der ersten Prämessung und dem Motivationsposttest 2 ($F(1; 74) = 6,438$; $p = 0,007$; $\eta_p^2 = 0,080$); es handelt sich um einen mittleren Effekt. Alle anderen Vergleiche mit dem Prätest 1 bleiben insignifikant.

6.1.1.3 Zwischensubjekteffekte

- Das **Geschlecht** hat einen hoch signifikanten Einfluss auf die Gesamtmotivation sowie auf die Unterdimension „intrinsische Motivation/Engagement" (Gesamt: $F(1; 74) = 7,894$; $p = 0,006$; $\eta_p^2 = 0,096$; IE: $F(1; 74) = 7,230$; $p = 0,009$; $\eta_p^2 = 0,089$); beim Selbstkonzept liegt zwischen den Mädchen und Jungen sogar ein höchst signifikanter Unterschied mit großer Effektstärke vor ($F(1; 74) = 14,672$; $p < 0,001$; $\eta_p^2 = 0,165$). Wie die Tab. 27 zeigt, sind es die Jungen, die – analog zu den Ergebnissen der Pilotstudie – eine höhere Gesamtmotivation sowie eine stärkere Ausprägung bei allen Subskalen des Motivationsinventars besitzen. Interessant ist, dass beide Geschlechter die Inhalte des Physikunterrichts in gleichem Maße für authentisch halten.

- Die **Lehrkraft** hat einen höchst signifikanten Einfluss auf das Selbstkonzept und auf die intrinsische Motivation der Lernenden (SK: $F(1; 74) = 17,749$; $p < 0,001$; $\eta_p^2 = 0,193$; IE: $F(1; 74) = 14,405$; $p < 0,001$; $\eta_p^2 = 0,163$). Bei der Gesamtmotivation ist eine hoch signifikante Diskrepanz zu verzeichnen ($F(1; 74) = 7,719$; $p =$

$0{,}007$; $\eta_p{}^2 = 0{,}094$). Diese Mittelwertsunterschiede dürfen jedoch nur bedingt interpretiert werden, da sie möglicherweise bereits vor der Übernahme der Klassen durch die jeweiligen Lehrer existierten; es kann also nicht ausgeschlossen werden, dass die Zwischensubjekteffekte des Faktors „Lehrkraft" von den beteiligten Lehrern unabhängig sind. Die Wirkung der Lehrkräfte auf den zeitlichen Verlauf der Motivation (Interaktionsvariable MV x LK) besitzt dagegen eine höhere Aussagekraft.

- Der **aktuelle mittlere Leistungsstand im Fach Physik** zu Beginn der Untersuchung hat einen hoch signifikanten Einfluss auf die Gesamtmotivation sowie auf die Subskala „Selbstkonzept" (Gesamt: $F(1; 74) = 7{,}907$; $p = 0{,}006$; $\eta_p{}^2 = 0{,}097$; SK: $F(1; 74) = 8{,}520$; $p = 0{,}005$; $\eta_p{}^2 = 0{,}103$), bei der intrinsischen Motivation liegt eine signifikante Wirkung vor ($F(1; 74) = 6{,}043$; $p = 0{,}016$; $\eta_p{}^2 = 0{,}075$).

- Der **aktuelle mittlere Leistungsstand im Fach Mathematik** zu Beginn der Untersuchung hat einen signifikanten Einfluss auf das Selbstkonzept ($F(1; 74) = 5{,}329$; $p = 0{,}024$; $\eta_p{}^2 = 0{,}067$).

- Die Einflüsse der anderen erfassten Kovariaten bleiben als Zwischensubjektfaktoren insignifikant.

Tab. 27: Motivationsgrad in Abhängigkeit des Geschlechts, Forschungsfrage I

Skala		Mädchen ($N = 50$)	Jungen ($N = 39$)
total	MW	47,4	55,6
	(SEM)	1,7	2,0
	(SD)	12,0	12,5
Intrinsische Motivation/ Engagement	MW	35,8	45,6
	(SEM)	2,2	2,5
	(SD)	15,6	15,6
Realitätsbezug/ Authentizität	MW	57,7	59,7
	(SEM)	2,3	2,7
	(SD)	16,3	16,9
Selbstkonzept	MW	50,7	61,8
	(SEM)	1,7	2,0
	(SD)	12,0	12,5

Erläuterungen: *MW* Mittelwert, *SEM* Standardfehler des Mittelwerts, *SD* Standardabweichung, *N* Stichprobenumfang

6.1 Ergebnisse zu Forschungsfrage I: „Wirksamkeit" 95

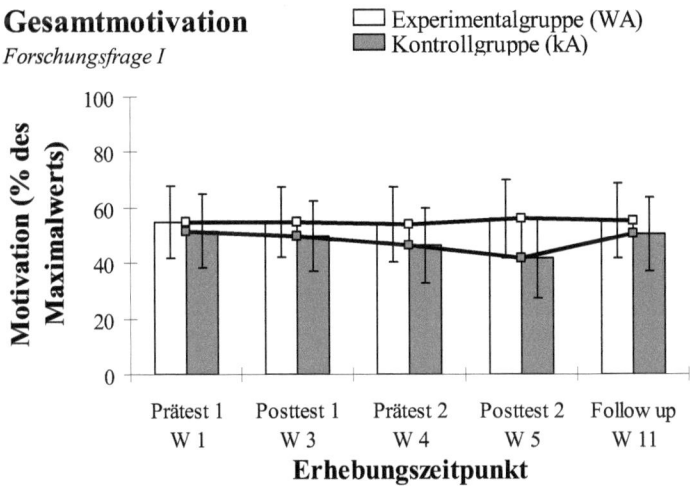

Abb. 27: Auf die Kovariaten adjustierter zeitlicher Verlauf der Gesamtmotivation in Abhängigkeit des eingesetzten Aufgabentyps, Forschungsfrage I (WA Werbeaufgaben, kA konventionelle Alltagsprobleme)

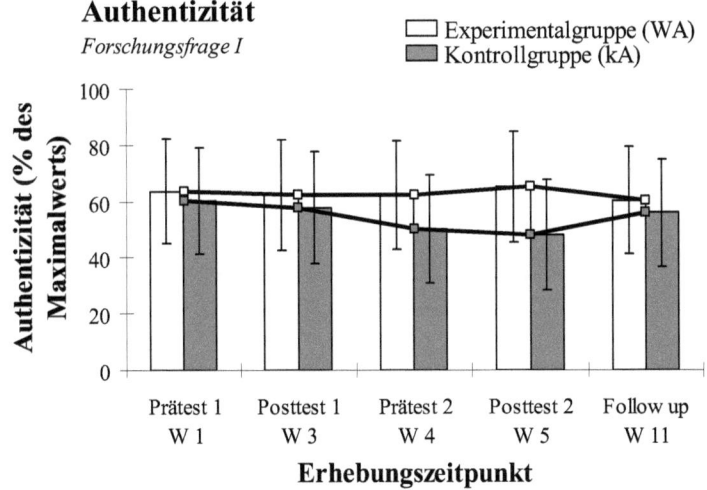

Abb. 28: Auf die Kovariaten adjustierter zeitlicher Verlauf der Authentizität in Abhängigkeit des eingesetzten Aufgabentyps, Forschungsfrage I (WA Werbeaufgaben, kA konventionelle Alltagsprobleme)

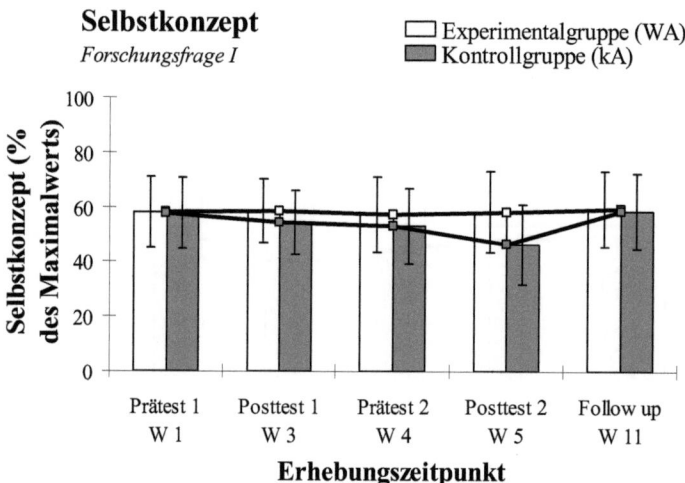

Abb. 29: Auf die Kovariaten adjustierter zeitlicher Verlauf des Selbstkonzepts in Abhängigkeit des eingesetzten Aufgabentyps, Forschungsfrage I (WA Werbeaufgaben, kA konventionelle Alltagsprobleme)

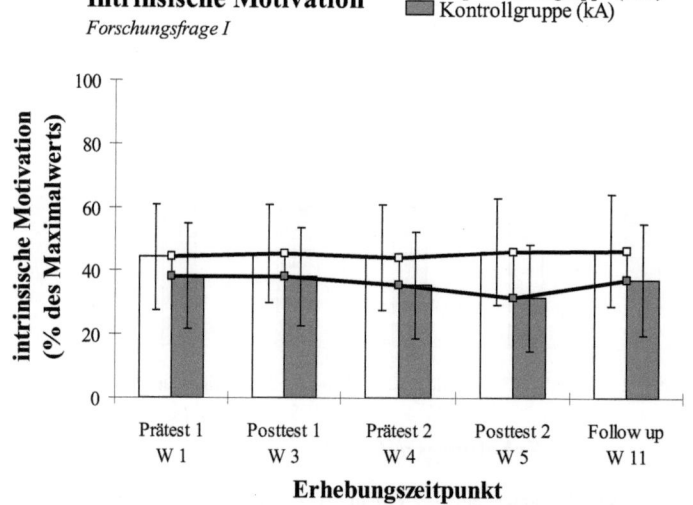

Abb. 30: Auf die Kovariaten adjustierter zeitlicher Verlauf der intrinsischen Motivation in Abhängigkeit des eingesetzten Aufgabentyps, Forschungsfrage I (WA Werbeaufgaben, kA konventionelle Alltagsprobleme)

Tab. 28: Ergebnisse der ANCOVA zum Motivationsverlauf mit Subskalen, Forschungsfrage I (Multivariate Tests)

	df	df$_{Error}$	IE $F(\eta_p^2)$	SK $F(\eta_p^2)$	RA $F(\eta_p^2)$	Total $F(\eta_p^2)$
Haupteffekte und Interaktionen						
Motivationsverlauf MV	4	71	0,355 (0,020)	1,300 (0,068)	1,215 (0,064)	1,089 (0,058)
MV x GRUPPE	4	71	2,890* (0,140)	6,454*** (0,267)	3,877** (0,179)	6,103*** (0,256)
MV x GENDER	4	71	0,444 (0,024)	0,729 (0,039)	0,381 (0,021)	0,297 (0,016)
MV x LK	4	71	1,300 (0,068)	4,346** (0,197)	2,238 (0,112)	3,697** (0,172)
MV x GRUPPE x GENDER	4	71	0,828 (0,045)	0,510 (0,028)	0,599 (0,033)	0,637 (0,035)
MV x GRUPPE x LK	4	71	0,819 (0,044)	0,419 (0,023)	2,378 (0,118)	1,237 (0,065)
MV x GENDER x LK	4	71	1,796 (0,092)	0,071 (0,004)	1,125 (0,060)	1,285 (0,067)
MV x GRUPPE x GENDER x LK	4	71	0,310 (0,017)	0,139 (0,008)	0,960 (0,051)	0,315 (0,017)
Kovariate bzw. Moderatoren						
MV x TCI	4	71	0,285 (0,016)	0,290 (0,016)	0,141 (0,008)	0,262 (0,015)
MV x PHN	4	71	1,553 (0,080)	2,156 (0,108)	1,869 (0,095)	1,893 (0,096)
MV x LESE	4	71	2,571* (0,127)	1,712 (0,088)	0,993 (0,053)	2,498* (0,123)
MV x MT	4	71	0,799 (0,043)	0,860 (0,046)	1,745 (0,089)	1,202 (0,063)
MV x AI	4	71	0,452 (0,025)	0,622 (0,034)	1,214 (0,064)	1,116 (0,059)
MV x DN	4	71	0,382 (0,021)	1,207 (0,064)	0,224 (0,012)	0,380 (0,021)
MV x MN	4	71	2,772* (0,135)	3,076* (0,148)	2,833* (0,138)	4,206** (0,192)

Erläuterungen: *** $p < 0,001$, ** $p < 0,01$, * $p < 0,05$

Tab. 29: Ergebnisse der ANCOVA zum Motivationsverlauf mit Subskalen, Forschungsfrage I
(Innersubjektkontraste, Haupteffekte und Interaktionen)

Haupteffekte und Interaktionen		df	IE $F(\eta_p^2)$	SK $F(\eta_p^2)$	RA $F(\eta_p^2)$	Total $F(\eta_p^2)$
Motivationsverlauf MV	Posttest 1 gegen Prätest 1	1	0,001 (0,000)	0,342 (0,005)	4,000* (0,051)	1,370 (0,018)
	Prätest 2 gegen Prätest 1	1	0,608 (0,008)	2,957 (0,038)	2,380 (0,031)	2,835 (0,037)
	Posttest 2 gegen Prätest 1	1	0,002 (0,000)	0,003 (0,000)	0,583 (0,008)	0,094 (0,001)
	Follow up gegen Prätest 1	1	0,050 (0,001)	0,952 (0,013)	1,703 (0,022)	1,080 (0,014)
MV x GRUPPE	Posttest 1 gegen Prätest 1	1	0,149 (0,002)	2,816* (0,037)	0,055 (0,001)	0,827 (0,011)
	Prätest 2 gegen Prätest 1	1	0,633 (0,008)	2,355 (0,031)	4,710* (0,060)	3,593* (0,046)
	Posttest 2 gegen Prätest 1	1	6,438** (0,080)	17,861*** (0,194)	10,560** (0,125)	17,145*** (0,188)
	Follow up gegen Prätest 1	1	0,705 (0,009)	0,036 (0,000)	0,043 (0,001)	0,252 (0,003)
MV x GENDER	Posttest 1 gegen Prätest 1	1	0,143 (0,002)	1,025 (0,014)	0,000 (0,000)	0,036 (0,000)
	Prätest 2 gegen Prätest 1	1	0,000 (0,000)	1,550 (0,021)	0,018 (0,000)	0,156 (0,002)
	Posttest 2 gegen Prätest 1	1	0,092 (0,001)	0,556 (0,007)	0,582 (0,008)	0,545 (0,007)
	Follow up gegen Prätest 1	1	0,533 (0,007)	0,001 (0,000)	0,138 (0,002)	0,031 (0,000)
MV x LK	Posttest 1 gegen Prätest 1	1	1,024 (0,014)	0,259 (0,003)	0,057 (0,001)	0,233 (0,003)
	Prätest 2 gegen Prätest 1	1	1,010 (0,013)	1,146 (0,015)	0,572 (0,008)	1,470 (0,019)
	Posttest 2 gegen Prätest 1	1	3,958 (0,051)	13,502*** (0,154)	3,314 (0,043)	9,603** (0,115)
	Follow up gegen Prätest 1	1	2,760 (0,036)	3,874 (0,050)	5,664* (0,071)	6,131* (0,077)
MV x GRUPPE x GENDER	Posttest 1 gegen Prätest 1	1	3,154 (0,041)	0,008 (0,000)	0,713 (0,010)	1,272 (0,017)
	Prätest 2 gegen Prätest 1	1	0,886 (0,012)	0,019 (0,000)	2,222 (0,029)	1,041 (0,014)
	Posttest 2 gegen Prätest 1	1	2,230 (0,029)	0,354 (0,005)	1,541 (0,020)	1,978 (0,026)
	Follow up gegen Prätest 1	1	1,653 (0,022)	0,492 (0,007)	0,198 (0,003)	0,207 (0,003)
MV x GRUPPE x LK	Posttest 1 gegen Prätest 1	1	0,612 (0,008)	0,445 (0,006)	0,267 (0,004)	0,119 (0,002)
	Prätest 2 gegen Prätest 1	1	0,777 (0,010)	0,041 (0,001)	0,354 (0,005)	0,006 (0,000)
	Posttest 2 gegen Prätest 1	1	0,254 (0,003)	0,987 (0,013)	0,130 (0,002)	0,105 (0,001)
	Follow up gegen Prätest 1	1	0,150 (0,002)	0,535 (0,007)	6,037* (0,075)	2,250 (0,030)

6.1 Ergebnisse zu Forschungsfrage I: „Wirksamkeit"   99

		df	IE $F(\eta_p^2)$	SK $F(\eta_p^2)$	RA $F(\eta_p^2)$	Total $F(\eta_p^2)$
MV x GENDER x LK	Posttest 1 gegen Prätest 1	1	0,628 (0,008)	0,010 (0,000)	2,471 (0,032)	1,130 (0,015)
	Prätest 2 gegen Prätest 1	1	6,587* (0,082)	0,157 (0,002)	3,956 (0,051)	4,761* (0,060)
	Posttest 2 gegen Prätest 1	1	2,229 (0,029)	0,004 (0,000)	1,626 (0,021)	1,371 (0,018)
	Follow up gegen Prätest 1	1	1,444 (0,019)	0,001 (0,000)	2,289 (0,030)	1,288 (0,017)
MV x GRUPPE x GENDER x LK	Posttest 1 gegen Prätest 1	1	0,018 (0,000)	0,048 (0,001)	0,689 (0,009)	0,322 (0,004)
	Prätest 2 gegen Prätest 1	1	0,027 (0,000)	0,086 (0,001)	0,296 (0,004)	0,036 (0,000)
	Posttest 2 gegen Prätest 1	1	0,219 (0,003)	0,235 (0,003)	0,013 (0,000)	0,137 (0,002)
	Follow up gegen Prätest 1	1	0,311 (0,004)	0,476 (0,006)	1,029 (0,014)	0,010 (0,000)
Error		74				

Erläuterungen: *** $p < 0{,}001$, ** $p < 0{,}01$, * $p < 0{,}05$

Tab. 30: Ergebnisse der ANCOVA zum Motivationsverlauf mit Subskalen, Forschungsfrage I (Innersubjektkontraste, Kovariate bzw. Moderatoren)

		df	IE $F(\eta_p^2)$	SK $F(\eta_p^2)$	RA $F(\eta_p^2)$	Total $F(\eta_p^2)$
Kovariate bzw. Moderatoren						
MV x TCI	Posttest 1 gegen Prätest 1	1	0,034 (0,000)	0,000 (0,000)	0,323 (0,004)	0,037 (0,001)
	Prätest 2 gegen Prätest 1	1	0,020 (0,000)	0,196 (0,003)	0,001 (0,000)	0,081 (0,001)
	Posttest 2 gegen Prätest 1	1	0,600 (0,008)	0,831 (0,011)	0,000 (0,000)	0,483 (0,006)
	Follow up gegen Prätest 1	1	0,048 (0,001)	0,202 (0,003)	0,012 (0,000)	0,108 (0,001)
MV x PHN	Posttest 1 gegen Prätest 1	1	0,120 (0,002)	2,362 (0,031)	1,506 (0,020)	0,026 (0,000)
	Prätest 2 gegen Prätest 1	1	0,039 (0,001)	0,161 (0,002)	1,703 (0,022)	0,254 (0,003)
	Posttest 2 gegen Prätest 1	1	1,759 (0,023)	0,514 (0,007)	6,946* (0,086)	4,050* (0,052)
	Follow up gegen Prätest 1	1	0,611 (0,008)	1,038 (0,014)	1,525 (0,020)	1,618 (0,021)
MV x LESE	Posttest 1 gegen Prätest 1	1	4,583* (0,058)	0,577 (0,008)	0,011 (0,000)	1,403 (0,019)
	Prätest 2 gegen Prätest 1	1	0,944 (0,013)	0,003 (0,000)	0,942 (0,013)	0,001 (0,000)
	Posttest 2 gegen Prätest 1	1	4,625* (0,059)	0,307 (0,004)	0,098 (0,001)	1,042 (0,014)
	Follow up gegen Prätest 1	1	8,026** (0,098)	3,873 (0,050)	1,075 (0,014)	5,692* (0,071)

Erläuterungen: *** $p < 0{,}001$, ** $p < 0{,}01$, * $p < 0{,}05$

Tab. 30: Ergebnisse der ANCOVA zum Motivationsverlauf mit Subskalen, Forschungsfrage I (Innersubjektkontraste, Kovariate bzw. Moderatoren - Fortsetzung)

Kovariate bzw. Moderatoren		df	IE $F(\eta_p^2)$	SK $F(\eta_p^2)$	RA $F(\eta_p^2)$	Total $F(\eta_p^2)$
MV x MT	Posttest 1 gegen Prätest 1	1	2,693 (0,035)	0,756 (0,010)	4,574* (0,058)	4,141* (0,053)
	Prätest 2 gegen Prätest 1	1	0,967 (0,013)	2,937 (0,038)	2,179 (0,029)	3,010 (0,039)
	Posttest 2 gegen Prätest 1	1	2,640 (0,034)	0,366 (0,005)	4,870* (0,062)	3,542 (0,046)
	Follow up gegen Prätest 1	1	1,553 (0,021)	1,281 (0,017)	3,988 (0,051)	3,318 (0,043)
MV x AI	Posttest 1 gegen Prätest 1	1	0,461 (0,006)	0,081 (0,001)	0,093 (0,001)	0,109 (0,001)
	Prätest 2 gegen Prätest 1	1	0,046 (0,001)	0,127 (0,002)	0,506 (0,007)	0,065 (0,001)
	Posttest 2 gegen Prätest 1	1	0,405 (0,005)	0,050 (0,001)	2,189 (0,029)	0,976 (0,013)
	Follow up gegen Prätest 1	1	0,083 (0,001)	1,298 (0,017)	0,308 (0,004)	0,688 (0,009)
MV x DN	Posttest 1 gegen Prätest 1	1	0,753 (0,010)	4,663* (0,059)	0,109 (0,001)	1,101 (0,015)
	Prätest 2 gegen Prätest 1	1	0,774 (0,010)	2,722 (0,035)	0,026 (0,000)	0,937 (0,013)
	Posttest 2 gegen Prätest 1	1	0,576 (0,008)	2,119 (0,028)	0,585 (0,008)	0,281 (0,004)
	Follow up gegen Prätest 1	1	0,035 (0,000)	1,029 (0,014)	0,114 (0,002)	0,089 (0,001)
MV x MN	Posttest 1 gegen Prätest 1	1	0,474 (0,006)	0,104 (0,001)	1,486 (0,020)	1,001 (0,013)
	Prätest 2 gegen Prätest 1	1	0,552 (0,007)	0,614 (0,008)	0,081 (0,001)	0,563 (0,008)
	Posttest 2 gegen Prätest 1	1	1,626 (0,022)	4,504* (0,057)	3,159 (0,041)	4,698* (0,060)
	Follow up gegen Prätest 1	1	0,194 (0,003)	0,001 (0,000)	0,018 (0,000)	0,050 (0,001)
Error		74				

Erläuterungen: *** $p < 0,001$, ** $p < 0,01$, * $p < 0,05$

Tab. 31: Ergebnisse der ANCOVA zum Motivationsverlauf mit Subskalen, Forschungsfrage I (Zwischensubjekteffekte)

	df	IE $F(\eta_p^2)$	SK $F(\eta_p^2)$	RA $F(\eta_p^2)$	Total $F(\eta_p^2)$
Haupteffekte und Interaktionen					
Experimentalbedingung (GRUPPE)	1	8,406** (0,102)	2,896 (0,038)	6,194* (0,077)	7,824** (0,096)
Geschlecht (GENDER)	1	7,230** (0,089)	14,672*** (0,165)	0,271 (0,004)	7,894** (0,096)
Lehrkraft (LK)	1	14,405*** (0,163)	17,749*** (0,193)	1,656 (0,022)	7,719** (0,094)
GRUPPE x GENDER	1	4,935* (0,063)	0,718 (0,010)	0,282 (0,004)	2,162 (0,028)
GRUPPE x LK	1	0,599 (0,008)	0,729 (0,010)	2,292 (0,030)	1,438 (0,019)

6.1 Ergebnisse zu Forschungsfrage I: „Wirksamkeit"

	df	IE $F(\eta_p^2)$	SK $F(\eta_p^2)$	RA $F(\eta_p^2)$	Total $F(\eta_p^2)$
GENDER x LK	1	0,963 (0,013)	1,599 (0,021)	0,229 (0,003)	0,546 (0,007)
GRUPPE x GENDER x LK	1	4,629* (0,059)	5,059* (0,064)	4,181* (0,053)	6,367* (0,079)
Kovariate bzw. Moderatoren					
Konzepttest (TCI)	1	0,219 (0,003)	2,854 (0,037)	0,319 (0,004)	1,101 (0,015)
momentaner Leistungsstand in Physik (PHN)	1	6,043* (0,075)	8,520** (0,103)	3,119 (0,040)	7,907** (0,097)
Lesekompetenztest (LESE)	1	1,604 (0,021)	2,723 (0,035)	0,434 (0,006)	0,867 (0,012)
Mathematiktest (MT)	1	0,032 (0,000)	0,001 (0,000)	0,287 (0,004)	0,017 (0,000)
Allgemeine Intelligenz (AI)	1	0,451 (0,006)	0,506 (0,007)	0,158 (0,002)	0,179 (0,002)
Deutschnote (DN)	1	2,356 (0,031)	0,693 (0,009)	0,785 (0,011)	1,698 (0,022)
Mathematiknote (MN)	1	0,453 (0,006)	5,329* (0,067)	0,265 (0,004)	0,963 (0,013)
Error	74				

Erläuterungen: *** $p < 0,001$, ** $p < 0,01$, * $p < 0,05$

6.1.2 Beeinflussung des Leistungsverlaufs

Zur Auswertung der Leistungstests entsprechend Tab. 23 wird für die Stichprobe von Forschungsfrage I (Tab. 18) eine 2 x 2 x 2 x 2-faktorielle Kovarianzanalyse mit Messwiederholung durchgeführt und zwar für die Ergebnisse des Gesamttests wie auch für die bei den einzelnen Aufgaben erzielten Prozentwerte (Anzahl der Messungen (Zeit): 2, Anzahl der Gruppen in Faktor 2 (Experimentalbedingung): 2, Anzahl der Gruppen in Faktor 3 (Geschlecht): 2; Anzahl der Gruppen in Faktor 4 (Lehrkraft): 2). Als mögliche Kontrollvariablen fließen die in Tab. 19 genannten Kovariaten sowie der Motivationsprätest in die Analysen ein.

6.1.2.1 Leistungsverlauf zum Thema „Wärmekapazität"

Die Ergebnisse der Signifikanztests zum Leistungsverlauf im Themenbereich „spezifische Wärmekapazität" (Leistungsprätest 1, Leistungsposttest 1) sind der Tab. 32 und der Tab. 33 zu entnehmen, eine grafische Veranschaulichung der deskriptiven Daten (Tab. 81) zeigt die Abb. 31. Bei der sich anschließenden Ergebnisdarstellung werden wie bereits bei den Erläuterungen zum Motivationsverlauf ausschließlich die signifikanten sowie die für die Praxis relevanten Ergebnisse präsentiert.

6.1.2.1.1 Innersubjekteffekte

- Die **Experimentalbedingung** hat einen signifikanten Einfluss auf den Leistungsverlauf; dies gilt für das Gesamtergebnis des Leistungstests wie auch für die Aufgabe 4 (gesamt: $F(1; 98) = 6{,}696$; $p = 0{,}011$; $\eta_p^2 = 0{,}064^-$; Aufgabe 4: $F(1; 98) = 4{,}657$; $p = 0{,}017$; $\eta_p^2 = 0{,}045$); bei Aufgabe 2 ist der Unterschied zwischen EG und KG sogar hoch signifikant ($F(1; 98) = 7{,}245$; $p = 0{,}008$; $\eta_p^2 = 0{,}069^-$). Die mit einem hochgestellten Minuszeichen versehenen Effektstärken kennzeichnen Mittelwertsunterschiede, welche der Hypothese L1 (vgl. Kapitel 4) widersprechen, d. h. bei Aufgabe 2 und beim Gesamtergebnis des Leistungstests schneidet die KG signifikant besser ab als die EG. Ein Blick auf die deskriptiven Leistungsdaten (Tab. 81, Abb. 31) zeigt jedoch, dass die Lernenden der KG beim Leistungsprätest 1 deutlich schwächer abgeschnitten haben als die Schülerinnen und Schüler der EG. Die absoluten Leistungszuwächse sind daher nur bedingt miteinander vergleichbar. Berechnet man den jeweiligen gewichteten Lernzuwachs g (Hake-Index), er entspricht dem Verhältnis aus realisiertem zu maximal möglichem Lernzuwachs (vgl. 5.3.2), so wird deutlich, dass zwischen EG und KG (bezogen auf den Hake-Index) faktisch kein Unterschied besteht ($g_{EG} = 0{,}45$, $g_{KG} = 0{,}47$). Dennoch muss die Nullhypothese zugunsten der Alternativhypothese L1 beibehalten werden; dass „Werbeaufgaben" zu einer größeren Leistung führen als konventionell formulierte Alltagsprobleme kann also nicht bestätigt werden.

- Die **Lehrkraft** zeigt bei Aufgabe 1 sowie bei Aufgabe 4 einen signifikanten Einfluss auf den Leistungsverlauf (Aufgabe 1: $F(1; 98) = 6{,}544$; $p = 0{,}012$; $\eta_p^2 = 0{,}063$; Aufgabe 4: $F(1; 98) = 8{,}751$; $p = 0{,}004$; $\eta_p^2 = 0{,}082$); die Effektstärken sind mittelgroß. Bei Aufgabe 1 ist der Lernfortschritt bei LK 1 größer als bei LK 2, bei Aufgabe 4 umgekehrt.

- Der **aktuelle mittlere Leistungsstand im Fach Physik** zu Beginn der Untersuchung sowie die **Allgemeine Intelligenz** haben ausschließlich bei Aufgabe 2 einen signifikanten Einfluss auf den Leistungsverlauf, die Effektstärken sind jedoch klein (PHN: $F(1; 98) = 3{,}966$; $p = 0{,}049$; $\eta_p^2 = 0{,}039$; AI: $F(1; 98) = 4{,}709$; $p = 0{,}032$; $\eta_p^2 = 0{,}046$).

- Alle anderen Kovariaten moderieren den Leistungsverlauf nicht signifikant.

6.1.2.1.2 Zwischensubjekteffekte

- Beim Vergleich der Leistung gemittelt über beide Messzeitpunkte hinweg hat die **Experimentalbedingung** höchst signifikanten Einfluss auf die Gesamtleistung sowie auf das Abschneiden in den Teilaufgaben 1 und 2 (gesamt: $F(1; 98) = 28{,}554$; $p < 0{,}001$; $\eta_p^2 = 0{,}226$; Aufgabe 1: $F(1; 98) = 63{,}195$; $p < 0{,}001$; $\eta_p^2 = 0{,}392$; Aufgabe 2: $F(1; 98) = 27{,}399$; $p < 0{,}001$; $\eta_p^2 = 0{,}218$). Bei den restlichen Teilaufgaben liegen signifikante Einwirkungen vor (Aufgabe 3: $F(1; 98) = 6{,}431$; $p = 0{,}013$; $\eta_p^2 = 0{,}062$; Aufgabe 4: $F(1; 98) = 4{,}734$; $p = 0{,}032$; $\eta_p^2 = 0{,}046$; Aufgabe 5: $F(1; 98) = 6{,}910$; $p = 0{,}010$; $\eta_p^2 = 0{,}066$). Diese Effekte sind meist als groß oder mittelgroß einzustufen.

- Im Gegensatz zum Faktor „**Geschlecht**", welcher keinen signifikanten Einfluss auf die Leistung nimmt, hat die **Lehrkraft** eine höchst signifikante Einwirkung auf das Gesamtergebnis sowie auf das Abschneiden in Teilaufgabe 5 (gesamt: $F(1; 98) = 21{,}962$; $p < 0{,}001$; $\eta_p^2 = 0{,}183$; Aufgabe 5: $F(1; 98) = 58{,}099$; $p < 0{,}001$; $\eta_p^2 = 0{,}372$); die Effektstärken sind groß. Bei Aufgabe 3 ist der Einfluss hoch signifikant und mittelgroß, bei Aufgabe 2 signifikant und klein (Aufgabe 2: $F(1; 98) = 4{,}324$; $p = 0{,}040$; $\eta_p^2 = 0{,}042$; Aufgabe 3: $F(1; 98) = 10{,}726$; $p = 0{,}001$; $\eta_p^2 = 0{,}099$). Gemittelt über beide Messzeitpunkte schneiden stets die Schülerinnen und Schüler von LK 2 besser ab. Wie bereits in der Ergebnisdarstellung des Motivationsverlaufs erläutert, kann ein Zwischensubjekteffekt des Faktors „Lehrkraft" jedoch nur bedingt interpretiert werden, denn es ist nicht auszuschließen, dass etwaige Leistungsunterschiede bereits vor der Übernahme der Klassen durch die bei der Studie beteiligten Lehrer bestanden. Der Einfluss der Lehrkraft auf den Leistungsverlauf (Innersubjekteffekt) liefert diesbzgl. validere Ergebnisse.

- Aus dem Bereich der **Moderatorvariablen** ergeben sich mittelgroße Einflüsse der **Vorleistung** (TCI, Aufgabe 1: $F(1; 98) = 10{,}911$; $p = 0{,}001$; $\eta_p^2 = 0{,}100$; PHN: gesamt: $F(1; 98) = 8{,}977$; $p = 0{,}003$; $\eta_p^2 = 0{,}084$; Aufgabe 1: $F(1; 98) = 13{,}868$; $p < 0{,}001$; $\eta_p^2 = 0{,}124$; Aufgabe 4: $F(1; 98) = 10{,}354$; $p = 0{,}002$; $\eta_p^2 = 0{,}096$; Aufgabe 5: $F(1; 98) = 14{,}059$; $p < 0{,}001$; $\eta_p^2 = 0{,}125$), andere Kovariaten bleiben meist insignifikant. Wie bereits bei der Pilotstudie zu beobachten war, gilt dies insbesondere auch für die Ausgangsmotivation, welche lediglich das Abschneiden in Teilaufgabe 2 signifikant und mit kleiner Effektstärke moderiert ($F(1; 98) = 5{,}470$; $p =$

$0,021$; $\eta_p^2 = 0,053$). Die mittlerweile als unbestritten geltende Aussage, dass der Faktor „Motivation" die Lernleistung entscheidend beeinflusst (Rheinberg, 1996), kann analog zur Pilotstudie mit dem Datenmaterial der Stichprobe von Forschungsfrage I somit nicht bestätigt werden.

Tab. 32: Ergebnisse der ANCOVA mit Messwiederholung zum Leistungsverlauf (Wärmekapazität), Forschungsfrage I (Innersubjekteffekte)

	df	A 1 (I/II) $F(\eta_p^2)$	A 2 (II) $F(\eta_p^2)$	A 3 (III) $F(\eta_p^2)$	A 4 (III) $F(\eta_p^2)$	A 5 (IV) $F(\eta_p^2)$	Total $F(\eta_p^2)$
Haupteffekte und Interaktionen							
Leistungsverlauf LV	1	1,132 (0,011)	0,135 (0,001)	3,406 (0,034)	9,613** (0,089)	1,066 (0,011)	6,949* (0,066)
LV x GRUPPE	1	2,662 (0,026⁻)	7,245** (0,069⁻)	3,670 (0,036⁻)	4,657* (0,045)	3,348 (0,033)	6,696* (0,064⁻)
LV x GENDER	1	1,284 (0,013)	0,492 (0,005)	0,948 (0,010)	0,072 (0,001)	4,074* (0,040)	0,308 (0,003)
LV x LK	1	6,544* (0,063)	0,112 (0,001)	3,293 (0,033)	8,751** (0,082)	0,003 (0,000)	2,799 (0,028)
LV x GRUPPE x GENDER	1	2,208 (0,022)	0,044 (0,000)	0,302 (0,003)	0,942 (0,010)	0,912 (0,009)	1,578 (0,016)
LV x GRUPPE x LK	1	0,635 (0,006)	0,806 (0,008)	4,186* (0,041)	11,360** (0,104)	0,995 (0,010)	8,296** (0,078)
LV x GENDER x LK	1	0,591 (0,006)	0,000 (0,000)	1,059 (0,011)	1,281 (0,013)	0,560 (0,006)	0,227 (0,002)
LV x GRUPPE x GENDER x LK	1	3,002 (0,030)	0,876 (0,009)	1,545 (0,016)	1,409 (0,014)	3,498 (0,034)	2,841 (0,028)
Kovariate bzw. Moderatoren							
LV x TCI	1	0,026 (0,000)	0,378 (0,004)	0,240 (0,002)	2,643 (0,026)	0,111 (0,001)	0,169 (0,002)
LV x PHN	1	1,589 (0,016)	3,966* (0,039)	6,174 (0,059)	0,025 (0,000)	0,228 (0,002)	0,390 (0,004)
LV x LESE	1	0,313 (0,003)	1,307 (0,013)	0,006 (0,000)	0,406 (0,004)	1,655 (0,017)	0,058 (0,001)
LV x MT	1	0,058 (0,001)	1,522 (0,015)	0,856 (0,009)	0,625 (0,006)	0,942 (0,010)	2,211 (0,022)
LV x AI	1	0,733 (0,007)	4,709* (0,046)	0,347 (0,004)	0,931 (0,009)	0,046 (0,000)	0,240 (0,002)
LV x DN	1	0,175 (0,002)	2,219 (0,022)	2,744 (0,027)	0,452 (0,005)	2,671 (0,027)	1,294 (0,013)
LV x MN	1	0,377 (0,004)	2,426 (0,024)	3,892 (0,038)	2,987 (0,030)	1,144 (0,012)	1,561 (0,016)
LV x MOT	1	0,317 (0,003)	0,141 (0,001)	0,219 (0,002)	2,675 (0,027)	0,623 (0,006)	0,520 (0,005)
Error	98						

Erläuterungen: *** $p < 0,001$, ** $p < 0,01$, * $p < 0,05$; PISA-Kompetenzstufen: I nominell, II funktional (naturwissenschaftliches Alltagswissen), III funktional (naturwissenschaftliches Grundwissen), IV konzeptuell und prozedural, V konzeptuell und prozedural (Modelle) (vgl. Anhang F)

6.1 Ergebnisse zu Forschungsfrage I: „Wirksamkeit"

Tab. 33: Ergebnisse der ANCOVA mit Messwiederholung zum Leistungsverlauf (Wärmekapazität), Forschungsfrage I (Zwischensubjekteffekte)

	df	A 1 (I/II) $F(\eta_p^2)$	A 2 (II) $F(\eta_p^2)$	A 3 (III) $F(\eta_p^2)$	A 4 (III) $F(\eta_p^2)$	A 5 (IV) $F(\eta_p^2)$	Total $F(\eta_p^2)$
Haupteffekte und Interaktionen							
Experimentalbedingung (GRUPPE)	1	63,195*** (0,392)	27,399*** (0,218)	6,431* (0,062)	4,734* (0,046)	6,910* (0,066)	28,554*** (0,226)
Geschlecht (GENDER)	1	1,832 (0,018)	0,078 (0,001)	2,321 (0,023)	1,681 (0,017)	0,097 (0,001)	0,072 (0,001)
Lehrkraft (LK)	1	2,221 (0,022)	4,324* (0,042)	10,726** (0,099)	1,800 (0,018)	58,099*** (0,372)	21,962*** (0,183)
GRUPPE x GENDER	1	0,967 (0,010)	0,008 (0,000)	1,771 (0,018)	1,700 (0,017)	0,378 (0,004)	0,101 (0,001)
GRUPPE x LK	1	1,458 (0,015)	4,940* (0,048)	1,353 (0,014)	3,999* (0,039)	3,873 (0,038)	1,569 (0,016)
GENDER x LK	1	2,709 (0,027)	0,270 (0,003)	0,354 (0,004)	0,030 (0,000)	1,585 (0,016)	0,153 (0,002)
GRUPPE x GENDER x LK	1	0,236 (0,002)	0,178 (0,002)	2,781 (0,028)	0,002 (0,000)	0,889 (0,009)	1,163 (0,012)
Kovariate bzw. Moderatoren							
Konzepttest (TCI)	1	10,911** (0,100)	1,029 (0,010)	0,226 (0,002)	0,011 (0,000)	2,195 (0,022)	1,864 (0,019)
momentaner Leistungsstand (PHN)	1	13,868*** (0,124)	0,038 (0,000)	0,383 (0,004)	10,354** (0,096)	14,059*** (0,125)	8,977** (0,084)
Lesekompetenztest (LESE)	1	3,373 (0,033)	2,101 (0,021)	0,000 (0,000)	0,293 (0,003)	1,783 (0,018)	0,228 (0,002)
Mathematiktest (MT)	1	2,115 (0,021)	0,607 (0,006)	0,908 (0,009)	0,001 (0,000)	0,212 (0,002)	0,483 (0,005)
Allgemeine Intelligenz (AI)	1	0,006 (0,000)	0,029 (0,000)	0,004 (0,000)	0,842 (0,009)	1,545 (0,016)	0,003 (0,000)
Deutschnote (DN)	1	0,283 (0,003)	1,325 (0,013)	3,121 (0,031)	4,961* (0,048)	1,222 (0,012)	5,521* (0,053)
Mathematiknote (MN)	1	1,644 (0,016)	3,718 (0,037)	4,287* (0,042)	0,124 (0,001)	0,073 (0,001)	2,007 (0,020)
Motivationsprätest (MOT)	1	3,607 (0,036)	5,470* (0,053)	0,070 (0,001)	0,059 (0,001)	0,649 (0,007)	0,211 (0,002)
Error	98						

Erläuterungen: *** $p < 0,001$, ** $p < 0,01$, * $p < 0,05$; PISA-Kompetenzstufen: I nominell, II funktional (naturwissenschaftliches Alltagswissen), III funktional (naturwissenschaftliches Grundwissen), IV konzeptuell und prozedural, V konzeptuell und prozedural (Modelle) (vgl. Anhang F)

Leistungstest 1
spezifische Wärmekapazität

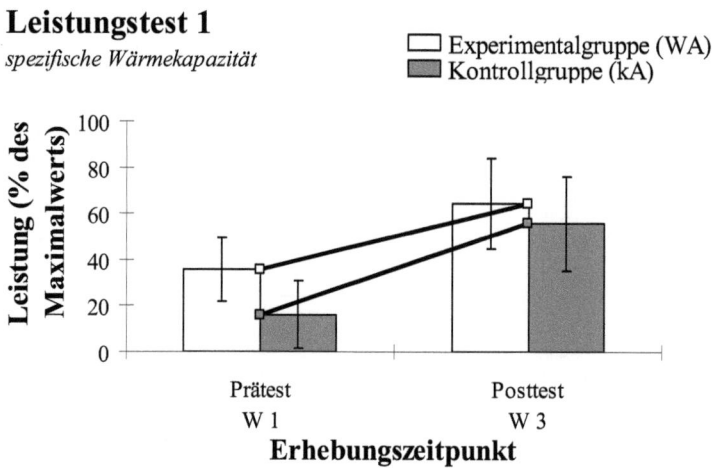

Abb. 31: Auf die Kovariaten adjustierter Leistungsverlauf zum Themenbereich „spezifische Wärmekapazität" in Abhängigkeit des eingesetzten Aufgabentyps, Forschungsfrage I (WA Werbeaufgaben, kA konventionell formulierte Alltagsprobleme)

Leistungstest 2
Heizwert von Brennstoffen

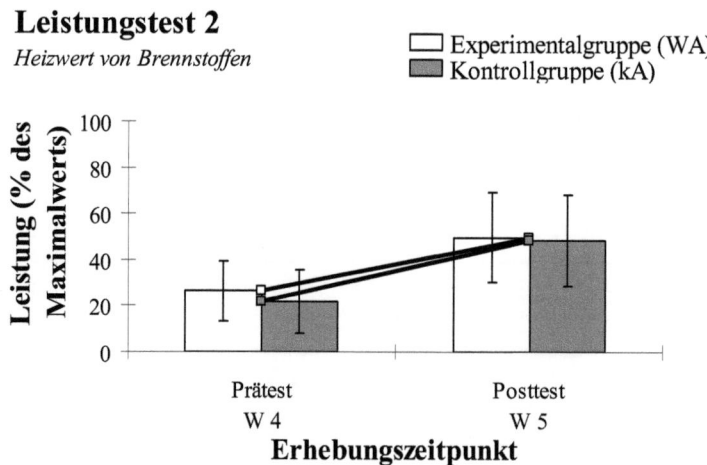

Abb. 32: Auf die Kovariaten adjustierter Leistungsverlauf zum Themenbereich „Heizwert von Brennstoffen" in Abhängigkeit des eingesetzten Aufgabentyps, Forschungsfrage I (WA Werbeaufgaben, kA konventionell formulierte Alltagsprobleme)

6.1.2.2 Leistungsverlauf zum Thema „Heizwert"

Die Ergebnisse der Signifikanztests zum Leistungsverlauf im Themenbereich „Heizwert von Brennstoffen" (Leistungsprätest 2, Leistungsposttest 2) sind der Tab. 34 und der Tab. 35 zu entnehmen, eine grafische Veranschaulichung der deskriptiven Daten (Tab. 82) zeigt die Abb. 32. Bei der sich anschließenden Ergebnisdarstellung werden wie gewohnt ausschließlich die signifikanten sowie die für die Praxis relevanten Ergebnisse beschrieben.

6.1.2.2.1 Innersubjekteffekte

- Die Interaktion zwischen dem Leistungsverlauf und der **Experimentalbedingung** (LV x GRUPPE) bleibt bei der Gesamtleistung wie auch bei allen Teilaufgaben des Leistungstests insignifikant. Somit liegt kein statistisch bedeutsamer Unterschied im Leistungsverlauf zwischen EG und KG vor. Die Hypothese L1 (vgl. Kapitel 4) muss somit auch für das Thema „Heizwert von Brennstoffen" zugunsten der Nullhypothese verworfen werden, eine höhere Lernwirksamkeit des Aufgabentyps „Werbeaufgabe" – verglichen mit konventionell formulierten Alltagsproblemen – ist nicht nachweisbar.

- Der Faktor **„Lehrkraft"** hat auf drei Teilaufgaben sowie auf die Gesamtleistung eine höchst signifikante Einwirkung mit großer Effektstärke (gesamt: $F(1; 99) = 46,379$; $p < 0,001$; $\eta_p^2 = 0,319$; Aufgabe 1: $F(1; 99) = 25,903$; $p < 0,001$; $\eta_p^2 = 0,207$; Aufgabe 3: $F(1; 99) = 24,508$; $p < 0,001$; $\eta_p^2 = 0,198$; Aufgabe 5: $F(1; 99) = 0,217$; $p < 0,001$; $\eta_p^2 = 0,217$). Bei den beiden anderen Aufgaben ist der Einfluss des Lehrers zumindest signifikant, die Effektgröße klein bzw. mittelgroß (Aufgabe 2: $F(1; 99) = 6,661$; $p = 0,011$; $\eta_p^2 = 0,063$; Aufgabe 4: $F(1; 99) = 5,264$; $p = 0,024$; $\eta_p^2 = 0,050$).

- Die Interaktionsvariable **„LV x GENDER"** bleibt bei allen Teilaufgaben wie auch bei der Gesamtleistung insignifikant.

- Von den erfassten Kovariaten hat lediglich der **aktuelle mittlere Leistungsstand** zu Beginn der Untersuchung eine signifikante Wirkung auf den Verlauf der Gesamtleistung ($F(1; 99) = 5,817$; $p = 0,018$; $\eta_p^2 = 0,055$); der Effekt ist als klein einzustufen.

6.1.2.2.2 Zwischensubjekteffekte

- Gemittelt über beide Messzeitpunkte hat die unterrichtende **Lehrkraft** auf drei der fünf Teilaufgaben eine signifikante Einwirkung mit kleiner Effektstärke (Aufgabe 2: $F(1; 99) = 6{,}256$; $p = 0{,}014$; $\eta_p^2 = 0{,}059$; Aufgabe 4: $F(1; 99) = 6{,}012$; $p = 0{,}016$; $\eta_p^2 = 0{,}057$; Aufgabe 5: $F(1; 99) = 6{,}274$; $p = 0{,}014$; $\eta_p^2 = 0{,}060$); ein signifikanter Einfluss auf das Gesamtergebnis liegt nicht vor.

- Der **aktuelle mittlere Leistungsstand im Fach Physik** moderiert das Abschneiden in Teilaufgabe 5 sowie die Gesamtleistung hoch signifikant mit mittlerer Effektstärke (gesamt: $F(1; 99) = 8{,}161$; $p = 0{,}005$; $\eta_p^2 = 0{,}076$; Aufgabe 5: $F(1; 99) = 10{,}619$; $p = 0{,}002$; $\eta_p^2 = 0{,}097$). Bei Aufgabe 3 liegt eine signifikante Einwirkung mittlerer Größe vor ($F(1; 99) = 6{,}705$; $p = 0{,}011$; $\eta_p^2 = 0{,}063$).

- Die **Mathematiknote** hat ebenfalls einen signifikanten Einfluss auf das Gesamtergebnis und wirkt auf die Teilaufgabe 4 hoch signifikant (gesamt: $F(1; 99) = 5{,}555$; $p = 0{,}020$; $\eta_p^2 = 0{,}053$; Aufgabe 4: $F(1; 99) = 10{,}090$; $p = 0{,}002$; $\eta_p^2 = 0{,}092$).

- Abgesehen von der **Deutschnote** (Aufgabe 5: $F(1; 99) = 6{,}880$; $p = 0{,}010$; $\eta_p^2 = 0{,}065$) liegen keine weiteren signifikante Einflüsse aus dem Bereich der Kontrollvariablen vor.

Tab. 34: Ergebnisse der ANCOVA mit Messwiederholung zum Leistungsverlauf (Heizwert), Forschungsfrage I (Innersubjekteffekte)

	df	A 1 (I) $F(\eta_p^2)$	A 2 (II) $F(\eta_p^2)$	A 3 (III) $F(\eta_p^2)$	A 4 (III) $F(\eta_p^2)$	A 5 (IV) $F(\eta_p^2)$	Total $F(\eta_p^2)$
Haupteffekte und Interaktionen							
Leistungsverlauf LV	1	5,741* (0,055)	2,202 (0,022)	2,820 (0,028)	1,001 (0,010)	6,409* (0,061)	8,778** (0,081)
LV x GRUPPE	1	0,021 (0,000)	1,633 (0,016⁻)	1,127 (0,011)	2,768 (0,027⁻)	0,181 (0,002)	0,784 (0,008⁻)
LV x GENDER	1	0,010 (0,000)	2,846 (0,028)	0,084 (0,001)	0,016 (0,000)	0,017 (0,000)	0,337 (0,003)
LV x LK	1	25,903*** (0,207)	6,661* (0,063)	24,508*** (0,198)	5,264* (0,050)	27,499*** (0,217)	46,379*** (0,319)
LV x GRUPPE x GENDER	1	1,012 (0,010)	1,096 (0,011)	2,848 (0,028)	0,164 (0,002)	0,693 (0,007)	3,072 (0,030)
LV x GRUPPE x LK	1	0,177 (0,002)	0,037 (0,000)	1,585 (0,016)	5,738* (0,055)	0,279 (0,003)	0,587 (0,006)
LV x GENDER x LK	1	1,009 (0,010)	0,673 (0,007)	3,029 (0,030)	1,130 (0,011)	0,174 (0,002)	1,737 (0,017)
LV x GRUPPE x GENDER x LK	1	1,300 (0,013)	1,538 (0,015)	0,265 (0,003)	0,254 (0,003)	2,001 (0,020)	0,140 (0,001)

6.1 Ergebnisse zu Forschungsfrage I: „Wirksamkeit"

	df	A 1 (I) $F(\eta_p^2)$	A 2 (II) $F(\eta_p^2)$	A 3 (III) $F(\eta_p^2)$	A 4 (III) $F(\eta_p^2)$	A 5 (IV) $F(\eta_p^2)$	Total $F(\eta_p^2)$
Kovariate bzw. Moderatoren							
LV x TCI	1	3,984* (0,039)	0,138 (0,001)	1,328 (0,013)	0,019 (0,000)	0,738 (0,007)	0,931 (0,009)
LV x PHN	1	2,762 (0,027)	3,059 (0,030)	6,098* (0,058)	0,139 (0,001)	7,129** (0,067)	5,817* (0,055)
LV x LESE	1	0,046 (0,000)	1,414 (0,014)	1,610 (0,016)	0,510 (0,005)	0,006 (0,000)	1,991 (0,020)
LV x MT	1	0,111 (0,001)	1,594 (0,016)	0,485 (0,005)	0,644 (0,006)	0,068 (0,001)	0,191 (0,002)
LV x AI	1	1,688 (0,017)	0,107 (0,001)	0,686 (0,007)	0,439 (0,004)	0,008 (0,000)	0,912 (0,009)
LV x DN	1	0,090 (0,001)	1,505 (0,015)	0,156 (0,002)	0,034 (0,000)	1,913 (0,019)	0,855 (0,009)
LV x MN	1	0,183 (0,002)	0,071 (0,001)	0,140 (0,001)	4,245* (0,041)	0,002 (0,000)	1,294 (0,013)
LV x MOT	1	0,001 (0,000)	1,554 (0,015)	0,040 (0,000)	0,000 (0,000)	7,929** (0,074)	1,316 (0,013)
Error	99						

Erläuterungen: *** $p < 0,001$, ** $p < 0,01$, * $p < 0,05$; PISA-Kompetenzstufen: I nominell, II funktional (naturwissenschaftliches Alltagswissen), III funktional (naturwissenschaftliches Grundwissen), IV konzeptuell und prozedural, V konzeptuell und prozedural (Modelle) (vgl. Anhang F)

Tab. 35: Ergebnisse der ANCOVA mit Messwiederholung zum Leistungsverlauf (Heizwert), Forschungsfrage I (Zwischensubjekteffekte)

	df	A 1 (I) $F(\eta_p^2)$	A 2 (II) $F(\eta_p^2)$	A 3 (III) $F(\eta_p^2)$	A 4 (III) $F(\eta_p^2)$	A 5 (IV) $F(\eta_p^2)$	Total $F(\eta_p^2)$
Haupteffekte und Interaktionen							
Experimentalbedingung (GRUPPE)	1	0,103 (0,001)	3,834 (0,037)	2,317 (0,023)	0,400 (0,004)	2,787 (0,027)	1,118 (0,011)
Geschlecht (GENDER)	1	2,573 (0,025)	2,461 (0,024)	0,614 (0,006)	0,005 (0,000)	1,593 (0,016)	0,000 (0,000)
Lehrkraft (LK)	1	0,050 (0,001)	6,256* (0,059)	0,423 (0,004)	6,012* (0,057)	6,274* (0,060)	1,434 (0,014)
GRUPPE x GENDER	1	4,605* (0,044)	0,072 (0,001)	0,370 (0,004)	0,711 (0,007)	1,239 (0,012)	0,149 (0,002)
GRUPPE x LK	1	0,217 (0,002)	1,103 (0,011)	0,574 (0,006)	1,150 (0,011)	0,033 (0,000)	0,014 (0,000)
GENDER x LK	1	1,036 (0,010)	0,512 (0,005)	2,092 (0,021)	2,734 (0,027)	0,125 (0,001)	3,346 (0,033)
GRUPPE x GENDER x LK	1	0,522 (0,005)	0,456 (0,005)	0,834 (0,008)	0,182 (0,002)	0,001 (0,000)	0,045 (0,000)
Kovariate bzw. Moderatoren							
Konzepttest (TCI)	1	5,718* (0,055)	0,000 (0,000)	0,083 (0,001)	2,814 (0,028)	0,359 (0,004)	2,823 (0,028)
momentaner Leistungsstand in Physik (PHN)	1	0,754 (0,008)	0,059 (0,001)	6,705* (0,063)	3,194 (0,031)	10,619** (0,097)	8,161** (0,076)
Lesekompetenztest (LESE)	1	0,457 (0,005)	1,388 (0,014)	1,300 (0,013)	3,922 (0,038)	0,036 (0,000)	1,149 (0,011)

Tab. 35: Ergebnisse der ANCOVA mit Messwiederholung zum Leistungsverlauf (Heizwert), Forschungsfrage I (Zwischensubjekteffekte - Fortsetzung)

	df	A1 (I) $F(\eta_p^2)$	A2 (II) $F(\eta_p^2)$	A3 (III) $F(\eta_p^2)$	A4 (III) $F(\eta_p^2)$	A5 (IV) $F(\eta_p^2)$	Total $F(\eta_p^2)$
Kovariate bzw. Moderatoren							
Mathematiktest (MT)	1	0,577 (0,006)	1,379 (0,014)	0,206 (0,002)	0,027 (0,000)	0,176 (0,002)	0,271 (0,003)
Allgemeine Intelligenz (AI)	1	0,015 (0,000)	0,385 (0,004)	0,348 (0,004)	0,255 (0,003)	0,012 (0,000)	0,161 (0,002)
Deutschnote (DN)	1	0,000 (0,000)	1,949 (0,019)	0,187 (0,002)	0,289 (0,003)	6,880* (0,065)	0,004 (0,000)
Mathematiknote (MN)	1	1,698 (0,017)	0,787 (0,008)	0,033 (0,000)	10,090** (0,092)	0,000 (0,000)	5,555* (0,053)
Motivationsprätest (MOT)	1	0,328 (0,003)	1,355 (0,014)	0,904 (0,009)	0,376 (0,004)	0,156 (0,002)	0,196 (0,002)
Error	99						

Erläuterungen: *** $p < 0,001$, ** $p < 0,01$, * $p < 0,05$, PISA-Kompetenzstufen: I nominell, II funktional (naturwissenschaftliches Alltagswissen), III funktional (naturwissenschaftliches Grundwissen), IV konzeptuell und prozedural, V konzeptuell und prozedural (Modelle) (vgl. Anhang F)

6.1.3 Zusammenfassung

Analog zur Pilotstudie wurde auch zur Prüfung der Hypothese M1 der Motivationsverlauf von EG und KG miteinander verglichen. Dabei zeigte sich ein statistisch höchst signifikanter und praktisch relevanter Einfluss der Experimentalbedingung auf den zeitlichen Verlauf der Gesamtmotivation sowie auf die Subskala „Selbstkonzept" (gesamt: $F(4; 71) = 6,103$; $p < 0,001$; $\eta_p^2 = 0,256$; SK: $F(4; 71) = 6,454$; $p < 0,001$; $\eta_p^2 = 0,267$). Bei der Unterdimension „Realitätsbezug/Authentizität" konnte ein hoch signifikanter, bei der Skala „intrinsische Motivation/Engagement" ein signifikanter Einfluss nachgewiesen werden (RA: $F(4; 71) = 3,877$; $p = 0,004$; $\eta_p^2 = 0,179$; IE: $F(4; 71) = 2,890$; $p = 0,014$; $\eta_p^2 = 0,140$). Entsprechend der Klassifikation von Cohen (1988) gelten alle Effekte als groß. Da es stets die Schülerinnen und Schüler der EG sind, die unter Berücksichtigung der Prämessung größere Motivationsgrade erzielen, kann die Nullhypothese zugunsten der Alternativhypothese M1 verworfen werden: „Werbeaufgaben" führen zu einem größeren Motivationsgrad als konventionell formulierte Alltagsprobleme.

Dieser Motivationseffekt des Lernmaterials hängt, im Einklang mit den Ergebnissen der Pilotstudie, offensichtlich von der Anzahl der eingesetzten Aufgaben ab. So bleiben bei der Gesamtmotivation sowie der Subskala RA die Vergleiche Prätest 1 – Posttest 1 insignifikant und bei dem Kontrast Prätest 1 – Posttest 2 kommt es zu hoch signifikanten Unterschieden mit großen Effektstärken (gesamt: $F(1; 74) = 17{,}145$; $p < 0{,}001$; $\eta_p^2 = 0{,}188$; RA: $F(1; 74) = 10{,}560$; $p = 0{,}001$; $\eta_p^2 = 0{,}125$). Für den zeitlichen Verlauf des Selbstkonzepts liegt zwar bereits beim ersten Motivationsposttest ein kleiner Effekt vor ($F(1; 74) = 2{,}816$; $p = 0{,}049$; $\eta_p^2 = 0{,}037$), dieser wächst nach voller Aufgabendosis jedoch zu einem großen an ($F(1; 74) = 17{,}861$; $p < 0{,}001$; $\eta_p^2 = 0{,}194$). Die intrinsische Motivation folgt dagegen keinem monoton verlaufenden Dosis-Wirkungs-Zusammenhang.

Zur Untersuchung der Nachhaltigkeit des vorhandenen Treatmenteffekts (Hypothese M2, vgl. Kapitel 4) wurde geprüft, ob sich EG und KG im Motivationsverlauf zwischen Prä- und Follow up-Messung unterscheiden. Im Gegensatz zur Pilotstudie lieferten diese Tests jedoch keine signifikanten Unterschiede, weshalb für die Stichprobe von Forschungsfrage I die Hypothese M2 verworfen werden muss: Die durch das Ankermedium „Werbeanzeige" hervorgerufenen Motivationsunterschiede haben keinen dauerhaften Bestand. Möglicherweise beruht diese Abweichung zu den Analysen der Pilotstudie ebenfalls auf einem Dosiseffekt; bei der Pilotstudie kamen insgesamt 17 Aufgaben zum Einsatz, bei dem Design von Forschungsfrage I dagegen nur 11.

In Abweichung zur Voruntersuchung haben die beobachteten Motivationsunterschiede keine Auswirkung auf den Leistungsverlauf der Lernenden. Im Themenbereich „spezifische Wärmekapazität" schneiden die Schülerinnen und Schüler der KG sogar signifikant besser ab ($F(1; 98) = 6{,}696$; $p = 0{,}011$; $\eta_p^2 = 0{,}064^-$), d. h. „Werbeaufgaben" scheinen bei dieser Thematik den Lernzuwachs sogar zu hemmen. Vergleicht man jedoch die Hake-Indizes von EG und KG, welche die relativen Lernzuwächse bei deutlich unterschiedlichem Ausgangszustand vergleichbar machen (Hake, 1998), so stellt man fest, dass die gewichteten Lernzuwächse einander sehr ähneln. Beim Leistungsverlauf im Themenbereich „Heizwert von Brennstoffen" liegen keine signifikanten Unterschiede vor.

6.2 Ergebnisse zu Forschungsfrage II: „Dosis-Wirkungs-Beziehung"

6.2.1 Beeinflussung des Motivationsverlaufs

Zur Auswertung des Motivationsverlaufs entsprechend Tab. 24 wird für die Stichprobe von Forschungsfrage II (Tab. 18) eine 5 x 2-faktorielle Kovarianzanalyse mit Messwiederholung durchgeführt (Anzahl der Messungen (Zeit): 5, Anzahl der Gruppen in Faktor 2 (Experimentalbedingung): 2). Als mögliche Moderatorvariablen fließen die in Tab. 19 genannten Kovariaten in die Analysen mit ein. Da aufgrund des Ausfalls zweier Lehrer alle Versuchspersonen von der gleichen Lehrperson instruiert wurden und darüber hinaus der Unterricht in nicht-koedukativen Klassen erfolgte (Mädchenschule), bleiben die Faktoren „Geschlecht" sowie „Lehrkraft" bei den sich anschließenden Betrachtungen unberücksichtigt. Es folgt nun eine Auflistung der wichtigsten Resultate, für eine vollständige Ergebnisdarstellung sei auf die Tab. 36 bis Tab. 38 verwiesen.

6.2.1.1 Multivariate Tests

- Bei dem zeitlich verkürzten Design von Forschungsfrage II (geringe Aufgabendosis!) zeigt die **Experimentalbedingung** keinen signifikanten Einfluss auf den zeitlichen Verlauf der Gesamtmotivation (Abb. 33) sowie der Unterdimensionen „Realitätsbezug/ Authentizität" (Abb. 34), „Selbstkonzept" (Abb. 35) und „intrinsische Motivation/Engagement" (Abb. 36) (gesamt: $F(4; 44) = 1,442$; $p = 0,236$; $\eta_p^2 = 0,116$; RA: $F(4; 44) = 0,608$; $p = 0,330$; $\eta_p^2 = 0,052$; SK: $F(4; 44) = 1,365$; $p = 0,262$; $\eta_p^2 = 0,110$; IE: $F(4; 44) = 2,890$; $p = 0,073$; $\eta_p^2 = 0,173^-$). Allerdings sprechen die Effektstärken der Gesamtmotivation und des Selbstkonzepts für einen mittleren Effekt zugunsten der EG; möglicherweise besteht zwischen den Motivationswirkungen der untersuchten Aufgabentypen tatsächlich ein signifikanter und praktisch relevanter Unterschied, welcher infolge geringer Teststärken nur nicht nachweisbar war (β - 1 gesamt: 0,410; SK: 0,389). Gleiches gilt für den zeitlichen Verlauf der intrinsischen Motivation (β - 1 = 0,622), wobei überraschenderweise die Schülerinnen der KG unter Berücksichtigung der Prämessung im Mittel eine höhere Motivationsausprägung besitzen. Durch das Auftreten mittelgroßer bis großer Effektstärken können die Ergebnisse der Signifikanztests infolge geringer Teststärken nicht abschließend interpretiert werden; die Nullhypothese wird beibehalten, d. h. eine höhere motivationale Wirkung des Aufgabentyps „Werbeaufgabe" war für das Design von Forschungsfrage II nicht nachweisbar.

- Aus dem Bereich der erhobenen **Kovariaten** ergeben sich keine signifikanten Einflüsse auf den Motivationsverlauf; dies gilt für die Gesamtmotivation wie auch für die Subskalen des eingesetzten Inventars.

6.2.1.2 Innersubjektkontraste

- Die **Experimentalbedingung** hat lediglich auf den Verlauf der Gesamtmotivation eine signifikante, jedoch kleine Einwirkung und zwar für den Vergleich Prätest 1 – Posttest 1 ($F(1; 47) = 2,854$; $p = 0,049$; $\eta_p^2 = 0,057$). Insbesondere konnte für den

6.2 Ergebnisse zu Forschungsfrage II: „Dosis-Wirkungs-Beziehung"

Kontrast Prätests 1 – Follow up kein statistisch bedeutsamer Unterschied beobachtet werden, weshalb die Hypothese M2 (vgl. Kapitel 4) ebenfalls verworfen werden muss. Da ein signifikanter Unterschied beim Motivationsposttest 2 wahrscheinlich eine notwendige Voraussetzung für einen nachhaltigen Effekt darstellt[28], ist das Ausbleiben eines statistisch bedeutsamen Ergebnisses beim Vergleich der Kontrastvariablen Prätest 1 – Follow up nicht erstaunlich.

6.2.1.3 Zwischensubjekteffekte

- Die **Experimentalbedingung** hat einen hoch signifikanten Einfluss auf die Gesamtmotivation ($F(1; 47) = 7{,}591; p = 0{,}008; \eta_p^2 = 0{,}139$), beim Selbstkonzept und bei der intrinsischen Motivation liegen signifikante Einwirkungen vor (SK: $F(1; 47) = 5{,}927; p = 0{,}019; \eta_p^2 = 0{,}112$; IE: $F(1; 47) = 6{,}393; p = 0{,}015; \eta_p^2 = 0{,}120$).

- Aus dem Bereich der erhobenen **Kovariaten** ergeben sich keine signifikanten Einflüsse auf die Motivation; dies gilt für die Ausprägung des Gesamttests wie auch für die Unterdimensionen des eingesetzten Instruments.

---

[28] Bei der Pilotstudie wie auch bei den Auswertungen der anderen Teilstichproben war bei der Follow up-Messung stets ein Rückgang des durch die Experimentalbedingung hervorgerufenen Motivationsunterschieds zu beobachten.

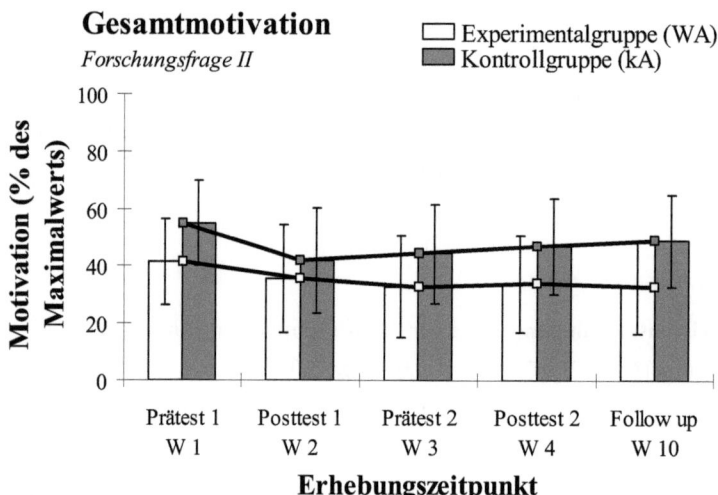

Abb. 33: Auf die Kovariaten adjustierter zeitlicher Verlauf der Gesamtmotivation in Abhängigkeit des eingesetzten Aufgabentyps, Forschungsfrage II (WA Werbeaufgaben, kA konventionell formulierte Alltagsprobleme)

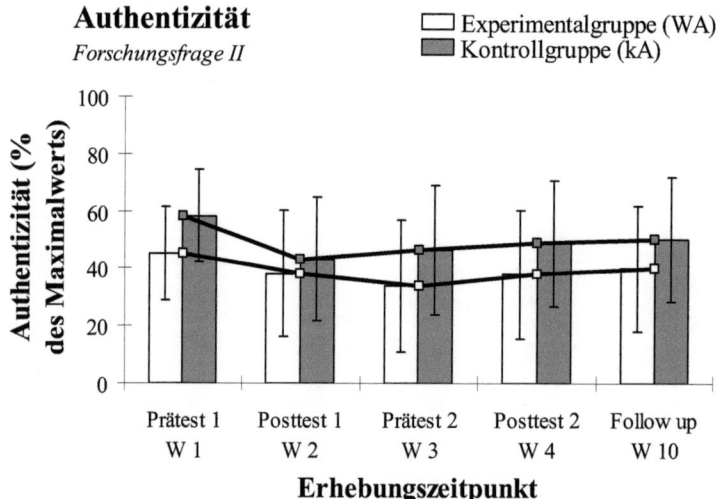

Abb. 34: Auf die Kovariaten adjustierter zeitlicher Verlauf der Authentizität in Abhängigkeit des eingesetzten Aufgabentyps, Forschungsfrage II (WA Werbeaufgaben, kA konventionell formulierte Alltagsprobleme)

6.2 Ergebnisse zu Forschungsfrage II: „Dosis-Wirkungs-Beziehung"

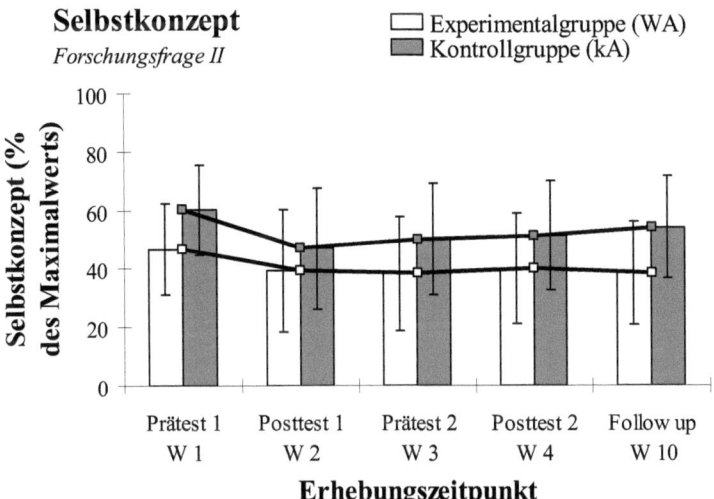

Abb. 35: Auf die Kovariaten adjustierter zeitlicher Verlauf des Selbstkonzepts in Abhängigkeit des eingesetzten Aufgabentyps, Forschungsfrage II (WA Werbeaufgaben, kA konventionell formulierte Alltagsprobleme)

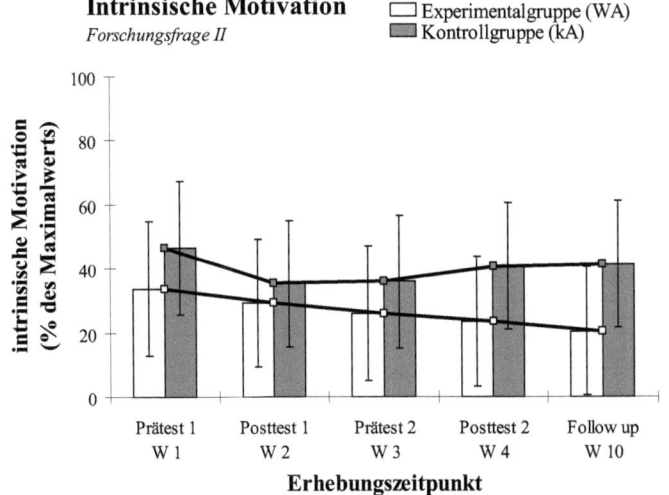

Abb. 36: Auf die Kovariaten adjustierter zeitlicher Verlauf der intrinsischen Motivation in Abhängigkeit des eingesetzten Aufgabentyps, Forschungsfrage II (WA Werbeaufgaben, kA konventionell formulierte Alltagsprobleme)

Tab. 36: Ergebnisse der ANCOVA zum Motivationsverlauf mit Subskalen, Forschungsfrage II (Multivariate Tests)

	df	df Fehler	IE $F(\eta_p^2)$	SK $F(\eta_p^2)$	RA $F(\eta_p^2)$	Total $F(\eta_p^2)$
Haupteffekte und Interaktionen						
Motivationsverlauf MV	4	44	0,273 (0,024)	2,917 (0,210)	0,604 (0,052)	1,514 (0,121)
MV x GRUPPE	4	44	2,305 (0,173⁻)	1,365 (0,110)	0,608 (0,052)	1,442 (0,116)
Kovariate bzw. Moderatoren						
MV x TCI	4	44	0,366 (0,032)	0,536 (0,046)	0,555 (0,048)	0,562 (0,049)
MV x PHN	4	44	0,749 (0,064)	0,556 (0,048)	0,654 (0,056)	0,735 (0,063)
MV x LESE	4	44	0,386 (0,034)	0,458 (0,040)	0,444 (0,039)	0,615 (0,053)
MV x MT	4	44	1,290 (0,105)	1,654 (0,131)	0,494 (0,043)	1,036 (0,086)
MV x AI	4	44	1,243 (0,101)	2,353 (0,176)	1,745 (0,137)	2,515 (0,186)
MV x DN	4	44	0,234 (0,021)	1,716 (0,135)	0,592 (0,051)	0,796 (0,067)
MV x MN	4	44	0,631 (0,054)	0,717 (0,061)	0,627 (0,054)	0,361 (0,032)

Erläuterungen: *** $p < 0,001$, ** $p < 0,01$, * $p < 0,05$

Tab. 37: Ergebnisse der ANCOVA zum Motivationsverlauf mit Subskalen, Forschungsfrage II (Innersubjektkontraste)

		df	IE $F(\eta_p^2)$	SK $F(\eta_p^2)$	RA $F(\eta_p^2)$	Total $F(\eta_p^2)$
Haupteffekte und Interaktionen						
Motivationsverlauf MV	Posttest 1 gegen Prätest 1	1	0,778 (0,016)	1,210 (0,025)	0,630 (0,013)	1,084 (0,023)
	Prätest 2 gegen Prätest 1	1	0,534 (0,011)	0,012 (0,000)	0,069 (0,001)	0,113 (0,002)
	Posttest 2 gegen Prätest 1	1	0,660 (0,014)	1,167 (0,024)	0,582 (0,012)	1,060 (0,022)
	Follow up gegen Prätest 1	1	0,917 (0,019)	5,848* (0,111)	1,670 (0,034)	3,148 (0,063)
MV x GRUPPE	Posttest 1 gegen Prätest 1	1	1,787 (0,037)	1,825 (0,037)	1,990 (0,041)	2,854* (0,057)
	Prätest 2 gegen Prätest 1	1	0,399 (0,008)	0,274 (0,006)	0,005 (0,000)	0,358 (0,008)
	Posttest 2 gegen Prätest 1	1	0,896 (0,019⁻)	0,455 (0,010)	0,154 (0,003)	0,004 (0,000)
	Follow up gegen Prätest 1	1	2,313 (0,047⁻)	0,402 (0,008⁻)	0,227 (0,005)	0,502 (0,011⁻)
Kovariate bzw. Moderatoren						
MV x TCI	Posttest 1 gegen Prätest 1	1	0,198 (0,004)	0,467 (0,010)	0,817 (0,017)	0,603 (0,013)
	Prätest 2 gegen Prätest 1	1	0,024 (0,001)	0,655 (0,014)	0,010 (0,000)	0,166 (0,004)

6.2 Ergebnisse zu Forschungsfrage II: „Dosis-Wirkungs-Beziehung"

		df	IE $F(\eta_p^2)$	SK $F(\eta_p^2)$	RA $F(\eta_p^2)$	Total $F(\eta_p^2)$
	Posttest 2 gegen Prätest 1	1	0,008 (0,000)	0,089 (0,002)	1,458 (0,030)	0,378 (0,008)
	Follow up gegen Prätest 1	1	0,256 (0,005)	0,185 (0,004)	0,909 (0,019)	0,002 (0,000)
MV x PHN	Posttest 1 gegen Prätest 1	1	0,462 (0,010)	0,110 (0,002)	2,643 (0,053)	1,091 (0,023)
	Prätest 2 gegen Prätest 1	1	0,838 (0,018)	0,512 (0,011)	1,059 (0,022)	1,355 (0,028)
	Posttest 2 gegen Prätest 1	1	0,019 (0,000)	0,285 (0,006)	0,165 (0,003)	0,122 (0,003)
	Follow up gegen Prätest 1	1	0,292 (0,006)	1,603 (0,033)	0,396 (0,008)	0,955 (0,020)
MV x LESE	Posttest 1 gegen Prätest 1	1	0,392 (0,008)	1,639 (0,034)	0,925 (0,019)	1,295 (0,027)
	Prätest 2 gegen Prätest 1	1	0,524 (0,011)	0,605 (0,013)	0,023 (0,000)	0,460 (0,010)
	Posttest 2 gegen Prätest 1	1	0,151 (0,003)	0,091 (0,002)	0,269 (0,006)	0,222 (0,005)
	Follow up gegen Prätest 1	1	0,022 (0,000)	0,000 (0,000)	0,002 (0,000)	0,007 (0,000)
MV x MT	Posttest 1 gegen Prätest 1	1	0,004 (0,000)	1,571 (0,032)	1,633 (0,034)	0,933 (0,019)
	Prätest 2 gegen Prätest 1	1	1,224 (0,025)	1,479 (0,031)	0,353 (0,007)	0,515 (0,011)
	Posttest 2 gegen Prätest 1	1	0,001 (0,000)	1,724 (0,035)	0,000 (0,000)	0,208 (0,004)
	Follow up gegen Prätest 1	1	0,702 (0,015)	2,938 (0,059)	0,009 (0,000)	0,953 (0,020)
MV x AI	Posttest 1 gegen Prätest 1	1	0,641 (0,013)	1,457 (0,030)	2,734 (0,055)	1,920 (0,039)
	Prätest 2 gegen Prätest 1	1	0,616 (0,013)	1,176 (0,024)	0,026 (0,001)	0,761 (0,016)
	Posttest 2 gegen Prätest 1	1	0,016 (0,000)	0,020 (0,000)	0,474 (0,010)	0,033 (0,001)
	Follow up gegen Prätest 1	1	0,043 (0,001)	0,897 (0,019)	2,193 (0,045)	0,708 (0,015)
MV x DN	Posttest 1 gegen Prätest 1	1	0,799 (0,017)	0,820 (0,017)	0,052 (0,001)	0,685 (0,014)
	Prätest 2 gegen Prätest 1	1	0,139 (0,003)	0,449 (0,009)	0,102 (0,002)	0,029 (0,001)
	Posttest 2 gegen Prätest 1	1	0,107 (0,002)	0,286 (0,006)	0,122 (0,003)	0,062 (0,001)
	Follow up gegen Prätest 1	1	0,069 (0,001)	1,576 (0,032)	0,194 (0,004)	0,592 (0,012)
MV x MN	Posttest 1 gegen Prätest 1	1	0,544 (0,011)	0,151 (0,003)	0,657 (0,014)	0,047 (0,001)
	Prätest 2 gegen Prätest 1	1	0,080 (0,002)	0,241 (0,005)	1,984 (0,040)	0,173 (0,004)
	Posttest 2 gegen Prätest 1	1	0,272 (0,006)	0,021 (0,000)	1,691 (0,035)	0,399 (0,008)
	Follow up gegen Prätest 1	1	0,543 (0,011)	0,716 (0,015)	1,096 (0,023)	1,000 (0,021)

Erläuterungen: *** $p < 0,001$, ** $p < 0,01$, * $p < 0,05$

Tab. 38: Ergebnisse der ANCOVA zum Motivationsverlauf mit Subskalen, Forschungsfrage II (Zwischensubjekteffekte)

	df	IE $F(\eta_p^2)$	SK $F(\eta_p^2)$	RA $F(\eta_p^2)$	Total $F(\eta_p^2)$
Haupteffekt					
Experimentalbedingung (GRUPPE)	1	6,393* (0,120)	5,927* (0,112)	3,843 (0,076)	7,591** (0,139)
Kovariate bzw. Moderatoren					
Konzepttest (TCI)	1	0,002 (0,000)	0,093 (0,002)	0,543 (0,011)	0,153 (0,003)
momentaner Leistungsstand in Physik (PHN)	1	1,447 (0,030)	0,410 (0,009)	0,071 (0,002)	0,444 (0,009)
Lesekompetenztest (LESE)	1	2,371 (0,048)	2,910 (0,058)	0,306 (0,006)	2,370 (0,048)
Mathematiktest (MT)	1	0,268 (0,006)	0,230 (0,005)	0,144 (0,003)	0,300 (0,006)
Allgemeine Intelligenz (AI)	1	2,346 (0,048)	1,629 (0,033)	0,055 (0,001)	1,568 (0,032)
Deutschnote (DN)	1	0,025 (0,001)	1,568 (0,032)	3,516 (0,070)	1,180 (0,025)
Mathematiknote (MN)	1	3,473 (0,069)	1,003 (0,021)	2,537 (0,051)	2,999 (0,060)
Error	47				

Erläuterungen: *** $p < 0,001$, ** $p < 0,01$, * $p < 0,05$

6.2.2 Beeinflussung des Leistungsverlaufs

Zur Auswertung der Leistungstests entsprechend Tab. 24 wird für die Stichprobe von Forschungsfrage II (Tab. 18) eine 2 x 2-faktorielle Kovarianzanalyse mit Messwiederholung durchgeführt und zwar für die Ergebnisse des Gesamttests wie auch für die bei den einzelnen Aufgaben erzielten Prozentwerte (Anzahl der Messungen (Zeit): 2, Anzahl der Gruppen in Faktor 2 (Experimentalbedingung): 2). Als mögliche Kontrollvariablen fließen die in Tab. 19 genannten Kovariaten sowie der Motivationsprätest in die Analysen mit ein. Im Gegensatz zu den Auswertungen von Forschungsfrage I bleiben die Faktoren „Lehrkraft" und „Geschlecht" unberücksichtigt, da – wie bereits erläutert – alle Versuchspersonen von nur einem Lehrer instruiert und in nichtkoedukativen Klassen unterrichtet wurden.

6.2.2.1 Leistungsverlauf zum Thema „Wärmekapazität"

Die Ergebnisse der Signifikanztests zum Leistungsverlauf im Themenbereich „spezifische Wärmekapazität" sind der Tab. 39 sowie der Tab. 40 zu entnehmen, eine grafische Veranschaulichung der deskriptiven Daten (Tab. 81) zeigt die Abb. 37. Bei der

6.2 Ergebnisse zu Forschungsfrage II: „Dosis-Wirkungs-Beziehung"

sich anschließenden Ergebnisdarstellung werden wie gewohnt ausschließlich die statistisch bedeutsamen sowie die für die Praxis relevanten Ergebnisse formuliert.

6.2.2.1.1 Innersubjekteffekte

- Im Themenbereich „spezifische Wärmekapazität" hat die **Experimentalbedingung** einen statistisch bedeutsamen Einfluss auf den Leistungsverlauf; dies gilt für das Gesamtergebnis des Leistungstests wie auch für die Aufgabe 3 (total: $F(1; 48) = 4,506$; $p = 0,020$; $\eta_p^2 = 0,086$; Aufgabe 3: $F(1; 48) = 4,307$; $p = 0,043$; $\eta_p^2 = 0,082^-$); beide Effekte sind als mittelgroß einzustufen. Bei Aufgabe 4 ist der Unterschied im Leistungsverlauf zwischen EG und KG sogar hoch signifikant und groß ($F(1; 48) = 9,410$; $p = 0,002$; $\eta_p^2 = 0,164$). Das hochgestellte Minuszeichen des partiellen Eta-Quadrats bei Teilaufgabe 3 kennzeichnet einen Mittelwertunterschied, welcher der Hypothese L1 (vgl. Kapitel 4) widerspricht, d. h. bei Aufgabe 3 des Leistungstests schneiden die Lernenden der KG unter Berücksichtigung des Prätests signifikant besser ab als die Schülerinnen der EG. Da der Lernzuwachs insgesamt in der EG größer ist, kann die Nullhypothese dennoch zugunsten der Alternativhypothese L1 verworfen werden, d. h. der Einsatz von „Werbeaufgaben" führt zu einem höheren Lernerfolg als die Bearbeitung von konventionell formulierten Alltagsproblemen.

- Der **aktuelle mittlere Leistungsstand im Fach Physik** moderiert den Zuwachs der Gesamtleistung höchst signifikant (total: $F(1; 48) = 20,468$; $p < 0,001$; $\eta_p^2 = 0,299$), den der Teilaufgaben hoch signifikant (Aufgabe 3: $F(1; 48) = 9,074$; $p = 0,004$; $\eta_p^2 = 0,159$; Aufgabe 4: $F(1; 48) = 12,189$; $p = 0,001$; $\eta_p^2 = 0,203$) bzw. signifikant (Aufgabe 1: $F(1; 48) = 5,831$; $p = 0,020$; $\eta_p^2 = 0,108$; Aufgabe 2: $F(1; 48) = 7,157$; $p = 0,010$; $\eta_p^2 = 0,130$; Aufgabe 5: $F(1; 48) = 4,828$; $p = 0,033$; $\eta_p^2 = 0,091$), alle Effekte sind mindestens mittelgroß.

- Außer der **allgemeinen Intelligenz**, sie hat bei Teilaufgabe 4 einen statistisch bedeutsamen Einfluss mittlerer Größe ($F(1; 48) = 4,377$; $p = 0,042$; $\eta_p^2 = 0,084$), wirken keine der erfassten **Kovariaten** signifikant auf den Leistungsverlauf ein.

6.2.2.1.2 Zwischensubjekteffekte

- Gemittelt über beide Messzeitpunkte hat die **Experimentalbedingung** beim Vergleich der Leistung hoch signifikanten Einfluss auf das Abschneiden in den Teilaufgaben 1, 2 und 3 (Aufgabe 1: $F(1; 48) = 8{,}133$; $p = 0{,}006$; $\eta_p^2 = 0{,}145$; Aufgabe 2: $F(1; 48) = 8{,}791$; $p = 0{,}005$; $\eta_p^2 = 0{,}155$; Aufgabe 3: $F(1; 48) = 7{,}440$; $p = 0{,}009$; $\eta_p^2 = 0{,}134$); die Effekte sind mindestens mittelgroß.

- Aus dem Bereich der **Moderatorvariablen** ergeben sich mittlere bis große Einflüsse des **aktuellen mittleren Leistungsstands (PHN)** und dem **themenspezifischen Vorwissen (TCI)** in **Physik** (TCI, Aufgabe 2: $F(1; 48) = 5{,}614$; $p = 0{,}022$; $\eta_p^2 = 0{,}105$; PHN, gesamt: $F(1; 48) = 21{,}228$; $p < 0{,}001$; $\eta_p^2 = 0{,}307$; Aufgabe 2: $F(1; 48) = 8{,}251$; $p = 0{,}006$; $\eta_p^2 = 0{,}147$; Aufgabe 3: $F(1; 48) = 7{,}400$; $p = 0{,}009$; $\eta_p^2 = 0{,}134$; Aufgabe 4: $F(1; 48) = 8{,}814$; $p = 0{,}005$; $\eta_p^2 = 0{,}155$; Aufgabe 5: $F(1; 48) = 7{,}792$; $p = 0{,}008$; $\eta_p^2 = 0{,}140$), andere Kovariaten bleiben – abgesehen von der **Deutschnote** (Aufgabe 2: $F(1; 48) = 5{,}859$; $p = 0{,}019$; $\eta_p^2 = 0{,}109$) – insignifikant. Dies gilt insbesondere auch für die Ausgangsmotivation, was bereits bei der Vorstudie sowie bei der Auswertung der Stichprobe von Forschungsfrage I beobachtet werden konnte.

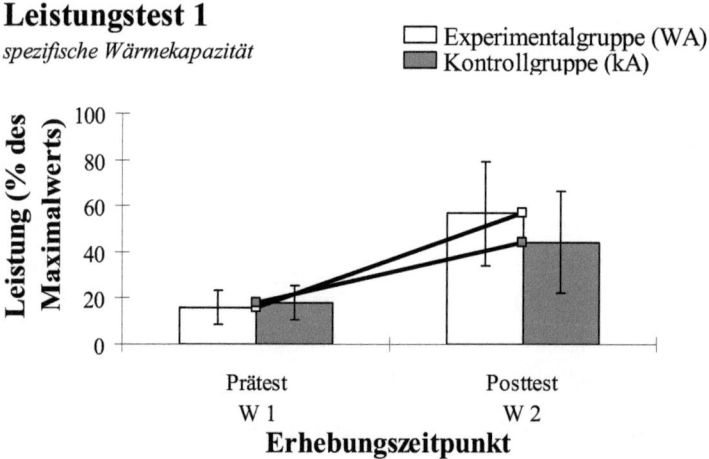

Abb. 37: Auf die Kovariaten adjustierter Leistungsverlauf im Themenbereich „spezifische Wärmekapazität" in Abhängigkeit des eingesetzten Aufgabentyps, Forschungsfrage II (WA Werbeaufgaben, kA konventionell formulierte Alltagsprobleme)

6.2 Ergebnisse zu Forschungsfrage II: „Dosis-Wirkungs-Beziehung"

Tab. 39: Ergebnisse der ANCOVA mit Messwiederholung zum Leistungsverlauf (Wärmekapazität), Forschungsfrage II (Innersubjekteffekte)

	df	A 1 (I/II) $F(\eta_p^2)$	A 2 (II) $F(\eta_p^2)$	A 3 (III) $F(\eta_p^2)$	A 4 (III) $F(\eta_p^2)$	A 5 (IV) $F(\eta_p^2)$	Total $F(\eta_p^2)$
Haupteffekte und Interaktionen							
Leistungsverlauf LV	1	0,076 (0,002)	0,003 (0,000)	3,688 (0,071)	0,995 (0,020)	4,415* (0,084)	3,383 (0,066)
LV x GRUPPE	1	0,043 (0,001⁻)	0,284 (0,006⁻)	4,307* (0,082⁻)	9,410** (0,164)	0,396 (0,008⁻)	4,506* (0,086)
Kovariate bzw. Moderatoren							
LV x TCI	1	0,910 (0,019)	0,083 (0,002)	1,447 (0,029)	0,062 (0,001)	3,806 (0,073)	1,388 (0,028)
LV x PHN	1	5,831* (0,108)	7,157* (0,130)	9,074** (0,159)	12,189** (0,203)	4,828* (0,091)	20,468*** (0,299)
LV x LESE	1	2,203 (0,044)	0,113 (0,002)	1,521 (0,031)	3,538 (0,069)	0,070 (0,001)	1,014 (0,021)
LV x MT	1	0,003 (0,000)	0,017 (0,000)	0,123 (0,003)	0,003 (0,000)	0,122 (0,003)	0,081 (0,002)
LV x AI	1	0,123 (0,003)	0,238 (0,005)	0,535 (0,011)	4,377* (0,084)	1,100 (0,022)	1,094 (0,022)
LV x DN	1	0,308 (0,006)	3,093 (0,061)	0,753 (0,015)	2,279 (0,045)	0,096 (0,002)	2,593 (0,051)
LV x MN	1	0,512 (0,011)	0,826 (0,017)	1,948 (0,039)	0,959 (0,020)	0,965 (0,020)	1,967 (0,039)
LV x MOT	1	0,072 (0,001)	0,383 (0,008)	0,859 (0,018)	0,912 (0,019)	0,020 (0,000)	0,801 (0,016)
Error	48						

Tab. 40: Ergebnisse der ANCOVA mit Messwiederholung zum Leistungsverlauf (Wärmekapazität), Forschungsfrage II (Zwischensubjekteffekte)

	df	A 1 (I/II) $F(\eta_p^2)$	A 2 (II) $F(\eta_p^2)$	A 3 (III) $F(\eta_p^2)$	A 4 (III) $F(\eta_p^2)$	A 5 (IV) $F(\eta_p^2)$	Total $F(\eta_p^2)$
Haupteffekte							
Experimentalbedingung (GRUPPE)	1	8,133** (0,145)	8,791** (0,155)	7,440** (0,134)	3,471 (0,067)	1,492 (0,030)	2,037 (0,041)
Kovariate bzw. Moderatoren							
Konzepttest (TCI)	1	0,049 (0,001)	5,614* (0,105)	0,397 (0,008)	0,020 (0,000)	1,055 (0,022)	1,484 (0,030)
momentaner Leistungsstand (PHN)	1	1,678 (0,034)	8,251** (0,147)	7,400** (0,134)	8,814** (0,155)	7,792** (0,140)	21,228*** (0,307)
Lesekompetenztest (LESE)	1	1,814 (0,036)	1,249 (0,025)	0,083 (0,002)	0,072 (0,001)	0,552 (0,011)	0,345 (0,007)
Mathematiktest (MT)	1	0,423 (0,009)	0,813 (0,017)	0,037 (0,001)	0,332 (0,007)	0,217 (0,005)	0,703 (0,014)
Allgemeine Intelligenz (AI)	1	2,467 (0,049)	0,122 (0,003)	0,034 (0,001)	1,322 (0,027)	1,399 (0,028)	0,364 (0,008)
Deutschnote (DN)	1	0,966 (0,020)	5,859* (0,109)	1,144 (0,023)	2,877 (0,057)	0,039 (0,001)	3,835 (0,074)

Tab. 40: Ergebnisse der ANCOVA mit Messwiederholung zum Leistungsverlauf (Wärmekapazität), Forschungsfrage II (Zwischensubjekteffekte - Fortsetzung)

	df	A 1 (I/II) $F(\eta_p^2)$	A 2 (II) $F(\eta_p^2)$	A 3 (III) $F(\eta_p^2)$	A 4 (III) $F(\eta_p^2)$	A 5 (IV) $F(\eta_p^2)$	Total $F(\eta_p^2)$
Mathematiknote (MN)	1	0,014 (0,000)	0,018 (0,000)	2,539 (0,050)	2,067 (0,041)	0,135 (0,003)	2,811 (0,055)
Motivationsprätest (MOT)	1	0,851 (0,017)	0,004 (0,000)	0,854 (0,017)	1,034 (0,021)	0,471 (0,010)	1,973 (0,039)
Error	48						

Erläuterungen: *** $p < 0,001$, ** $p < 0,01$, * $p < 0,05$; PISA-Kompetenzstufen: I nominell, II funktional (naturwissenschaftliches Alltagswissen), III funktional (naturwissenschaftliches Grundwissen), IV konzeptuell und prozedural, V konzeptuell und prozedural (Modelle) (vgl. Anhang F)

6.2.2.2 Leistungsverlauf zum Thema „Heizwert"

Die Ergebnisse der Signifikanztests zum Leistungsverlauf im Themenbereich „Heizwert von Brennstoffen" sind der Tab. 41 und der Tab. 42 zu entnehmen, eine grafische Veranschaulichung der deskriptiven Daten (Tab. 82) zeigt die Abb. 38.

6.2.2.2.1 Innersubjekteffekte

- Die **Experimentalbedingung** hat einen hoch signifikanten Einfluss auf den Verlauf der Gesamtleistung sowie auf den Lernfortschritt bei Teilaufgabe 3 (total: $F(1; 45) = 7,447$; $p = 0,009$; $\eta_p^2 = 0,142^-$; Aufgabe 3: $F(1; 45) = 8,660$; $p = 0,005$; $\eta_p^2 = 0,161^-$); beide Effektstärken gelten nach der Klassifikation von Cohen (1988) als groß. Bei Aufgabe 1 ist die Wirkung des Treatmentfaktors signifikant und von mittlerer Größe ($F(1; 45) = 5,546$; $p = 0,023$; $\eta_p^2 = 0,110^-$). Das partielle Eta-Quadrat ist stets mit einem hochgestellten Minuszeichen versehen, d. h. es handelt sich ausschließlich um statistisch bedeutsame Effekte, die der Hypothese L1 (vgl. Kapitel 4) widersprechen; der mittlere Lernfortschritt der KG ist größer als in der EG, für das Design von Forschungsfrage II ist die Hypothese L1 somit zu verwerfen. Neben der Tatsache, dass sich die Abweichung im zeitlichen Verlauf zugunsten der KG unterscheidet, überrascht im besonderen Maße die Größe des Effekts. Ein Erklärungshinweis liefert eventuell ein Detail im Design, welches bei der Planung der Studie ggf. unterschätzt wurde: An der betreffenden Schule erfolgt der Physikunterricht epochal, d. h. ausschließlich in einem Schulhalbjahr. So kam es, dass die Lernenden der EG im ersten und die der KG im zweiten Schulhalbjahr instruiert wurden. Diese Besonderheit im Untersuchungsablauf bevorteilt die Schülerinnen der

KG in zweifacher Hinsicht: Erstens hat die Lehrkraft beim Unterrichten der KG bereits Kenntnis über die bei der Behandlung der Themen sowie im Umgang mit dem Lernmaterial auftretenden typischen Schülerproblemen und kann daher adäquater auf diese reagieren, zweitens war den Probanden der KG durch Rücksprache mit Schülerinnen der EG unter Umständen bekannt, dass die in die Zeugnisnoten einfließenden Posttests den Prätests entsprechen. Hinzukommt, dass die Posttests – aufgrund ihrer Benotung mussten sie den Schülerinnen ausgehändigt werden – den Lernenden der EG vorlagen, so dass durch eine ggf. erfolgte Weitergabe an die Schülerinnen der KG, diesen eine „optimale Vorbereitung" ermöglicht wurde. Dass sich die beschriebenen Effekte ausschließlich beim Thema „Heizwert" auswirkten, ist vielleicht damit zu erklären, dass die Versuchspersonen erst beim Vergleich der Posttests zum Thema „spezifische Wärmekapazität" auf den identischen Testablauf aufmerksam wurden.

- Aus dem Bereich der Moderatorvariablen ergibt sich lediglich ein signifikanter, mittlerer Einfluss der Vorleistung (**Leistungsstand in Physik**) auf den Lernfortschritt bei Teilaufgabe 5 ($F(1; 45) = 4,177$; $p = 0,047$; $\eta_p^2 = 0,085$). Die Innersubjekteffekte der restlichen **Kovariaten** bleiben insignifikant.

6.2.2.2.2 Zwischensubjekteffekte

- Gemittelt über beide Messzeitpunkte hat die **Experimentalbedingung** eine hoch signifikante Auswirkung auf das Gesamtergebnis sowie auf das Abschneiden in Teilaufgabe 3 des Leistungstests (total: $F(1; 45) = 9,604$; $p = 0,003$; $\eta_p^2 = 0,176$; Aufgabe 3: $F(1; 45) = 8,519$; $p = 0,005$; $\eta_p^2 = 0,159$). Bei Teilaufgabe 1 ist der Einfluss des Treatmentfaktors sogar höchst signifikant ($F(1; 45) = 16,808$; $p < 0,001$; $\eta_p^2 = 0,272$), alle Effekte gelten als groß.

- Der **aktuelle mittlere Leistungsstand im Fach Physik** moderiert das Abschneiden in Teilaufgabe 1 signifikant ($F(1; 45) = 4,410$; $p = 0,041$; $\eta_p^2 = 0,089$), die Effektstärke ist mittelgroß.

- Abgesehen vom Ergebnis des **standardisierten Mathematiktests** – er hat bei Teilaufgabe 4 einen hoch signifikanten Einfluss auf das Leistungslevel ($F(1; 45) = 10,562$; $p = 0,002$; $\eta_p^2 = 0,190$) – zeigen keine der erhobenen Kovariaten statistisch bedeutsame Einwirkungen auf die Ergebnisse im Leistungstest.

Leistungstest 2
Heizwert von Brennstoffen

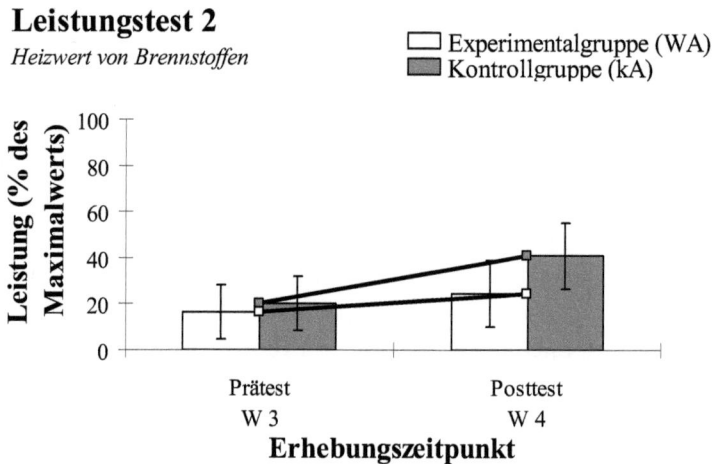

Abb. 38: Auf die Kovariaten adjustierter Leistungsverlauf im Themenbereich „Heizwert von Brennstoffen" in Abhängigkeit des eingesetzten Aufgabentyps, Forschungsfrage II (WA Werbeaufgaben, kA konventionell formulierte Alltagsprobleme)

Tab. 41: Ergebnisse der ANCOVA mit Messwiederholung zum Leistungsverlauf (Heizwert), Forschungsfrage II (Innersubjekteffekte)

	df	A 1 (I) $F(\eta_p^2)$	A 2 (II) $F(\eta_p^2)$	A 3 (III) $F(\eta_p^2)$	A 4 (III) $F(\eta_p^2)$	A 5 (IV) $F(\eta_p^2)$	Total $F(\eta_p^2)$
Haupteffekte und Interaktionen							
Leistungsverlauf LV	1	0,958 (0,021)	0,314 (0,007)	0,002 (0,000)	1,688 (0,036)	0,000 (0,000)	0,751 (0,016)
LV x GRUPPE	1	5,546* (0,110⁻)	0,786 (0,017⁻)	8,660** (0,161⁻)	2,747 (0,058⁻)	0,711 (0,016)	7,447** (0,142⁻)
Kovariate bzw. Moderatoren							
LV x TCI	1	1,850 (0,039)	1,743 (0,037)	1,702 (0,036)	0,599 (0,013)	0,859 (0,019)	1,504 (0,032)
LV x PHN	1	3,461 (0,071)	0,289 (0,006)	0,001 (0,000)	1,369 (0,030)	4,177* (0,085)	1,433 (0,031)
LV x LESE	1	4,061 (0,083)	1,426 (0,031)	3,860 (0,079)	0,498 (0,011)	2,652 (0,056)	0,209 (0,005)
LV x MT	1	0,140 (0,003)	0,299 (0,007)	0,250 (0,006)	2,857 (0,060)	0,001 (0,000)	1,128 (0,024)
LV x AI	1	2,273 (0,048)	0,123 (0,003)	0,878 (0,019)	1,693 (0,036)	1,468 (0,032)	1,651 (0,035)
LV x DN	1	0,034 (0,001)	0,075 (0,002)	0,169 (0,004)	0,101 (0,002)	1,188 (0,026)	0,005 (0,000)
LV x MN	1	0,783 (0,017)	1,364 (0,029)	0,101 (0,002)	0,281 (0,006)	0,136 (0,003)	0,094 (0,002)
LV x MOT	1	0,261 (0,006)	0,564 (0,012)	0,008 (0,000)	0,014 (0,000)	0,888 (0,019)	0,001 (0,000)
Error	45						

Erläuterungen: *** $p < 0,001$, ** $p < 0,01$, * $p < 0,05$

6.2 Ergebnisse zu Forschungsfrage II: „Dosis-Wirkungs-Beziehung"

Tab. 42: Ergebnisse der ANCOVA mit Messwiederholung zum Leistungsverlauf (Heizwert), Forschungsfrage II (Zwischensubjekteffekte)

	df	A 1 (I) $F(\eta_p^2)$	A 2 (II) $F(\eta_p^2)$	A 3 (III) $F(\eta_p^2)$	A 4 (III) $F(\eta_p^2)$	A 5 (IV) $F(\eta_p^2)$	Total $F(\eta_p^2)$
Haupteffekte							
Experimentalbedingung (GRUPPE)	1	16,808*** (0,272)	2,869 (0,060)	8,519** (0,159)	1,223 (0,026)	0,243 (0,005)	9,604** (0,176)
Kovariate bzw. Moderatoren							
Konzepttest (TCI)	1	0,103 (0,002)	0,933 (0,020)	1,489 (0,032)	2,696 (0,057)	0,119 (0,003)	0,016 (0,000)
momentaner Leistungsstand in Physik (PHN)	1	4,410* (0,089)	0,329 (0,007)	0,812 (0,018)	2,057 (0,044)	3,771 (0,077)	2,754 (0,058)
Lesekompetenztest (LESE)	1	1,076 (0,023)	0,042 (0,001)	0,515 (0,011)	2,118 (0,045)	0,477 (0,010)	0,135 (0,003)
Mathematiktest (MT)	1	0,180 (0,004)	1,045 (0,023)	1,180 (0,026)	10,562** (0,190)	2,062 (0,044)	3,358 (0,069)
Allgemeine Intelligenz (AI)	1	2,174 (0,046)	0,126 (0,003)	0,121 (0,003)	1,216 (0,026)	0,284 (0,006)	0,003 (0,000)
Deutschnote (DN)	1	0,210 (0,005)	0,393 (0,009)	0,249 (0,006)	0,895 (0,020)	1,861 (0,040)	0,281 (0,006)
Mathematiknote (MN)	1	0,180 (0,004)	1,407 (0,030)	1,424 (0,031)	0,227 (0,005)	0,346 (0,008)	1,680 (0,036)
Motivationsprätest (MOT)	1	0,000 (0,000)	0,131 (0,003)	0,237 (0,005)	0,157 (0,003)	0,644 (0,014)	0,108 (0,002)
Error	45						

Erläuterungen: *** $p < 0{,}001$, ** $p < 0{,}01$, * $p < 0{,}05$; PISA-Kompetenzstufen: I nominell, II funktional (naturwissenschaftliches Alltagswissen), III funktional (naturwissenschaftliches Grundwissen), IV konzeptuell und prozedural, V konzeptuell und prozedural (Modelle) (vgl. Anhang F)

6.2.3 Zusammenfassung

Im Gegensatz zur Pilotstudie sowie zur Untersuchung von Forschungsfrage I konnte bei den multivariaten Analysen zur Forschungsfrage II keine signifikante Einwirkung der Experimentalbedingung auf den zeitlichen Verlauf der Motivation festgestellt werden. Dies gilt für die Gesamtmotivation wie auch für die Subskalen des Motivationsinventars in gleichem Maße (gesamt: $F(4; 44) = 1{,}442$; $p = 0{,}236$; $\eta_p^2 = 0{,}116$; RA: $F(4; 44) = 0{,}608$; $p = 0{,}330$; $\eta_p^2 = 0{,}052$; SK: $F(4; 44) = 1{,}365$; $p = 0{,}262$; $\eta_p^2 = 0{,}110$; IE: $F(4; 44) = 2{,}305$; $p = 0{,}073$; $\eta_p^2 = 0{,}173\ddot{\ }$). Aufgrund der Kombination von geringen Test- und mittleren Effektstärken können die Ergebnisse der Signifikanztests jedoch nicht abschließend interpretiert werden; die Alternativhypothese M1 wird zugunsten der Nullhypothese verworfen. Ein Nachweis, dass „Werbeaufgaben" auch bei geringer Aufgabendosis zu höheren Motivationsgraden führen als konventionell formulierte Alltagsprobleme, konnte also nicht erbracht werden. Dies widerspricht den Ergebnissen der Teilstichprobe von Forschungsfrage I keineswegs, im Gegenteil: Auch beim Design von Forschungsfrage I stellten sich signifikante Unterschiede im Motivationsverlauf erst am Ende der Instruktionsphase zum Thema „Heizwert", also nach „Verabreichung" der vollen Aufgabendosis ein.

Beim Vergleich der Leistung im Themenbereich „spezifische Wärmekapazität" schneiden die Schülerinnen der EG unter Berücksichtigung der Prämessung signifikant besser ab als die Lernenden der KG ($F(1; 48) = 4{,}506$; $p = 0{,}020$; $\eta_p^2 = 0{,}086$); es liegt ein Effekt mittlerer Größe vor. Die Hypothese L1 kann somit für den Bereich „spezifische Wärmekapazität" bestätigt werden, d. h. „Werbeaufgaben" führen zu einem höheren Leistungsoutput als konventionelle Alltagsprobleme. Für das Thema „Heizwert" bleibt ein solcher Nachweis nicht nur aus, sondern es kommt sogar zu einem signifikanten Unterschied zum Vorteil der KG ($F(1; 45) = 7{,}447$; $p = 0{,}009$; $\eta_p^2 = 0{,}142^-$). Vermutlich beruht dieser große Effekt jedoch auf einer Besonderheit im zeitlichen Verlauf der Untersuchung (vgl. 6.2.2.2.1).

6.3 Ergebnisse zu Forschungsfrage III: „Robustheit"

6.3.1 Beeinflussung des Motivationsverlaufs

Zur Auswertung des Motivationsverlaufs entsprechend Tab. 25 wird für die Stichprobe von Forschungsfrage III (Tab. 18) eine 4 x 2 x 2 x 2-faktorielle Kovarianzanalyse mit Messwiederholung durchgeführt (Anzahl der Messungen (Zeit): 4, Anzahl der Gruppen in Faktor 2 (Experimentalbedingung): 2, Anzahl der Gruppen in Faktor 3 (Geschlecht): 2; Anzahl der Gruppen in Faktor 4 (Lehrkraft): 2). Als mögliche Kontrollvariablen fließen die in Tab. 19 genannten Kovariaten in die Analysen ein. Es folgt nun eine Auflistung der wichtigsten Resultate, für eine vollständige Ergebnisdarstellung sei auf die Tab. 43 bis Tab. 46 verwiesen.

6.3.1.1 Multivariate Tests

- Die **Experimentalbedingung** hat für die Unterdimensionen des Inventars wie auch für die Ergebnisse des Gesamttests keinen signifikanten Einfluss auf den Motivationsverlauf. Dies folgt aus der multivariaten Betrachtung aller Kontrastvariablen (Prätest – Posttest 1, Prätest – Posttest 2, Prätest – Follow up) und ist daher noch kein abschließender Widerspruch zur Hypothese M1 (vgl. Kapitel 4). Außerdem sprechen die Effektgrößen des Gesamttests sowie der Dimension „Realitätsbezug/Authentizität" für bedeutsame Einwirkungen mittlerer Größe, die sich möglicherweise aufgrund geringer Teststärken nicht signifikant zeigen (β - 1, gesamt: 0,375; RA: 0,450).

- Das **Geschlecht** der Lernenden hat ebenfalls keine statistisch bedeutsame Wirkung auf die Entwicklung der drei Subskalen und der Gesamtmotivation.

- Im Gegensatz dazu, nimmt der Faktor „**Lehrkraft**" auf den Verlauf der intrinsischen Motivation sowie auf die Entwicklung der Gesamtausprägung des Instruments einen signifikanten, mittelgroßen Einfluss (gesamt: $F(3, 70) = 3,202$; $p = 0,028$; $\eta_p^2 = 0,121$; IE: $F(3, 70) = 2,888$; $p = 0,042$; $\eta_p^2 = 0,110$).

- Neben allen **Interaktionen** zeigen auch die erhobenen **Kontrollvariablen** keine bedeutsamen Effekte.

6.3.1.2 Innersubjektkontraste

- Betrachtet man den zeitlichen Verlauf der *Gesamtmotivation* zwischen der Prämessung und dem Motivationsposttest 2, so ergibt sich zwischen EG und KG ein signifikanter Unterschied mit kleiner Effektstärke ($F(1, 72) = 3,581$; $p = 0,031$; $\eta_p^2 = 0,047$). Den deskriptiven Daten (Tab. 80, Abb. 39) des Motivationsverlaufs kann entnommen werden, dass die Unterschiede zum Vorteil der EG signifikant sind, weshalb für das Design von Forschungsfrage III die Nullhypothese zugunsten der Alternativhypothese M1 verworfen werden kann: Auch die Integration von „Werbeaufgaben" in ein praxisnahes Unterrichtskonzept mit realistischer Variabilität (mittlere Aufgabendosis, Einsatz der Aufgaben in unterschiedlichen Unterrichtsphasen, Berücksichtigung verschiedener Medien) führt zu einem signifikant höheren Motivationsgrad als der Einsatz von konventionell formulierten Alltagsproblemen. Die Signifikanztests der anderen Kontrastvariablen bleiben für die Gesamtmotivation insignifikant (Tab. 44). Insbesondere blieb der Nachweis eines nachhaltigen Effekts aus (Vergleich Prätest – Follow up), weshalb die Hypothese M2 (vgl. Kapitel 4) abzulehnen ist.

- Neben der signifikanten Wirkung auf den zeitlichen Verlauf der Gesamtmotivation, bedingt die Experimentalbedingung eine ebensolche Wirkung auf die Subskala *„Realitätsbezug/Authentizität"*. Auch hier liegt allein beim Vergleich Prätest – Posttest 2, also nach voller Aufgabendosis, ein signifikanter Unterschied zum Vorteil der EG vor ($F(1, 84) = 3,364$; $p = 0,036$; $\eta_p^2 = 0,045$).

- Bei den Unterdimensionen „*Selbstkonzept*" sowie „*intrinsische Motivation/Engagement*" ergeben sich unter Berücksichtigung des Prätests bei keiner der Folgemessungen statistisch bedeutsame Unterschiede zwischen den Lerngruppen (Tab. 44).

6.3.1.3 Zwischensubjekteffekte

- Der **aktuelle mittlere Leistungsstand im Fach Physik** zu Beginn der Untersuchung moderiert die Gesamtmotivation wie auch die Subskalen „Selbstkonzept" und „intrinsische Motivation" höchst signifikant (gesamt: $F(1, 72) = 22{,}539$; $p < 0{,}001$; $\eta_p^2 = 0{,}238$; SK: $F(1, 72) = 48{,}351$; $p < 0{,}001$; $\eta_p^2 = 0{,}402$; IE: $F(1, 72) = 20{,}119$; $p < 0{,}001$; $\eta_p^2 = 0{,}218$); alle Effektstärken gelten als groß. Bezüglich der Beurteilung des Physikunterrichts im Hinblick auf dessen Realitätsbezug bleibt die Vorleistung als Kovariate insignifikant.

- Für alle anderen **Kontrollvariablen** bleibt ein signifikanter Einfluss aus (Tab. 46).

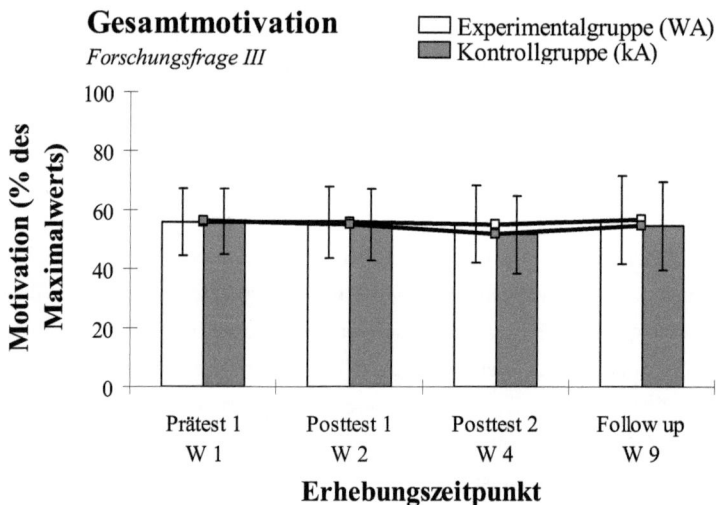

Abb. 39: Auf die Kovariaten adjustierter zeitlicher Verlauf der Gesamtmotivation in Abhängigkeit des eingesetzten Aufgabentyps, Forschungsfrage III (WA Werbeaufgaben, kA konventionelle Alltagsprobleme)

6.3 Ergebnisse zu Forschungsfrage III: „Robustheit"

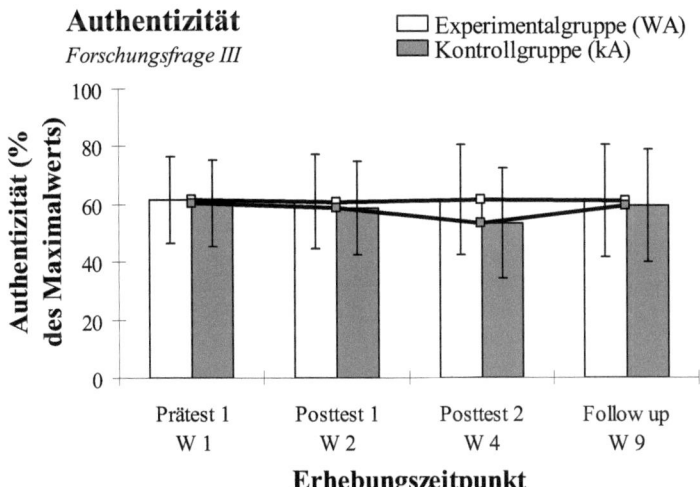

Abb. 40: Auf die Kovariaten adjustierter zeitlicher Verlauf der Authentizität in Abhängigkeit des eingesetzten Aufgabentyps, Forschungsfrage III (WA Werbeaufgaben, kA konventionelle Alltagsprobleme)

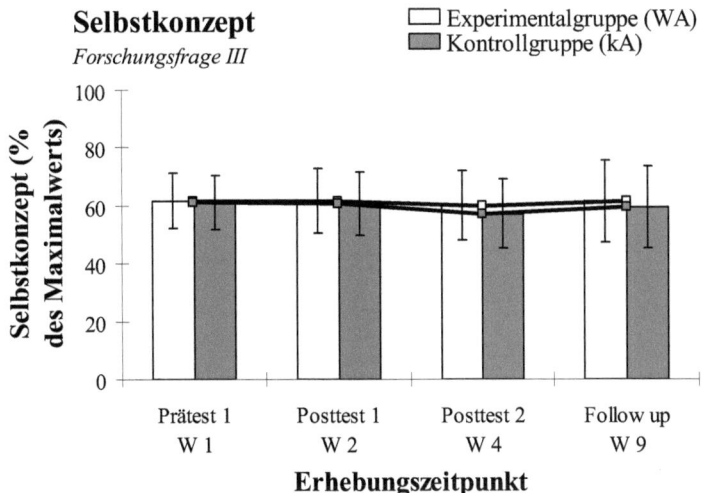

Abb. 41: Auf die Kovariaten adjustierter zeitlicher Verlauf des Selbstkonzepts in Abhängigkeit des eingesetzten Aufgabentyps, Forschungsfrage III (WA Werbeaufgaben, kA konventionelle Alltagsprobleme)

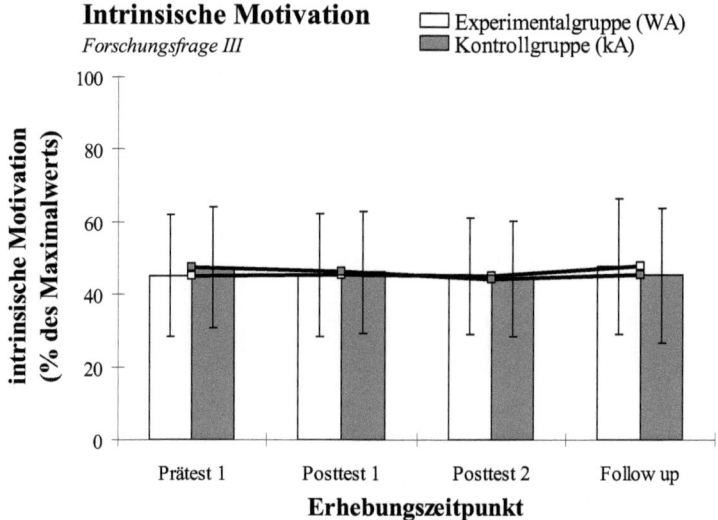

Abb. 42: Auf die Kovariaten adjustierter zeitlicher Verlauf der intrinsischen Motivation in Abhängigkeit des eingesetzten Aufgabentyps, Forschungsfrage III (WA Werbeaufgaben, kA konventionelle Alltagsprobleme)

6.3 Ergebnisse zu Forschungsfrage III: „Robustheit"

Tab. 43: Ergebnisse der ANCOVA zum Motivationsverlauf mit Subskalen, Forschungsfrage III (Multivariate Tests)

	df	df Fehler	IE $F(\eta_p^2)$	SK $F(\eta_p^2)$	RA $F(\eta_p^2)$	Total $F(\eta_p^2)$
Haupteffekte und Interaktionen						
Motivationsverlauf MV	3	70	0,481 (0,020)	1,057 (0,043)	0,814 (0,034)	0,275 (0,012)
MV x GRUPPE	3	70	0,702 (0,029)	0,777 (0,032)	1,805 (0,072)	1,477 (0,060)
MV x GENDER	3	70	0,976 (0,040)	0,661 (0,028)	0,712 (0,030)	1,121 (0,046)
MV x LK	3	70	2,888* (0,110)	2,211 (0,087)	1,869 (0,074)	3,202* (0,121)
MV x GRUPPE x GENDER	3	70	0,411 (0,017)	0,172 (0,007)	1,144 (0,047)	0,342 (0,014)
MV x GRUPPE x LK	3	70	1,007 (0,041)	1,237 (0,050)	1,867 (0,074)	1,142 (0,047)
MV x GENDER x LK	3	70	0,734 (0,031)	0,096 (0,004)	0,333 (0,014)	0,312 (0,013)
MV x GRUPPE x GENDER x LK	3	70	1,106 (0,045)	1,328 (0,054)	0,493 (0,021)	1,390 (0,056)
Kovariate bzw. Moderatoren						
MV x TCI	3	70	0,390 (0,016)	0,506 (0,021)	0,499 (0,021)	0,411 (0,017)
MV x PHN	3	70	0,861 (0,036)	0,790 (0,033)	0,609 (0,025)	0,652 (0,027)
MV x LESE	3	70	0,941 (0,039)	0,553 (0,023)	0,495 (0,021)	0,155 (0,007)
MV x MT	3	70	0,268 (0,011)	1,281 (0,052)	0,507 (0,021)	0,393 (0,017)
MV x AI	3	70	0,924 (0,038)	1,079 (0,044)	0,141 (0,006)	0,843 (0,035)
MV x DN	3	70	0,585 (0,024)	0,182 (0,008)	0,953 (0,039)	0,388 (0,016)
MV x MN	3	70	0,690 (0,029)	0,738 (0,031)	1,113 (0,046)	0,513 (0,022)

Erläuterungen: *** $p < 0{,}001$, ** $p < 0{,}01$, * $p < 0{,}05$

Tab. 44: Ergebnisse der ANCOVA zum Motivationsverlauf mit Subskalen, Forschungsfrage III (Innersubjektkontraste, Haupteffekte und Interaktionen)

Haupteffekte und Interaktionen		df	IE $F(\eta_p^2)$	SK $F(\eta_p^2)$	RA $F(\eta_p^2)$	Total $F(\eta_p^2)$
Motivationsverlauf MV	Posttest 1 gegen Prätest	1	0,949 (0,013)	1,122 (0,015)	0,429 (0,006)	0,344 (0,005)
	Posttest 2 gegen Prätest	1	0,032 (0,000)	3,244 (0,043)	0,271 (0,004)	0,834 (0,011)
	Follow up gegen Prätest	1	0,060 (0,001)	0,284 (0,004)	0,160 (0,002)	0,051 (0,001)
MV x GRUPPE	Posttest 1 gegen Prätest	1	0,399 (0,006)	0,087 (0,001)	0,118 (0,002)	0,390 (0,005)
	Posttest 2 gegen Prätest	1	1,257 (0,017)	2,036 (0,027)	3,364* (0,045)	3,581* (0,047)
	Follow up gegen Prätest	1	1,707 (0,023)	0,280 (0,004)	0,015 (0,000)	0,741 (0,010)
MV x GENDER	Posttest 1 gegen Prätest	1	2,615 (0,035)	0,809 (0,011)	0,762 (0,010)	2,625 (0,035)
	Posttest 2 gegen Prätest	1	1,062 (0,015)	0,194 (0,003)	2,167 (0,029)	1,720 (0,023)
	Follow up gegen Prätest	1	1,164 (0,016)	1,578 (0,021)	0,586 (0,008)	1,691 (0,023)
MV x LK	Posttest 1 gegen Prätest	1	0,313 (0,004)	1,340 (0,018)	2,543 (0,034)	0,396 (0,005)
	Posttest 2 gegen Prätest	1	5,544* (0,071)	1,690 (0,023)	5,743* (0,074)	6,930* (0,088)
	Follow up gegen Prätest	1	0,008 (0,000)	0,003 (0,000)	1,955 (0,026)	0,332 (0,005)
MV x GRUPPE x GENDER	Posttest 1 gegen Prätest	1	0,760 (0,010)	0,415 (0,006)	0,398 (0,005)	0,140 (0,002)
	Posttest 2 gegen Prätest	1	1,185 (0,016)	0,044 (0,001)	0,178 (0,002)	0,566 (0,008)
	Follow up gegen Prätest	1	0,069 (0,001)	0,019 (0,000)	1,115 (0,015)	0,128 (0,002)
MV x GRUPPE x LK	Posttest 1 gegen Prätest	1	0,034 (0,000)	3,018 (0,040)	2,453 (0,033)	1,873 (0,025)
	Posttest 2 gegen Prätest	1	0,969 (0,013)	2,483 (0,033)	0,660 (0,009)	0,255 (0,004)
	Follow up gegen Prätest	1	2,314 (0,031)	0,031 (0,000)	0,771 (0,011)	0,721 (0,010)
MV x GENDER x LK	Posttest 1 gegen Prätest	1	0,038 (0,001)	0,061 (0,001)	0,234 (0,003)	0,197 (0,003)
	Posttest 2 gegen Prätest	1	1,163 (0,016)	0,272 (0,004)	0,001 (0,000)	0,444 (0,006)
	Follow up gegen Prätest	1	1,044 (0,014)	0,098 (0,001)	0,584 (0,008)	0,827 (0,011)
MV x GRUPPE x GENDER x LK	Posttest 1 gegen Prätest	1	0,652 (0,009)	0,454 (0,006)	0,159 (0,002)	0,764 (0,010)
	Posttest 2 gegen Prätest	1	2,974 (0,040)	3,625 (0,048)	0,993 (0,014)	3,507 (0,046)
	Follow up gegen Prätest	1	0,991 (0,014)	1,232 (0,017)	1,000 (0,014)	1,604 (0,022)
Error		72				

Erläuterungen: *** $p < 0,001$, ** $p < 0,01$, * $p < 0,05$

6.3 Ergebnisse zu Forschungsfrage III: „Robustheit"

Tab. 45: Ergebnisse der ANCOVA zum Motivationsverlauf mit Subskalen, Forschungsfrage III (Innersubjektkontraste, Kovariate bzw. Moderatoren)

		df	IE $F(\eta_p^2)$	SK $F(\eta_p^2)$	RA $F(\eta_p^2)$	Total $F(\eta_p^2)$
Kovariate bzw. Moderatoren						
MV x TCI	Posttest 1 gegen Prätest	1	0,001 (0,000)	0,241 (0,003)	1,494 (0,020)	0,642 (0,009)
	Posttest 2 gegen Prätest	1	0,088 (0,001)	1,307 (0,018)	0,602 (0,008)	0,726 (0,010)
	Follow up gegen Prätest	1	1,063 (0,015)	0,688 (0,009)	0,500 (0,007)	0,884 (0,012)
MV x PHN	Posttest 1 gegen Prätest	1	0,458 (0,006)	0,000 (0,000)	0,814 (0,011)	0,621 (0,009)
	Posttest 2 gegen Prätest	1	0,006 (0,000)	0,612 (0,008)	0,019 (0,000)	0,023 (0,000)
	Follow up gegen Prätest	1	1,328 (0,018)	1,921 (0,026)	0,000 (0,000)	1,083 (0,015)
MV x LESE	Posttest 1 gegen Prätest	1	0,332 (0,005)	1,584 (0,022)	0,557 (0,008)	0,188 (0,003)
	Posttest 2 gegen Prätest	1	0,465 (0,006)	0,164 (0,002)	0,046 (0,001)	0,005 (0,000)
	Follow up gegen Prätest	1	0,030 (0,000)	0,050 (0,001)	0,013 (0,000)	0,017 (0,000)
MV x MT	Posttest 1 gegen Prätest	1	0,073 (0,001)	0,219 (0,003)	0,000 (0,000)	0,091 (0,001)
	Posttest 2 gegen Prätest	1	0,285 (0,004)	1,800 (0,024)	0,031 (0,000)	0,089 (0,001)
	Follow up gegen Prätest	1	0,755 (0,010)	0,030 (0,000)	0,909 (0,012)	0,409 (0,006)
MV x AI	Posttest 1 gegen Prätest	1	2,217 (0,030)	0,992 (0,014)	0,264 (0,004)	1,885 (0,026)
	Posttest 2 gegen Prätest	1	1,054 (0,014)	3,137 (0,042)	0,415 (0,006)	1,718 (0,023)
	Follow up gegen Prätest	1	1,520 (0,021)	1,066 (0,015)	0,186 (0,003)	1,251 (0,017)
MV x DN	Posttest 1 gegen Prätest	1	0,148 (0,002)	0,439 (0,006)	1,281 (0,017)	0,254 (0,004)
	Posttest 2 gegen Prätest	1	0,061 (0,001)	0,061 (0,001)	0,199 (0,003)	0,072 (0,001)
	Follow up gegen Prätest	1	1,050 (0,014)	0,194 (0,003)	0,393 (0,005)	0,638 (0,009)
MV x MN	Posttest 1 gegen Prätest	1	1,201 (0,016)	0,057 (0,001)	1,286 (0,018)	1,552 (0,021)
	Posttest 2 gegen Prätest	1	0,027 (0,000)	1,438 (0,020)	0,261 (0,004)	0,540 (0,007)
	Follow up gegen Prätest	1	0,287 (0,004)	1,177 (0,016)	0,602 (0,008)	0,194 (0,003)
Error		72				

Erläuterungen: *** $p < 0{,}001$, ** $p < 0{,}01$, * $p < 0{,}05$

Tab. 46: Ergebnisse der ANCOVA zum Motivationsverlauf mit Subskalen, Forschungsfrage III (Zwischensubjekteffekte)

	df	IE $F(\eta_p^2)$	SK $F(\eta_p^2)$	RA $F(\eta_p^2)$	Total $F(\eta_p^2)$
Haupteffekte und Interaktionen					
Experimentalbedingung (GRUPPE)	1	0,000 (0,000)	0,511 (0,007)	0,985 (0,013)	0,362 (0,005)
Geschlecht (GENDER)	1	1,496 (0,020)	5,967* (0,077)	0,517 (0,007)	2,655 (0,036)
Lehrkraft (LK)	1	3,483 (0,046)	3,252 (0,043)	1,360 (0,019)	3,499 (0,046)
GRUPPE x GENDER	1	0,279 (0,004)	0,128 (0,002)	0,722 (0,010)	0,029 (0,000)
GRUPPE x LK	1	0,234 (0,003)	0,234 (0,003)	1,410 (0,019)	0,133 (0,002)
GENDER x LK	1	0,011 (0,000)	0,000 (0,000)	1,343 (0,018)	0,223 (0,003)
GRUPPE x GENDER x LK	1	11,029** (0,133)	6,991* (0,089)	3,498 (0,046)	9,576** (0,117)
Kovariate bzw. Moderatoren					
Konzepttest (TCI)	1	0,095 (0,001)	0,886 (0,012)	0,534 (0,007)	0,470 (0,006)
momentaner Leistungsstand (PHN)	1	20,119*** (0,218)	48,351*** (0,402)	0,908 (0,012)	22,539*** (0,238)
Lesekompetenztest (LESE)	1	2,100 (0,028)	0,560 (0,008)	0,417 (0,006)	1,303 (0,018)
Mathematiktest (MT)	1	0,026 (0,000)	0,366 (0,005)	0,914 (0,013)	0,197 (0,003)
Allgemeine Intelligenz (AI)	1	0,392 (0,005)	0,707 (0,010)	0,221 (0,003)	0,031 (0,000)
Deutschnote (DN)	1	0,026 (0,000)	1,456 (0,020)	2,132 (0,029)	0,745 (0,010)
Mathematiknote (MN)	1	0,054 (0,001)	0,204 (0,003)	0,990 (0,014)	0,003 (0,000)
Error	72				

Erläuterungen: *** $p < 0,001$, ** $p < 0,01$, * $p < 0,05$

6.3.2 Beeinflussung der Leistung

Da entsprechend dem Versuchsdesign von Forschungsfrage III (vgl. 5.4.4) die Einführung in die Themen „Wärmekapazität" und „Heizwert" erst nach der Erhebung der Ausgangsmotivation und der Vorleistung erfolgt, können die Leistungstests – im Gegensatz zu den Designs von Forschungsfrage I und II – nicht auch als Prätests zum Einsatz kommen. Dann käme es voraussichtlich zu einem Bodeneffekt, d. h. der Großteil der Schülerinnen und Schüler würde nur einen geringen Teil der Tests korrekt bearbeiten, die auftretenden Varianzen wären gering und die erfassten Daten nur wenig

6.3 Ergebnisse zu Forschungsfrage III: „Robustheit"

aussagekräftig. Aus diesem Grund dienen hier lediglich der standardisierte Konzepttest (TCI) sowie der aktuelle mittlere Leistungsstand im Fach Physik (PHN) als Indikatoren der Vorleistung (Tab. 47).

Zum Vergleich der im Leistungsposttest erzielten mittleren Leistungen der EG und KG wird eine multivariate 2 x 2 x 2-faktorielle Kovarianzanalyse (ANCOVA) durchgeführt (Anzahl der Gruppen in Faktor 1 (Experimentalbedingung): 2, Anzahl der Gruppen in Faktor 2 (Geschlecht): 2, Anzahl der Gruppen in Faktor 3 (Lehrkraft): 2; AV: Gesamtleistung sowie Ergebnisse der Teilaufgaben). Als mögliche Kontrollvariablen fließen die in Tab. 19 genannten Kovariaten sowie der Motivationsprätest in die Analysen ein.

Tab. 47: Prädiktoren der Vorleistung, deskriptive Statistik - Forschungsfrage III

Gruppe		Vorleistungen zum Leistungstest 1			Vorleistungen zum Leistungstest 2		
		N	TCI	Mittlere Physiknote	N	TCI	Mittlere Physiknote
EG	MW (SEM) (SD)	47	43,4 1,9 13,1	3,0 0,1 0,8	50	42,6 1,9 13,1	3,1 0,1 0,8
KG	MW (SEM) (SD)	50	45,3 1,8 12,9	3,0 0,1 0,7	50	45,3 1,8 12,9	3,0 0,1 0,7

Erläuterungen: Da infolge krankheitsbedingten Fehlens die Stichproben der Leistungstests marginal voneinander abweichen, stimmen auch die jeweiligen Vorleistungen nicht völlig miteinander überein: die Unterschiede sind jedoch gering (MW Mittelwert, SEM Standardfehler des Mittelwerts, SD Standardabweichung, N Stichprobenumfang).

6.3.2.1 Leistung zum Thema „Wärmekapazität"

Die auf die Kovariaten adjustierten mittleren Leistungen der EG und KG gehen aus der Tab. 81 bzw. der Abb. 43 hervor. Das Ergebnis der Signifikanztests ist in Tab. 48 dargestellt. Aus Gründen der Übersichtlichkeit und der praktischen Relevanz werden im Folgenden ausschließlich solche Effekte beschrieben, die sich auf einem Signifikanzniveau von 0,05 statistisch bedeutsam zeigen.

- Beim Vergleich der Leistung zwischen den Lerngruppen hat die **Experimentalbedingung** einen signifikanten, mittelgroßen Einfluss auf die Gesamtleistung sowie auf das Abschneiden in den Teilaufgaben 1 und 4 (total: $F(1, 81) = 5{,}142$; $p = 0{,}013$; $\eta_p^2 = 0{,}060$; Aufgabe 1: $F(1, 81) = 5{,}109$; $p = 0{,}013$; $\eta_p^2 = 0{,}059$; Aufgabe

4: $F(1, 81) = 3{,}121; p = 0{,}041;$ $\eta_p^2 = 0{,}037$). Aus den auf die Kovariaten adjustierten Werten (Tab. 81) geht hervor, dass die Schülerinnen und Schüler der EG im Mittel bei allen Teilaufgaben besser oder zumindest gleichwertig abschneiden. Die Nullhypothese, dass nämlich der Mittelwert der KG größer bzw. gleich dem Mittelwert der EG ist, kann demnach zugunsten der Alternativhypothese L1 (vgl. Kapitel 4) verworfen werden: Auch die Integration von „Werbeaufgaben" in ein praxisnahes Unterrichtskonzept mit realistischer Variabilität (mittlere Aufgabendosis, Einsatz der Aufgaben in unterschiedlichen Unterrichtsphasen, Berücksichtigung verschiedener Medien) führt im Themenbereich „spezifische Wärmekapazität" zu einem signifikant höheren Motivationsgrad als der Einsatz von konventionell formulierten Alltagsproblemen.

- Die Faktoren **„Geschlecht"** und **„Lehrkraft"** besitzen keine signifikante Wirkung auf das Abschneiden im Leistungstest.

- Der **aktuelle mittlere Leistungsstand im Fach Physik** zu Beginn der Untersuchung hat einen höchst signifikanten Einfluss auf das Abschneiden im Gesamttest sowie in Teilaufgabe 2; die Effektstärken sind groß (total: $F(1, 81) = 16{,}724; p < 0{,}001;$ $\eta_p^2 = 0{,}171$; Aufgabe 2: $F(1, 81) = 16{,}272; p < 0{,}001;$ $\eta_p^2 = 0{,}167$). Bei den Aufgaben 1, 4 und 5 ist der Einfluss der Vorleistung signifikant, bei Aufgabe 3 hoch signifikant (Aufgabe 1: $F(1, 81) = 4{,}844; p < 0{,}031;$ $\eta_p^2 = 0{,}056$; Aufgabe 3: $F(1, 81) = 8{,}951; p = 0{,}004;$ $\eta_p^2 = 0{,}100$; Aufgabe 4: $F(1, 81) = 5{,}271; p = 0{,}024;$ $\eta_p^2 = 0{,}061$; Aufgabe 5: $F(1, 81) = 5{,}241; p = 0{,}025;$ $\eta_p^2 = 0{,}061$).

- Die im **Konzepttest** erzielten Prozentwerte moderieren das Abschneiden in Teilaufgabe 3 bei mittlerer Effektstärke statistisch bedeutsam ($F(1, 81) = 6{,}357; p = 0{,}014;$ $\eta_p^2 = 0{,}073$), haben sonst aber keine signifikanten Auswirkungen.

- Alle anderen **Kovariaten** nehmen keinen signifikanten Einfluss auf das Abschneiden im Leistungsposttest 1.

6.3 Ergebnisse zu Forschungsfrage III: „Robustheit" 137

Leistungstest 1
Forschungsfrage III

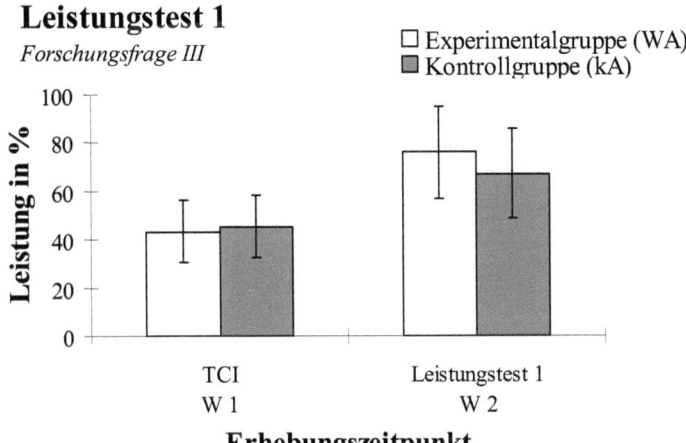

Abb. 43: Auf die Kovariaten adjustierte Ergebnisse im Leistungstest 1 in Abhängigkeit des eingesetzten Aufgabentyps, Forschungsfrage III (WA Werbeaufgaben, kA konventionelle Alltagsprobleme)

Tab. 48: Ergebnisse der ANCOVA zum Leistungsposttest 1, Forschungsfrage III

	df	A 1 (I/II) $F(\eta_p^2)$	A 2 (I) $F(\eta_p^2)$	A 3 (III) $F(\eta_p^2)$	A 4 (III) $F(\eta_p^2)$	A 5 (IV) $F(\eta_p^2)$	Total $F(\eta_p^2)$
Haupteffekte und Interaktionen							
Experimentalbedingung GRUPPE	1	5,109* (0,059)	0,000 (0,000)	2,739 (0,033)	3,121* (0,037)	2,255 (0,027)	5,142* (0,060)
Geschlecht GENDER	1	3,100 (0,037)	3,015 (0,036)	0,040 (0,000)	0,711 (0,009)	0,064 (0,001)	0,095 (0,001)
Lehrkraft LK	1	0,350 (0,004)	0,006 (0,000)	0,095 (0,001)	0,740 (0,009)	1,141 (0,014)	0,069 (0,001)
GRUPPE x GENDER	1	0,008 (0,000)	1,334 (0,016)	0,722 (0,009)	0,446 (0,005)	0,117 (0,001)	0,157 (0,002)
GRUPPE x LK	1	3,561 (0,042)	0,103 (0,001)	1,346 (0,016)	3,280 (0,039)	0,120 (0,001)	0,891 (0,011)
GENDER x LK	1	1,487 (0,018)	0,227 (0,003)	0,010 (0,000)	2,019 (0,024)	4,204* (0,049)	0,062 (0,001)
GRUPPE x GENDER x LK	1	0,000 (0,000)	0,093 (0,001)	0,039 (0,000)	4,566 (0,053)	0,855 (0,010)	0,078 (0,001)
Kovariate bzw. Moderatoren							
Konzepttest (TCI)	1	1,161 (0,014)	4,887 (0,057)	6,357* (0,073)	1,719 (0,021)	0,143 (0,002)	3,807 (0,045)
momentaner Leistungsstand (PHN)	1	4,844* (0,056)	16,272*** (0,167)	8,951** (0,100)	5,271* (0,061)	5,241* (0,061)	16,724*** (0,171)
Lesekompetenztest	1	0,430 (0,005)	0,376 (0,005)	0,163 (0,002)	0,666 (0,008)	0,016 (0,000)	0,004 (0,000)

	df	A 1 (I/II) $F(\eta_p^2)$	A 2 (I) $F(\eta_p^2)$	A 3 (III) $F(\eta_p^2)$	A 4 (III) $F(\eta_p^2)$	A 5 (IV) $F(\eta_p^2)$	Total $F(\eta_p^2)$
Mathematiktest	1	0,067 (0,001)	3,000 (0,036)	0,070 (0,001)	0,195 (0,002)	0,416 (0,005)	0,036 (0,000)
Allgemeine Intelligenz	1	0,093 (0,001)	1,113 (0,014)	3,247 (0,039)	0,610 (0,007)	1,003 (0,012)	1,939 (0,023)
Deutschnote	1	0,556 (0,007)	0,349 (0,004)	0,183 (0,002)	0,003 (0,000)	1,068 (0,013)	0,253 (0,003)
Mathematiknote	1	2,035 (0,025)	0,001 (0,000)	1,099 (0,013)	3,347 (0,040)	0,317 (0,004)	2,455 (0,029)
Motivationsprätest	1	0,001 (0,000)	0,281 (0,003)	1,379 (0,017)	0,157 (0,002)	1,008 (0,012)	0,040 (0,000)
Error	81						

Erläuterungen: *** $p < 0,001$, ** $p < 0,01$, * $p < 0,05$; PISA-Kompetenzstufen: I nominell, II funktional (naturwissenschaftliches Alltagswissen), III funktional (naturwissenschaftliches Grundwissen), IV konzeptuell und prozedural, V konzeptuell und prozedural (Modelle) (vgl. Anhang F)

6.3.2.2 Leistung zum Thema „Heizwert"

Die auf die Kovariaten adjustierten mittleren Leistungen der EG und KG gehen aus der Tab. 82 bzw. der Abb. 44 hervor. Das Ergebnis der multivariaten 2 x 2 x 2-faktoriellen Kovarianzanalyse ist in Tab. 50 dargestellt. Als Effektstärkemaß dient auch hier stets das partielle Eta-Quadrat, also der durch den jeweiligen Faktor bzw. Moderator aufgeklärte Varianzanteil an der Summe aus Fehler- und Effektvarianz.

- Beim Vergleich der Leistung zwischen den Lerngruppen hat die **Experimentalbedingung** auf einem Signifikanzniveau von 0,05 keinen statistisch bedeutsamen Einfluss auf die Gesamtleistung sowie die Ergebnisse der Teilaufgaben. Die Alternativhypothese L1 (vgl. Kapitel 4) muss demnach zum Vorteil der H_0 verworfen werden, d. h. im Themenbereich „Heizwert" ist bei der Integration von „Werbeaufgaben" in ein realitätsnahes Unterrichtskonzept (mittlere Aufgabendosis, Einsatz der Aufgaben in unterschiedlichen Unterrichtsphasen, Berücksichtigung verschiedener Medien) kein höherer Leistungsoutput nachweisbar.

- Der Faktor **Geschlecht** hat eine signifikante Einwirkung auf die Gesamtleistung sowie auf das Abschneiden in den Teilaufgaben 4 und 5 (total: $F(1, 84) = 5,176$; $p = 0,025$; $\eta_p^2 = 0,058$; Aufgabe 4: $F(1, 84) = 6,072$; $p = 0,016$; $\eta_p^2 = 0,067$; Aufgabe 5: $F(1, 84) = 6,604$; $p = 0,012$; $\eta_p^2 = 0,073$); die Effektstärken sind klein bis mittelgroß. Analog zur Pilotstudie sind es überraschenderweise die Mädchen, die im Leistungsposttest 2 besser abschneiden (Tab. 49), obwohl die Vorleistung der Jun-

6.3 Ergebnisse zu Forschungsfrage III: „Robustheit"

gen (marginal) signifikant höher sind (Konzepttest: $F(1; 98) = 4{,}672$; $p = 0{,}033$; $\eta_p^2 = 0{,}046$; Leistungsstand: $F(1; 98) = 3{,}737$; $p = 0{,}056$; $\eta_p^2 = 0{,}056$).

Tab. 49: Auf die Kovariaten adjustierte deskriptive Daten des Leistungsposttests 2 sowie die Vorleistung in Abhängigkeit des Geschlechts

Geschlecht		N	A1	A2	A3	A4	A5	Total	TCI	Note
männlich	*MW*	63	85,2	90,2	24,5	40,8	28,1	45,9	46,0	2,9
	(SEM)		(3,19)	(3,3)	(3,0)	(4,1)	(4,4)	(2,1)	(1,7)	(0,1)
	(SD)		(24,6)	(26,1)	(23,8)	(32,9)	(35,1)	(17,0)	(13,8)	(0,7)
weiblich	*MW*	37	80,7	93,0	25,3	59,2	48,5	54,6	40,3	3,2
	(SEM)		(4,2)	(4,5)	(4,1)	(5,7)	(6,0)	(2,9)	(1,8)	(0,1)
	(SD)		(25,8)	(27,3)	(25,0)	(34,5)	(36,8)	(17,8)	(10,7)	(0,8)

- Aus dem Bereich der **Moderatorvariablen** ergeben sich mittlere bis große Einflüsse der **Vorleistung** (PHN, gesamt: $F(1; 84) = 11{,}563$; $p = 0{,}001$; $\eta_p^2 = 0{,}121$; Aufgabe 4: $F(1; 84) = 13{,}887$; $p < 0{,}001$; $\eta_p^2 = 0{,}142$), die anderen Kovariaten bleiben – abgesehen von den Ergebnissen des **standardisierten Mathematiktests** (Aufgabe 4: $F(1; 84) = 4{,}831$; $p = 0{,}031$; $\eta_p^2 = 0{,}054$) – insignifikant.

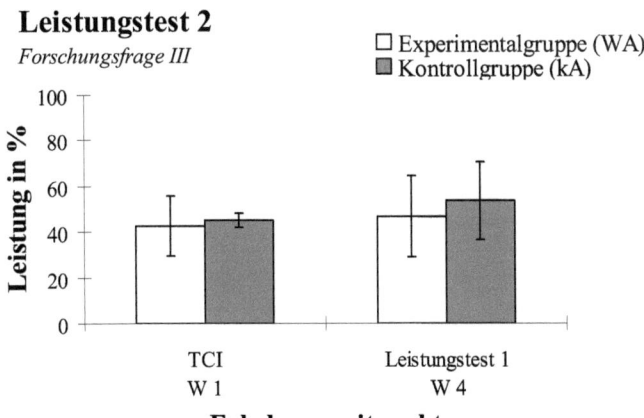

Abb. 44: Auf die Kovariaten adjustierte Ergebnisse im Leistungstest 2 in Abhängigkeit des eingesetzten Aufgabentyps, Forschungsfrage III (WA Werbeaufgaben, kA konventionelle Alltagsprobleme)

Tab. 50: Ergebnisse der ANCOVA zum Leistungsposttest 2, Forschungsfrage III

	df	A 1 (I) $F(\eta_p^2)$	A 2 (II) $F(\eta_p^2)$	A 3 (III) $F(\eta_p^2)$	A 4 (III) $F(\eta_p^2)$	A 5 (IV) $F(\eta_p^2)$	Total $F(\eta_p^2)$
Haupteffekte und Interaktionen							
Experimentalbedingung GRUPPE	1	1,710 (0,020)	0,964 (0,011⁻)	0,900 (0,011⁻)	3,859 (0,044⁻)	1,320 (0,015⁻)	3,736 (0,043⁻)
Geschlecht GENDER	1	0,650 (0,008)	0,217 (0,003)	0,019 (0,000)	6,072* (0,067)	6,604* (0,073)	5,176* (0,058)
Lehrkraft LK	1	1,671 (0,020)	0,044 (0,001)	0,205 (0,002)	0,068 (0,001)	3,018 (0,035)	1,039 (0,012)
GRUPPE x GENDER	1	0,244 (0,003)	0,154 (0,002)	2,264 (0,026)	0,001 (0,000)	0,406 (0,005)	0,684 (0,008)
GRUPPE x LK	1	5,955* (0,066)	0,026 (0,000)	1,031 (0,012)	0,003 (0,000)	0,433 (0,005)	0,122 (0,001)
GENDER x LK	1	0,037 (0,000)	0,512 (0,006)	0,014 (0,000)	0,916 (0,011)	0,148 (0,002)	0,840 (0,010)
GRUPPE x GENDER x LK	1	2,787 (0,032)	0,923 (0,011)	1,794 (0,021)	0,036 (0,000)	0,003 (0,000)	0,872 (0,010)
Kovariate bzw. Moderatoren							
Konzepttest (TCI)	1	0,269 (0,003)	1,223 (0,014)	0,323 (0,004)	2,097 (0,024)	2,336 (0,027)	0,095 (0,001)
momentaner Leistungsstand (PHN)	1	0,075 (0,001)	1,887 (0,022)	1,079 (0,013)	13,887*** (0,142)	2,036 (0,024)	11,563** (0,121)
Lesekompetenztest	1	0,021 (0,000)	0,057 (0,001)	1,858 (0,022)	0,426 (0,005)	0,919 (0,011)	0,323 (0,004)
Mathematiktest	1	3,275 (0,038)	0,598 (0,007)	1,612 (0,019)	4,831* (0,054)	1,202 (0,014)	2,926 (0,034)
Allgemeine Intelligenz	1	0,426 (0,005)	0,457 (0,005)	1,537 (0,018)	0,187 (0,002)	0,003 (0,000)	0,256 (0,003)
Deutschnote	1	0,156 (0,002)	0,017 (0,000)	0,022 (0,000)	0,240 (0,003)	0,011 (0,000)	0,162 (0,002)
Mathematiknote	1	2,205 (0,026)	0,892 (0,011)	2,553 (0,030)	0,587 (0,007)	0,072 (0,001)	0,095 (0,001)
Motivationsprätest	1	3,690 (0,042)	0,113 (0,001)	1,360 (0,016)	0,268 (0,003)	0,023 (0,000)	0,248 (0,003)
Error	84						

Erläuterungen: *** $p < 0,001$, ** $p < 0,01$, * $p < 0,05$; PISA-Kompetenzstufen: I nominell, II funktional (naturwissenschaftliches Alltagswissen), III funktional (naturwissenschaftliches Grundwissen), IV konzeptuell und prozedural, V konzeptuell und prozedural (Modelle) (vgl. Anhang F)

6.3.3 Zusammenfassung

Bei der Integration einer mittleren Zahl von Aufgaben in ein praxisnahes Unterrichtskonzept mit realistischer Variabilität (Einsatz der Aufgaben in verschiedenen Phasen des Unterrichts, Einbindung verschiedener Medien) zeigt sich bei den multivariaten Analysen der Kontrastvariablen keine signifikante Einwirkung der Experimentalbedingung auf den zeitlichen Verlauf der Motivation. Betrachtet man dagegen ausschließlich die Entwicklung zwischen der Prä- und der zweiten Postmessung, so sind signifikante Einflüsse zum Vorteil der EG nachweisbar und zwar bei der *Gesamtmotivation* wie auch bei der Subskala *„Realitätsbezug/Authentizität"* (gesamt: $F(1, 72)$ = 3,581; $p = 0,031$; $\eta_p^2 = 0,047$; RA: $F(1, 84) = 3,364$; $p = 0,036$; $\eta_p^2 = 0,045$). Obwohl die Effektstärken als klein gelten, kann die H_0 verworfen und die Alternativhypothese M1 (vgl. Kapitel 4) für das Design von Forschungsfrage III angenommen werden.

Allerdings gehen die hervorgerufenen Motivationsunterschiede zwischen EG und KG zurück, sobald beide Lerngruppen für mehrere Wochen konventionell, d. h. ohne „Werbeaufgaben" unterrichtet wurden. Wie bereits bei den Designs von Forschungsfrage I und II bleibt ein nachhaltiger Motivationsunterschied somit auch durch die Einbindung von „Werbeaufgaben" in eine wirklichkeitsnahe Unterrichtssequenz aus; die Hypothese M2 (vgl. Kapitel 4) ist abzulehnen.

Beim Vergleich der Leistung im Themenbereich „spezifische Wärmekapazität" schneiden die Schülerinnen der EG signifikant besser ab als die Lernenden der KG ($F(1, 81) = 5,142$; $p = 0,013$; $\eta_p^2 = 0,060$). Infolgedessen kann die Hypothese L1 (vgl. Kapitel 4) für den Bereich „spezifische Wärmekapazität" bei einem Effekt mittlerer Größe bestätigt werden, d. h. „Werbeaufgaben" führen zu einem höheren Leistungslevel als konventionelle Alltagsprobleme. Für das Thema „Heizwert" bleibt ein solcher Nachweis aus.

6.4 Ergebnisse der Gesamtstichprobe

Den Analysen der gesamten Stichprobe, bestehend aus den Teilstichproben der Forschungsfragen I bis III, kommt infolge des größeren Stichprobenumfangs eine besondere Bedeutung zu. Durch die hohe Versuchspersonenzahl vergrößert sich nämlich die Teststärke der Signifikanzprüfungen, weshalb sich auch kleine, in der Population vorhandene Mittelwertsunterschiede mit hoher Wahrscheinlichkeit signifikant zeigen.

6.4.1 Beeinflussung des Motivationsverlaufs

Zur Auswertung des Motivationsverlaufs wird für die Gesamtstichprobe der Hauptstudie (Tab. 18) eine 4 x 2 x 2 x 5-faktorielle Kovarianzanalyse mit Messwiederholung durchgeführt (Anzahl der Messungen (Zeit): 4, Anzahl der Gruppen in Faktor 2 (Experimentalbedingung): 2, Anzahl der Gruppen in Faktor 3 (Geschlecht): 2; Anzahl der Gruppen in Faktor 4 (Lehrkraft): 5). Als mögliche Kontrollvariablen fließen die in Tab.

19 genannten Kovariaten in die Analysen ein. Im Folgenden werden die wichtigsten Resultate beschrieben, für eine vollständige Ergebnisdarstellung sei auf die Tab. 52 bis Tab. 55 verwiesen.

6.4.1.1 Multivariate Tests

- Die **Experimentalbedingung** zeigt auf den zeitlichen Verlauf der Gesamtmotivation (Abb. 46) sowie auf die Entwicklung der beiden Subskalen „Realitätsbezug/Authentizität" (Abb. 47) und „Selbstkonzept" (Abb. 48) eine höchst signifikante Einwirkung mit mittelgroßen Effektstärken (gesamt: $F(3; 209) = 7{,}469$; $p < 0{,}001$; $\eta_p^2 = 0{,}097$; RA: $F(3; 209) = 6{,}542$; $p < 0{,}001$; $\eta_p^2 = 0{,}086$; SK: $F(3; 209) = 5{,}547$; $p < 0{,}001$; $\eta_p^2 = 0{,}107$). Analog zur Pilotstudie (vgl. 3.3.1.3, Tab. 10) bleibt ein signifikanter Einfluss auf den Verlauf der intrinsischen Motivation (Abb. 27) aus (IE: $F(3; 209) = 1{,}652$; $p = 0{,}089$; $\eta_p^2 = 0{,}023$). Dennoch ist die Nullhypothese zugunsten der Alternativhypothese M1 (vgl. Kapitel 4) zu verwerfen, d. h. unter Berücksichtigung der gesamten Stichprobe führen „Werbeaufgaben" zu einem höheren Motivationsgrad als konventionelle Alltagsprobleme.

- Der Faktor **„Geschlecht"** wirkt auf die zeitliche Entwicklung der Gesamtmotivation wie auch auf den Verlauf der drei Unterdimensionen des Motivationsinventars nicht signifikant ein.

- Im Gegensatz dazu bedingt die **Lehrkraft** den Verlauf der Gesamtmotivation sowie des Selbstkonzepts höchst signifikant sowie die Entwicklung der Subskalen „Realitätsbezug/Authentizität" und „intrinsische Motivation/Engagement" hoch signifikant (gesamt: $F(12; 633) = 4{,}321$; $p < 0{,}001$; $\eta_p^2 = 0{,}076$; RA: $F(12; 633) = 2{,}400$; $p = 0{,}005$; $\eta_p^2 = 0{,}044$; SK: $F(12; 633) = 5{,}642$; $p < 0{,}001$; $\eta_p^2 = 0{,}097$; IE: $F(12; 633) = 2{,}409$; $p = 0{,}005$; $\eta_p^2 = 0{,}044$). Zwischen den Mittelwerten bestehen kleine bis mittelgroße Unterschiede, welche beispielhaft in Abb. 45 für die Gesamtmotivation grafisch veranschaulicht sind. Wie der Darstellung zu entnehmen ist, kommt der Mittelwertsunterschied dadurch zustande, dass der über EG und KG gemittelte Motivationsgrad bei einigen Lehrkräften abnimmt bzw. auf dem Ausgangslevel gehalten werden kann. Eine Ursache hierfür könnte sein, dass die beteiligten Lehrkräfte quantitative Aufgabenstellungen sowie Mathematisierungen i. Allg. unterschiedlich häufig in ihren Unterricht integrieren. So wäre es denkbar, dass die Lehrkräfte 1, 3 und 4 nur sehr selten diesen Aufgabentyp einsetzen, die

6.4 Ergebnisse der Gesamtstichprobe   143

Lernenden daher nicht daran gewohnt sind und aufgrund eines hohen Cognitive Loads mit einer Abnahme des Motivationsgrads reagieren. Dagegen setzen die Lehrer 2 und 5 möglicherweise sehr häufig quantitative Problemstellungen ein, infolgedessen deren Schülerinnen und Schüler den Aufgabentyp bereits sehr gut kennen und daher weniger stark darauf reagieren.

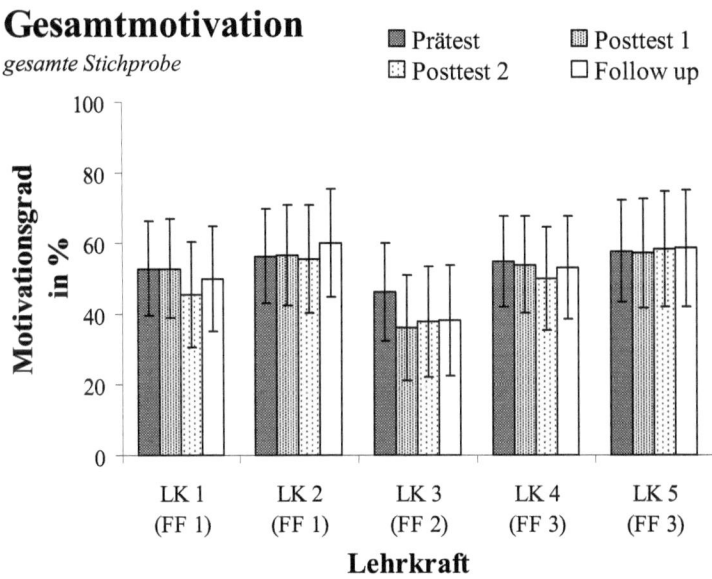

Abb. 45: Auf die Kovariaten adjustierter zeitlicher Verlauf der Gesamtmotivation in Abhängigkeit der unterrichtenden Lehrkraft (LK Lehrkraft, FF Forschungsfrage)

- Aus dem Bereich der erfassten **Moderatorvariablen** wirkt lediglich das Abschneiden im standardisierten **Mathematiktest** signifikant, und zwar auf den zeitlichen Verlauf des Selbstkonzepts ($F(3; 209) = 2{,}815$; $p = 0{,}040$; $\eta_p^2 = 0{,}039$).

6.4.1.2 Innersubjektkontraste

- Beim Vergleich Prätest – Posttest 2 hat die Experimentalbedingung einen höchst signifikanten Einfluss auf die *Gesamtmotivation* sowie auf die beiden Subskalen „*Realitätsbezug/Authentizität*" und „*Selbstkonzept*" (gesamt: $F(1; 211) = 16{,}796$;

$p < 0,001$; $\eta_p^2 = 0,074$; RA: $F(1; 211) = 12,939$; $p < 0,001$; $\eta_p^2 = 0,058$; SK: $F(1; 211) = 17,809$; $p < 0,001$; $\eta_p^2 = 0,078$). Die Effektstärken sind klein bis mittelgroß.

- Bei der Unterdimension *„intrinsische Motivation/Engagement"* zeigt sich beim Kontrast Prätest – Posttest 2 eine signifikante, kleine Wirkung der Experimentalbedingung ($F(1; 211) = 4,485$; $p = 0,018$; $\eta_p^2 = 0,021$).

- Der Vergleich Prätest – Posttest 1 bleibt für die Gesamtmotivation wie auch für alle Subskalen des Instruments insignifikant, was die Vermutung eines Dosis-Wirkungszusammenhangs stützt (vgl. Hypothese M4, Kapitel 4, Kapitel 6.6).

- Auch beim Kontrast Prätest – Follow up ergeben sich keine signifikanten Einflüsse des Treatmentfaktors, weshalb die Hypothese M2 (vgl. Kapitel 4) zugunsten der H_0 abzulehnen ist: Auch bei der Betrachtung der gesamten Stichprobe liegt kein nachhaltiger Motivationsunterschied zwischen EG und KG vor.

6.4.1.3 Zwischensubjekteffekte

- Über alle Messzeitpunkte gemittelt, zeigt die **Experimentalbedingung** keine signifikante Einwirkung auf die Motivation; dies gilt für die Gesamtmotivation wie auch für die Ausprägungen der einzelnen Subskalen des Inventars.

- Das **Geschlecht** hat einen höchst signifikanten, mittelgroßen Einfluss auf die Gesamtmotivation sowie auf die Unterdimension „Selbstkonzept" (gesamt: $F(1; 211) = 15,902$; $p < 0,001$; $\eta_p^2 = 0,070$; SK: $F(1; 211) = 26,386$; $p < 0,001$; $\eta_p^2 = 0,111$); bei der intrinsischen Motivation liegt zwischen den Mädchen und Jungen ein hoch signifikanter Unterschied mit kleiner Effektstärke vor ($F(1; 211) = 12,059$; $p = 0,001$; $\eta_p^2 = 0,054$). Die Einschätzung des Physikunterrichts im Hinblick auf dessen Realitätsbezug ist dagegen vom Geschlecht unabhängig. Wie die Tab. 51 zeigt, folgt das Datenmaterial der allgemein bekannten Tatsache, dass die intrinsische Motivation der Jungen stärker ausgeprägt ist als die der Mädchen (Häußler & Hoffmann, 1998). Gleiches gilt für das Selbstkonzept und mit Abstrichen (weil n. s.) auch für die Unterdimension „Realitätsbezug/Authentizität".

- Die **Lehrkraft** bedingt die Gesamtmotivation wie auch die Ausprägung in allen Subskalen höchst signifikant (gesamt: $F(4; 211) = 7,732$; $p < 0,001$; $\eta_p^2 = 0,128$; RA: $F(4; 211) = 7,060$; $p < 0,001$; $\eta_p^2 = 0,118$; SK: $F(4; 211) = 8,701$; $p < 0,001$; $\eta_p^2 = 0,142$; IE: $F(4; 211) = 6,016$; $p < 0,001$; $\eta_p^2 = 0,102$), die Effektstärken gelten als mittelgroß bis groß. Wie schon mehrfach erläutert, dürfen diese Unterschiede jedoch nur bedingt interpretiert werden, da sie möglicherweise bereits vor der Übernahme der Klassen durch die jeweiligen Lehrer existierten; es kann also nicht ausgeschlossen werden, dass die Zwischensubjekteffekte des Faktors „Lehrkraft" von den beteiligten Lehrern unabhängig sind. Die Wirkung der Lehrkräfte auf den zeitlichen Verlauf der Motivation (Interaktionsvariable MV x LK, vgl. 6.4.1.1) besitzt dagegen eine höhere Aussagekraft.

- Der **aktuelle mittlere Leistungsstand im Fach Physik** zu Beginn der Untersuchung hat einen höchst signifikanten, mittelgroßen Einfluss auf die Gesamtmotivation sowie auf das Selbstkonzept und die intrinsische Motivation (gesamt: $F(1; 211) = 21{,}731$; $p < 0{,}001$; $\eta_p^2 = 0{,}093$; SK: $F(1; 211) = 29{,}855$; $p < 0{,}001$; $\eta_p^2 = 0{,}124$; IE: $F(1; 211) = 23{,}858$; $p < 0{,}001$; $\eta_p^2 = 0{,}102$). Bezüglich der Beurteilung des Physikunterrichts im Hinblick auf dessen Realitätsbezug hat die Vorleistung keine statistisch bedeutsame Wirkung.

- Die **Lesekompetenz** moderiert mit kleinen Effektstärken die Ausprägung der Unterdimension „Selbstkonzept" und „intrinsische Motivation/Engagement" signifikant (SK: $F(1; 211) = 5{,}177$; $p = 0{,}024$; $\eta_p^2 = 0{,}024$; IE: $F(1; 211) = 4{,}010$; $p = 0{,}047$; $\eta_p^2 = 0{,}019$).

- Aus dem Bereich der **Kontrollvariablen** besitzt außerdem der **mittlere Leistungsstand im Fach Deutsch** eine statistisch bedeutsame Wirkung und zwar auf die Ausprägung der Authentizität ($F(1; 211) = 4{,}852$; $p = 0{,}029$; $\eta_p^2 = 0{,}022$).

Tab. 51: Auf die Kovariaten adjustierte Motivation in Abhängigkeit des Geschlechts, gesamte Stichprobe

Skala		Mädchen ($N = 140$)	Jungen ($N = 96$)
gesamt	MW	48,5	58,5
	(SEM)	(1,2)	1,3
	(SD)	(14,2)	(12,7)
Realitätsbezug/ Authentizität	MW	55,7	62,0
	(SEM)	(1,4)	(1,6)
	(SD)	(16,6)	(15,7)
Selbstkonzept	MW	52,4	64,6
	(SEM)	(1,2)	(1,3)
	(SD)	(14,2)	(12,7)
Intrinsische Motivation/ Engagement	MW	38,5	49,1
	(SEM)	(1,5)	(1,6)
	(SD)	(17,7)	(15,7)

Erläuterungen: *MW* Mittelwert, *SEM* Standardfehler des Mittelwerts, *SD* Standardabweichung, *N* Stichprobenumfang

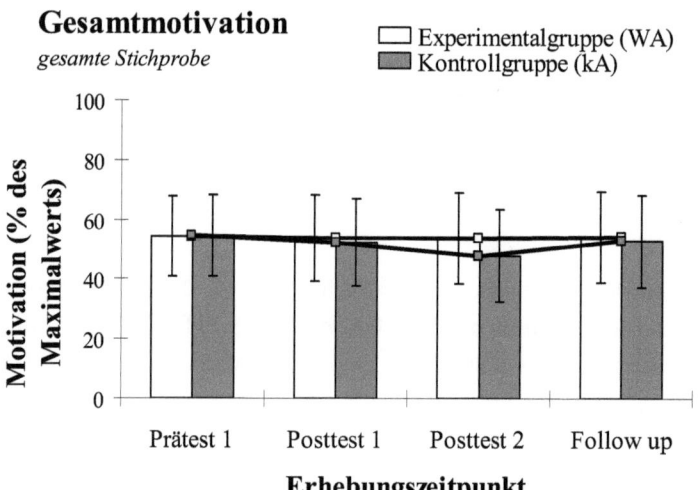

Abb. 46: Auf die Kovariaten adjustierter zeitlicher Verlauf der Gesamtmotivation in Abhängigkeit des eingesetzten Aufgabentyps, gesamte Stichprobe (WA Werbeaufgaben, kA konventionelle Alltagsprobleme)

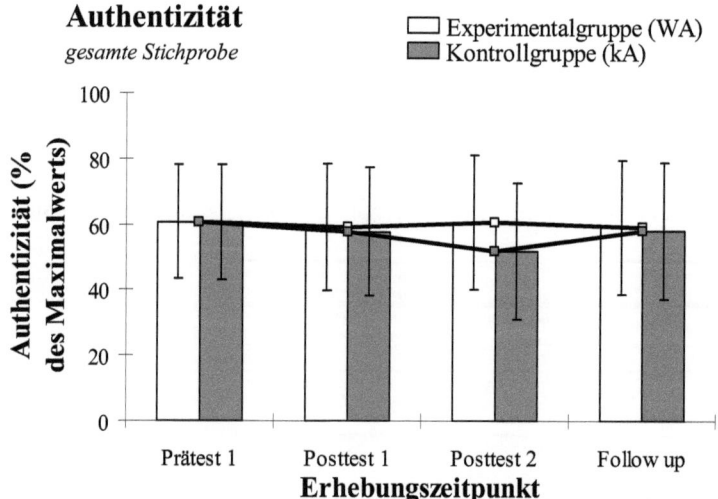

Abb. 47: Auf die Kovariaten adjustierter zeitlicher Verlauf der Authentizität in Abhängigkeit des eingesetzten Aufgabentyps, gesamte Stichprobe (WA Werbeaufgaben, kA konventionelle Alltagsprobleme)

6.4 Ergebnisse der Gesamtstichprobe 147

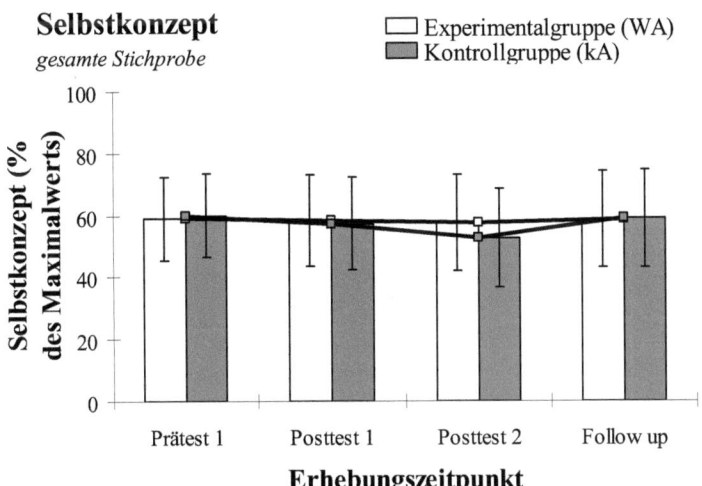

Abb. 48: Auf die Kovariaten adjustierter zeitlicher Verlauf des Selbstkonzepts in Abhängigkeit des eingesetzten Aufgabentyps, gesamte Stichprobe (WA Werbeaufgaben, kA konventionelle Alltagsprobleme)

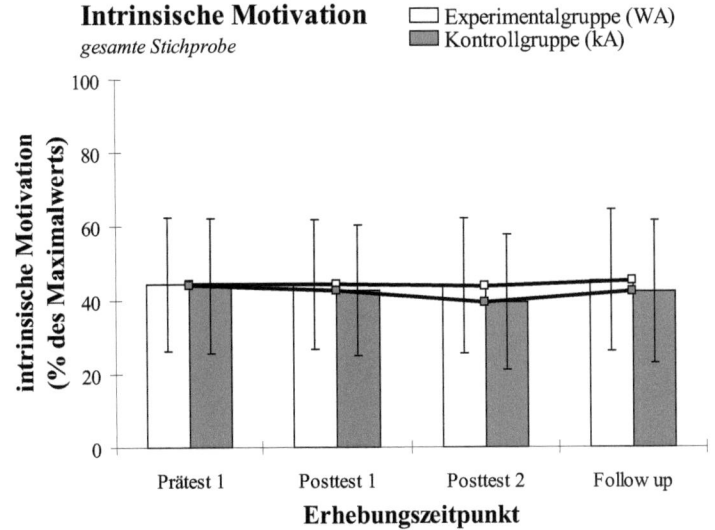

Abb. 49: Auf die Kovariaten adjustierter zeitlicher Verlauf der intrinsischen Motivation, gesamte Stichprobe (WA Werbeaufgaben, kA konventionelle Alltagsprobleme)

Tab. 52: Ergebnisse der ANCOVA zum Motivationsverlauf mit Subskalen, gesamte Stichprobe (Multivariate Tests)

	df	df$_{Error}$	IE $F(\eta_p^2)$	SK $F(\eta_p^2)$	RA $F(\eta_p^2)$	Total $F(\eta_p^2)$
Haupteffekte und Interaktionen						
Motivationsverlauf MV	3	209	0,277 (0,004)	1,006 (0,014)	0,481 (0,007)	0,730 (0,010)
MV x GRUPPE	3	209	1,652 (0,023)	8,331*** (0,107)	6,542*** (0,086)	7,469*** (0,097)
MV x GENDER	3	209	0,076 (0,001)	0,546 (0,008)	0,742 (0,011)	0,421 (0,006)
MV x LK	12	633	2,409** (0,044)	5,642*** (0,097)	2,400** (0,044)	4,321*** (0,076)
MV x GRUPPE x GENDER	3	209	0,656 (0,009)	0,435 (0,006)	0,972 (0,014)	0,762 (0,011)
MV x GRUPPE x LK	12	633	2,041* (0,037)	1,888* (0,035)	1,861* (0,034)	2,251** (0,041)
MV x GENDER x LK	9	633	0,826 (0,012)	0,236 (0,003)	0,419 (0,006)	0,519 (0,007)
MV x GRUPPE x GENDER x LK	9	633	0,278 (0,004)	0,502 (0,007)	0,364 (0,952)	0,292 (0,004)
Kovariate bzw. Moderatoren						
MV x TCI	3	209	0,357 (0,005)	0,888 (0,013)	0,772 (0,011)	0,925 (0,013)
MV x PHN	3	209	1,689 (0,024)	0,502 (0,007)	1,461 (0,021)	1,614 (0,023)
MV x LESE	3	209	1,114 (0,016)	1,949 (0,027)	0,769 (0,011)	1,266 (0,018)
MV x MT	3	209	0,129 (0,002)	2,815* (0,039)	0,986 (0,014)	1,273 (0,018)
MV x AI	3	209	0,724 (0,010)	1,337 (0,019)	2,393 (0,033)	2,032 (0,028)
MV x DN	3	209	0,186 (0,003)	1,723 (0,024)	0,124 (0,002)	0,359 (0,005)
MV x MN	3	209	1,660 (0,023)	1,248 (0,018)	1,081 (0,015)	1,669 (0,023)

Erläuterungen: *** $p < 0,001$, ** $p < 0,01$, * $p < 0,05$

Tab. 53: Ergebnisse der ANCOVA zum Motivationsverlauf mit Subskalen, gesamte Stichprobe (Innersubjektkontraste, Haupteffekte und Interaktionen)

		df	IE $F(\eta_p^2)$	SK $F(\eta_p^2)$	RA $F(\eta_p^2)$	Total $F(\eta_p^2)$
Haupteffekte und Interaktionen						
Motivationsverlauf MV	Posttest 1 gegen Prätest	1	0,378 (0,002)	1,395 (0,007)	0,373 (0,002)	0,897 (0,004)
	Posttest 2 gegen Prätest	1	0,103 (0,000)	1,842 (0,009)	0,777 (0,004)	0,946 (0,004)
	Follow up gegen Prätest	1	0,613 (0,003)	2,461 (0,012)	1,413 (0,007)	2,074 (0,010)
MV x GRUPPE	Posttest 1 gegen Prätest	1	0,806 (0,004)	2,558 (0,012)	0,442 (0,002)	1,789 (0,008)
	Posttest 2 gegen Prätest	1	4,485* (0,021)	17,809*** (0,078)	12,939*** (0,058)	16,796*** (0,074)
	Follow up gegen Prätest	1	1,143 (0,005)	0,036 (0,000)	0,067 (0,000)	0,469 (0,002)
MV x GENDER	Posttest 1 gegen Prätest	1	0,112 (0,001)	0,244 (0,001)	0,751 (0,004)	0,480 (0,002)
	Posttest 2 gegen Prätest	1	0,228 (0,001)	0,280 (0,001)	2,216 (0,010)	1,121 (0,005)
	Follow up gegen Prätest	1	0,087 (0,000)	1,585 (0,007)	0,668 (0,003)	0,905 (0,004)
MV x LK	Posttest 1 gegen Prätest	4	3,994** (0,070)	7,515*** (0,125)	4,689** (0,082)	7,516*** (0,125)
	Posttest 2 gegen Prätest	4	2,886* (0,052)	6,644*** (0,112)	2,926* (0,053)	5,099** (0,088)
	Follow up gegen Prätest	4	3,227* (0,058)	4,993** (0,086)	2,386 (0,043)	4,566** (0,080)
MV x GRUPPE x GENDER	Posttest 1 gegen Prätest	1	1,057 (0,005)	0,053 (0,000)	0,003 (0,000)	0,107 (0,001)
	Posttest 2 gegen Prätest	1	1,943 (0,009)	0,118 (0,001)	0,583 (0,003)	1,128 (0,005)
	Follow up gegen Prätest	1	0,730 (0,003)	0,459 (0,002)	0,541 (0,003)	0,037 (0,000)
MV x GRUPPE x LK	Posttest 1 gegen Prätest	4	0,390 (0,007)	0,761 (0,014)	0,409 (0,008)	0,359 (0,007)
	Posttest 2 gegen Prätest	4	1,735 (0,032)	4,035** (0,071)	1,603 (0,029)	2,852 (0,051)
	Follow up gegen Prätest	4	1,612 (0,030)	1,052 (0,020)	2,169 (0,039)	1,976 (0,036)
MV x GENDER x LK	Posttest 1 gegen Prätest	3	1,032 (0,014)	0,120 (0,002)	0,554 (0,008)	0,647 (0,009)
	Posttest 2 gegen Prätest	3	1,128 (0,016)	0,075 (0,001)	0,497 (0,007)	0,541 (0,008)
	Follow up gegen Prätest	3	1,455 (0,020)	0,216 (0,003)	0,766 (0,011)	0,966 (0,014)
MV x GRUPPE x GENDER x LK	Posttest 1 gegen Prätest	3	0,181 (0,003)	0,320 (0,005)	0,169 (0,002)	0,202 (0,003)
	Posttest 2 gegen Prätest	3	0,727 (0,010)	0,879 (0,012)	0,278 (0,004)	0,742 (0,010)
	Follow up gegen Prätest	3	0,330 (0,005)	0,593 (0,008)	0,668 (0,009)	0,403 (0,006)
Error		211				

Erläuterungen: *** $p < 0,001$, ** $p < 0,01$, * $p < 0,05$

Tab. 54: Ergebnisse der ANCOVA zum Motivationsverlauf mit Subskalen, gesamte Stichprobe (Innersubjektkontraste, Kovariate bzw. Moderatoren)

Kovariate bzw. Moderatoren		df	IE $F(\eta_p^2)$	SK $F(\eta_p^2)$	RA $F(\eta_p^2)$	Total $F(\eta_p^2)$
MV x TCI	Posttest 1 gegen Prätest	1	0,261 (0,001)	0,884 (0,004)	1,081 (0,005)	1,048 (0,005)
	Posttest 2 gegen Prätest	1	0,984 (0,005)	2,393 (0,011)	2,193 (0,010)	2,660 (0,012)
	Follow up gegen Prätest	1	0,199 (0,001)	0,318 (0,002)	1,197 (0,006)	0,645 (0,003)
MV x PHN	Posttest 1 gegen Prätest	1	0,567 (0,003)	1,035 (0,005)	0,812 (0,004)	1,289 (0,006)
	Posttest 2 gegen Prätest	1	0,936 (0,004)	0,006 (0,000)	1,366 (0,006)	0,908 (0,004)
	Follow up gegen Prätest	1	0,090 (0,000)	0,188 (0,001)	0,140 (0,001)	0,022 (0,000)
MV x LESE	Posttest 1 gegen Prätest	1	0,006 (0,000)	2,279 (0,011)	0,453 (0,002)	0,728 (0,003)
	Posttest 2 gegen Prätest	1	1,042 (0,005)	0,008 (0,000)	1,261 (0,006)	0,004 (0,000)
	Follow up gegen Prätest	1	2,323 (0,011)	1,447 (0,007)	0,011 (0,000)	1,350 (0,006)
MV x MT	Posttest 1 gegen Prätest	1	0,065 (0,000)	1,318 (0,006)	0,013 (0,000)	0,106 (0,001)
	Posttest 2 gegen Prätest	1	0,228 (0,001)	3,309 (0,015)	2,175 (0,010)	2,197 (0,010)
	Follow up gegen Prätest	1	0,357 (0,002)	2,102 (0,010)	0,163 (0,001)	0,907 (0,004)
MV x AI	Posttest 1 gegen Prätest	1	0,641 (0,003)	2,188 (0,010)	0,278 (0,001)	1,244 (0,006)
	Posttest 2 gegen Prätest	1	0,004 (0,000)	0,048 (0,000)	0,459 (0,002)	0,069 (0,000)
	Follow up gegen Prätest	1	0,695 (0,003)	1,856 (0,009)	2,551 (0,012)	2,458 (0,012)
MV x DN	Posttest 1 gegen Prätest	1	0,475 (0,002)	3,924* (0,018)	0,076 (0,000)	0,952 (0,004)
	Posttest 2 gegen Prätest	1	0,350 (0,002)	3,153 (0,015)	0,360 (0,002)	0,426 (0,002)
	Follow up gegen Prätest	1	0,384 (0,002)	2,491 (0,012)	0,072 (0,000)	0,562 (0,003)
MV x MN	Posttest 1 gegen Prätest	1	0,239 (0,001)	0,040 (0,000)	2,181 (0,010)	0,570 (0,003)
	Posttest 2 gegen Prätest	1	0,056 (0,000)	1,120 (0,005)	0,017 (0,000)	0,234 (0,001)
	Follow up gegen Prätest	1	2,185 (0,010)	0,534 (0,003)	0,768 (0,004)	1,665 (0,008)
Error		211				

Erläuterungen: *** $p < 0,001$, ** $p < 0,01$, * $p < 0,05$

6.4 Ergebnisse der Gesamtstichprobe

Tab. 55: Ergebnisse der ANCOVA zum Motivationsverlauf mit Subskalen, gesamte Stichprobe (Zwischensubjekteffekte)

	df	IE $F(\eta_p^2)$	SK $F(\eta_p^2)$	RA $F(\eta_p^2)$	Total $F(\eta_p^2)$
Haupteffekte und Interaktionen					
Experimentalbedingung (GRUPPE)	1	1,065 (0,005)	0,253 (0,001)	1,632 (0,008)	1,135 (0,005)
Geschlecht (GENDER)	1	12,059** (0,054)	26,386*** (0,111)	2,054 (0,010)	15,902*** (0,070)
Lehrkraft (LK)	4	6,016*** (0,102)	8,701*** (0,142)	7,060*** (0,118)	7,732*** (0,128)
GRUPPE x GENDER	1	1,637 (0,008)	0,850 (0,004)	1,029 (0,005)	1,579 (0,007)
GRUPPE x LK	4	3,294* (0,059)	2,327 (0,042)	2,978* (0,053)	3,647** (0,065)
GENDER x LK	3	1,765 (0,024)	2,318 (0,032)	0,878 (0,012)	1,787 (0,025)
GRUPPE x GENDER x LK	3	4,911** (0,065)	2,693* (0,037)	1,775 (0,025)	3,833* (0,052)
Kovariate bzw. Moderatoren					
Konzepttest (TCI)	1	0,012 (0,000)	0,084 (0,000)	0,247 (0,001)	0,007 (0,000)
momentaner Leistungsstand (PHN)	1	23,858*** (0,102)	29,855*** (0,124)	1,592 (0,007)	21,731*** (0,093)
Lesekompetenztest (LESE)	1	4,010* (0,019)	5,177* (0,024)	0,160 (0,001)	3,542 (0,017)
Mathematiktest (MT)	1	0,036 (0,000)	0,002 (0,000)	0,262 (0,001)	0,008 (0,000)
Allgemeine Intelligenz (AI)	1	1,661 (0,008)	2,979 (0,014)	0,195 (0,001)	1,921 (0,009)
Deutschnote (DN)	1	0,099 (0,000)	1,475 (0,007)	4,852* (0,022)	1,176 (0,006)
Mathematiknote (MN)	1	1,219 (0,006)	0,423 (0,002)	0,318 (0,002)	0,194 (0,001)
Error	211				

Erläuterungen: *** $p < 0,001$, ** $p < 0,01$, * $p < 0,05$

6.4.1.4 Auswertung der zusätzlichen Items

Um auszuschließen, dass der beobachtete Motivationseffekt ggf. damit erklärt werden kann, dass die beteiligten Lehrer beim Unterrichten der EG einfach nur engagierter waren als bei der Instruktion der KG, wurden bei den Lehrkräften 1, 4 und 5 zwei zusätzliche Items erhoben (vgl. 5.3.1, Tab. 20) – bei den anderen Lehrkräften startete die Studie bereits vor der Ergänzung des Motivationsinventars.

Durch die Analyse von Item 27 („Die Lehrkraft war in den zurückliegenden Physikstunden engagierter als sonst.") wird geprüft, ob sich die Lehrkräfte in den unterschiedlichen Lerngruppen unbewusst verschieden stark engagierten, mit Item 28 („Der zurückliegende Physikunterricht hat mehr Spaß gemacht, weil die Lehrkraft engagierter war.") wird getestet, ob sich ein Unterschied im Lehrerengagement auch auf die Motivation der Lernenden auswirkt.

Wie der Tab. 56 zu entnehmen ist, schätzen die Lernenden der EG das Lehrerengagement tatsächlich höher ein als die Schülerinnen und Schüler der KG. Diese Diskrepanz ist bereits bei der ersten Postmessung zu beobachten, welche bis zur „Verabreichung" der vollen Aufgabendosis noch weiter ansteigt (Posttest 2). Ob die beobachteten Unterschiede auch statistisch signifikant sind, wird mit einer 2 x 3-faktoriellen Varianzanalyse geprüft, deren Ergebnisse in Tab. 57 dargestellt sind (Anzahl der Gruppen in Faktor 1 (Experimentalbedingung): 2; Anzahl der Gruppen in Faktor 2 (Lehrkraft): 3). Es zeigt sich, dass die Lernenden der EG beim Posttest 2 das Lehrerengagement hoch signifikant höher einschätzen als die Schülerinnen und Schüler der KG, die Effektstärke ist mittelgroß ($F(1, 144) = 9{,}145$; $p = 0{,}003$; $\eta_p^2 = 0{,}060$). Nicht von Bedeutung ist dagegen die unterschiedliche Einschätzung beim Posttest 1. Ferner zeigt Tab. 56, dass dieser Effekt bei den Lehrkräften 1 und 5 vorliegt, Lehrer 4 sich dagegen – nach Einschätzung der Schüler – gleichermaßen in beiden Lerngruppen engagiert.

Interessant ist nun die Frage, ob ein direkter Zusammenhang zwischen dem Lehrerengagement und der Schülermotivation besteht. Wie die Auswertung des Items 28 zeigt (Tab. 58), ist das aber nicht der Fall: Bei der Beurteilung des „Spaßes am Physikunterricht" unter Berücksichtigung des Lehrerengagements ergibt sich zwischen EG und KG kein signifikanter Unterschied. Allein die Tatsache, dass die Lehrkraft engagierter wahrgenommen wird, führt also nicht zu einem höheren Motivationsgrad der Lernenden.

6.4 Ergebnisse der Gesamtstichprobe

Tab. 56: Deskriptive Statistik der zusätzlichen Items (Lehrerengagement)

		Lehrer	N	Posttest 1 MW	SD	Posttest 2 MW	SD
Item 27 Die Lehrkraft war in den zurückliegenden Physikstunden engagierter als sonst.	EG	LK 1	25	3,40	1,00	3,24	1,05
		LK 4	25	2,84	1,37	2,72	1,14
		LK 5	25	2,96	0,98	3,40	0,91
		Gesamt	75	3,07	1,14	3,12	1,06
	KG	LK 1	24	2,75	1,15	2,42	1,21
		LK 4	23	2,91	1,35	2,87	1,25
		LK 5	28	2,46	1,00	2,39	1,20
		Gesamt	75	2,69	1,16	2,55	1,22
	Gesamt	LK 1	49	3,08	1,11	2,84	1,20
		LK 4	48	2,88	1,35	2,79	1,18
		LK 5	53	2,70	1,01	2,87	1,18
		Gesamt	150	2,88	1,16	2,83	1,18
Item 28 Der zurückliegende Physikunterricht hat mehr Spaß gemacht, weil die Lehrkraft engagierter war.	EG	LK 1	25	3,12	1,27	2,88	1,013
		LK 4	25	2,44	1,16	2,44	1,08
		LK 5	25	3,04	0,84	2,88	1,01
		Gesamt	75	2,87	1,13	2,73	1,04
	KG	LK 1	24	2,46	1,25	2,04	1,16
		LK 4	23	2,78	1,35	2,70	1,36
		LK 5	28	2,39	1,13	2,39	1,20
		Gesamt	75	2,53	1,23	2,37	1,25
	Gesamt	LK 1	49	2,80	1,29	2,47	1,16
		LK 4	48	2,60	1,25	2,56	1,22
		LK 5	53	2,70	1,05	2,62	1,13
		Gesamt	150	2,70	1,19	2,55	1,16

Erläuterungen: Die Items wurden derart invertiert, dass die Skala von 0 bis 5 reicht (0 = trifft gar nicht zu, 5 = trifft voll und ganz zu); *MW* Mittelwert, *SD* Standardabweichung

Tab. 57: Ergebnisse der ANOVA zu Item 27 (Lehrerengagement)

	Abhängige Variable	df	F (η_p^2)
Haupteffekt			
Experimentalbedingung	Item 27 Posttest 1	1	3,628 (0,025)
	Item 27 Posttest 2	1	9,145** (0,060)
Lehrer	Item 27 Posttest 1	2	1,272 (0,017)
	Item 27 Posttest 2	2	0,106 (0,001)
Interaktionseffekt			
Experimentalbedingung * Lehrer	Item 27 Posttest 1	2	1,336 (0,018)
	Item 27 Posttest 2	2	3,707* (0,049)
Error	Item 27 Posttest 1	144	
	Item 27 Posttest 2	144	

Erläuterungen: *** $p < 0,001$, ** $p < 0,01$, * $p < 0,05$

Tab. 58: Ergebnisse der ANOVA zu Item 28 (Lehrerengagement - Spaß am Physikunterricht)

	Abhängige Variable	df	F (η_p^2)
Haupteffekt			
Experimentalbedingung	Item 28 Posttest 1	1	2,814 (0,019)
	Item 28 Posttest 2	1	3,641 (0,025)
Lehrer	Item 28 Posttest 1	2	0,281 (0,004)
	Item 28 Posttest 2	2	0,303 (0,004)
Interaktionseffekt			
Experimentalbedingung * Lehrer	Item 28 Posttest 1	2	2,939 (0,039)
	Item 28 Posttest 2	2	2,894 (0,039)
Error	Item 28 Posttest 1	144	
	Item 28 Posttest 2	144	

Erläuterungen: *** $p < 0,001$, ** $p < 0,01$, * $p < 0,05$

Ein fachübergreifendes Lernziel beim Einsatz von „Werbeaufgaben" stellt das Anhalten der Schülerinnen und Schüler zu einem kritischeren Umgang mit Werbung dar (vgl. Kapitel 4, Hypothese L3). Ob dieses Lernziel innerhalb der Experimentalgruppe tatsächlich erreicht wurde, wird durch die Analyse von Item 29 beantwortet („Die Bearbeitung von Aufgaben zu Werbetexten veranlasst mich zu einem kritischeren Umgang mit Werbung, d. h. ich werde in Zukunft die Angaben in Werbetexten oder anderer Werbung stärker hinterfragen."; Tab. 20). Hierzu wird mittels T-Test geprüft, ob sich die Stichprobenmittelwerte (Tab. 59) signifikant von der Prüfgröße 2,5 unterscheiden – das Item 29 wurde derart invertiert, dass die Skala von 0 bis 5 reicht (0 = trifft gar nicht zu, 5 = trifft voll und ganz zu), weshalb ein Wert signifikant höher als 2,5 als Beleg für das Erreichen des formulierten Lernziels gesehen werden kann. Die Ergebnisse der durchgeführten T-Tests gehen aus Tab. 60 hervor.

Die Stichprobenmittelwerte unterscheiden sich bei keinem Messzeitpunkt signifikant von der Prüfgröße 2,5, d. h. nach Einschätzung der befragten Schülerinnen und Schüler führte die Bearbeitung von „Werbeaufgaben" nicht zu einem kritischeren Umgang mit Werbung und die Hypothese L3 (vgl. Kapitel 4) muss somit verworfen werden. Um dieses Lernziel zu erreichen, müssten möglicherweise verstärkt solche Prob-

6.4 Ergebnisse der Gesamtstichprobe

lemstellungen eingesetzt werden, bei denen Behauptungen mit Hilfe der angegebenen Daten rechnerisch geprüft und ggf. sogar widerlegt werden können.

Tab. 59: Deskriptive Statistik zum Item 29 (kritischer Umgang mit Werbung)

		Lehrer	Posttest 1		Prätest 2		Posttest 2		Follow up	
			N	MW (SD)	N	MW (SD)	N	MW (SD)	N	MW (SD)
Item 29	EG	LK 1	26	2,5 (1,2)	22	2,6 (1,1)	25	2,7 (1,1)	26	3,0 (1,4)
		LK 4	25	2,1 (1,0)	-	-	28	2,2 (1,1)	22	1,9 (1,2)
		LK 5	26	2,6 (1,3)	-	-	26	3,1 (1,2)	-	-
		Gesamt	77	2,4 (1,2)	22	2,6 (1,1)	79	2,7 (1,2)	48	2,5 (1,4)

Erläuterungen: Das Item wurde derart invertiert, dass die Skala von 0 bis 5 reicht (0 = trifft gar nicht zu, 5 = trifft voll und ganz zu); bei der Aufnahme von Item 29 in das Motivationsinventar war die Untersuchung bei LK 2 und LK 3 bereits abgeschlossen, weshalb das Item ausschließlich in den Experimentalgruppen der Lehrkräfte 1, 4 und 5 eingesetzt wurde; N Stichprobenumfang, MW Mittelwert, SD Standardabweichung, N Stichprobenumfang

Tab. 60: T-Tests zum Item 29 (kritischer Umgang mit Werbung)

	T	df	p	Mittlere Differenz
Posttest 1	-0,722	76	0,473	-0,0974
Prätest 2	0,585	21	0,565	0,1364
Posttest 2	1,185	78	0,239	0,1582
Follow up	0,000	47	1,000	0,0000

Erläuterungen: T Testgröße, df Freiheitsgrade, p Signifikanz; der Testwert beträgt 2,5

6.4.2 Beeinflussung der Leistung

Da beim Versuchsdesign von Forschungsfrage III die curricular validen Leistungsposttests nicht auch als Prätests eingesetzt wurden (Tab. 25), kann die Auswertung der gesamten Stichprobe nicht mittels Kovarianzanalyse mit Messwiederholung erfolgen; aufgrund der fehlenden Prätests blieben dann nämlich die Probanden von Forschungsfrage III unberücksichtigt. Aus diesem Grund dienen auch hier lediglich der standardisierte Konzepttest (TCI) sowie der aktuelle mittlere Leistungsstand im Fach Physik (PHN) als Indikatoren der Vorleistung (Tab. 61).

Zum Vergleich der in den Leistungsposttests erzielten mittleren Leistungen der EG und KG werden – analog zu den Analysen von Forschungsfrage III – multivariate 2 x 2 x 5-faktorielle Kovarianzanalysen durchgeführt, welche die in Tab. 19 dargestellten Kontrollvariablen als mögliche Moderatoren berücksichtigen (Anzahl der Gruppen in Faktor 1 (Experimentalbedingung): 2, Anzahl der Gruppen in Faktor 2 (Geschlecht): 2, Anzahl der Gruppen in Faktor 3 (Lehrkraft): 5; AV: Gesamtleistung sowie Ergebnisse der Teilaufgaben).

Tab. 61: Prädiktoren der Vorleistung; deskriptive Statistik, gesamte Stichprobe

Gruppe		Vorleistungen zum Leistungstest 1			Vorleistungen zum Leistungstest 2		
		N	TCI	Mittlere Physiknote	N	TCI	Mittlere Physiknote
EG	MW	122	39,8	3,1	125	39,7	3,1
	(SEM)		(1,2)	(0,1)		(1,2)	(0,1)
	(SD)		(13,1)	(0,8)		(13,1)	(0,8)
KG	MW	152	38,5	2,9	150	38,4	2,9
	(SEM)		(1,1)	(0,1)		(1,1)	(0,1)
	(SD)		(14,0)	(0,9)		(13,7)	(0,9)

Erläuterungen: Da infolge krankheitsbedingten Fehlens die Stichproben der Leistungstests marginal voneinander abweichen, stimmen auch die jeweiligen Vorleistungen nicht völlig miteinander überein; die Unterschiede sind jedoch gering (MW Mittelwert, SEM Standardfehler des Mittelwerts, SD Standardabweichung, N Stichprobenumfang).

6.4.2.1 Leistung zum Thema „Wärmekapazität"

Die auf die Kovariaten adjustierten mittleren Leistungen der EG und KG gehen aus der Tab. 81 bzw. der Abb. 50 hervor. Das Ergebnis der Signifikanzprüfungen ist in Tab. 62 dargestellt. Wie gewohnt, werden aus Gründen der Übersichtlichkeit und der praktischen Relevanz im Folgenden ausschließlich solche Effekte beschrieben, die sich auf einem Signifikanzniveau von 0,05 statistisch bedeutsam zeigen. Für eine vollständige Ergebnisdarstellung sei auf die genannte Tabelle verwiesen.

- Beim Vergleich der Leistung zwischen den Lerngruppen hat die **Experimentalbedingung** einen höchst signifikanten Einfluss auf die Gesamtleistung sowie auf das Abschneiden in Teilaufgabe 5 (total: $F(1; 248) = 11{,}991$; $p < 0{,}001$; $\eta_p^2 = 0{,}046$; Aufgabe 5: $F(1; 248) = 33{,}513$; $p < 0{,}001$; $\eta_p^2 = 0{,}119$); die Effektstärken gelten als klein bzw. mittelgroß. Bei Teilaufgabe 1 liegt eine hoch signifikante, kleine Einwirkung des Treatmentfaktors vor, bei den Aufgaben 3 und 4 sind die Einflüsse der

6.4 Ergebnisse der Gesamtstichprobe

Experimentalbedingung signifikant und ebenfalls klein (Aufgabe 1: $F(1; 248) = 9{,}200$; $p = 0{,}002$; $\eta_p^2 = 0{,}036$; Aufgabe 3: $F(1; 248) = 5{,}319$; $p = 0{,}011$; $\eta_p^2 = 0{,}021$; Aufgabe 4: $F(1; 248) = 3{,}902$; $p = 0{,}023$; $\eta_p^2 = 0{,}015$). Wie den deskriptiven Daten entnommen werden kann (Tab. 81), sind es stets die Schülerinnen und Schüler der EG, die im Leistungsposttest 1 unter Berücksichtigung der erfassten Kovariaten besser abschneiden. Das heißt die Nullhypothese ist unter Berücksichtigung der gesamten Stichprobe für das Thema „spezifische Wärmekapazität" zugunsten der Alternativhypothese L1 zu verwerfen: „Werbeaufgaben" führen im Themenbereich „spezifische Wärmekapazität" zu einem höheren Leistungsoutput als konventionelle Alltagsprobleme. Abgesehen von der Tatsache, dass es sich ausschließlich um einen kleinen Effekt handelt, stellt sich jedoch die Frage, ob die Ergebnisse einer ANCOVA (ohne Messwiederholung!) bei nur kleinen Effektstärken überhaupt ausreichend valide sind (vgl. 6.5; Tab. 70, Vergleich verschiedener Auswerteverfahren).

- Das **Geschlecht** der Lernenden zeigt lediglich bei der Teilaufgabe 2 einen statistisch bedeutsamen, jedoch kleinen Einfluss auf die Leistung ($F(1; 248) = 4{,}328$; $p = 0{,}039$; $\eta_p^2 = 0{,}017$).

- Dagegen wirkt der Faktor „**Lehrkraft**" auf das Gesamtergebnis im Leistungstest wie auch auf 3 der 5 Teilaufgaben höchst signifikant ein (total: $F(4; 248) = 14{,}969$; $p < 0{,}001$; $\eta_p^2 = 0{,}194$; Aufgabe 2: $F(4; 248) = 17{,}769$; $p < 0{,}001$; $\eta_p^2 = 0{,}223$; Aufgabe 3: $F(4; 248) = 9{,}700$; $p < 0{,}001$; $\eta_p^2 = 0{,}135$; Aufgabe 5: $F(4; 248) = 8{,}137$; $p < 0{,}001$; $\eta_p^2 = 0{,}116$); die Effektstärken sind mittelgroß bis groß. Bei Aufgabe 4 ist der Einfluss der Lehrperson hoch signifikant und mittelgroß (Aufgabe 4: $F(4; 248) = 4{,}235$; $p = 0{,}002$; $\eta_p^2 = 0{,}064$). Obwohl nicht vollständig ausgeschlossen werden kann, dass die beobachteten Leistungsunterschiede durch andere Effekte hervorgerufen wurden (z. B. „Schuleffekte") oder bereits vorlagen, noch ehe die beteiligten Lehrer die Klassen übernommen haben, legt die Größe des Effekts nahe, dass die unterrichtende Lehrperson für die erzielte Lernleistung ein ganz entscheidender Faktor darstellt.

- Der **aktuelle mittlere Leistungsstand im Fach Physik** zu Beginn der Untersuchung hat einen höchst signifikanten, mittelgroßen Einfluss auf das Abschneiden im Gesamttest sowie in vier der fünf Teilaufgaben (total: $F(1; 248) = 36{,}095$; $p < 0{,}001$; $\eta_p^2 = 0{,}127$; Aufgabe 1: $F(1; 248) = 21{,}238$; $p < 0{,}001$; $\eta_p^2 = 0{,}079$; Aufgabe 2: $F(1; 248) = 24,331; p < 0,001; \eta_p^2 = 0,089$; Aufgabe 4: $F(1; 248) = 20,488; p < 0,001; \eta_p^2 = 0,076$; Aufgabe 5: $F(1; 248) = 24,328; p < 0,001; \eta_p^2 = 0,089$). Bei Aufgabe 3 ist die Einwirkung der Vorleistung bei kleiner Effektstärke hoch signifikant (Aufgabe 3: $F(1; 248) = 7,531; p = 0,007; \eta_p^2 = 0,029$).

- Der **mittlere Leistungsstand im Fach Mathematik** moderiert das Gesamtergebnis sowie das Abschneiden in zwei Teilaufgaben signifikant, die Effektgrößen gelten als klein (total: $F(1; 248) = 6,408; p = 0,012; \eta_p^2 = 0,025$; Aufgabe 3: $F(1; 248) = 8,191; p = 0,005; \eta_p^2 = 0,032$; Aufgabe 4: $F(1; 248) = 6,817; p = 0,010; \eta_p^2 = 0,027$).

- Bei ebenfalls kleiner Effektstärke zeigt aus dem Bereich der **Moderatorvariablen** lediglich noch die **Ausgangsmotivation** eine statistisch bedeutsame Wirkung, und zwar auf das Abschneiden in Teilaufgabe 2 ($F(1; 248) = 4,637; p = 0,032; \eta_p^2 = 0,018$).

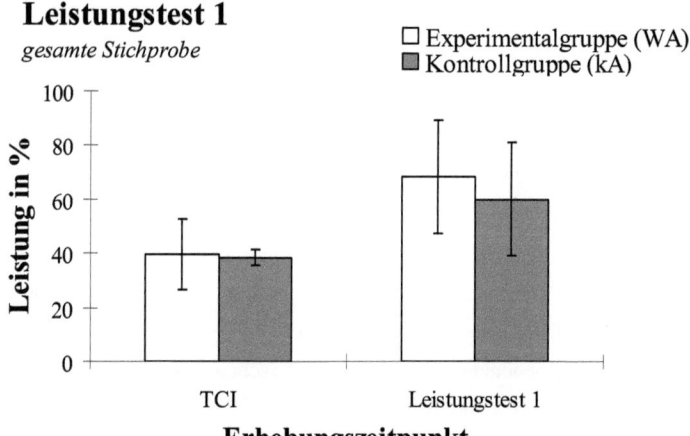

Abb. 50: Auf die Kovariaten adjustierte Ergebnisse im Leistungstest 1 in Abhängigkeit des eingesetzten Aufgabentyps, gesamte Stichprobe (WA Werbeaufgaben, kA konventionelle Alltagsprobleme)

6.4 Ergebnisse der Gesamtstichprobe

Tab. 62: Ergebnisse der ANCOVA beim Leistungsposttest 1, gesamte Stichprobe

	df	A 1 (I/II) $F(\eta_p^2)$	A 2 (I) $F(\eta_p^2)$	A 3 (III) $F(\eta_p^2)$	A 4 (III) $F(\eta_p^2)$	A 5 (IV) $F(\eta_p^2)$	Total $F(\eta_p^2)$
Haupteffekte und Interaktionen							
Experimentalbedingung GRUPPE	1	9,200** (0,036)	1,123 (0,005)	5,319* (0,021)	3,902* (0,015)	33,513*** (0,119)	11,991*** (0,046)
Geschlecht GENDER	1	1,376 (0,006)	4,328* (0,017)	0,370 (0,001)	0,761 (0,003)	0,309 (0,001)	0,040 (0,000)
Lehrkraft LK	4	1,347 (0,021)	17,769*** (0,223)	9,700*** (0,135)	4,235** (0,064)	8,137*** (0,116)	14,969*** (0,194)
GRUPPE x GENDER	1	0,083 (0,000)	1,259 (0,005)	0,022 (0,000)	0,143 (0,001)	0,001 (0,000)	0,244 (0,001)
GRUPPE x LK	4	8,760*** (0,124)	2,959* (0,046)	1,505 (0,024)	2,104 (0,033)	5,367*** (0,080)	0,174 (0,003)
GENDER x LK	3	2,045 (0,024)	0,431 (0,005)	1,153 (0,014)	0,592 (0,007)	1,821 (0,022)	0,610 (0,007)
GRUPPE x GENDER x LK	3	1,057 (0,013)	0,857 (0,010)	1,107 (0,013)	2,091 (0,025)	0,856 (0,010)	0,613 (0,007)
Kovariate bzw. Moderatoren							
Konzepttest (TCI)	1	6,048* (0,024)	1,774 (0,007)	2,471 (0,010)	1,718 (0,007)	0,346 (0,001)	1,145 (0,005)
momentaner Leistungsstand (PHN)	1	21,238*** (0,079)	24,331*** (0,089)	7,531** (0,029)	20,488*** (0,076)	24,328*** (0,089)	36,095*** (0,127)
Lesekompetenztest	1	0,006 (0,000)	0,063 (0,000)	0,337 (0,001)	1,053 (0,004)	0,107 (0,000)	0,362 (0,001)
Mathematiktest	1	0,062 (0,000)	1,094 (0,004)	0,044 (0,000)	0,026 (0,000)	1,041 (0,004)	0,046 (0,000)
Allgemeine Intelligenz	1	0,481 (0,002)	1,190 (0,005)	1,864 (0,007)	0,096 (0,000)	0,602 (0,002)	2,057 (0,008)
Deutschnote	1	0,268 (0,001)	1,963 (0,008)	0,276 (0,001)	0,773 (0,003)	0,211 (0,001)	0,290 (0,001)
Mathematiknote	1	0,000 (0,000)	0,141 (0,001)	8,191** (0,032)	6,817* (0,027)	0,022 (0,000)	6,408* (0,025)
Motivationsprätest	1	0,179 (0,001)	4,637* (0,018)	0,203 (0,001)	1,142 (0,005)	1,418 (0,006)	1,990 (0,008)
Error	248						

Erläuterungen: *** $p < 0,001$, ** $p < 0,01$, * $p < 0,05$; PISA-Kompetenzstufen: I nominell, II funktional (naturwissenschaftliches Alltagswissen), III funktional (naturwissenschaftliches Grundwissen), IV konzeptuell und prozedural, V konzeptuell und prozedural (Modelle) (vgl. Anhang F)

6.4.2.2 Leistung zum Thema „Heizwert"

Die auf die Kovariaten adjustierten mittleren Leistungen der EG und KG gehen aus der Tab. 82 bzw. der Abb. 51 hervor, das Ergebnis der Signifikanzprüfungen ist in Tab. 63 dargestellt. Im Folgenden werden ausschließlich solche Effekte beschrieben, die sich auf einem Signifikanzniveau von 0,05 statistisch bedeutsam zeigen. Für eine vollständige Ergebnisdarstellung sei auf die genannte Tabelle verwiesen.

- Die **Experimentalbedingung** besitzt einen signifikanten, kleinen Einfluss auf das Gesamtergebnis sowie auf das Abschneiden in den Teilaufgaben 4 und 5 (total: $F(1; 249) = 5{,}554$; $p = 0{,}019$; $\eta_p^2 = 0{,}022^-$; Aufgabe 4: $F(1; 249) = 5{,}370$; $p = 0{,}021$; $\eta_p^2 = 0{,}021^-$; Aufgabe 5: $F(1; 249) = 4{,}595$; $p = 0{,}033$; $\eta_p^2 = 0{,}018^-$). Wie den deskriptiven Daten bzw. den mit Minuszeichen gekennzeichneten Effektgrößen entnommen werden kann, sind es die Lernenden der KG, die ein höheres Leistungslevel erreichen, weshalb die Hypothese L1 (vgl. Kapitel 4) zugunsten der H$_0$ verworfen werden muss. Allerdings sei an dieser Stelle daran erinnert, dass durch eine Besonderheit im Versuchsablauf von Forschungsfrage II die Lernenden der KG bezüglich ihrem Leistungszuwachs möglicherweise bevorteilt werden (vgl. 6.2.2.2), was auch das Ergebnis der Gesamtstichprobe verzerrt. Berücksichtigt man ausschließlich die Schülerinnen und Schüler der Teilstichproben von Forschungsfrage I und III, so ergeben sich beim Leistungstest 2 keine signifikanten Unterschiede zwischen EG und KG. Die Hypothese L1 muss zwar auch für diese Betrachtung verworfen werden, aber es ergibt sich zumindest kein empirischer Beleg dafür, dass „Werbeaufgaben" den Lernfortschritt hemmen.

- Das **Geschlecht** besitzt ausschließlich bei Teilaufgabe 5 einen statistisch bedeutsamen, jedoch kleinen Einfluss auf die Leistung ($F(1; 249) = 7{,}663$; $p = 0{,}006$; $\eta_p^2 = 0{,}030$).

- Wie bereits beim Leistungstest 1 zeigt der Faktor **„Lehrkraft"** eine höchst signifikante Einwirkung auf das Gesamtergebnis sowie auf vier der fünf Teilaufgaben (total: $F(1; 249) = 20{,}413$; $p < 0{,}001$; $\eta_p^2 = 0{,}247$; Aufgabe 1: $F(1; 249) = 9{,}689$; $p < 0{,}001$; $\eta_p^2 = 0{,}135$; Aufgabe 3: $F(1; 249) = 11{,}512$; $p < 0{,}001$; $\eta_p^2 = 0{,}156$; Aufgabe 4: $F(1; 249) = 12{,}325$; $p < 0{,}001$; $\eta_p^2 = 0{,}165$; Aufgab 5: $F(1; 249) = 11{,}892$; $p < 0{,}001$; $\eta_p^2 = 0{,}160$); die Effektstärken sind meist groß.

- Der **aktuelle mittlere Leistungsstand im Fach Physik** moderiert das Gesamtergebnis sowie die erzielten Prozentzahlen in vier der fünf Teilaufgaben (total: $F(1; 249) = 26{,}316$; $p < 0{,}001$; $\eta_p^2 = 0{,}096$; Aufgabe 1: $F(1; 249) = 4{,}685$; $p = 0{,}031$; $\eta_p^2 = 0{,}018$; Aufgabe 3: $F(1; 249) = 8{,}762$; $p = 0{,}003$; $\eta_p^2 = 0{,}034$; Aufgabe 4: $F(1; 249) = 11{,}683$; $p = 0{,}001$; $\eta_p^2 = 0{,}045$; Aufgabe 5: $F(1; 249) = 17{,}714$; $p < 0{,}000$; $\eta_p^2 = 0{,}066$); die Effektstärken gelten als klein bis mittelgroß.

- Das im **standardisierten Mathematiktest** erzielte Ergebnis moderiert die Gesamtleistung sowie das Abschneiden in Teilaufgabe 4 statistisch bedeutsam (total: $F(1;$

249) = 6,091; p = 0,014; η_p^2 = 0,024; Aufgabe 4: $F(1; 249)$ = 8,221; p = 0,004; η_p^2 = 0,032).

- Die **Deutschnote** zeigt einen signifikanten Einfluss auf die Leistung in Teilaufgabe 5 ($F(1; 249)$ = 4,951; p = 0,027; η_p^2 = 0,019).

- Die **Mathematiknote** wirkt auf das Gesamtergebnis sowie auf die Leistung in Teilaufgabe 4 signifikant (total: $F(1; 249)$ = 5,773; p = 0,017; η_p^2 = 0,023; Aufgabe 4: $F(1; 249)$ = 4,785; p = 0,030; η_p^2 = 0,019).

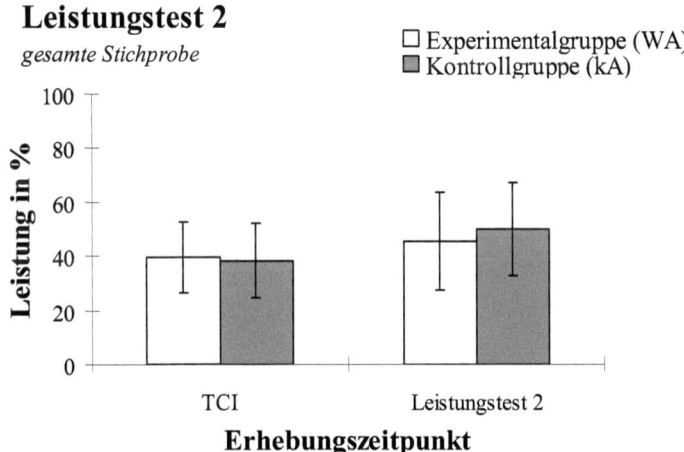

Abb. 51: Auf die Kovariaten adjustierte Ergebnisse im Leistungstest 2 in Abhängigkeit des eingesetzten Aufgabentyps, gesamte Stichprobe (WA Werbeaufgaben, kA konventionelle Alltagsprobleme)

Tab. 63: Ergebnisse der ANCOVA beim Leistungsposttest 2, gesamte Stichprobe

	df	A 1 (I) $F(\eta_p^2)$	A 2 (II) $F(\eta_p^2)$	A 3 (III) $F(\eta_p^2)$	A 4 (III) $F(\eta_p^2)$	A 5 (IV) $F(\eta_p^2)$	Total $F(\eta_p^2)$
Haupteffekte und Interaktionen							
Experimentalbedingung GRUPPE	1	1,927 (0,008)	0,268 (0,001)	0,035 (0,000)	5,370* (0,021⁻)	4,595* (0,018⁻)	5,554* (0,022⁻)
Geschlecht GENDER	1	2,192 (0,009)	0,010 (0,000)	0,083 (0,000)	2,615 (0,010)	7,663** (0,030)	1,776 (0,007)
Lehrkraft LK	4	9,689*** (0,135)	1,499 (0,024)	11,512*** (0,156)	12,325*** (0,165)	11,892*** (0,160)	20,413*** (0,247)
GRUPPE x GENDER	1	3,592 (0,014)	0,055 (0,000)	0,006 (0,000)	0,007 (0,000)	0,182 (0,001)	0,141 (0,001)
GRUPPE x LK	4	6,313*** (0,092)	1,831 (0,029)	1,282 (0,020)	1,471 (0,023)	0,356 (0,006)	1,486 (0,023)
GENDER x LK	3	1,705 (0,020)	0,393 (0,005)	1,471 (0,017)	2,765* (0,032)	1,379 (0,016)	3,253* (0,038)
GRUPPE x GENDER x LK	3	2,436 (0,029)	0,876 (0,010)	1,902 (0,022)	0,131 (0,002)	0,508 (0,006)	1,069 (0,013)
Kovariate bzw. Moderatoren							
Konzepttest (TCI)	1	0,947 (0,004)	0,001 (0,000)	0,105 (0,000)	0,497 (0,002)	3,771 (0,015)	0,184 (0,001)
momentaner Leistungsstand (PHN)	1	4,685* (0,018)	2,568 (0,010)	8,762** (0,034)	11,683** (0,045)	17,714*** (0,066)	26,316*** (0,096)
Lesekompetenztest	1	0,000 (0,000)	0,269 (0,001)	0,056 (0,000)	0,050 (0,000)	0,058 (0,000)	0,166 (0,001)
Mathematiktest	1	0,811 (0,003)	0,693 (0,003)	3,740 (0,015)	8,221** (0,032)	1,136 (0,005)	6,091* (0,024)
Allgemeine Intelligenz	1	0,004 (0,000)	0,204 (0,001)	0,427 (0,002)	0,617 (0,002)	0,001 (0,000)	0,422 (0,002)
Deutschnote	1	0,044 (0,000)	0,238 (0,001)	0,109 (0,000)	0,250 (0,001)	4,951* (0,019)	0,938 (0,004)
Mathematiknote	1	2,085 (0,008)	0,100 (0,000)	2,121 (0,008)	4,785* (0,019)	0,455 (0,002)	5,773* (0,023)
Motivationsprätest	1	0,848 (0,003)	0,251 (0,001)	0,324 (0,001)	0,001 (0,000)	0,465 (0,002)	0,008 (0,000)
Error	249						

Erläuterungen: *** $p < 0{,}001$, ** $p < 0{,}01$, * $p < 0{,}05$; PISA-Kompetenzstufen: I nominell, II funktional (naturwissenschaftliches Alltagswissen), III funktional (naturwissenschaftliches Grundwissen), IV konzeptuell und prozedural, V konzeptuell und prozedural (Modelle) (vgl. Anhang F)

6.4.3 Beeinflussung der Leistungsbeständigkeit

Zur Analyse der Leistungsbeständigkeit wird für jeden Themenbereich eine 2 x 2 x 2 x 5-faktorielle Kovarianzanalyse mit Messwiederholung durchgeführt, welche den Leistungsverlauf der beiden Lerngruppen zwischen der Post- und der Follow up-Messung miteinander vergleicht (Anzahl der Messungen (Experimentalbedingung): 2, Anzahl der Gruppen in Faktor 2 (Geschlecht): 2, Anzahl der Gruppen in Faktor 3 (Lehrkraft): 5; AV: Gesamtleistung sowie Ergebnisse der Teilaufgaben). Als mögliche Kontrollva-

6.4 Ergebnisse der Gesamtstichprobe

riablen fließen auch hier die in Tab. 19 genannten Kovariaten sowie der Motivationsprätest in die Analysen ein. Die auf die Kontrollvariablen adjustierten deskriptiven Daten zeigt die Tab. 64.

Tab. 64: Deskriptive Statistik zur Leistungsbeständigkeit

Gruppe		N	Leistungsposttest (Wärmekapazität) (auf die Kovariaten adjustiert)						Follow up (Wärmekapazität) (auf die Kovariaten adjustiert)					
			A 1	A 2	A 3	A 4	A 5	total	A 1	A 2	A 3	A 4	A 5	total
EG	MW	116	57,6	80,3	75,6	68,3	48,5	68,9	51,6	77,3	48,1	38,8	21,2	46,8
	(SEM)		(3,9)	(2,3)	(2,9)	(3,0)	(2,8)	(1,9)	(3,8)	(2,6)	(2,8)	(3,5)	(2,4)	(1,9)
	(SD)		(41,9)	(24,7)	(31,3)	(32,8)	(30,1)	(20,7)	(40,4)	(27,6)	(30,3)	(37,5)	(25,8)	(20,6)
KG	MW	143	42,8	77,5	67,4	61,6	38,6	61,1	51,6	71,7	40,3	42,2	23,1	43,9
	(SEM)		(3,6)	(2,1)	(2,7)	(2,8)	(2,6)	(1,8)	(3,4)	(2,4)	(2,6)	(3,2)	(2,2)	(1,8)
	(SD)		(42,8)	(25,1)	(32,0)	(33,5)	(30,8)	(21,1)	(41,2)	(28,2)	(31,0)	(38,3)	(25,8)	(21,0)
			Leistungsposttest (Heizwert) (auf die Kovariaten adjustiert)						Follow up (Heizwert) (auf die Kovariaten adjustiert)					
			A 1	A 2	A 3	A 4	A 5	total	A 1	A 2	A 3	A 4	A 5	total
EG	MW	121	69,5	89,0	25,6	42,5	32,5	45,6	53,4	55,7	3,7	16,8	15,5	22,2
	(SEM)		(2,7)	(2,2)	(2,3)	(3,1)	(2,9)	(1,6)	(3,8)	(3,5)	(1,8)	(2,7)	(2,4)	(1,6)
	(SD)		(30,1)	(24,3)	(25,7)	(33,7)	(31,6)	(17,4)	(41,3)	(38,6)	(19,9)	(29,6)	(26,3)	(17,2)
KG	MW	143	74,6	91,1	25,5	54,1	40,6	51,1	62,2	62,6	12,3	27,0	20,2	30,4
	(SEM)		(2,6)	(2,1)	(2,2)	(2,9)	(2,7)	(1,5)	(3,6)	(3,3)	(1,7)	(2,5)	(2,3)	(1,5)
	(SD)		(31,0)	(25,1)	(26,5)	(34,7)	(32,5)	(18,0)	(42,5)	(39,8)	(20,5)	(29,9)	(27,1)	(17,7)

Erläuterungen: *MW* Mittelwert, *SEM* Standardfehler des Mittelwerts, *SD* Standardabweichung, *N* Stichprobenumfang

6.4.3.1 Leistungsbeständigkeit zum Thema „Wärmekapazität"

Die Ergebnisse der Signifikanztests zur Leistungsbeständigkeit im Themenbereich „spezifische Wärmekapazität" sind der Tab. 65 sowie der Tab. 66 zu entnehmen, eine grafische Veranschaulichung der deskriptiven Daten zeigt die Abb. 52. Bei der sich anschließenden Ergebnisdarstellung werden ausschließlich Innersubjekteffekte beschrieben, die sich auf einem Signifikanzniveau von 0,05 statistisch bedeutsam zeigen. Für eine vollständige Darstellung sei auf die genannten Tabellen verwiesen.

- Im Themenbereich „spezifische Wärmekapazität" hat die **Experimentalbedingung** einen statistisch bedeutsamen Einfluss auf die Leistungsbeständigkeit; dies gilt für das Gesamtergebnis des Leistungstests wie auch für drei der fünf Teilaufgaben (total: $F(1; 233) = 5,016$; $p = 0,026$; $\eta_p^2 = 0,021^-$; Aufgabe 1: $F(1; 233) = 4,906$; $p = 0,028$; $\eta_p^2 = 0,021^-$; Aufgabe 4: $F(1; 233) = 6,204$; $p = 0,013$; $\eta_p^2 = 0,026^-$; Aufgabe 5: $F(1; 233) = 8,061$; $p = 0,005$; $\eta_p^2 = 0,033^-$). Den hochgestellten Minuszeichen ist zu entnehmen, dass die Leistungsbeständigkeit – entgegen der Hypothese L2 (vgl. Kapitel 4) – in der KG höher ist als in der EG; allerdings gelten die Effektstärken allesamt als klein, weshalb der Effekt für die Unterrichtspraxis nur von geringer Bedeutung ist. Die Hypothese L2 ist zugunsten der H_0 zu verwerfen.

- Die unterrichtende **Lehrkraft** hat eine höchst signifikante Einwirkung auf die Beständigkeit der Gesamtleistung wie auch auf das Abschneiden in Teilaufgabe 5 (total: $F(4; 233) = 5{,}889$; $p < 0{,}001$; $\eta_p^2 = 0{,}092$; Aufgabe 5: $F(4; 233) = 10{,}226$; $p < 0{,}001$; $\eta_p^2 = 0{,}149$); die Effektstärken sind mittelgroß bis groß. Bei den Teilaufgaben 1 und 4 zeigt die Lehrkraft einen hoch signifikanten Einfluss mittlerer Größe (Aufgabe 1: $F(4; 233) = 3{,}934$; $p = 0{,}004$; $\eta_p^2 = 0{,}063$; Aufgabe 4: $F(4; 233) = 4{,}176$; $p = 0{,}003$; $\eta_p^2 = 0{,}067$).

- Aus dem Bereich der erhobenen Moderatorvariablen besitzen ausschließlich der **aktuelle mittlere Leistungsstand im Fach Physik** (Aufgabe 1: $F(1; 233) = 4{,}877$; $p = 0{,}028$; $\eta_p^2 = 0{,}021$; Aufgabe 5: $F(1; 233) = 12{,}330$; $p = 0{,}001$; $\eta_p^2 = 0{,}050$) sowie die allgemeine Intelligenz (Aufgabe 2: $F(1; 233) = 5{,}298$; $p = 0{,}022$; $\eta_p^2 = 0{,}022$) eine signifikante Wirkung auf die Leistungsbeständigkeit.

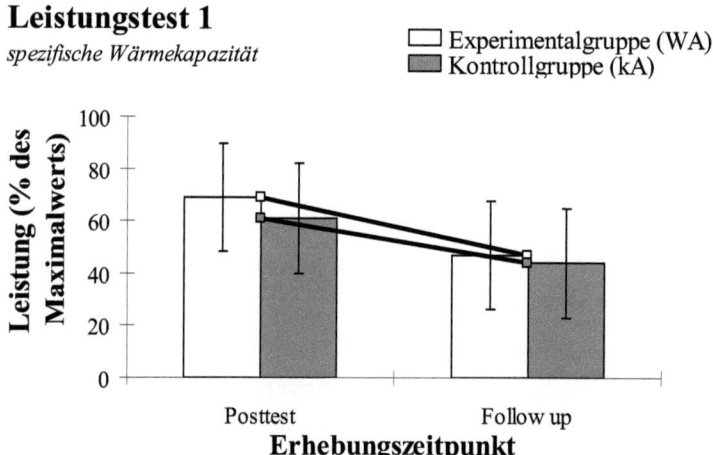

Abb. 52: Leistungsbeständigkeit im Themenbereich „Wärmekapazität" in Abhängigkeit des eingesetzten Aufgabentyps, gesamte Stichprobe (WA Werbeaufgaben, kA konventionelle Alltagsprobleme)

6.4 Ergebnisse der Gesamtstichprobe

Tab. 65: Ergebnisse der ANCOVA mit Messwiederholung zur Leistungsbeständigkeit im Themenbereich „Wärmekapazität" (Innersubjekteffekte)

	df	A 1 (I/II) $F(\eta_p^2)$	A 2 (II) $F(\eta_p^2)$	A 3 (III) $F(\eta_p^2)$	A 4 (III) $F(\eta_p^2)$	A 5 (IV) $F(\eta_p^2)$	Total $F(\eta_p^2)$
Haupteffekte und Interaktionen							
Leistungsverlauf LV	1	0,079 (0,000)	3,373 (0,014)	5,221* (0,022)	1,706 (0,007)	2,732 (0,012)	3,032 (0,013)
LV x GRUPPE	1	4,906* (0,021⁻)	0,078 (0,000)	0,191 (0,001)	6,204* (0,026⁻)	8,061** (0,033⁻)	5,016* (0,021⁻)
LV x GENDER	1	0,001 (0,000)	0,023 (0,000)	1,476 (0,006)	3,544 (0,015)	0,111 (0,000)	2,316 (0,010)
LV x LK	4	3,934** (0,063)	2,192 (0,036)	2,069 (0,034)	4,176** (0,067)	10,226*** (0,149)	5,880*** (0,092)
LV x GRUPPE x GENDER	1	0,002 (0,000)	0,008 (0,000)	1,256 (0,005)	2,283 (0,010)	1,652 (0,007)	0,096 (0,000)
LV x GRUPPE x LK	4	1,772 (0,030)	3,647** (0,059)	6,803*** (0,105)	4,006** (0,064)	0,245 (0,004)	5,420*** (0,085)
LV x GENDER x LK	3	1,814 (0,023)	0,710 (0,009)	0,996 (0,013)	0,550 (0,007)	0,030 (0,000)	0,528 (0,007)
LV x GRUPPE x GENDER x LK	3	1,020 (0,013)	3,084* (0,038)	1,066 (0,014)	3,776* (0,046)	1,318 (0,017)	1,479 (0,019)
Kovariate bzw. Moderatoren							
LV x TCI	1	0,057 (0,000)	0,122 (0,001)	0,919 (0,004)	1,985 (0,008)	0,001 (0,000)	1,370 (0,006)
LV x PHN	1	4,877* (0,021)	3,311 (0,014)	0,154 (0,001)	0,077 (0,000)	12,330** (0,050)	2,288 (0,010)
LV x LESE	1	1,875 (0,008)	0,002 (0,000)	0,241 (0,001)	0,038 (0,000)	0,260 (0,001)	0,120 (0,001)
LV x MT	1	0,121 (0,001)	0,529 (0,002)	0,158 (0,001)	0,367 (0,002)	0,314 (0,001)	0,240 (0,001)
LV x AI	1	0,097 (0,000)	5,298* (0,022)	1,355 (0,006)	0,007 (0,000)	1,027 (0,004)	0,018 (0,000)
LV x DN	1	0,713 (0,003)	3,436 (0,015)	0,189 (0,001)	0,536 (0,002)	0,044 (0,000)	0,363 (0,002)
LV x MN	1	0,770 (0,003)	2,451 (0,010)	2,183 (0,009)	0,125 (0,001)	1,952 (0,008)	0,023 (0,000)
LV x MOT	1	0,164 (0,001)	0,129 (0,001)	0,434 (0,002)	0,519 (0,002)	0,220 (0,001)	0,643 (0,003)
Error	233						

Erläuterungen: *** $p < 0,001$, ** $p < 0,01$, * $p < 0,05$; PISA-Kompetenzstufen: I nominell, II funktional (naturwissenschaftliches Alltagswissen), III funktional (naturwissenschaftliches Grundwissen), IV konzeptuell und prozedural, V konzeptuell und prozedural (Modelle) (vgl. Anhang F)

Tab. 66: Ergebnisse der ANCOVA mit Messwiederholung zur Leistungsbeständigkeit im Themenbereich „Wärmekapazität" (Zwischensubjekteffekte)

	df	A 1 (I/II) $F(\eta_p^2)$	A 2 (II) $F(\eta_p^2)$	A 3 (III) $F(\eta_p^2)$	A 4 (III) $F(\eta_p^2)$	A 5 (IV) $F(\eta_p^2)$	Total $F(\eta_p^2)$
Haupteffekte und Interaktionen							
Experimentalbedingung (GRUPPE)	1	2,109 (0,009)	1,593 (0,007)	6,621* (0,028)	0,084 (0,000)	2,774 (0,012)	5,557* (0,023)
Geschlecht (GENDER)	1	0,720 (0,003)	7,208** (0,030)	3,172 (0,013)	0,169 (0,001)	0,431 (0,002)	2,731 (0,012)
Lehrkraft (LK)	4	7,227*** (0,110)	32,371*** (0,357)	20,643*** (0,262)	9,425*** (0,139)	10,459*** (0,152)	30,296*** (0,342)
GRUPPE x GENDER	1	0,283 (0,001)	1,977 (0,008)	0,795 (0,003)	0,912 (0,004)	1,963 (0,008)	0,651 (0,003)
GRUPPE x LK	4	8,284*** (0,125)	12,538*** (0,177)	1,884 (0,031)	2,131 (0,035)	1,468 (0,025)	2,554* (0,042)
GENDER x LK	3	0,146 (0,002)	1,110 (0,014)	0,439 (0,006)	0,314 (0,004)	1,707 (0,022)	0,384 (0,005)
GRUPPE x GENDER x LK	3	2,573 (0,032)	0,459 (0,006)	1,099 (0,014)	0,481 (0,006)	0,133 (0,002)	1,149 (0,015)
Kovariate bzw. Moderatoren							
Konzepttest (TCI)	1	9,638** (0,040)	0,867 (0,004)	1,503 (0,006)	0,388 (0,002)	1,430 (0,006)	0,116 (0,000)
momentaner Leistungsstand in Physik (PHN)	1	16,495*** (0,066)	19,414*** (0,077)	14,656*** (0,059)	23,224*** (0,091)	18,245*** (0,073)	38,428*** (0,142)
Lesekompetenztest (LESE)	1	1,534 (0,007)	0,255 (0,001)	0,760 (0,003)	1,070 (0,005)	0,815 (0,003)	0,882 (0,004)
Mathematiktest (MT)	1	0,000 (0,000)	0,639 (0,003)	0,005 (0,000)	0,238 (0,001)	0,452 (0,002)	0,018 (0,000)
Allgemeine Intelligenz (AI)	1	0,408 (0,002)	0,091 (0,000)	5,993* (0,025)	0,335 (0,001)	0,638 (0,003)	3,184 (0,013)
Deutschnote (DN)	1	1,207 (0,005)	0,134 (0,001)	0,088 (0,000)	1,886 (0,008)	0,318 (0,001)	0,757 (0,003)
Mathematiknote (MN)	1	0,097 (0,000)	2,977 (0,013)	5,024* (0,021)	6,128* (0,026)	0,026 (0,000)	6,373* (0,027)
Motivationsprätest (MOT)	1	0,500 (0,002)	5,089* (0,021)	0,025 (0,000)	0,301 (0,001)	1,936 (0,008)	0,875 (0,004)
Error	233						

Erläuterungen: *** $p < 0{,}001$, ** $p < 0{,}01$, * $p < 0{,}05$; PISA-Kompetenzstufen: I nominell, II funktional (naturwissenschaftliches Alltagswissen), III funktional (naturwissenschaftliches Grundwissen), IV konzeptuell und prozedural, V konzeptuell und prozedural (Modelle) (vgl. Anhang F)

6.4.3.2 Leistungsbeständigkeit zum Thema „Heizwert"

Die Ergebnisse der Signifikanztests zur Leistungsbeständigkeit im Themenbereich „Heizwert" sind der Tab. 67 sowie der Tab. 68 zu entnehmen, eine grafische Veranschaulichung der deskriptiven Daten zeigt die Abb. 53. Im Folgenden werden ausschließlich Innersubjekteffekte beschrieben, die sich auf einem Signifikanzniveau von 0,05 statistisch bedeutsam zeigen. Für eine vollständige Ergebnisdarstellung sei auf die genannten Tabellen verwiesen.

6.4 Ergebnisse der Gesamtstichprobe

- Die **Experimentalbedingung** hat ausschließlich bei Teilaufgabe 3 einen statistisch bedeutsamen Einfluss auf die Leistungsbeständigkeit ($F(1; 238) = 5,994$; $p = 0,015$; $\eta_p^2 = 0,025^-$). Den deskriptiven Daten ist zu entnehmen, dass dieses Ergebnis der Hypothese L2 (vgl. Kapitel 4) widerspricht, die Leistungsbeständigkeit in der KG somit höher ist als in der EG; da der Effekt jedoch ausschließlich bei Aufgabe 3 und nur mit geringer Effektstärke auftritt, ist er für die Unterrichtspraxis von geringer Bedeutung. Die Hypothese L2 ist zu verwerfen.

- Das **Geschlecht** zeigt bei Teilaufgabe 1 einen signifikanten Einfluss auf die Leistungsbeständigkeit ($F(1; 238) = 5,309$; $p = 0,022$; $\eta_p^2 = 0,022$); die Effektstärke ist klein.

- Die unterrichtende **Lehrkraft** hat eine höchst signifikante Einwirkung auf die Beständigkeit der Gesamtleistung wie auch auf das Abschneiden in Teilaufgabe 3 (total: $F(4; 238) = 9,166$; $p < 0,001$; $\eta_p^2 = 0,133$; Aufgabe 3: $F(4; 238) = 11,510$; $p < 0,001$; $\eta_p^2 = 0,162$); die Effektstärken sind mittelgroß bis groß. Bei den übrigen Teilaufgaben zeigt die Lehrkraft einen hoch signifikanten Einfluss mittlerer Größe (Aufgabe 1: $F(4; 238) = 5,087$; $p = 0,001$; $\eta_p^2 = 0,079$; Aufgabe 2: $F(4; 238) = 4,413$; $p = 0,002$; $\eta_p^2 = 0,069$; Aufgabe 4: $F(4; 238) = 4,974$; $p = 0,001$; $\eta_p^2 = 0,077$; Aufgabe 5: $F(4; 238) = 3,791$; $p = 0,005$; $\eta_p^2 = 0,060$).

- Aus dem Bereich der erhobenen Moderatorvariablen besitzen ausschließlich der **aktuelle mittlere Leistungsstand im Fach Physik** (total: $F(1; 238) = 5,051$; $p = 0,026$; $\eta_p^2 = 0,021$; Aufgabe 5: $F(1; 238) = 12,448$; $p = 0,001$; $\eta_p^2 = 0,050$) sowie die **Ergebnisse des standardisierten Mathematiktests** (Aufgabe 2: $F(1; 238) = 8,239$; $p = 0,004$; $\eta_p^2 = 0,033$) eine signifikante Wirkung auf die Leistungsbeständigkeit.

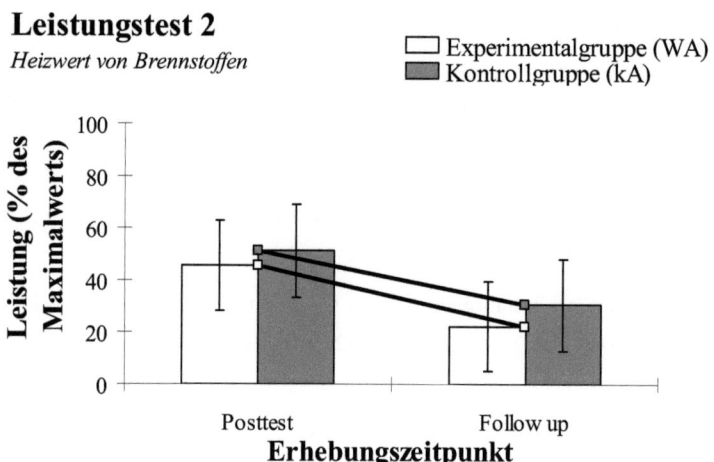

Abb. 53: Leistungsbeständigkeit im Themenbereich „Heizwert" in Abhängigkeit des eingesetzten Aufgabentyps, gesamte Stichprobe (WA Werbeaufgaben, kA konventionelle Alltagsprobleme)

6.4 Ergebnisse der Gesamtstichprobe

Tab. 67: Ergebnisse der ANCOVA mit Messwiederholung zur Leistungsbeständigkeit im Themenbereich „Heizwert" (Innersubjekteffekte)

	df	A1 (I) $F(\eta_p^2)$	A2 (II) $F(\eta_p^2)$	A3 (III) $F(\eta_p^2)$	A4 (III) $F(\eta_p^2)$	A5 (IV) $F(\eta_p^2)$	Total $F(\eta_p^2)$
Haupteffekte und Interaktionen							
Leistungsverlauf LV	1	0,133 (0,001)	0,943 (0,004)	1,806 (0,008)	1,133 (0,005)	4,473* (0,018)	4,849* (0,020)
LV x GRUPPE	1	0,741 (0,003)	0,987 (0,004˙)	5,994* (0,025˙)	0,133 (0,001˙)	0,350 (0,001˙)	1,426 (0,006˙)
LV x GENDER	1	5,309* (0,022)	0,654 (0,003)	0,934 (0,004)	0,111 (0,000)	2,549 (0,011)	1,136 (0,005)
LV x LK	4	5,087** (0,079)	4,413** (0,069)	11,510*** (0,162)	4,974** (0,077)	3,791** (0,060)	9,166*** (0,133)
LV x GRUPPE x GENDER	1	0,240 (0,001)	2,866 (0,012)	0,000 (0,000)	0,293 (0,001)	0,007 (0,000)	0,602 (0,003)
LV x GRUPPE x LK	4	1,475 (0,024)	4,553** (0,071)	1,378 (0,023)	1,698 (0,028)	0,836 (0,014)	2,565* (0,041)
LV x GENDER x LK	3	0,536 (0,007)	0,595 (0,007)	2,450 (0,030)	1,403 (0,017)	1,424 (0,018)	0,853 (0,011)
LV x GRUPPE x GENDER x LK	3	0,532 (0,007)	1,418 (0,018)	2,326 (0,028)	0,603 (0,008)	0,128 (0,002)	1,813 (0,022)
Kovariate bzw. Moderatoren							
LV x TCI	1	0,202 (0,001)	2,584 (0,011)	0,000 (0,000)	0,209 (0,001)	1,030 (0,004)	0,192 (0,001)
LV x PHN	1	0,033 (0,000)	0,872 (0,004)	2,027 (0,008)	2,374 (0,010)	12,448** (0,050)	5,051* (0,021)
LV x LESE	1	0,133 (0,001)	0,637 (0,003)	0,376 (0,002)	0,117 (0,000)	0,859 (0,004)	0,137 (0,001)
LV x MT	1	1,628 (0,007)	8,239** (0,033)	0,000 (0,000)	1,110 (0,005)	0,102 (0,000)	0,528 (0,002)
LV x AI	1	0,002 (0,000)	0,015 (0,000)	0,163 (0,001)	0,678 (0,003)	0,000 (0,000)	0,498 (0,002)
LV x DN	1	3,328 (0,014)	0,052 (0,000)	0,132 (0,001)	1,068 (0,004)	2,301 (0,010)	2,927 (0,012)
LV x MN	1	0,082 (0,000)	0,086 (0,000)	0,004 (0,000)	0,001 (0,000)	0,699 (0,003)	0,041 (0,000)
LV x MOT	1	0,549 (0,002)	0,042 (0,000)	0,064 (0,000)	0,084 (0,000)	0,297 (0,001)	0,000 (0,000)
Error	238						

Erläuterungen: *** $p < 0{,}001$, ** $p < 0{,}01$, * $p < 0{,}05$; PISA-Kompetenzstufen: I nominell, II funktional (naturwissenschaftliches Alltagswissen), III funktional (naturwissenschaftliches Grundwissen), IV konzeptuell und prozedural, V konzeptuell und prozedural (Modelle) (vgl. Anhang F)

Tab. 68: Ergebnisse der ANCOVA mit Messwiederholung zur Leistungsbeständigkeit im Themenbereich „Heizwert" (Zwischensubjekteffekte)

	df	A 1 (I) $F(\eta_p^2)$	A 2 (II) $F(\eta_p^2)$	A 3 (III) $F(\eta_p^2)$	A 4 (III) $F(\eta_p^2)$	A 5 (IV) $F(\eta_p^2)$	Total $F(\eta_p^2)$
Haupteffekte und Interaktionen							
Experimentalbedingung (GRUPPE)	1	7,091** (0,029)	3,234 (0,013)	4,087* (0,017)	12,605*** (0,050)	5,478* (0,022)	17,408*** (0,068)
Geschlecht (GENDER)	1	12,522*** (0,050)	0,094 (0,000)	0,026 (0,000)	5,029* (0,021)	5,137* (0,021)	1,083 (0,005)
Lehrkraft (LK)	4	4,869** (0,076)	9,126*** (0,133)	6,904*** (0,104)	14,688*** (0,198)	13,217*** (0,182)	21,202*** (0,263)
GRUPPE x GENDER	1	2,664 (0,011)	2,348 (0,010)	0,020 (0,000)	0,225 (0,001)	0,445 (0,002)	1,106 (0,005)
GRUPPE x LK	4	11,291*** (0,159)	9,248*** (0,135)	0,883 (0,015)	1,964 (0,032)	0,480 (0,008)	4,295** (0,067)
GENDER x LK	3	4,110** (0,049)	1,556 (0,019)	0,769 (0,010)	2,017 (0,025)	0,958 (0,012)	3,061* (0,037)
GRUPPE x GENDER x LK	3	2,020 (0,025)	1,115 (0,014)	0,773 (0,010)	1,294 (0,016)	0,493 (0,006)	1,233 (0,015)
Kovariate bzw. Moderatoren							
Konzepttest (TCI)	1	2,904 (0,012)	0,837 (0,004)	0,076 (0,000)	0,353 (0,001)	2,154 (0,009)	0,051 (0,000)
momentaner Leistungsstand (PHN)	1	4,124* (0,017)	5,194* (0,021)	10,290** (0,041)	10,169** (0,041)	10,885** (0,044)	21,774*** (0,084)
Lesekompetenztest (LESE)	1	0,055 (0,000)	1,633 (0,007)	0,886 (0,004)	0,441 (0,002)	0,078 (0,000)	0,864 (0,004)
Mathematiktest (MT)	1	0,053 (0,000)	3,828 (0,016)	7,533** (0,031)	8,977** (0,036)	3,542 (0,015)	13,178*** (0,052)
Allgemeine Intelligenz (AI)	1	0,021 (0,000)	0,528 (0,002)	0,454 (0,002)	0,000 (0,000)	0,058 (0,000)	0,000 (0,000)
Deutschnote (DN)	1	1,629 (0,007)	0,422 (0,002)	0,177 (0,001)	0,009 (0,000)	4,093* (0,017)	0,080 (0,000)
Mathematiknote (MN)	1	1,820 (0,008)	0,310 (0,001)	4,903* (0,020)	6,042* (0,025)	0,039 (0,000)	6,755* (0,028)
Motivationsprätest (MOT)	1	0,114 (0,000)	0,367 (0,002)	0,514 (0,002)	0,002 (0,000)	0,640 (0,003)	0,000 (0,000)
Error	238						

Erläuterungen: *** $p < 0,001$, ** $p < 0,01$, * $p < 0,05$; PISA-Kompetenzstufen: I nominell, II funktional (naturwissenschaftliches Alltagswissen), III funktional (naturwissenschaftliches Grundwissen), IV konzeptuell und prozedural, V konzeptuell und prozedural (Modelle) (vgl. Anhang F)

6.4.4 Zusammenfassung

Beim Vergleich des Motivationsverlaufs von EG und KG zeigte sich ein höchst signifikanter und praktisch relevanter Einfluss der Experimentalbedingung auf den zeitlichen Verlauf der abhängigen Variablen „Motivation". Dies gilt für die Gesamtmotivation wie auch für die beiden Subskalen „Realitätsbezug/Authentizität" und „Selbstkonzept" (gesamt: $F(3; 209) = 7,469$; $p < 0,001$; $\eta_p^2 = 0,097$; RA: $F(3; 209) = 6,542$; $p < 0,001$; $\eta_p^2 = 0,086$; SK: $F(3; 209) = 8,331$; $p < 0,001$; $\eta_p^2 = 0,107$). Entsprechend der Klassifikation zur Beurteilung des partiellen Eta-Quadrats sind alle beschriebenen Effekte mittelgroß, die H_0 wird zugunsten der Alternativhypothese M1 verworfen: „Werbeaufgaben" führen zu einem höheren Motivationsgrad verglichen mit konventionellen Alltagsproblemen. Bei der Betrachtung aller Messzeitpunkte konnte dagegen ein Unterschied im zeitlichen Verlauf der intrinsischen Motivation nicht nachgewiesen werden.

Die beschriebenen Motivationseffekte des Lernmaterials hängen, im Einklang mit den Ergebnissen der Pilotstudie, offensichtlich von der Anzahl der eingesetzten Aufgaben ab. So bleiben bei der Gesamtmotivation sowie den Subskalen „Realitätsbezug/Authentizität" und „Selbstkonzept" die Vergleiche Prätest – Posttest 1 insignifikant und erst bei dem Kontrast Prätest 1 – Posttest 2 kommt es dagegen zu höchst signifikanten Unterschieden mit kleinen bis mittelgroßen Effektstärken (gesamt: $F(1; 211) = 16{,}796$; $p < 0{,}001$; $\eta_p^2 = 0{,}074$; RA: $F(1; 211) = 12{,}939$; $p < 0{,}001$; $\eta_p^2 = 0{,}058$; SK: $F(1; 211) = 17{,}809$; $p < 0{,}001$; $\eta_p^2 = 0{,}078$). Und nach voller Aufgabendosis zeigt sich sogar der Einfluss auf den Verlauf der intrinsischen Motivation statistisch bedeutsam ($F(1; 211) = 4{,}485$; $p = 0{,}018$; $\eta_p^2 = 0{,}021$).

Zur Untersuchung der Nachhaltigkeit des vorhandenen Treatmenteffekts (M2, vgl. Kapitel 4) wurde geprüft, ob sich EG und KG im Motivationsverlauf zwischen Prä- und Follow up-Messung unterscheiden. Im Gegensatz zur Pilotstudie lieferten diese Tests jedoch keine signifikanten Unterschiede, weshalb auch für die Gesamtstichprobe der Hauptstudie die Hypothese M2 verworfen werden muss: Die durch das Ankermedium „Werbeanzeige" hervorgerufenen Motivationsunterschiede haben keinen dauerhaften Bestand.

Beim Vergleich der Leistung im Themenbereich „spezifische Wärmekapazität" schneiden die Schülerinnen und Schüler der EG unter Berücksichtigung der Kovariaten signifikant besser ab als die Lernenden der KG ($F(1; 248) = 11{,}991$; $p < 0{,}001$; $\eta_p^2 = 0{,}046$). Die Hypothese L1 kann somit für den Bereich „spezifische Wärmekapazität" bestätigt werden, d. h. „Werbeaufgaben" führen zu einem höheren Leistungsoutput als konventionelle Alltagsprobleme. Für das Thema „Heizwert" bleibt ein solcher Nachweis nicht nur aus, sondern es kommt sogar zu einem signifikanten Unterschied zum Vorteil der KG ($F(1; 249) = 5{,}554$; $p = 0{,}019$; $\eta_p^2 = 0{,}022^-$); vermutlich beruht dieser jedoch auf einer Besonderheit im zeitlichen Ablauf der Untersuchung bei Forschungsfrage II (vgl. 6.2.2.2.1). Berücksichtigt man bei der Analyse ausschließlich die Teilstichproben von Forschungsfrage I und III, so ergibt sich kein signifikanter Leistungsunterschied zwischen den Lerngruppen.

Im Themenbereich „spezifische Wärmekapazität" hat die Experimentalbedingung einen statistisch bedeutsamen, jedoch kleinen Einfluss auf die Leistungsbeständigkeit ($F(1; 233) = 5,016$; $p = 0,026$; $\eta_p^2 = 0,021^-$). Auch dieser widerspricht der Hypothese L2, was aufgrund des kleinen Effekts für die Unterrichtspraxis jedoch nur von geringer Bedeutung ist. Da beim Lerngegenstand „Heizwert" keine Wirkung der Experimentalbedingung auf die Leistungsbeständigkeit nachzuweisen war, ist die Hypothese L2 für beide Themenbereiche zugunsten der H_0 zu verwerfen: „Werbeaufgaben" führen nicht zu einer höheren Leistungsbeständigkeit als konventionell formulierte Alltagsprobleme.

6.5 Zusammenfassung und Umrechnung der wichtigsten Effektstärken

Aufgrund der Vielzahl der in dieser Arbeit präsentierten Effektstärken, wurde aus Gründen der Einfachheit – das benutzte Statistikprogramm SPSS berechnet ausschließlich das partielle Eta-Quadrat – durchgängig das partielle Eta-Quadrat verwendet. Eine Umrechnung der wichtigsten Effekte in η^2, ω^2 und d (vgl. 3.2.3.1) kann den nachfolgenden Tabellen entnommen werden.

Aus Tab. 69 gehen neben den Umrechnungen der wichtigsten Effektmaße zum Motivationsverlauf außerdem die Ergebnisse der gesamten Stichprobe – zusammengesetzt aus den Stichproben der Vor- und Hauptuntersuchung – hervor wie auch die Ergebnisse für die gemeinsame Betrachtung der Pilotstudie mit der Teilstichprobe von Forschungsfrage I. Letztgenannte Betrachtung findet ihre Begründung in der Tatsache, dass zum Erzielen eines für die Praxis relevanten Unterschieds (mittlerer Effekt) die Aufgabendosis einen Schwellenwert überschreiten muss (vgl. 6.6.1; Tab. 73). Dieser liegt zwischen neun und zehn Aufgaben und ist somit gerade bei der Voruntersuchung sowie beim Design von Forschungsfrage I überschritten.

Bei den Darstellungen zum Einfluss der Experimentalbedingung auf die Leistung bzw. den Leistungsverlauf (Tab. 70) wurden zusätzlich zu den in den Kapiteln 6.1.2 und 6.2.2 für die Teilstichproben von Forschungsfrage I und II präsentierten Ergebnisse der durchgeführten Kovarianzanalysen mit Messwiederholung die Folgerungen einfacher Kovarianzanalysen ergänzt, welche die Leistung am Ende der jeweiligen Instruktion unter Berücksichtigung der erfassten Kovariaten miteinander vergleichen.

6.5 Zusammenfassung und Umrechnung der wichtigsten Effektstärken

Tab. 69: Verschiedene Effektstärken für den Vergleich des zeitlichen Verlaufs des Motivationsgrads von EG und KG bei voller Aufgabendosis (Kontrastvariable Prätest 1 – Posttest 2)

Stichprobe (Kapitelhinweis)	Skala	df (df_{Error})	F (η_p^2)	η^2	ω^2	d
Stichprobe der Voruntersuchung (vgl. 3.3.1)	Gesamtmotivation	1 (33)	8,361** (0,202)	0,192	0,163	0,97
	Realitätsbezug/Authentizität	1 (33)	5,408* (0,141)	0,135	0,106	0,79
	Selbstkonzept	1 (33)	13,405*** (0,289)	0,258	0,230	1,18
	intrinsische Motivation	1 (33)	2,160 (0,061)	0,053	0,024	0,48
Stichprobe von Forschungsfrage I (vgl. 6.1.1)	Gesamtmotivation	1 (74)	17,145*** (0,188)	0,143	0,130	0,82
	Realitätsbezug/Authentizität	1 (74)	10,560** (0,125)	0,096	0,083	0,65
	Selbstkonzept	1 (74)	17,861*** (0,194)	0,154	0,141	0,85
	intrinsische Motivation	1 (74)	6,438** (0,080)	0,063	0,050	0,52
Stichprobe von Forschungsfrage II (vgl. 6.2.1)	Gesamtmotivation	1 (47)	0,004 (<0,001)	<0,001	0,000	0,00
	Realitätsbezug/Authentizität	1 (47)	0,154 (0,003)	0,003	0,000	0,00
	Selbstkonzept	1 (47)	0,455 (0,010)	0,009	0,000	0,00
	intrinsische Motivation	1 (47)	0,896 (0,019)	0,018	0,000	0,00
Stichprobe von Forschungsfrage III (vgl. 6.3.1)	Gesamtmotivation	1 (72)	3,581* (0,047)	0,038	0,025	0,40
	Realitätsbezug/Authentizität	1 (72)	3,364* (0,045)	0,039	0,025	0,40
	Selbstkonzept	1 (72)	2,036 (0,027)	0,022	0,008	0,30
	intrinsische Motivation	1 (72)	1,257 (0,017)	0,014	0,001	0,24
gesamte Stichprobe der Hauptuntersuchung (vgl. 6.4.1)	Gesamtmotivation	1 (211)	16,796*** (0,074)	0,061	0,057	0,51
	Realitätsbezug/Authentizität	1 (211)	12,939*** (0,058)	0,051	0,046	0,46
	Selbstkonzept	1 (211)	17,809*** (0,078)	0,062	0,057	0,51
	intrinsische Motivation	1 (211)	4,485* (0,021)	0,018	0,014	0,28
Stichprobe der Voruntersuchung + Hauptuntersuchung	Gesamtmotivation	1 (250)	30,832*** (0,110)	0,093	0,089	0,64
	Realitätsbezug/Authentizität	11 (250)	20,976*** (0,077)	0,068	0,064	0,54
	Selbstkonzept	1 (250)	39,433*** (0,136)	0,107	0,103	0,69
	intrinsische Motivation	1 (250)	8,552** (0,033)	0,029	0,025	0,35
Stichprobe der Voruntersuchung + Teilstichprobe von FF I (Aufgabenzahl > 10)	Gesamtmotivation	1 (112)	26,419*** (0,191)	0,172	0,163	0,91
	Realitätsbezug/Authentizität	1 (112)	14,502*** (0,115)	0,103	0,094	0,68
	Selbstkonzept	1 (112)	36,244*** (0,244)	0,211	0,202	1,03
	intrinsische Motivation	1 (112)	9,968** (0,082)	0,072	0,063	0,56

Erläuterungen: Die beim F-Wert angegebene Signifikanz ist von der jeweiligen Effektstärke unabhängig; *** $p < 0,001$, ** $p < 0,01$, * $p < 0,05$

Tab. 70: Verschiedene Effektgrößen für den Einfluss der Experimentalbedingung auf die Leistung unter Berücksichtigung verschiedener Auswerteverfahren

	df (df$_{Error}$)	F (η_b^2)	η^2	ω^2	d	Auswerteverfahren (Variablen)
Wirkung der Experimentalbedingung auf das Abschneiden im Leistungstests der Vorstudie						
VU	1 (31)	9,457** (0,234)	0,140	0,109	0,81	ANCOVA unter Berücksichtigung der in Tab. 2 dargestellten Kovariaten
Wirkung der Experimentalbedingung im Themenbereich „Wärmekapazität"						
HU gesamt	1 (248)	11,991*** (0,046)	0,032	0,028	0,36	ANCOVA unter Berücksichtigung der in Tab. 19 dargestellten Kovariaten
FF I + II	1 (154)	5,481* (0,034)	0,025	0,019	0,32	ANCOVA (unter Berücksichtigung der in Tab. 19 dargestellten Kovariaten)
FF I + II	1 (153)	n. s.				ANCOVA (als weitere Kovariate wird das Abschneiden im Leistungsprätest 1 berücksichtigt)
FF I + II	1 (154)	n. s.				ANCOVA mit Messwiederholung (unter Berücksichtigung der in Tab. 19 dargestellten Kovariaten)
FF I	1 (98)	5,010* (0,049)	0,037	0,027	0,39	ANCOVA (unter Berücksichtigung der in Tab. 19 dargestellten Kovariaten)
FF I	1 (97)	n. s.				ANCOVA (als weitere Kovariate wird das Abschneiden im Leistungsprätest 1 berücksichtigt)
FF I	1 (98)	6,696* (0,064⁻)	0,050⁻	0,040⁻	-0,46	ANCOVA mit Messwiederholung (unter Berücksichtigung der in Tab. 19 dargestellten Kovariaten)
FF II	1 (48)	3,483* (0,068)	0,041	0,020	0,41	ANCOVA (unter Berücksichtigung der in Tab. 19 dargestellten Kovariaten)
FF II	1 (47)	3,632* (0,072)	0,043	0,023	0,43	ANCOVA (als weitere Kovariate wird das Abschneiden im Leistungsprätest 1 berücksichtigt)
FF II	1 (48)	4,506* (0,086)	0,053	0,032	0,47	ANCOVA mit Messwiederholung (unter Berücksichtigung der in Tab. 19 dargestellten Kovariaten)
FF III	1 (81)	5,142* (0,060)	0,046	0,033	0,44	ANCOVA (unter Berücksichtigung der in Tab. 19 dargestellten Kovariaten)
Wirkung der Experimentalbedingung im Themenbereich „Heizwert"						
HU gesamt	1 (249)	5,554* (0,022⁻)	0,014⁻	0,010⁻	-0,24	ANCOVA unter Berücksichtigung der in Tab. 19 dargestellten Kovariaten
FF I + II	1 (152)	n. s.				ANCOVA (unter Berücksichtigung der in Tab. 19 dargestellten Kovariaten)
FF I + II	1 (151)	n. s.				ANCOVA (als weitere Kovariate wird das Abschneiden im Leistungsprätest 2 berücksichtigt)
FF I + II	1 (152)	n. s.				ANCOVA mit Messwiederholung (unter Berücksichtigung der in Tab. 19 dargestellten Kovariaten)
FF I	1 (99)	n. s.				ANCOVA (unter Berücksichtigung der in Tab. 19 dargestellten Kovariaten)
FF I	1 (98)	n. s.				ANCOVA (als weitere Kovariate wird das Abschneiden im Leistungsprätest 2 berücksichtigt)
FF I	1 (99)	n. s.				ANCOVA mit Messwiederholung (unter Berücksichtigung der in Tab. 19 dargestellten Kovariaten)
FF II	1 (45)	14,197*** (0,240⁻)	0,209⁻	0,188⁻	-1,03	ANCOVA (unter Berücksichtigung der in Tab. 19 dargestellten Kovariaten)
FF II	1 (44)	12,699** (0,224⁻)	0,184⁻	0,163⁻	-0,95	ANCOVA (als weitere Kovariate wird das Abschneiden im Leistungsprätest 2 berücksichtigt)
FF II	1 (45)	7,447** (0,142⁻)	0,126⁻	0,104⁻	-0,76	ANCOVA mit Messwiederholung (unter Berücksichtigung der in Tab. 19 dargestellten Kovariaten)
FF III	1 (84)	n. s.				ANCOVA (unter Berücksichtigung der in Tab. 19 dargestellten Kovariaten)

Erläuterungen: VU Voruntersuchung, HU Hauptuntersuchung; die beim F-Wert angegebene Signifikanz ist von der jeweiligen Effektstärke unabhängig; *** $p < 0,001$, ** $p < 0,01$, * $p < 0,05$

Tab. 71: Verschiedene Effektgrößen für den Einfluss der Experimentalbedingung auf die Leistungsbeständigkeit

	df (df$_{Error}$)	F (η_b^2)	η^2	ω^2	d	Auswerteverfahren (Variablen)
gesamt (WK)	1 (233)	5,016* (0,021⁻)	0,017⁻	0,012⁻	-0,26	ANCOVA mit Messwiederholung (unter Berücksichtigung der in Tab. 19 dargestellten Kovariaten)
gesamt (H)	1 (233)	n. s.				ANCOVA mit Messwiederholung (unter Berücksichtigung der in Tab. 19 dargestellten Kovariaten)

Erläuterungen: WK Wärmekapazität, H Heizwert; die beim F-Wert angegebene Signifikanz ist von der jeweiligen Effektstärke unabhängig; *** $p < 0,001$, ** $p < 0,01$, * $p < 0,05$

6.6 Dosis-Wirkungsanalyse des Motivationseffekts

6.6.1 Vergleich der Effektstärken

Zur Prüfung des vermuteten Dosis-Wirkungs-Zusammenhangs (Hypothesen M4, Kapitel 4) erfolgt ein einfacher Vergleich der für die verschiedenen Teilstichproben berechneten Effektgrößen. Betrachtet werden hierzu die jeweiligen Motivationsunterschiede zwischen EG und KG, welche sich am Ende der Instruktion zum Thema „Heizwert", also nach voller Aufgabendosis einstellen. Dabei wird außer Acht gelassen, dass die Designs – abgesehen von der unterschiedlichen Zahl bearbeiteter Aufgaben – nicht vollständig miteinander übereinstimmen[29].

Die Effektstärken in Abhängigkeit der Zahl bearbeiteter Aufgaben sind für die Gesamtmotivation wie auch für die drei Subskalen des Inventars in Tab. 72 dargestellt. Es ist offenkundig, dass die Größe des Motivationsunterschieds mit der Aufgabendosis variiert und ebenso augenscheinlich zeigt sich für die Gesamtmotivation und die Subskalen „Realitätsbezug/Authentizität" sowie „Selbstkonzept" ein monoton steigender Zusammenhang zwischen dem Ausmaß des Effekts und der eingesetzten Zahl von Aufgaben. Für die genannten Skalen ist die Hypothese M4 (vgl. Kapitel 4) somit anzunehmen. Bei der Unterdimension „intrinsische Motivation/Engagement" ist dagegen kein konsistenter Dosis-Wirkungs-Effekt zu verzeichnen. Dies ist deshalb nicht erstaunlich, da für die intrinsische Motivation ausschließlich bei der Teilstichprobe von

---

[29] Möchte man Diskrepanzen der Effektgrößen auf die unterschiedliche Zahl bearbeiteter Aufgaben zurückführen, so stellen identische Testabläufe eine methodische Grundvoraussetzung dar, welche im vorliegenden Fall streng genommen verletzt ist. Da sich die Designs jedoch stark ähneln (die von FF I und II stimmen sogar völlig miteinander überein), erscheint ein Vergleich der Effektstärken gerechtfertigt und die formulierten Ergebnisse können zumindest in der Tendenz gedeutet werden.

Forschungsfrage I ein signifikanter Unterschied zwischen EG und KG nachweisbar war.

Neben dem monoton wachsenden Zusammenhang von Dosis und Wirkung fällt ferner auf, dass sich praktisch relevante Unterschiede zwischen EG und KG erst beim Überschreiten eines Schwellenwerts einstellen und dass dieser über der Aufgabendosis von Forschungsfrage II liegen muss (> 6 Aufgaben). Oberhalb dieses Schwellenwerts steigt die Effektstärke rasch an und erreicht schließlich eine Sättigung. Ein Hinweis auf die beschriebene Sättigungsgrenze liefert der Vergleich der Effektstärken von Forschungsfrage I mit denen der Pilotstudie; zumindest bei der Gesamtmotivation und der Subskala „Realitätsbezug/Authentizität" geht ein starker Anstieg der Aufgabendosis (von 11 auf 17!) nicht mit einem deutlichen Effektstärkenzuwachs einher (Gesamtmotivation: $\Delta d = 0{,}15$; RA: $\Delta d = 0{,}14$).

Eine mathematische Funktion, welche standardmäßig zur Beschreibung von Wachstum mit Schwellenwert und Sättigung herangezogen wird (Walz, 2003; Stichwort: „Wachstumsmodelle"), ist die sigmoidale oder logistische Funktion (Abb. 54). Es gilt:

$$d(n) = \frac{g}{1+e^{-\frac{n-n_0}{k}}}$$

g Sättigungsgrenze
n Aufgabenzahl
n_0 Lage des Wendepunkts
k Steigungsparameter

Passt man die Sigmoide an die Datensätze von Tab. 72 an, so ergeben sich die in Tab. 73 dargestellten Funktionen, welche in den Abb. 55 bis Abb. 57 grafisch veranschaulicht sind. Mit ihnen kann z. B. berechnet werden, welche Aufgabendosis notwendig ist, um einen mittleren oder großen Unterschied im Motivationsverlauf zwischen EG und KG zu erwirken (Tab. 73). So sind bzgl. der Gesamtmotivation für einen mittleren Effekt ($d > 0{,}50$) ca. 9 bis 10 Aufgaben notwendig, für einen großen Effekt ($d > 0{,}80$) müssten dagegen etwa 11 Problemstellungen bearbeitet werden. Natürlich darf man diese Analyse nicht überbewerten, gerade weil die Zahl der Datenpunkte für eine sigmoidale Kurvenanpassung sehr gering ist; die Sigmoide lässt sich stets an drei monoton steigende Datenpunkte anpassen. Dass nun aber alle fünf Wertepaare nahezu exakt auf den berechneten Sigmoiden liegen – die adjustierten r-Quadrate[30] liegen nahe an eins (!) – ist keineswegs selbstverständlich und liefert ein Hinweis darauf, dass die

---

[30] Das adjustierte r-Quadrat ($r^2_{adj.}$) ist ein Maß für die Vorhersagekraft eines Regressionsmodells und nimmt Werte zwischen 0 (keine Vorhersagekraft) bis 1 (perfekte Vorhersagekraft) an.

6.6 Dosis-Wirkungsanalyse des Motivationseffekts

Ergebnisse zumindest in die richtige Richtung zeigen. Darüber hinaus liefern die berechneten Funktionen weitere Forschungsperspektiven; z. B. könnte man Untersuchungen mit anderen Aufgabendosen durchführen und testen, wie „gut" die neuen Datenpunkte an den gefitteten Kurven liegen. Ein erster Schritt in diesem Zusammenhang wäre die Prüfung der angegebenen Sättigungsgrenzen.

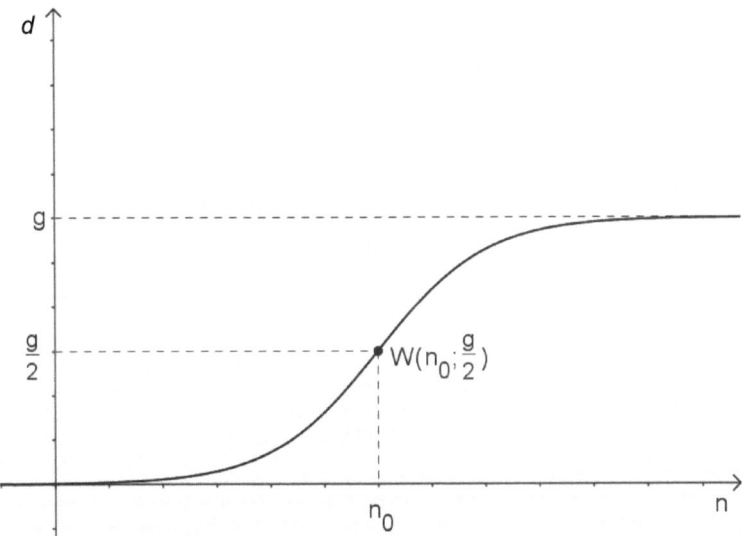

Abb. 54: Parameter der Sigmoidfunktion (g Sättigungsgrenze, n Aufgabenzahl, W Wendepunkt, n_0 Abszissenabschnitt des Wendepunkts, g/2 Ordinatenabschnitt des Wendepunkts)

Tab. 72: Motivationsunterschiede zwischen EG und KG in Abhängigkeit der Aufgabendosis

Abhängige Variable (Abbildungsverweis)	Anzahl der Aufgaben	Effektmaß[#] (d)	Stichprobe	Testablauf	Ergebnisdarstellung Kapitel	Tabelle
Gesamtmotivation (Abb. 55)	0	0,00	-	-	-	-
	6	0,00	FF II	5.4.3	6.2.1	Tab. 37
	9	0,40	FF III	5.4.4	6.3.1	Tab. 44
	11	0,82	FF I	5.4.2	6.1.1	Tab. 29
	17	0,97	Pilotstudie	3.2.4	3.3.1	Tab. 11
Realitätsbezug/Authentizität (Abb. 56)	0	0,00	-	-	-	-
	6	0,00	FF II	5.4.3	6.2.1	Tab. 37
	9	0,40	FF III	5.4.4	6.3.1	Tab. 44
	11	0,65	FF I	5.4.2	6.1.1	Tab. 29
	17	0,79	Pilotstudie	3.2.4	3.3.1	Tab. 11
Selbstkonzept (Abb. 57)	0	0,00	-	-		
	6	0,00	FF II	5.4.3	6.2.1	Tab. 37
	9	0,30	FF III	5.4.4	6.3.1	Tab. 44
	11	0,85	FF I	5.4.2	6.1.1	Tab. 29
	17	1,18	Pilotstudie	3.2.4	3.3.1	Tab. 11
Intrinsische Motivation/Engagement	0	0,00	-	-	-	-
	6	0,00	FF II	5.4.3	6.2.1	Tab. 37
	9	0,24	FF III	5.4.4	6.3.1	Tab. 44
	11	0,52	FF I	5.4.2	6.1.1	Tab. 29
	17	0,48	Pilotstudie	3.2.4	3.3.1	Tab. 11

Erläuterungen: Dass sich bei null Aufgaben kein Effekt infolge des Treatmentfaktors einstellt, ist eine triviale Aussage, die nicht experimentell geprüft werden muss; FF Forschungsfrage; [#] Effektstärke Cohen's d für den Vergleich des Motivationsverlaufs zwischen EG und KG (Vergleich der Kontrastvariablen Prätest 1 – Posttest 2)

Tab. 73: Sigmoidale Kurvenanpassung der Dosis-Wirkungs-Beziehung

Abhängige Variable (Abbildungsverweis)	Sigmoidale Kurvenanpassung	$r^2_{adj.}$	$n(d = 0{,}50)$*	$n(d = 0{,}80)$[#]
Gesamtmotivation (Abb. 55)	$d(n) = \dfrac{0{,}966}{1+e^{\frac{n-9{,}346}{0{,}923}}}$	0,996	9,4	10,8
Realitätsbezug/Authentizität (Abb. 56)	$d(n) = \dfrac{0{,}776}{1+e^{\frac{n-9{,}036}{1{,}033}}}$	0,980	9,7	$g < 0{,}80$
Selbstkonzept (Abb. 57)	$d(n) = \dfrac{1{,}180}{1+e^{\frac{n-10{,}068}{0{,}977}}}$	0,999	9,8	10,8
Intrinsische Motivation/Engagement	$d(n) = \dfrac{0{,}423}{1+e^{\frac{n-11{,}739}{11{,}169}}}$	0,00	-	-

Erläuterungen: $r^2_{adj.}$ adjustiertes r-Quadrat, n Aufgabenzahl, * notwendige Aufgabendosis für eine Effektstärke mittlerer Größe, [#] notwendige Aufgabendosis für eine große Effektstärke

6.6 Dosis-Wirkungsanalyse des Motivationseffekts

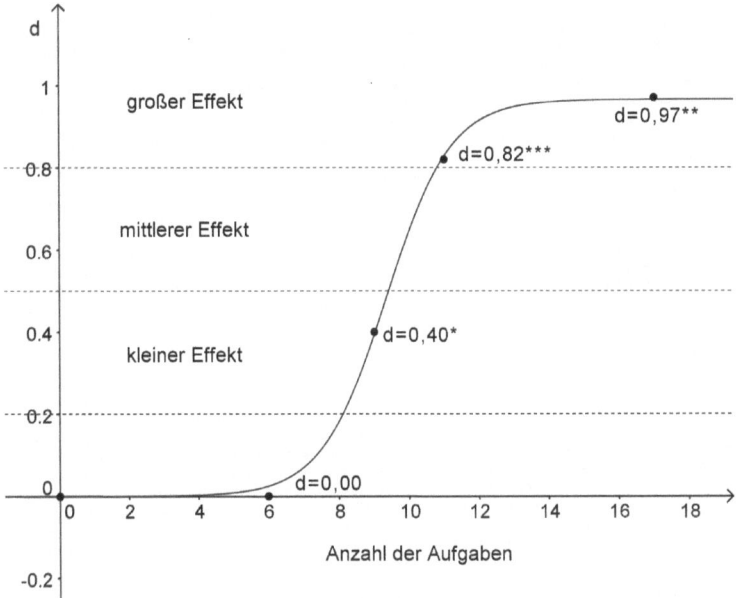

Abb. 55: Dosis-Wirkungs-Beziehung: Gesamtmotivation

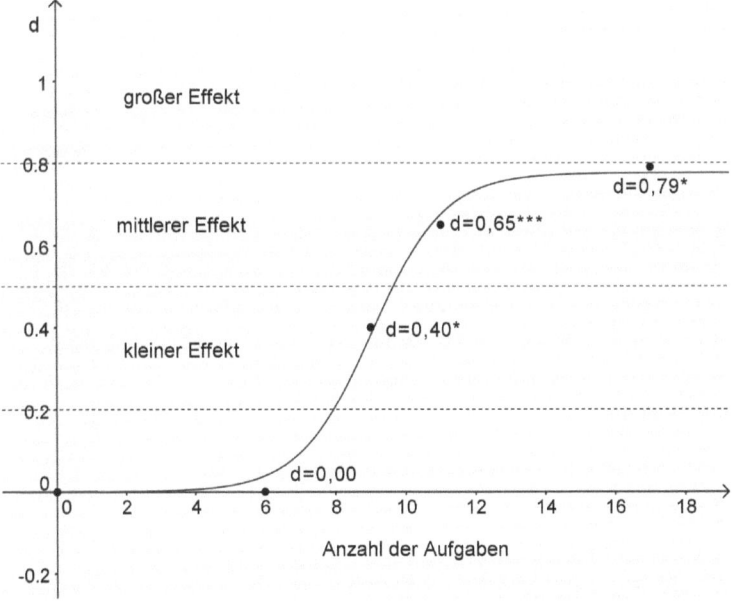

Abb. 56: Dosis-Wirkungs-Beziehung: „Realitätsbezug/Authentizität"

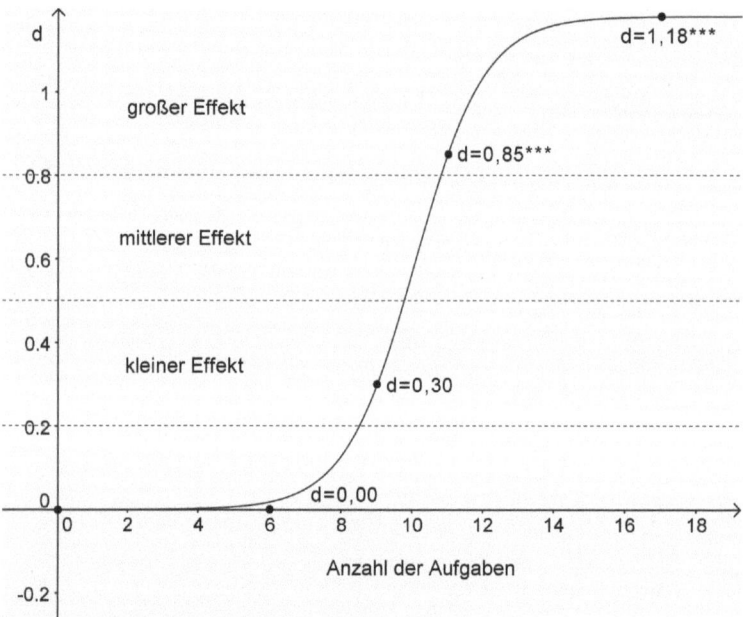

Abb. 57: Dosis-Wirkungs-Beziehung: „Selbstkonzept"

6.6.2 Logistische Regression

Eine alternative Auswertemöglichkeit des dosisbedingten Motivationseffekts stellt die logistische Regression dar, welche u. a. in klinischen Studien zur Dosis-Wirkungs-Analyse von Medikamenten genutzt wird (Tutz, 2000). Im Gegensatz zur einfachen linearen Regression liefert die logistische Regression keinen Schätzwert für die Ausprägung einer metrischen Variablen in Abhängigkeit einer oder mehrer Faktoren, sondern die Wahrscheinlichkeit für das Eintreten eines Ereignisses; dabei handelt es sich stets um ein 0/1-Ereignis, d. h. die abhängige Variable Y ist prinzipiell dichotom (Ereignis tritt ein ($y = 1$)/ Ereignis tritt nicht ein ($y = 0$)). Typische Fragestellungen, die mittels logistischer Regression untersucht werden können, sind z. B.: Wie groß ist die Wahrscheinlichkeit dafür, dass

- auf die Verabreichung eines Medikaments eine Besserung eintritt (z. B. in Abhängigkeit von der verabreichten Dosis sowie der Körpermasse)?
- eine schwere Erkrankung überlebt wird (z. B. in Abhängigkeit des Erkrankungsfortschritts sowie des Alters des Patienten)?

6.6 Dosis-Wirkungsanalyse des Motivationseffekts

- ein bestimmtes Produkt gekauft wird (z. B. in Abhängigkeit vom Einkommen, Geschlecht und Alter des Kunden)?
- eine Partei gewählt wird (z. B. in Abhängigkeit vom Beruf, Alter, Geschlecht und Einkommen des Wahlberechtigten)?

Bezogen auf den Dosis-Wirkungs-Zusammenhang des zu untersuchenden Motivationseffekts wird im Folgenden berechnet, mit welcher Wahrscheinlichkeit sich unter Berücksichtigung der bearbeiteten Zahl von Aufgaben ein praktisch relevanter Unterschied zwischen EG und KG einstellt – die Berechnung erfolgt beispielhaft für die Gesamtmotivation. Wann ein Unterschied für die Praxis von Relevanz ist, muss zuvor unter Angabe einer Effektstärke definiert werden; bei den sich anschließenden Betrachtungen gilt ein Unterschied zwischen den Gruppen als praktisch relevant, wenn sich die Diskrepanz zwischen EG und KG als signifikant zeigt und das Omega-Quadrat mindestens 0,06 beträgt. Unter Beachtung dieser Festlegung ergibt sich der in Tab. 74 dargestellte Datensatz. Um eine möglichst hohe Zahl von Datenpunkten zu erhalten, wurden die Lehrkräfte einzeln betrachtet und zusätzlich zur vollen Aufgabendosis auch die beim Motivationsposttest 1 vorliegenden Unterschiede berücksichtigt.

Tab. 74: Dosis-Wirkungs-Beziehung: Datensatz zur logistischen Regression

Stichprobe	Testablauf	Lehrer	Anzahl der Aufgaben	Effekt (1=ja, 0=nein)	p	Effektmaß (ω^2)
FF I	Tab. 23	LK 1	5	0	0,488	0,000
			11	1	0,003	0,117
		LK 2	5	0	0,077	0,019
			11	1	0,008	0,096
FF II	Tab. 24	LK 3	3	0	0,049	0,029
			6	0	0,476	0,000
FF III	Tab. 25	LK 4	4	0	0,035	0,040
			9	1	0,016	0,065
		LK 5	4	0	0,163	0,000
			9	0	0,238	0,000
VU	Tab. 4	LK VU	8	0	0,137	0,007
			17	1	0,004	0,163
–	–	–	0	0	–	–

Erläuterungen: LK Lehrkraft, FF Forschungsfrage, VU Voruntersuchung

Der Ansatz der logistischen Regression geht nun davon aus, dass eine nicht beobachtbare latente Variable Z existiert, welche die dichotome Ausprägung der abhängigen Variablen Y unter Berücksichtigung verschiedener Faktoren X_j erzeugen kann (Backhaus et al., 2008). Unter der Annahme, dass diese latente Variable Z als Linearkombination der unabhängigen Variablen X_j darstellbar ist, gilt mit $z_k = \beta_0 + \sum_{j=1}^{J} \beta_j \cdot x_{jk} + u_k$

für den Beobachtungsfall k

$$y_k = \begin{cases} 1 & \text{falls } z_k > 0 \\ 0 & \text{falls } z_k < 0 \end{cases}$$

(z_k Ausprägung der latenten Variablen Z für den Beobachtungsfall k, β_0, β_j Regressionskoeffizienten, x_{jk} Ausprägung der unabhängigen Variablen X_j für den Beobachtungsfall k, u_k Fehlerterm für den Beobachtungsfall k, y_k Ausprägung der abhängigen Variablen für den Beobachtungsfall k). Die Variable Z stellt somit eine Verbindung zwischen der binären abhängigen Variablen sowie den beobachteten Faktoren dar, ermöglicht allerdings noch keine Wahrscheinlichkeitsberechnung für das Eintreten eines Ereignisses. Diese erfolgt unter Nutzung der *logistischen Funktion* entsprechend dem folgenden Ansatz:

$$P_k(y=1) = \frac{1}{1+e^{-z_k}}$$

($P_k(y=1)$ Wahrscheinlichkeit für das Eintreten des Ereignisses beim Beobachtungsfall k)

Für den dosisbedingten Motivationseffekt ergibt sich die Wahrscheinlichkeitsverteilung zu

$$P(y=1) = \frac{1}{1+e^{147{,}490-16{,}388 \cdot n}},$$

($P(y=1)$ Wahrscheinlichkeit für das Eintreten eines praktisch relevanten Unterschieds zwischen EG und KG, n Anzahl der Aufgaben)

welche in Abb. 58 grafisch dargestellt ist.

6.6 Dosis-Wirkungsanalyse des Motivationseffekts

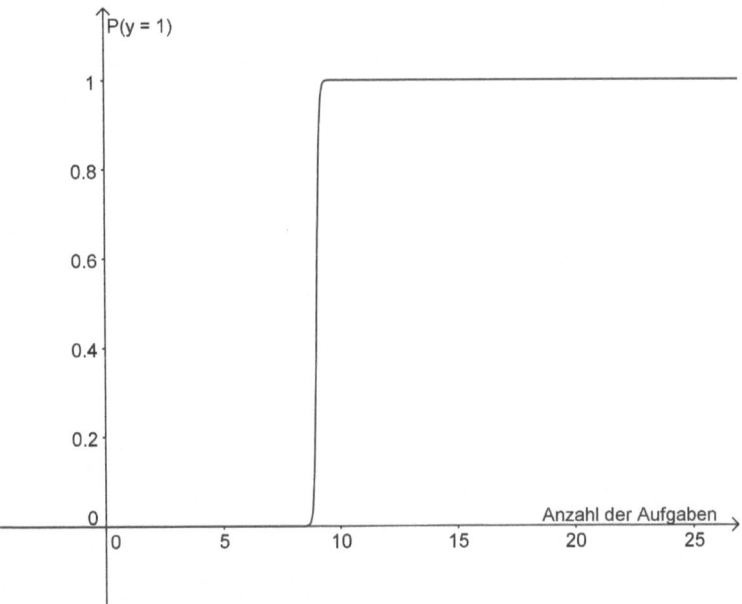

Abb. 58: Logistische Regression des Dosis-Wirkungs-Effekts

Soll die Wahrscheinlichkeit für das Erzielen eines praktisch relevanten Motivationsunterschieds zwischen EG und KG hoch sein, so müssen laut Abb. 58 bzw. Tab. 75 mindestens 10 Aufgaben eingesetzt werden. Dieses Ergebnis stimmt somit ausgezeichnet mit dem der Effektstärkenbetrachtung überein (vgl. 6.6.1).

Tab. 75: Logistische Regression für die Dosis-Wirkungs-Beziehung, Wahrscheinlichkeit für das Eintreten eines praktisch relevanten Effekts in Abhängigkeit der Aufgabendosis

Anzahl der Aufgaben	1	2	3	4	5	6	7	8	9	10
$P(y = 1)$	<0,001	<0,001	<0,001	<0,001	<0,001	<0,001	<0,001	<0,001	0,500	>0,999
Anzahl der Aufgaben	11	12	13	14	15	16	17	18	19	20
$P(y = 1)$	>0,999	>0,999	>0,999	>0,999	>0,999	>0,999	>0,999	>0,999	>0,999	>0,999

Zur Beurteilung der Güte des Modells können die empirisch beobachteten Entscheidungen mit den Vorhersagen der logistischen Regression verglichen werden. Dazu wird als Trennwert für die Zuordnung standardmäßig eine Eintrittswahrscheinlichkeit von 0,5 verwendet und die folgende Zuordnung vorgenommen (Backhaus et al., 2008):

$$y_k = \begin{cases} y = 1 & \text{falls } P_k(y=1) > 0{,}5 \\ y = 0 & \text{falls } P_k(y=1) < 0{,}5 \end{cases}$$

Entsprechend der Tab. 76 führt im vorliegenden Fall die Zuordnung auf Basis der berechneten Wahrscheinlichkeiten lediglich in einem von 13 Fällen zu einer Fehlklassifikation. Der Prozentsatz korrekter Vorhersagen liegt demnach bei 92,3 % und somit deutlich über der erwarteten Trefferquote von 50 % bei rein zufälliger Zuordnung; das Modell ist daher anzunehmen.

Tab. 76: Logistische Regression für die Dosis-Wirkungs-Beziehung, Klassifizierungstabelle

		Vorhergesagt		Prozentsatz der Richtigen
		kein Effekt	Effekt	
Beobachtet	kein Effekt	9 *(korrekt negativ)*	0 *(falsch positiv)*	100 *(Spezifität[31])*
	Effekt	1 *(falsch negativ)*	3 *(korrekt positiv)*	75 *(Sensitivität[32])*

Erläuterungen: Bei einem Trennwert von 0,50 beträgt der Gesamtprozentsatz korrekter Vorhersagen 92,3 %, das Nagelkerkes R^2 liegt bei 0,902.

Eine weitere Möglichkeit zur Beurteilung des Modellfits bietet die Berechnung des Nagelkerkes-R^2 (Backhaus et al., 2008), welches in Analogie zum Bestimmheitsmaß der linearen Regression gesehen werden kann; es entspricht dem durch die Faktoren aufgeklärten Varianzanteil der abhängigen Variablen. Ein Modell gilt als akzeptabel, falls Nagelkerkes-R^2 > 0,2, als gut falls Nagelkerkes-R^2 > 0,4 und als sehr gut falls Nagelkerkes-R^2 > 0,5. Das für den dosisbedingten Motivationseffekt berechnete Modell (Nagelkerkes-R^2 = 0,902) wird demnach akzeptiert und gilt als sehr gut.

Obwohl die Betrachtung der Klassifizierungstabelle sowie des Nagelkerkes-R^2 für eine Annahme des Modells sprechen, sei an dieser Stelle kritisch angemerkt, dass die Zahl der vorhandenen Datenpunkte zur Durchführung einer logistischen Regression streng genommen zu gering ist. So soll laut einer Empfehlung von Backhaus et al. (2008) die Fallzahl pro Ausprägung der abhängigen Variablen nicht kleiner als 25 sein. Im vorliegenden Fall beträgt diese jedoch nur neun ($y = 0$) bzw. vier ($y = 1$), weshalb die darge-

---

[31] Unter der Spezifität versteht man die relative Häufigkeit der richtigen Klassifikationen unter der Annahme, dass das Ereignis nicht eingetreten ist (Mayerhofer, 2006).
[32] Unter Sensitivität (auch Sensibilität) versteht man die relative Häufigkeit der richtigen Klassifikationen unter der Annahme, dass das Ereignis eingetreten ist (Mayerhofer, 2006).

stellten Ergebnisse analog zu denen von Kapitel 6.6.1 lediglich in der Tendenz gedeutet werden können.

6.6.3 Zusammenfassung

Vergleicht man die für die verschiedenen Designs zwischen EG und KG erzielten Motivationsunterschiede nach „Verabreichung" der vollen Aufgabendosis, so ist offenkundig, dass die Größe des hervorgerufenen Effekts von der Zahl bearbeiteter Aufgaben abhängt.

Ebenso augenscheinlich zeigt sich für die Gesamtmotivation und die Subskalen „Realitätsbezug/Authentizität" sowie „Selbstkonzept" ein monoton steigender Zusammenhang zwischen dem Ausmaß des Effekts und der eingesetzten Zahl von Aufgaben. Somit kann für die genannten Skalen die Hypothese M4 (vgl. Kapitel 4) bestätigt werden. Bei der Unterdimension „intrinsische Motivation/Engagement" ist dagegen kein konsistenter Dosis-Wirkungs-Effekt zu verzeichnen.

Ferner fällt auf, dass sich praktisch relevante Unterschiede zwischen EG und KG erst beim Überschreiten eines Schwellenwerts einstellen, der bei 9 bis 10 Aufgaben liegt. Nach dem Überschreiten dieser Aufgabendosis steigt der Unterschied zwischen EG und KG rasch an und erreicht schließlich bei ca. 13 Problemstellungen eine Sättigungsgrenze. Für die Gesamtmotivation wie auch für die Subskalen wurde eine sigmoidale Kurvenanpassung durchgeführt.

Die Anwendung der logistischen Regression liefert eine Wahrscheinlichkeitsfunktion für das Eintreten eines praktisch relevanten Effekts in Abhängigkeit der Aufgabenzahl. Demnach müssen mindestens 10 Aufgaben eingesetzt werden, um mit hoher Wahrscheinlichkeit einen praktisch relevanten Motivationsunterschied zwischen EG und KG zu erzielen. Zwei völlig unterschiedliche Herangehensweisen (Effektstärkevergleich bzw. logistische Regression) führen somit zu einem sehr ähnlichen Ergebnis.

Aufgrund der geringen Zahl vorhandener Datenpunkte sind die Ergebnisse der sigmoidalen Kurvenanpassung sowie der logistischen Regression nicht überzubewerten, sondern lediglich als Tendenzen zu verstehen, welche u. a. weitere Forschungsperspektiven bieten. Darüber hinaus sollte aufgezeigt werden, mit welchen statistischen Methoden man sich an ein bisher unbetretenes Forschungsfeld, nämlich die Dosis-Wirkungs-Analyse von Unterrichtsmaßnahmen, prinzipiell heranwagen kann.

6.7 Alltagsprobleme vs. traditionelle Aufgaben

6.7.1 Beeinflussung des Motivationsverlaufs

Zur Überprüfung der Hypothese M3 (vgl. Kapitel 4) wird der Motivationsverlauf der Schülerinnen und Schüler der A_o-Gruppe[33] mit dem der Lernenden aus der T-Gruppe[34] verglichen. Da die bisherigen Analysen deutlich gezeigt haben, dass die zeitliche Entwicklung der Motivation neben der Experimentalbedingung auch ganz entscheidend von der unterrichtenden Lehrkraft beeinflusst wird (vgl. 6.4.1), stellt die Konstanthaltung des Faktors „Lehrer" für einen solchen Gruppenvergleich eine notwendige Voraussetzung dar. Aus diesem Grund werden bei der Gegenüberstellung „Alltagsprobleme vs. traditionelle Aufgaben" ausschließlich die Kontrollgruppen von Lehrkraft 1 berücksichtigt (Tab. 18). Die deskriptiven Daten sind in Tab. 77 dargestellt.

Tab. 77: Deskriptive Motivationsdaten des Vergleichs Alltagsprobleme vs. traditionelle Aufgaben (auf die Kovariaten adjustiert)

Gruppe		N	Motivationsprätest 1				Motivationsprätest 2			
			total	RA	SK	IE	total	RA	SK	IE
A_o	MW	21	54,6	70,5	57,8	38,8	48,0	57,0	53,8	34,6
	(SEM)		(3,6)	(4,9)	(3,6)	(4,1)	(3,3)	(5,3)	(3,2)	(4,1)
	(SD)		(16,5)	(22,5)	(16,5)	(18,8)	(15,1)	(24,3)	(14,7)	(18,8)
T	MW	18	42,3	46,6	50,7	29,5	38,3	45,5	43,9	26,5
	(SEM)		(4,0)	(5,4)	(4,0)	(4,5)	(3,7)	(5,9)	(3,6)	(4,5)
	(SD)		(17,0)	(22,9)	(17,0)	(19,1)	(15,7)	(25,0)	(15,3)	(19,1)

Gruppe		N	Motivationsposttest 2				Follow up			
			total	RA	SK	IE	total	RA	SK	IE
A_o	MW	21	35,9	48,4	38,2	23,8	41,7	45,7	50,9	28,4
	(SEM)		(3,9)	(5,2)	(3,9)	(4,5)	(3,6)	(5,3)	(3,7)	(4,5)
	(SD)		(17,9)	(23,8)	(17,9)	(20,6)	(16,5)	(24,3)	(17,0)	(20,6)
T	MW	18	42,6	46,6	46,1	35,4	(47,3)	52,8	53,6	36,1
	(SEM)		(4,3)	(5,8)	(4,4)	(5,1)	(4,0)	(5,9)	(4,1)	(5,0)
	(SD)		(18,2)	(24,6)	(18,7)	(21,6)	(17,0)	(25,0)	(17,4)	(21,2)

Erläuterungen: A_o Alltagsprobleme ohne Bilder, T traditionelle Aufgaben (ohne Alltagsbezug), *MW* Mittelwert, *SEM* Standardfehler des Mittelwerts, *SD* Standardabweichung, *N* Stichprobenumfang

Die Auswertung des Motivationsverlaufs entsprechend Tab. 23 erfolgt mit einer 4 x 2 x 2-faktoriellen Kovarianzanalyse mit Messwiederholung, wobei die in Tab. 19 aufgeführten Kontrollvariablen als mögliche Moderatoren berücksichtigt werden (Anzahl

---

[33] Lerngruppe, in der die Schülerinnen und Schüler mit Alltagsproblemen ohne Bilder arbeiten.

6.7 Alltagsprobleme vs. traditionelle Aufgaben

der Messungen (Zeit): 4; Anzahl der Gruppen in Faktor 2 (Gruppenzugehörigkeit): 2; Anzahl der Gruppen in Faktor 2 (Geschlecht): 2). Dass im Gegensatz zur Auswertung von Forschungsfrage I bei der hier betrachteten Entwicklung vier statt fünf Messzeitpunkte berücksichtigt werden, hat keinen methodischen Grund; LK 1 hat schlichtweg versäumt, den Motivationsposttest 1 in der T-Klasse einzusetzen. Trotz des fehlenden Messzeitpunkts führen die Analysen zu einem eindeutigen und zugleich überraschenden Ergebnis: Bei einem Vergleich der Differenzvariablen Posttest 2 – Prätest 1 zeigt sich ein höchst signifikanter Einfluss des Aufgabentyps auf die Gesamtmotivation (Abb. 59) sowie hoch signifikante Einwirkungen auf die drei Subskalen (gesamt: $F(1; 28) = 13{,}160$; $p < 0{,}001$; $\omega^2 = 0{,}159^-$; RA: $F(1; 28) = 8{,}213$; $p = 0{,}004$; $\omega^2 = 0{,}069^-$; SK: $F(1; 28) = 6{,}237$; $p = 0{,}010$; $\omega^2 = 0{,}108^-$; IM: $F(1; 28) = 9{,}085$; $p = 0{,}003$; $\omega^2 = 0{,}143^-$); die Effektmaße gelten mindestens als mittelgroß. Erstaunlich ist, dass im Mittel stets die Lernenden der traditionellen Gruppe einen höherwertigen Verlauf aufweisen[35], weshalb die Hypothese M3 (vgl. Kapitel 4) zu verwerfen ist: Ein Nachweis, dass bereits die minimale Form der Einbettung eines physikalischen Problems in einen realistischen Kontext wie sie in üblichen Schulbuchaufgaben gepflegt wird zu einer Motivationssteigerung führt, konnte nicht erbracht werden. Dieses Ergebnis folgt der Theorie des AI-Ansatzes, der eine Einbettung in einen „Makrokontext" vorschreibt (vgl. 2.2). Um einen Erklärungshinweis zu erhalten, worauf die hohen Effektstärken zugunsten der traditionellen Aufgaben beruhen, wurde bei der unterrichtenden Lehrkraft nachgefragt, ob die Instruktion in den beiden Gruppen entsprechend den Hinweisen zur Durchführung der Untersuchung möglichst parallel abgelaufen ist; die Lehrkraft hat folgendes geantwortet: *„Dass bei der Gruppe mit den konventionellen Aufgaben die Motivation stieg, kann ich mir nicht wirklich erklären. Ich persönlich muss sagen, dass ich die Aufgaben sehr unattraktiv im Verhältnis zu den anderen Aufgaben fand und mir die Klasse ziemlich leid tat. Ich habe mir mit dieser Gruppe des-*

---

[34] Lerngruppe, in der die Schülerinnen und Schüler mit traditionellen Aufgaben ohne Alltagsbezug arbeiten.

[35] Die hervorgerufenen motivationalen Unterschiede zwischen den Lerngruppen werfen zwangsläufig die Frage auf, ob sich die traditionellen Problemstellungen auch gegenüber den „Werbeaufgaben" in ihrer motivationalen Wirkung absetzen können. Wie ein Vergleich des Motivationsverlaufs zwischen der traditionellen Gruppe und der Experimentalgruppe von Lehrkraft 1 zeigt, ist das aber nicht der Fall: Bei den multivariaten Tests wie auch bei den Vergleichen aller Kontrastvariablen ergeben sich keinerlei signifikante Gruppenunterschiede; dies gilt für die Gesamtmotivation wie auch für die drei Subskalen des Inventars. Falls die oben beschriebenen Differenzen tatsächlich auf einem höheren Lehrerengagement beruhen, so können „Werbeaufgaben" diesen Effekt zumindest kompensieren.

halb vielleicht einfach mehr Mühe gegeben... Ich habe auch die Schüler befragt, diese fanden die Aufgaben gar nicht so schlecht. Man könne sich bei den Aufgaben auf das Wesentliche konzentrieren, war die Schüleraussage." Das Statement liefert zwei Erklärungsansätze: 1) Ein höheres Lehrerengagement in der Gruppe mit den „unattraktiven" Aufgaben; 2) Ein geringerer Cognitive Load durch die nicht vorhandene Kontexteinbettung. Aus Sicht der empirischen Unterrichtsforschung ist ein höheres Lehrerengagement aufgrund der nicht mehr vorhandenen Vergleichbarkeit natürlich problematisch, aus pädagogischer Sicht wäre eine andere Haltung dagegen geradezu verwerflich.

Insbesondere aufgrund der zunehmenden Forderung nach einer Kontexteinbettung physikalischer Inhalte seitens der Fachdidaktik stellt eine genauere Untersuchung des Vergleichs „Alltagsprobleme vs. traditionelle Aufgaben" eine interessante Forschungsperspektive dar.

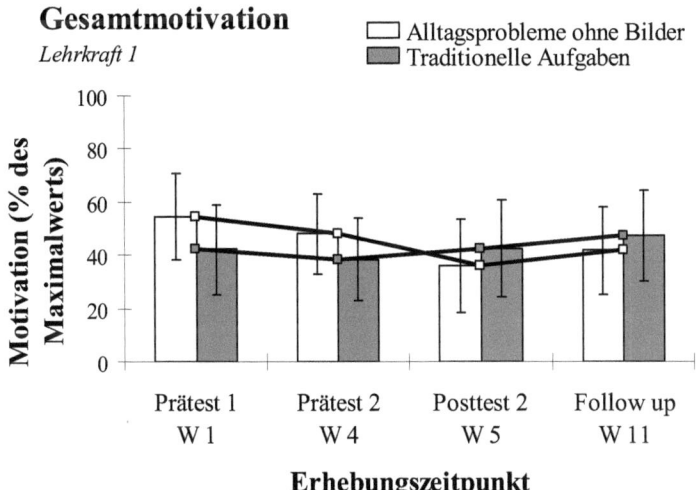

Abb. 59: Auf die Kovariaten adjustierter Verlauf der Gesamtmotivation in Abhängigkeit des eingesetzten Aufgabentyps, Alltagsprobleme vs. traditionelle Aufgaben

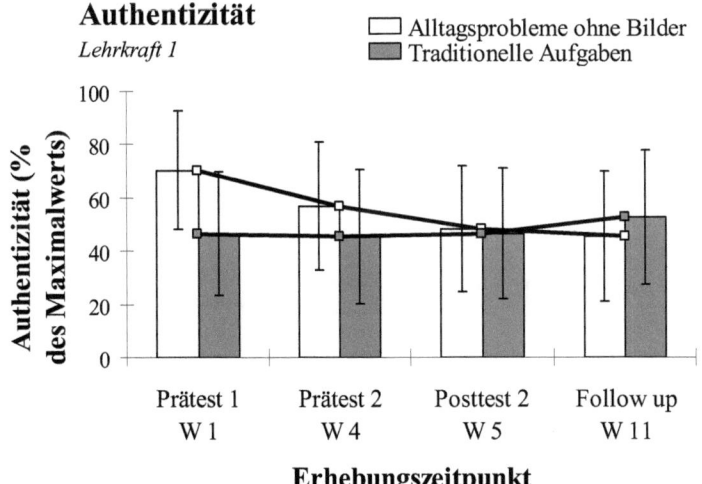

Abb. 60: Auf die Kovariaten adjustierter Verlauf der Authentizität in Abhängigkeit des eingesetzten Aufgabentyps, Alltagsprobleme vs. traditionelle Aufgaben

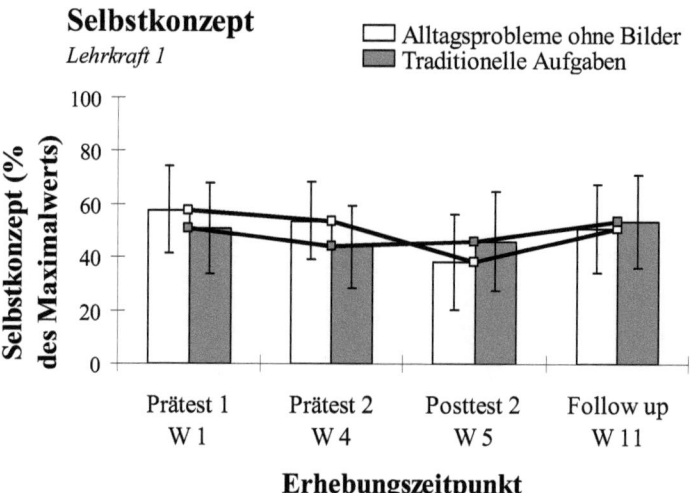

Abb. 61: Auf die Kovariaten adjustierter Verlauf des Selbstkonzepts in Abhängigkeit des eingesetzten Aufgabentyps, Alltagsprobleme vs. traditionelle Aufgaben

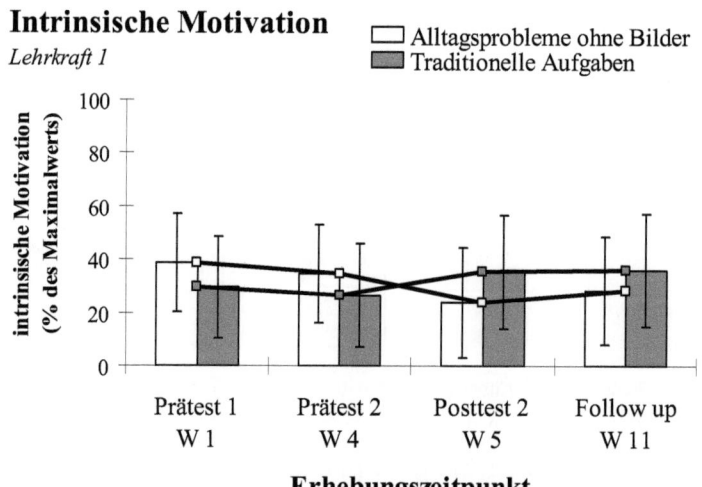

Abb. 62: Auf die Kovariaten adjustierter Verlauf der intrinsischen Motivation in Abhängigkeit des eingesetzten Aufgabentyps, Alltagsprobleme vs. traditionelle Aufgaben

6.7.2 Beeinflussung des Leistungsverlaufs

Zur Auswertung der Leistungstests entsprechend Tab. 23 wird für jeden Themenbereich eine 2 x 2 x 2-faktorielle Kovarianzanalyse mit Messwiederholung durchgeführt und zwar für die Ergebnisse des Gesamttests wie auch für die bei den einzelnen Aufgaben erzielten Prozentwerte (Anzahl der Messungen (Zeit): 2, Anzahl der Gruppen in Faktor 2 (Experimentalbedingung): 2, Anzahl der Gruppen in Faktor 3 (Geschlecht): 2). Als mögliche Kontrollvariablen fließen die in Tab. 19 genannten Kovariaten sowie der Motivationsprätest in die Analysen ein.

Da die Leistung entscheidend von der Lehrkraft beeinflusst wird (vgl. 6.4.2), stellt die Konstanthaltung des Faktors „Lehrer" auch für den Vergleich des Leistungsverlaufs eine notwendige methodische Grundvoraussetzung dar. Analog zur Gegenüberstellung des Motivationsverlaufs werden daher auch beim Vergleich des Leistungsfortschritts ausschließlich die Kontrollgruppen (A_o-Klasse, T-Klasse) von Lehrkraft 1 berücksichtigt (Tab. 18).

Tab. 78 zeigt die auf die Kovariaten adjustierten Leistungsdaten, die Ergebnisse der Signifikanztests gehen für die Experimentalbedingung aus Tab. 79 hervor. Demnach besitzt die Gruppenzugehörigkeit ausschließlich bei Teilaufgabe 2 des Leistungstests zum Themenbereich „Wärmekapazität" einen signifikanten Einfluss auf den Leistungsverlauf, weshalb die Hypothese L4 (vgl. Kapitel 4) zugunsten der H_0 abzulehnen ist: Zwischen der Lernwirksamkeit von kontextorientierten Problemstellungen und traditionellen Aufgaben ohne Alltagsbezug besteht kein signifikanter Unterschied.

Auch hier zeigt sich das bereits mehrfach beobachtete Phänomen, dass sich ein signifikanter Motivationsunterschied (trotz großer Effektstärke!) nicht zwingend auf den Leistungsverlauf auswirken muss. Offensichtlich gibt es eine Reihe unberücksichtigter Einflüsse, die den Lernfortschritt ebenfalls bedingen (z. B. Faktoren der extrinsischen Motivation, vgl. 7.3).

Da sich der Gruppenvergleich ausschließlich bei Teilaufgabe 2 signifikant zeigt, wird an dieser Stelle auf eine Umrechnung der Effektstärken verzichtet.

Tab. 78: Deskriptive Leistungsdaten zum Vergleich „Alltagsprobleme vs. traditionelle Aufgaben" (auf die Kovariaten adjustiert)

Gruppe		N	Leistungsprätest 1						Leistungsposttest 1					
			A 1	A 2	A 3	A 4	A 5	total	A 1	A 2	A 3	A 4	A 5	total
A_o	MW	25	1,1	37,2	7,2	1,2	2,7	9,5	9,7	55,2	60,7	58,2	20,5	48,6
	(SEM)		(5,5)	(5,9)	(2,5)	(3,9)	(2,3)	(2,4)	(9,4)	(6,8)	(7,6)	(8,6)	(6,1)	(5,2)
	(SD)		(27,5)	(29,5)	(12,5)	(19,5)	(11,5)	(12,0)	(47,0)	(34,0)	(38,0)	(43,0)	(30,5)	(26,0)
T	MW	21	27,5	19,2	3,8	8,2	0,3	8,6	48,1	80,6	60,5	54,2	11,5	53,4
	(SEM)		(6,0)	(6,5)	(2,8)	(4,2)	(2,6)	(2,6)	(10,3)	(7,4)	(8,3)	(9,5)	(6,7)	(5,7)
	(SD)		(27,5)	(29,8)	(12,8)	(19,2)	(11,9)	(11,9)	(47,2)	(33,9)	(38,0)	(43,5)	(30,7)	(26,1)
Gruppe		N	Leistungsprätest 2						Leistungsposttest 2					
			A 1	A 2	A 3	A 4	A 5	total	A 1	A 2	A 3	A 4	A 5	total
A_o	MW	22	44,6	47,6	0,2	7,4	5,8	14,7	77,3	88,6	32,7	63,7	51,4	57,6
	(SEM)		(9,4)	(9,1)	(0,3)	(3,5)	(3,9)	(2,2)	(7,6)	(4,6)	(7,8)	(9,2)	(7,4)	(5,2)
	(SD)		(44,1)	(42,7)	(1,4)	(16,4)	(18,3)	(10,3)	(35,6)	(21,6)	(36,6)	(43,2)	(34,7)	(24,4)
T	MW	23	32,3	22,8	0,3	10,3	11,2	11,5	77,8	84,2	38,7	56,0	56,7	57,3
	(SEM)		(9,1)	(8,8)	(0,3)	(3,4)	(3,8)	(2,1)	(7,3)	(4,5)	(7,6)	(8,9)	(7,2)	(5,1)
	(SD)		(43,6)	(42,2)	(1,4)	(16,3)	(18,2)	(10,1)	(35,0)	(21,6)	(36,4)	(42,7)	(34,5)	(24,5)

Erläuterungen: A_o Alltagsprobleme ohne Bilder, T traditionelle Aufgaben (ohne Alltagsbezug), MW Mittelwert, SEM Standardfehler des Mittelwerts, SD Standardabweichung

Tab. 79: Ergebnisse der ANCOVA mit Messwiederholung zum Leistungsverlauf, Vergleich „Alltagsprobleme vs. traditionelle Aufgaben" (Innersubjekteffekte)

	df_{Error}	df	A 1 (I/II) $F(\eta_p^2)$	A 2 (II) $F(\eta_p^2)$	A 3 (III) $F(\eta_p^2)$	A 4 (III) $F(\eta_p^2)$	A 5 (IV) $F(\eta_p^2)$	Total $F(\eta_p^2)$
LV x GRUPPE (Leistungstest 1)	34	1	0,483 (0,014)	13,049** (0,277)	0,060 (0,002)	0,633 (0,018)	0,387 (0,011)	0,607 (0,018)
LV x GRUPPE (Leistungstest 2)	33	1	0,410 (0,012)	1,541 (0,045)	0,223 (0,007)	0,494 (0,015)	0,000 (0,000)	0,114 (0,003)

Erläuterungen: *** $p < 0,001$, ** $p < 0,01$, * $p < 0,05$; PISA-Kompetenzstufen: I nominell, II funktional (naturwissenschaftliches Alltagswissen), III funktional (naturwissenschaftliches Grundwissen), IV konzeptuell und prozedural, V konzeptuell und prozedural (Modelle) (vgl. Anhang F)

6.7 Alltagsprobleme vs. traditionelle Aufgaben

Tab. 80: Deskriptive Statistik zum Motivationsverlauf mit Subskalen (auf die Kovariaten adjustiert)

Stichprobe	Gruppe		N	Motivationsprätest 1				Motivationsposttest 1				Motivationsprätest 2				Motivationsposttest 2				Follow up			
				total	RA	SK	IE	total	RA	SK	IE	total	RA	SK	IE	total	RA	SK	IE	total	RA	SK	IE
Gesamte Stichprobe	EG	MW (SEM) (SD)	118	54,3 (1,2) (13,0)	60,8 (1,6) (17,4)	58,9 (1,2) (13,0)	44,4 (1,7) (18,5)	53,7 (1,3) (14,1)	59,2 (1,8) (19,6)	58,3 (1,4) (15,2)	44,3 (1,6) (17,4)	-	-	-	-	53,6 (1,4) (15,2)	60,6 (1,9) (20,6)	57,6 (1,4) (15,2)	43,8 (1,7) (18,5)	54,2 (1,4) (15,2)	59,2 (1,9) (20,6)	58,6 (1,4) (15,2)	45,3 (1,8) (19,6)
	KG	MW (SEM) (SD)	118	54,6 (1,3) (14,1)	60,6 (1,6) (17,4)	60,0 (1,2) (13,0)	43,8 (1,7) (18,5)	52,4 (1,3) (14,1)	57,7 (1,8) (19,6)	57,3 (1,4) (15,2)	42,7 (1,6) (17,4)	-	-	-	-	47,9 (1,4) (15,2)	51,8 (1,9) (20,6)	52,7 (1,5) (16,3)	39,4 (1,7) (18,5)	52,9 (1,4) (15,2)	58,1 (1,9) (20,6)	59,0 (1,4) (15,2)	42,2 (1,8) (19,6)
FF 1	EG	MW (SEM) (SD)	46	54,9 (1,9) (12,9)	63,8 (2,8) (19,0)	58,2 (1,8) (12,9)	44,3 (2,4) (16,3)	54,9 (1,8) (12,2)	62,3 (2,9) (19,7)	58,4 (1,7) (11,5)	45,3 (2,3) (15,6)	54,1 (2,0) (13,6)	62,4 (2,8) (19,0)	57,3 (2,0) (13,6)	44,2 (2,5) (17,0)	55,9 (2,1) (14,2)	65,3 (2,9) (19,7)	58,3 (2,2) (14,9)	45,9 (2,5) (17,0)	55,2 (2,0) (13,6)	60,5 (2,8) (19,0)	59,5 (2,0) (13,6)	46,5 (2,6) (17,6)
	KG	MW (SEM) (SD)	43	51,7 (2,0) (13,1)	60,3 (2,9) (19,0)	57,8 (1,9) (13,1)	38,2 (2,5) (16,4)	49,8 (1,9) (12,5)	57,9 (3,0) (19,7)	54,5 (1,8) (11,8)	38,2 (2,4) (15,7)	46,3 (2,1) (13,8)	50,3 (2,9) (19,0)	53,2 (2,9) (13,8)	35,5 (2,5) (16,4)	41,8 (2,2) (14,4)	48,2 (3,0) (19,7)	46,6 (2,2) (14,4)	31,6 (2,6) (17,0)	50,5 (2,1) (13,8)	55,9 (2,9) (19,0)	58,5 (2,9) (13,8)	37,3 (2,7) (17,7)
FF 2	EG	MW (SEM) (SD)	26	41,5 (3,0) (15,3)	45,4 (3,2) (16,3)	46,7 (3,1) (15,8)	33,7 (4,1) (20,9)	35,6 (3,8) (18,9)	38,2 (4,3) (21,0)	39,3 (4,1) (20,9)	29,4 (3,9) (19,9)	32,8 (3,5) (17,8)	33,8 (4,5) (22,9)	38,4 (3,8) (19,4)	26,1 (4,1) (20,9)	33,8 (3,3) (16,8)	38,0 (4,4) (22,4)	40,2 (3,7) (18,9)	23,6 (3,9) (19,9)	32,7 (2,9) (16,3)	40,0 (4,3) (21,9)	38,6 (3,5) (17,8)	20,5 (3,9) (19,9)
	KG	MW (SEM) (SD)	30	54,9 (2,7) (14,8)	58,2 (2,9) (15,9)	60,2 (2,8) (15,3)	46,5 (3,8) (20,8)	42,0 (3,4) (18,6)	43,2 (3,9) (21,4)	46,9 (3,8) (20,8)	35,3 (3,6) (19,7)	44,3 (3,2) (17,5)	46,4 (4,1) (22,5)	50,1 (3,5) (19,2)	36,0 (3,8) (20,8)	47,0 (3,1) (17,0)	48,8 (4,0) (21,9)	51,4 (3,4) (18,6)	40,8 (3,6) (19,7)	48,8 (2,9) (15,9)	50,3 (4,0) (21,9)	54,2 (3,2) (17,8)	41,3 (3,6) (19,7)
FF 3	EG	MW (SEM) (SD)	45	55,9 (1,7) (11,4)	61,4 (2,2) (14,8)	61,6 (1,4) (9,4)	45,2 (2,5) (16,8)	55,8 (1,8) (12,1)	60,8 (2,4) (16,1)	61,7 (1,7) (11,4)	45,4 (2,5) (16,8)	-	-	-	-	55,2 (2,0) (13,4)	61,4 (2,8) (18,8)	60,0 (1,8) (12,1)	45,0 (2,4) (16,1)	56,7 (2,2) (14,8)	61,2 (2,9) (19,5)	61,5 (2,1) (14,1)	47,7 (2,8) (18,8)
	KG	MW (SEM) (SD)	42	56,2 (1,7) (11,0)	60,3 (2,3) (14,8)	61,1 (1,5) (9,7)	47,4 (2,6) (16,8)	55,2 (1,9) (12,3)	58,7 (2,5) (16,2)	60,8 (1,7) (11,0)	46,2 (2,6) (16,8)	-	-	-	-	51,7 (2,0) (13,0)	53,5 (2,9) (18,8)	57,2 (1,8) (11,7)	44,3 (2,5) (16,2)	54,6 (2,3) (14,9)	59,6 (3,0) (19,4)	59,5 (2,2) (14,3)	45,3 (2,9) (18,8)

Erläuterungen: *MW* Mittelwert, *SEM* Standardfehler des Mittelwerts, *SD* Standardabweichung, *RA* Realitätsbezug/Authentizität, *SK* Selbstkonzept, *IE* intrinsische Motivation/Engagement, *N* Stichprobenumfang

Tab. 81: Deskriptive Leistungsdaten zum Leistungstest 1

	Gruppe		N	Leistungsprätest 1 (auf die Kovariaten adjustiert)						Leistungsposttest 1 (auf die Kovariaten adjustiert)					
				A 1	A 2	A 3	A 4	A 5	total	A 1	A 2	A 3	A 4	A 5	total
Gesamtstichprobe	EG	MW	122	-	-	-	-	-	-	57,9	80,1	74,5	67,3	48,2	68,3
		(SEM)		-	-	-	-	-	-	(3,7)	(2,2)	(2,8)	(2,9)	(2,6)	(1,9)
		(SD)		-	-	-	-	-	-	(40,9)	(24,3)	(30,9)	(32,0)	(28,7)	(21,0)
	KG	MW	152	-	-	-	-	-	-	40,7	76,6	66,8	60,7	28,2	60,1
		(SEM)		-	-	-	-	-	-	(3,3)	(2,0)	(2,5)	(2,6)	(2,3)	(1,7)
		(SD)		-	-	-	-	-	-	(40,7)	(24,7)	(30,8)	(32,1)	(28,4)	21,0
Forschungsfrage I	EG	MW	47	73,6	71,7	23,6	25,5	22,5	35,7	62,3	81,2	68,6	60,7	43,8	64,4
		(SEM)		(4,9)	(4,0)	(3,0)	(3,5)	(3,1)	(2,0)	(5,8)	(3,9)	(4,3)	(4,8)	(3,9)	(2,9)
		(SD)		(33,6)	(27,4)	(20,6)	(24,0)	(21,3)	(13,7)	(39,8)	(26,7)	(29,5)	(32,9)	(26,7)	(19,9)
	KG	MW	67	20,9	41,5	7,7	7,9	18,7	16,1	24,5	70,9	65,3	59,5	28,6	55,7
		(SEM)		(4,3)	(3,5)	(2,7)	(3,1)	(2,7)	(1,8)	(5,1)	(3,5)	(3,8)	(4,3)	(3,5)	(2,5)
		(SD)		(35,2)	(28,6)	(22,1)	(25,4)	(22,1)	(14,7)	(41,7)	(28,6)	(31,1)	(35,2)	(28,6)	(20,5)
Forschungsfrage II	EG	MW	26	28,9	34,2	10,2	6,0	18,6	16,0	19,3	45,7	67,8	74,3	37,2	56,7
		(SEM)		(10,5)	(4,5)	(2,1)	(2,6)	(4,9)	(1,5)	(8,3)	(4,9)	(6,9)	(7,2)	(6,9)	(4,4)
		(SD)		(53,5)	(22,9)	(10,7)	(13,3)	(25,0)	(7,6)	(42,3)	(25,0)	(35,2)	(36,7)	(35,2)	(22,4)
	KG	MW	32	57,8	45,1	5,4	10,0	12,5	18,2	52,0	62,3	41,8	47,0	25,0	44,4
		(SEM)		(9,2)	(4,0)	(1,9)	(2,3)	(4,3)	(1,3)	(7,3)	(4,3)	(6,1)	(6,3)	(6,0)	(3,9)
		(SD)		(52,0)	(22,6)	(10,7)	(13,0)	(24,3)	(7,4)	(41,3)	(24,3)	34,5	(35,6)	(33,9)	(22,1)
Forschungsfrage III	EG	MW	47	-	-	-	-	-	-	67,6	86,1	82,8	73,7	56,7	75,9
		(SEM)		-	-	-	-	-	-	(5,8)	(3,0)	(4,1)	(4,1)	(4,4)	(2,8)
		(SD)		-	-	-	-	-	-	(39,8)	(20,6)	(28,1)	(28,1)	(30,2)	(19,2)
	KG	MW	50	-	-	-	-	-	-	49,3	86,1	73,3	63,6	47,6	67,2
		(SEM)		-	-	-	-	-	-	(5,4)	(2,8)	(3,8)	(3,8)	(4,1)	(2,6)
		(SD)		-	-	-	-	-	-	(38,2)	(19,8)	(27,6)	(26,9)	(29,0)	(18,4)

Erläuterungen: *MW* Mittelwert, *SEM* Standardfehler des Mittelwerts, *SD* Standardabweichung, *N* Stichprobenumfang

6.7 Alltagsprobleme vs. traditionelle Aufgaben

Tab. 82: Deskriptive Leistungsdaten zum Leistungstest 2

		Gruppe		N	Leistungsprätest 2 (auf die Kovariaten adjustiert)						Leistungsposttest 2 (auf die Kovariaten adjustiert)					
					A 1	A 2	A 3	A 4	A 5	total	A 1	A 2	A 3	A 4	A 5	total
Gesamtstichprobe		EG	MW	125	-	-	-	-	-	-	70,2	89,3	25,3	43,0	31,6	45,6
			(SEM)		-	-	-	-	-	-	(2,7)	(2,2)	(2,3)	(3,0)	(2,8)	(1,6)
			(SD)		-	-	-	-	-	-	(30,2)	(24,6)	(25,7)	(33,5)	(31,3)	(17,9)
		KG	MW	150	-	-	-	-	-	-	74,0	90,2	25,5	51,9	40,0	50,1
			(SEM)		-	-	-	-	-	-	(2,5)	(2,0)	(2,1)	(2,8)	(2,6)	(1,4)
			(SD)		-	-	-	-	-	-	(30,6)	(24,5)	(25,7)	(34,3)	(31,8)	(17,1)
Forschungsfrage I		EG	MW	48	49,8	65,5	7,1	29,6	3,9	26,4	61,9	91,8	33,8	48,2	33,4	49,5
			(SEM)		(5,3)	(5,7)	(1,8)	(4,0)	(2,5)	(1,9)	(4,9)	(2,7)	(4,3)	(5,1)	(4,3)	(2,8)
			(SD)		(36,7)	(39,5)	(12,5)	(27,7)	(17,3)	(13,2)	(33,9)	(18,7)	(29,8)	(35,3)	(29,8)	(19,4)
		KG	MW	67	50,9	51,4	4,8	19,9	11,5	21,9	64,2	87,5	25,5	51,6	38,5	48,4
			(SEM)		(4,6)	(5,1)	(1,6)	(3,5)	(2,2)	(1,7)	(4,3)	(2,4)	(3,8)	(4,5)	(3,8)	(2,4)
			(SD)		(37,7)	(41,7)	(13,1)	(28,6)	(18,0)	(13,9)	(35,2)	(19,6)	(31,1)	(36,8)	(31,1)	(19,6)
Forschungsfrage II		EG	MW	26	35,3	50,5	0,9	13,9	6,5	16,5	42,5	69,4	4,8	14,9	25,6	24,4
			(SEM)		(8,6)	(9,3)	(1,3)	(4,0)	(3,6)	(2,3)	(5,2)	(6,8)	(2,5)	(5,5)	(5,8)	(2,8)
			(SD)		(43,9)	(47,4)	(6,6)	(20,4)	(18,4)	(11,7)	(26,5)	(34,7)	(12,7)	(28,0)	(29,6)	(14,3)
		KG	MW	29	53,7	59,3	1,5	11,1	13,7	20,1	93,8	92,9	17,6	29,5	23,6	41,0
			(SEM)		(8,0)	(8,7)	(1,2)	(3,7)	(3,4)	(2,2)	(4,8)	(6,3)	(2,4)	(5,2)	(5,4)	(2,7)
			(SD)		(43,1)	(46,9)	(6,5)	(19,9)	(18,3)	(11,8)	(25,8)	(33,9)	(12,9)	(28,0)	(29,1)	(14,5)
Forschungsfrage III		EG	MW	50	-	-	-	-	-	-	86,3	88,9	22,5	43,2	34,1	46,8
			(SEM)		-	-	-	-	-	-	(3,6)	(3,8)	(3,5)	(4,9)	(5,2)	(2,5)
			(SD)		-	-	-	-	-	-	(25,5)	(26,9)	(24,7)	(34,6)	(36,8)	(17,7)
		KG	MW	50	-	-	-	-	-	-	79,6	94,3	27,3	56,8	42,6	53,7
			(SEM)		-	-	-	-	-	-	(3,5)	(3,7)	(3,4)	(4,7)	(5,0)	(2,4)
			(SD)		-	-	-	-	-	-	(24,7)	(26,2)	(45,5)	(33,2)	(35,4)	(17,0)

Erläuterungen: *MW* Mittelwert, *SEM* Standardfehler des Mittelwerts, *SD* Standardabweichung, *N* Stichprobenumfang

7 Resümee, Diskussion und Ausblick

7.1 Ergebnisse zur motivationalen Wirkung

Bezüglich der Motivation wurden entsprechend dem theoretischen Rahmen folgende Forschungsfragen und Hypothesen formuliert (vgl. Kapitel 4):

FF1: Führen „Werbeaufgaben" zu einer höheren Motivation als konventionell formulierte Alltagsprobleme („Wirksamkeit")?

M1 Die Motivation in der Experimentalgruppe ist größer als in der Kontrollgruppe, d. h. „Werbeaufgaben" führen zu einem höheren Motivationsgrad verglichen mit konventionell formulierten Alltagsproblemen.

Zur Beantwortung der Forschungsfrage I bzw. zur Prüfung der Hypothese M1 wurde ein Quasiexperiment durchgeführt, in dessen Instruktionsphase eine relativ umfangreiche Arbeit mit „Werbeaufgaben" als MAI-Ankermedien integriert war (Hauptstudie: 11 Aufgaben über vier Schulstunden, Vorstudie: 17 Aufgaben über fünf Unterrichtsstunden). Die Analyse des Datenmaterials bestätigt einen positiven, statistisch höchst signifikanten Einfluss der Experimentalbedingung auf die Entwicklung der Gesamtmotivation ($p < 0{,}001$; $d = 0{,}82$) sowie mindestens hoch signifikante Einwirkungen auf den zeitlichen Verlauf der drei Subskalen (Realitätsbezug/Authentizität: $p = 0{,}001$; $d = 0{,}65$; Selbstkonzept: $p < 0{,}001$; $d = 0{,}85$; intrinsische Motivation: $p = 0{,}007$; $d = 0{,}52$). Die Effektstärken gelten durchweg mindestens als mittelgroß, d. h. die Gruppenunterschiede sind praktisch bedeutsam. Somit kann die Hypothese M1 bestätigt werden: „Werbeaufgaben" besitzen eine höhere motivationale Wirkung als konventionell formulierte Alltagsprobleme.

M2 Ein sich nach M1 ergebender Motivationsgewinn ist zeitlich stabil („nachhaltig"; zumindest mittelfristig).

Zur Untersuchung der Nachhaltigkeit des vorhandenen Treatmenteffekts wurde geprüft, ob sich EG und KG im Motivationsverlauf zwischen Prä- und Follow up-Messung unterscheiden. Im Gegensatz zur Pilotstudie lieferten diese Tests jedoch für die Gesamtmotivation wie auch für die Subskalen keine signifikanten Unterschiede; die Hypothese M2 muss verworfen werden: Der durch das Lernmaterial hervorgerufene Motivationsunterschied ist über einen mittelfristigen Zeitraum nicht von Bestand.

(M3) Der Einsatz von konventionell formulierten Alltagsproblemen führt zu einem höheren Motivationsgrad verglichen mit traditionellen Problemstellungen ohne Alltagsbezug.

Um auch für konventionell formulierte Aufgaben mit Alltagsbezug einen etwaigen Ankereffekt durch Realitätsbezug/Authentizität zu prüfen, wurde ihre Wirksamkeit mit der von traditionellen Aufgaben ohne Alltagsbezug verglichen. Für die Gesamtmotivation wie auch für die Subskalen ergeben sich statistisch bedeutsame Gruppenunterschiede mittelgroßer bis großer Effektstärke (vgl. 6.7.1). Dabei überrascht die Tatsache, dass im Mittel stets die Lernenden der traditionellen Gruppe (Aufgaben ohne Kontexteinbettung) einen höherwertigen Motivationsverlauf aufweisen; die Hypothese M3 ist zu verwerfen: Allein die Einbettung eines physikalischen Problems in einen realistischen Kontext führt noch nicht zu einer Motivationssteigerung. Ein Erklärungsansatz für die signifikant höhere Motivationsausprägung der traditionellen Gruppe könnte ein größeres Lehrerengagement sowie ein geringerer Cognitive Load sein.

FF2: **In welchem Umfang muss das Ankermedium „Werbeanzeige" eingesetzt werden, damit eine höhere Motivation erreicht wird als mit konventionell formulierten Alltagsproblemen? („Dosis-Wirkungs-Beziehung")**

M4 Je größer die „Aufgabendosis", desto größer ist der Unterschied im Motivationsverlauf von EG und KG.

Zum Testen der Hypothese M4 erfolgte ein Vergleich der für die verschiedenen Teilstichproben berechneten Effektgrößen (vgl. 6.6.1). Betrachtet wurden hierzu die jeweiligen Motivationsunterschiede zwischen EG und KG am Ende der Instruktion zum Thema „Heizwert", also nach voller Aufgabendosis. Für die Gesamtmotivation sowie die Unterdimensionen „Realitätsbezug/Authentizität" und „Selbstkonzept" zeigte sich ein monoton steigender Zusammenhang zwischen dem Ausmaß des Effekts und der eingesetzten Zahl von Aufgaben. Für die genannten Skalen ist die Hypothese M4 also anzunehmen: Zwischen der Aufgabendosis und dem hervorgerufenen Unterschied im Motivationsverlauf von EG und KG besteht eine monoton wachsende Abhängigkeit. Genauer lässt sich eine sigmoidale oder logistische Wachstumskurve sehr gut fitten, welche einen

7.1 Ergebnisse zur motivationalen Wirkung

Schwellen- und Sättigungswert besitzt. Mit ihr kann eine Abschätzung vorgenommen werden, welche Aufgabendosis notwendig ist, um einen praktisch relevanten Unterschied zwischen EG und KG zu erzielen; entsprechend dieser Betrachtung sind für einen mittelgroßen Unterschied bzgl. der Gesamtmotivation sowie den Subskalen „Realitätsbezug/Authentizität" und „Selbstkonzept" mindestens 9 bis 10 Aufgaben erforderlich.

FF3: **Führt der Einsatz des Ankermediums „Werbeanzeige" auch in Verbindung mit anderen Medien und Unterrichtsphasen zu einer höheren Motivation als der Einsatz von konventionell formulierten Alltagsproblemen? („Robustheit")**

Zur Beantwortung der Forschungsfrage III wurde ein realitätsnahes Unterrichtskonzept entwickelt, bei dem nicht nur in Festigungsphasen Aufgaben zum Einsatz kamen, sondern auch zur Problemfindung, zur Erarbeitung sowie in Form von Hausaufgabenstellungen. Darüber hinaus wurden im Gegensatz zu den Designs von FF I und II neben den Aufgaben auch andere Medien berücksichtigt (z. B. Experiment, Schulbuch, Tageslichtprojektor). Trotz dieser Vermischung von Unterrichtsphasen und Medien konnte ein statistisch bedeutsamer Unterschied zwischen den Lerngruppen nachgewiesen werden, und zwar für die Gesamtmotivation ($p = 0,031$; $d = 0,40$) sowie für die Subskala „Realitätsbezug/Authentizität" ($p = 0,036$; $d = 0,40$); die berechneten Effektstärken gelten jedoch als klein (Tab. 69). Dennoch ist die Forschungsfrage III prinzipiell mit „ja" zu beantworten: Der Einsatz des Ankermediums „Werbeanzeige" führt auch in Verbindung mit anderen Medien und Unterrichtsphasen zu einer höheren Motivation als der Einsatz von konventionell formulierten Alltagsproblemen.

Zusammenfassend lässt sich sagen, dass „Werbeaufgaben" eine höhere motivationale Wirkung besitzen als konventionell formulierte Alltagsprobleme, dass das Ausmaß dieses Unterschieds in quantitativ präzisierbarer Weise (sigmoidale Dosis-Wirkungs-Beziehung) von der eingesetzten Aufgabendosis abhängt und sich die erzielten Gruppenunterschiede aber wieder einander annähern, sobald längere Zeit beide Lerngruppen konventionell, d. h. ohne „Werbeaufgaben" unterrichtet werden. Aufgrund ihrer Größe sind die beschriebenen Effekte für die Unterrichtspraxis von Relevanz.

Neben der Experimentalbedingung wurden auch die Einflüsse des Geschlechts, der Lehrkraft sowie einer großen Zahl potentieller Moderatorvariablen kontrolliert. Dabei zeigte sich erwartungsgemäß für den Faktor „Lehrkraft" eine statistisch bedeutsame

Wirkung auf den zeitlichen Verlauf der Gesamtmotivation wie auch auf die Entwicklung der betrachteten Subskalen (Tab. 52); für die Gesamtmotivation und das Selbstkonzept sind die durch die Lehrkraft hervorgerufenen Unterschiede mittelgroß und somit ebenfalls von praktischer Bedeutung. Aus dem Bereich der erhobenen Moderatorvariablen wirkt außerdem die im Mathematiktest erzielte Leistung signifikant auf die Entwicklung des Selbstkonzepts ein. Da für alle betrachteten Skalen die Experimentalbedingung den größten Varianzanteil aufzuklären vermag, stellt die Gruppenzugehörigkeit dennoch der wichtigste Prädiktor des Motivationsverlaufs dar.

Im Übrigen besitzen das Geschlecht sowie die Vorleistung über alle Messzeitpunkte gemittelt (Zwischensubjektfaktoren) zwar meist statistisch bedeutsame und praktisch relevante Einwirkungen (Tab. 55), bei der Betrachtung des zeitlichen Verlaufs bleiben sie allerdings insignifikant.

7.2 Ergebnisse zum Einfluss auf den Leistungsstand

Die Ergebnisse des Einflusses der Experimentalbedingung auf die Leistung bzw. den Leistungsverlauf sind in Tab. 70 zusammenfassend dargestellt. Zusätzlich zu den in den Kapiteln 6.1.2 und 6.2.2 für die Teilstichproben von Forschungsfrage I und II präsentierten Ergebnissen der durchgeführten Kovarianzanalysen mit Messwiederholung können den Aufstellungen die Folgerungen einfacher Kovarianzanalysen entnommen werden, welche die Leistung am Ende der jeweiligen Instruktion unter Berücksichtigung der erfassten Kovariaten miteinander vergleichen; dabei zeigt sich ein methodisch überraschendes Ergebnis:

Stellt man die Leistung von EG und KG unter Berücksichtigung der Teilstichprobe von Forschungsfrage I am Ende der Instruktionsphase zum Thema „Wärmekapazität" allein unter Beachtung der in Tab. 19 aufgeführten Kontrollvariablen mittels Kovarianzanalyse gegenüber, so zeigt sich ein signifikanter, positiver Effekt der Experimentalbedingung kleiner Größe ($p = 0{,}014$; $d = 0{,}39$). Berücksichtigt man nun den Leistungsprätest als zusätzliche Kovariate, so verschwindet der Effekt und wird sogar signifikant negativ (kleiner Effekt), falls man den Leistungsverlauf von EG und KG unter Nutzung einer Varianzanalyse mit Messwiederholung miteinander vergleicht ($p = 0{,}008$; $d = -0{,}46$). Ähnlich stellt sich die Situation bei der gemeinsamen Betrachtung der Stichproben von Forschungsfrage I und II dar; auch hier verschwindet der signifikant positive Effekt, sobald man die Ergebnisse des Prätests zusätzlich kontrolliert (per Kovariate oder Messwiederholung). Obwohl der aktuelle mittlere Leistungsstand einen

7.2 Ergebnisse zum Einfluss auf den Leistungsstand

mittelgroßen Einfluss auf die Experimentalbedingung besitzt, scheint dessen Berücksichtigung (bei kleinen Effekten) als Indikator der Vorleistung nicht auszureichen.

Beim Vergleich der verschiedenen Auswerteverfahren ergibt sich nur für die Teilstichprobe von Forschungsfrage II ein konsistenter, signifikanter Einfluss der Experimentalbedingung; die Effektstärke ist klein ($p = 0{,}020$; $d = 0{,}47$, für ANCOVA mit Messwiederholung).

Im Themenbereich „Heizwert" zeigen sich für die Gesamtstichprobe ($p = 0{,}019$; $d = -0{,}24$) sowie bei der Betrachtung der Teilstichprobe von Forschungsfrage II ($p = 0{,}009$; $d = -0{,}76$, für ANCOVA mit Messwiederholung) signifikante Unterschiede zugunsten der Kontrollgruppe. Wie im Kapitel 6.2.2.2 erläutert, stellt aller Wahrscheinlichkeit nach ein unerwarteter Umstand im zeitlichen Ablauf die Ursache für den Gruppenunterschied bei FF II dar, welche sich natürlich auch auf die Analyse der gesamten Stichprobe auswirkt; für die Teilstichproben von FF I und III liegt unabhängig vom Auswerteverfahren kein signifikanter Einfluss des Treatmentfaktors vor.

Zusammenfassend lässt sich sagen, dass im Themenbereich „Wärmekapazität" die Schülerinnen und Schüler der EG zwar tendenziell eine höhere Leistung zeigen, insgesamt jedoch kein konsistenter, positiver Einfluss der Experimentalbedingung nachweisbar war. Die Hypothesen L1, L2 und L5 (vgl. Kapitel 4) sind zu verwerfen. Da auch beim Vergleich „Alltagsprobleme vs. traditionelle Aufgaben" keine signifikanten Unterschiede beobachtet werden konnten, muss auch die Hypothese L4 zugunsten der Nullhypothese abgelehnt werden: Der eingesetzte Aufgabentyp hat keinen Einfluss auf die Lernleistung. Die Vermutung, dass das Ausbleiben eines konsistenten Leistungseffekts damit erklärt werden kann, dass die Lernenden bereits zu Beginn der Instruktion ein hohes Leistungsniveau besitzen, wird durch die relativ hohen Lernfortschritte zwischen den Prä- und Postmessungen widerlegt (Tab. 83).

Neben der Experimentalbedingung wurden auch die Einflüsse des Geschlechts, der Lehrkraft sowie einer großen Zahl potentieller Moderatorvariablen kontrolliert. Dabei zeigte sich für den Faktor „Lehrkraft" eine statistisch bedeutsame Wirkung großer Effektstärke, mittelgroße Einflüsse der Vorleistung im Fach Physik wie auch kleine Einwirkungen der mathematischen Vorbildung (Tab. 62, Tab. 63). Das Geschlecht und insbesondere die Ausgangsmotivation nehmen keinen signifikanten Einfluss auf die Lernleistung.

Tab. 83: Durch die Instruktion erzielte Leistungszuwächse (Hake-Indizes)

		Themenbereich „Wärmekapazität"			Themenbereich „Heizwert"		
		Prätest (MW)	Posttest (MW)	g	Prätest (MW)	Posttest (MW)	g
Teilstichprobe von Forschungsfrage I	EG	35,7	64,4	0,45	26,4	49,5	0,31
	KG	16,1	55,7	0,47	21,9	48,4	0,34
Teilstichprobe von Forschungsfrage II	EG	16,0	56,7	0,48	16,5	24,4	0,09
	KG	18,2	44,4	0,32	20,1	41,0	0,26

Erläuterungen: *MW* Mittelwert, *g* Hake-Index (Verhältnis aus realisiertem zu maximal möglichem Lernzuwachs); entsprechend der Klassifikation von Hake (1998) gelten alle Lernzuwächse als mittelgroß (vgl. 5.3.2).

7.3 Einfluss der Motivation auf die Leistung

Geht man davon aus, dass eine größere Motivation einen höheren Beschäftigungsumfang sowie eine intensivere Auseinandersetzung mit dem Lerngegenstand nach sich zieht, so stellt sich die Frage, warum bei den untersuchten Aufgabentypen ein Motivations-, nicht aber ein Leistungsunterschied nachgewiesen werden konnte.

Vermutlich existieren neben der intrinsischen Motivation weitere Faktoren, die Anreize für gute Leistungen bieten und somit den Grad des Beschäftigungsumfangs sowie der Verarbeitungstiefe ebenfalls, möglicherweise sogar viel stärker mitbestimmen. Im Zuge einer anderen Studie[36] wurde in sechs Schulklassen ($N = 123$) zeitgleich mit dem Follow-up-Test eine Kurzfassung des Potsdamer Motivationsinventars eingesetzt (PMI; Rheinberg & Wendland, 2003; Mahlmann, *in Vorbereitung;* vgl. B.3), welche Hinweise auf weitere Anreize liefert. Das Instrument umfasst insgesamt 39 Items, von denen neun entsprechend der folgenden Darstellung verschiedenen Folgenanreizen zugeordnet werden können:

---

[36] Unabhängig von der dieser Arbeit zugrundeliegenden Fragestellung wurde vom Autor eine Kreuzvalidierung zwischen dem Motivationsinventar von Kuhn (2008; vgl. B.2; MOT) und der Kurzfassung des PMI (vgl. B.3) durchgeführt, deren Ergebnisse hier nur kurz beschrieben werden: Zunächst erfolgte eine zufällige Halbierung der Stichprobe ($N = 123$), woran sich eine Regressionsanalyse innerhalb der ersten Hälfte anschloss (Ergebnis: PMI = 26,638 + 0,593 · MOT; $r_{adj.}^2 = 0,61$, $p < 0,001$). Mit Hilfe der erhaltenen Regressionsgleichung wurden dann die PMI-Ausprägungen der Schülerinnen und Schüler aus der zweiten Hälfte geschätzt und eine Korrelation zwischen den geschätzten und den erhobenen Werten berechnet. Der Korrelationskoeffizient nach Pearson spricht für einen großen Zusammenhang, d. h. die eingesetzten Instrumente sind zueinander valide und messen somit das gleiche Konstrukt ($p < 0,001$; $r = 0,795$).

7.3 Einfluss der Motivation auf die Leistung

a) Folgenanreize – Sach- und Selbstbewertungsfolgen
(erfasst, inwieweit Ergebnisfolgen für jemanden selber wichtig sind)

In Physik viel zu können und gut zu sein ist für mich wichtig,

- weil mich gerade Physik sehr interessiert (Item 35).
- weil ich Physik mag (Item 36).
- weil ich einfach Spaß daran habe (Item 38).

b) Folgenanreize – Fremdbewertungsfolgen
(erfasst, inwieweit Anerkennung und Zufriedenheit bei Eltern, Lehrern oder Mitschülern als Ergebnisfolge wichtig sind)

In Physik viel zu können und gut zu sein ist für mich wichtig,

- damit ich keinen Ärger mit meinen Eltern bekomme (Item 31).
- damit ich von meinen Mitschülern geschätzt werde (Item 33).
- damit mein Lehrer mit mir zufrieden ist (Item 34).

c) Folgenanreize – Gute Noten
(erfasst den Anreizwert guter Leistungen)

In Physik viel zu können und gut zu sein ist für mich wichtig,

- damit ich später den Beruf bekomme, den ich möchte (Item 32).
- weil ich gute Noten bekommen möchte (Item 37).
- weil ich einen guten Durchschnitt in Physik haben möchte (Item 39).

Die deskriptiven Daten der Items gehen aus Tab. 84 hervor und sind in Abb. 63 grafisch veranschaulicht. Es ist augenscheinlich, dass die Ausprägungen der Sach- und Selbstbewertungsfolgen deutlich hinter denen der Subskala „Gute Noten" zurückbleiben. Zur Prüfung, welche Items sich auch statistisch bedeutsam voneinander unterscheiden, wurde eine ANOVA mit Post-hoc-Analyse nach Games-Howell (Diehl & Arbinger, 2001) durchgeführt (Tab. 85).

Tab. 84: Folgenanreize – Deskriptive Itemstatistik

	In Physik viel zu können und gut zu sein ist für mich wichtig, …	N	MW	SD
Item 33	damit ich von meinen Mitschülern geschätzt werde.	138	1,60	1,42
Item 35	weil mich gerade Physik sehr interessiert.	138	1,92	1,43
Item 36	weil ich Physik mag.	138	2,12	1,48
Item 38	weil ich einfach Spaß daran habe.	138	2,20	1,40
Item 31	damit ich keinen Ärger mit meinen Eltern bekomme.	138	2,67	1,63
Item 34	damit mein Lehrer mit mir zufrieden ist.	138	3,00	1,40
Item 32	damit ich später den Beruf bekomme, den ich möchte.	138	3,00	1,61
Item 39	weil ich einen guten Durchschnitt in Physik haben möchte.	138	3,80	1,23
Item 37	weil ich gute Noten bekommen möchte.	138	4,02	1,05

Erläuterungen: Die Skala reicht von 0 (= trifft überhaupt nicht zu) bis 5 (= trifft voll und ganz zu); *N* Stichprobenumfang, *MW* Mittelwert, *SD* Standardabweichung

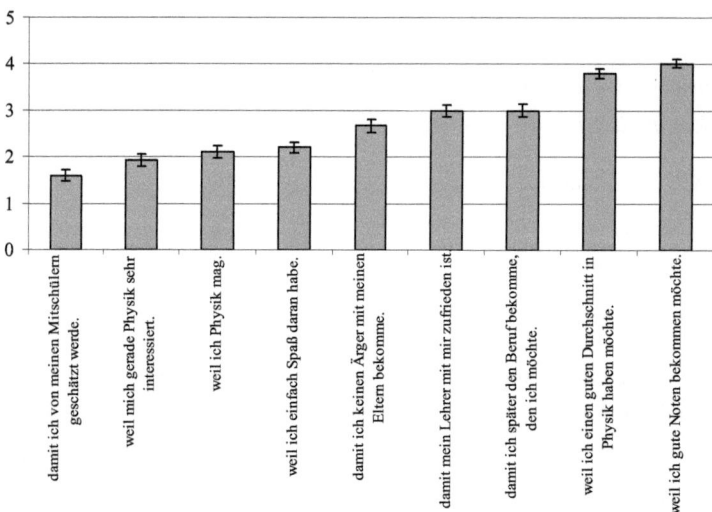

Abb. 63: Folgenanreize – grafische Darstellung der Mittelwerte; die Fehlerbalken entsprechen dem jeweiligen Standardfehler des Mittelwerts

7.3 Einfluss der Motivation auf die Leistung

Tab. 85: Mittelwertsvergleiche der Folgenanreize: ANOVA Post-hoc-Tests nach Games-Howell

Item I	Item J	Mittlere Differenz (I - J)	SEM	p	$d^{(11)}$
Item 31	Item 32	-0,33	0,20	0,752	-0,20
	Item 33	1,08***	0,18	0,000	0,70
	Item 34	-0,32	0,18	0,707	0,02
	Item 35	0,75**	0,18	0,002	0,49
	Item 36	0,56	0,19	0,075	0,35
	Item 37	-1,35***	0,17	0,000	-1,01
	Item 38	0,47	0,18	0,204	0,31
	Item 39	-1,13***	0,17	0,000	-0,79
Item 32	Item 33	1,41***	0,18	0,000	0,92
	Item 34	0,01	0,18	1,000	0,00
	Item 35	1,08***	0,18	0,000	0,71
	Item 36	0,89***	0,19	0,000	0,57
	Item 37	-1,02***	0,16	0,000	-0,77
	Item 38	0,80**	0,18	0,001	0,53
	Item 39	-0,80***	0,17	0,000	-0,56
Item 33	Item 34	-1,40***	0,17	0,000	-0,99
	Item 35	-0,33	0,17	0,616	-0,22
	Item 36	-0,52	0,17	0,078	-0,36
	Item 37	-2,42***	0,15	0,000	-1,96
	Item 38	-0,61*	0,17	0,013	-0,43
	Item 39	-2,20***	0,16	0,000	-1,66
Item 34	Item 35	1,07***	0,17	0,000	0,76
	Item 36	0,88***	0,17	0,000	0,61
	Item 37	-1,03***	0,15	0,000	-0,83
	Item 38	0,79***	0,17	0,000	0,57
	Item 39	-0,80***	0,16	0,000	-0,61
Item 35	Item 36	-0,19	0,17	0,974	-0,14
	Item 37	-2,10***	0,15	0,000	-1,69
	Item 38	-0,28	0,17	0,785	-0,20
	Item 39	-1,88***	0,16	0,000	-1,41
Item 36	Item 37	-1,91***	0,15	0,000	-1,50
	Item 38	-0,09	0,17	1,000	-0,06
	Item 39	-1,68***	0,16	0,000	-1,24
Item 37	Item 38	1,82***	0,15	0,000	1,49
	Item 39	0,22	0,14	0,802	0,19
Item 38	Item 39	-1,60***	0,16	0,000	-1,22

Erläuterungen: *SEM* Standardfehler der mittleren Differenz; *p* Signifikanz, *d* Cohen's *d*

Entsprechend diesen Analysen sind die Mittelwerte der Items 35, 36 und 38 (Items für Sach- und Selbstbewertungsfolgen) stets hoch bzw. höchst signifikant kleiner als die Mittelwerte der Items 32, 37 und 39 („Gute Noten"). Und auch das Item 34 wird stets signifikant höher bewertet als die Items der Sach- und Selbstbewertungsfolgen. Offensichtlich wird die Leistungsbereitschaft also stärker durch extrinsische Faktoren bestimmt (Ziel, den Anforderungen der Eltern und des Lehrers zu entsprechen sowie ein gutes Abschneiden bei der Leistungsbeurteilung) als durch die intrinsische Motivation für das Fach Physik. Diese Feststellung wird durch hohe Effektstärken untermauert; Beispiel: „... weil mich gerade Physik sehr interessiert" vs. „... weil ich gute Noten bekommen möchte": $d = -1{,}69$!

Führt man für die betrachteten Subskalen Mittelwertsvergleiche durch, so erhält man ein analoges Ergebnis (Tab. 86, Tab. 87): Die Mittelwerte der Unterdimensionen „Gute Noten" sowie „Sach- und Selbstbewertungsfolgen" unterscheiden sich höchst signifikant, die Effektstärke gilt als groß ($\Delta\mu_i = 1{,}53$; $d = -1{,}26$). Die Gegenüberstellung „Selbstbewertungsfolgen vs. Fremdbewertungsfolgen" bleibt dagegen insignifikant.

Tab. 86: Folgenanreize (Subskalen)

	N	MW	SD
Sach- und Selbstbewertungsfolgen	138	2,08	1,30
Fremdbewertungsfolgen	138	2,42	1,12
Gute Noten	138	3,61	1,12

Erläuterungen: Die Skala reicht von 0 (= trifft überhaupt nicht zu) bis 5 (= trifft voll und ganz zu); *N* Stichprobenumfang, *MW* Mittelwert, *SD* Standardabweichung

Dass (zumindest in dieser Studie) die gemessene Motivation kein entscheidender Prädiktor des Lernerfolgs darstellt, zeigen darüber hinaus bereits die Analysen der Pilot- wie auch der Hauptuntersuchung. In keinem der Fälle besitzt der Motivationsprätest einen signifikanten Einfluss auf das Abschneiden in den Leistungstests (Tab. 88). Wenn aber die Motivation nichts an der Leistung erklären kann, so ist es offensichtlich, dass sich ein signifikanter Motivationsunterschied nicht zwingend auf die Leistung auswirken muss.

7.3 Einfluss der Motivation auf die Leistung

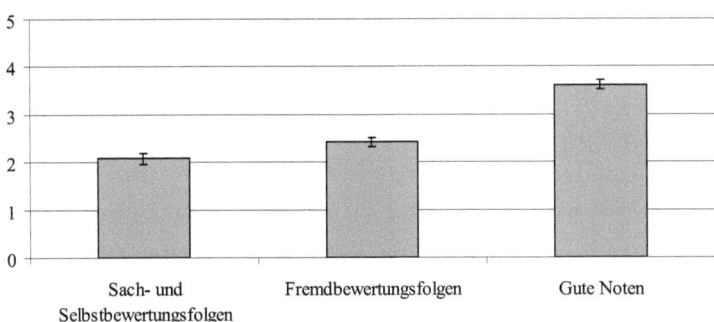

Abb. 64: Mittelwerte der Folgenanreize (Subskalen); die Fehlerbalken entsprechen dem jeweiligen Standardfehler des Mittelwerts

Tab. 87: Unterschiedsprüfung der Subskalenmittelwerte: ANOVA Post-hoc-Tests nach Games-Howell

Subskala I	Subskala J	Mittlere Differenz ($I - J$)	SEM	p	$d^{(11)}$
Selbstbewertungsfolgen	Fremdbewertungsfolgen	-0,34	0,15	0,052	-0,28
	Gute Noten	-1,53***	0,15	0,000	-1,26
Fremdbewertungsfolgen	Gute Noten	-1,19***	0,14	0,000	-0,88

Erläuterungen: *SEM* Standardfehler der mittleren Differenz; p Signifikanz

Tab. 88: Wirkung der Motivation auf das Abschneiden in den Leistungstests (Zwischensubjekteffekte)

Stichprobe	Wärmekapazität		Heizwert	
Gesamtstichprobe	$p = 0{,}160$; $\eta_p^2 = 0{,}008$	(Tab. 62)	$p = 0{,}927$; $\eta_p^2 = 0{,}000$	(Tab. 63)
FF I	$p = 0{,}647$; $\eta_p^2 = 0{,}002$	(Tab. 33)	$p = 0{,}659$; $\eta_p^2 = 0{,}002$	(Tab. 35)
FF II	$p = 0{,}167$; $\eta_p^2 = 0{,}039$	(Tab. 40)	$p = 0{,}744$; $\eta_p^2 = 0{,}002$	(Tab. 42)
FF III	$p = 0{,}842$; $\eta_p^2 = 0{,}000$	(Tab. 48)	$p = 0{,}620$; $\eta_p^2 = 0{,}003$	(Tab. 50)
Voruntersuchung	$p = 0{,}157$; $\eta_p^2 = 0{,}005$ (ein Leistungstest zu beiden Themenbereichen)			(Tab. 17)

Zusammenfassung

Es gilt mittlerweile als unumstritten, dass die Motivation ein entscheidender Prädiktor des Lernerfolgs darstellt (Rheinberg, 1996). Daher ist es überraschend, dass bei der durchgeführten Studie Motivationsunterschiede, jedoch keine Leistungsunterschiede zwischen den Gruppen nachweisbar waren. Durch den Einsatz einer Kurzfassung des Potsdamer Motivationsinventars wurden verschiedene Anreize für gute Leistungen erfasst. Dabei zeigte sich, dass insbesondere gute Noten einen deutlich höheren Anreiz bieten als die Motivation der Lernenden. Die Leistungsbereitschaft wird also allem Anschein nach stärker durch extrinsische Faktoren bestimmt als durch die intrinsische Motivation für das Fach Physik.

7.4 Wirksamkeit von „Zeitungs-" und „Werbeaufgaben" – ein Vergleich

Aufgrund des identischen theoretischen Hintergrunds der hier beschriebenen Studie mit den Arbeiten zur Wirksamkeit von „Zeitungsaufgaben" im Physikunterricht der Sekundarstufe I erscheint es sinnvoll, die jeweiligen Ergebnisse einander gegenüberzustellen. Um die Resultate überhaupt miteinander vergleichen zu können – infolge verschiedener Auswerteverfahren erfolgte die Berechnung unterschiedlicher Effektgrößen, die nur bedingt miteinander vergleichbar sind –, wurden vorab gleiche Effektmaße berechnet (vgl. 3.2.3.1). Die Tab. 89 zeigt eine Gegenüberstellung der Effektstärke Cohen's d, welche die motivationale Wirkung des Treatmentfaktors unter Berücksichtigung der Vortestunterschiede quantifiziert, ein Vergleich der Nachhaltigkeit des Motivationseffekts kann Tab. 90 entnommen werden.

Die Ergebnisse zur motivationalen Wirkung der verschiedenen Treatments stimmen in ihrer Kernaussage (vgl. I.) zwar überein, bei einer detaillierten Betrachtung offenbaren sich jedoch gravierende Unterschiede:

I. Beide Aufgabentypen führen bei der Betrachtung der Gesamtmotivation wie auch der drei Subskalen zu signifikant höheren Ausprägungen verglichen mit konventionell formulierten Alltagsproblemen; die Unterschiede sind für „Werbe-" und „Zeitungsaufgaben" von praktischer Relevanz.

7.4 Wirksamkeit von „Zeitungs-" und „Werbeaufgaben" – ein Vergleich

Tab. 89: Vergleich der motivationalen Wirkung von „Werbe-" und „Zeitungsaufgaben"

	Effektstärkemaß für den Einfluss der Experimentalbedingung auf den Motivationsverlauf			
	„Werbeaufgaben"	„Zeitungsaufgaben"		
		gemittelt	Geschwindigkeit	Energie
gesamt	0,82	1,30	1,14	1,46
Realitätsbezug/ Authentizität	0,65	1,46	1,51	1,40
Selbstkonzept	0,85	0,87	0,66	1,07
intrinsische Motivation/ Engagement	0,52	1,31	1,25	1,37

Erläuterungen: Die angegebenen Effektmaße entsprechen dem Cohen's d^{11} und charakterisieren die Unterschiede im Motivationsverlauf von EG und KG zwischen der Prämessung und der Erhebung am Ende der Instruktionsphase; die Effektgrößen der „Werbeaufgaben" wurden der Tab. 69 entnommen, die der „Zeitungsaufgaben" wurden auf Grundlage der deskriptiven Daten (Tab. 27 und 28) der Arbeit von Kuhn (2008) berechnet (korrigiertes Cohen's d, vgl. 3.2.3.1).

Tab. 90: Vergleich der Nachhaltigkeit der motivationalen Wirkung von „Werbe-" und „Zeitungsaufgaben"

	Effektstärkemaß für den Einfluss der Experimentalbedingung auf den Motivationsverlauf zwischen Prämessung und Follow up-Test			
	„Werbeaufgaben"	„Zeitungsaufgaben"		
		gemittelt	Geschwindigkeit	Energie
gesamt	n. s.	0,86	0,64	1,07
Realitätsbezug/ Authentizität	n. s.	1,09	0,95	1,22
Selbstkonzept	n. s.	0,46	0,24	0,68
intrinsische Motivation/ Engagement	n. s.	1,78	0,66	0,99

Erläuterungen: Die angegebenen Effektmaße entsprechen dem korrigierten Cohen's d^{11} (vgl. 3.2.3.1) und charakterisieren den Motivationsverlauf zwischen der Prämessung und dem Follow up-Test; zur Berechnung wurde auf die deskriptiven Daten aus Tab. 27 und 28 aus der Arbeit von Kuhn (2008) zurückgegriffen.

II. Die über beide Themenbereiche gemittelten Effektstärken der „Zeitungsaufgaben" – sie gelten alle als groß (!) – sind stets größer als die Effektgrößen der „Werbeaufgaben", welche durchweg mindestens im mittleren Bereich liegen; abgesehen von der Subskala „Selbstkonzept" sind die Abweichungen immens und für die Unterrichtspraxis von Bedeutung.

III. Für die „Zeitungsaufgaben" liegt der größte Unterschied zwischen EG und KG erwartungsgemäß bei der Unterdimension „Realitätsbezug/Authentizität" vor; durch den Lernanker „Zeitungsartikel" soll ja gerade eine höhere Authentizität erzielt werden. Daher überrascht, dass sich für „Werbeaufgaben" die größte Effektstärke beim Selbstkonzept ergibt; allerdings sind die Unterschiede zwischen den Subskalen „Selbstkonzept" und „Realitätsbezug/Authentizität" gering.

IV. Bei den „Zeitungsaufgaben" liegt für die intrinsische Motivation ein großer Einfluss der Experimentalbedingung vor; er ist in seiner Größe mit dem der Gesamtmotivation sowie der Authentizität vergleichbar und übertrifft den des Selbstkonzepts deutlich. Im Gegensatz dazu ist die Effektstärke der intrinsischen Motivation bei den „Werbeaufgaben" im Vergleich zu den anderen Subskalen am schwächsten ausgeprägt.

V. Ein bedeutender Unterschied zeigt sich beim Vergleich der Nachhaltigkeit des Motivationseffekts: Ausschließlich bei den „Zeitungsaufgaben" ist der Unterschied zwischen EG und KG mittelfristig von Bestand; für die Gesamtmotivation, die Authentizität und die intrinsische Motivation gelten die Effektstärken sogar als groß.

Bei der Gegenüberstellung der Effektgrößen bzgl. des Einflusses auf die Lernleistung kommt es ebenfalls zu deutlichen Unterschieden:

- Im Gegensatz zu den „Werbeaufgaben", bei denen kein konsistenter Leistungseffekt nachweisbar war (vgl. 7.2), zeigte sich bei den Analysen zur Lernwirksamkeit von „Zeitungsaufgaben" ein statistisch bedeutsamer, positiver Einfluss der Experimentalbedingung großer Effektstärke ($d = 1,31$) (Kuhn, 2008, S. 160).

- Gleiches gilt für die Leistungsbeständigkeit, für die bei den „Zeitungsaufgaben" zumindest noch mittelgroße Unterschiede zwischen EG und KG beobachtet werden konnten (Kuhn, 2008, S. 161).

7.4 Wirksamkeit von „Zeitungs-" und „Werbeaufgaben" – ein Vergleich

Der Vergleich der Wirksamkeit von „Werbe-" und „Zeitungsaufgaben" wirft daher zwangsläufig die folgenden Fragen auf:

1) Warum sind die Unterschiede von EG und KG bezüglich der Gesamtmotivation sowie den Subskalen „Realitätsbezug/Authentizität" und „intrinsische Motivation" bei den „Werbeaufgaben" deutlich geringer ausgeprägt als bei den „Zeitungsaufgaben"?

2) Weshalb ergeben sich bei den „Werbeaufgaben" – im Gegensatz zu den „Zeitungsaufgaben" – keine nachhaltigen Motivationsunterschiede zwischen EG und KG?

3) Warum wirken sich die Motivationsunterschiede zwischen EG und KG bei den „Zeitungsaufgaben" auf die Leistung aus, bei den „Werbeaufgaben" dagegen nicht?

Einen Hinweis zur Beantwortung der Frage 1) liefert die Erwartungs-mal-Wert-Theorie (Rheinberg, 2000). Sie geht davon aus, dass die für eine Handlung resultierende Motivation dem Produkt aus Erwartung (subjektive Wahrscheinlichkeit, ein bestimmtes Ereignis durch die Handlung herbeizuführen) und Wert (Bedeutung, die dem Ereignis beigemessen wird) entspricht. Werbeprospekte gelten i. d. R. als eher unbeliebt, sind in vielen Haushalten sogar unerwünscht (Abb. 65) und es wird ihnen zweifelsfrei eine geringere Bedeutung beigemessen als Zeitungen (Abb. 66); bestätigt wird dies dadurch, dass trotz der unzähligen Informationsmöglichkeiten des 21. Jahrhunderts (Radio, TV, WWW,...) dennoch 61 % der deutschen Haushalte eine Tageszeitung abonniert haben (Ifak Institut, 2007). Im Gegensatz zu Werbeprospekten, welche oftmals ungelesen zum Altpapier wandern, sind Zeitungen also ausdrücklich erwünscht. Möglicherweise wird bei „Werbe-" und „Zeitungsaufgaben" die subjektiv wahrgenommene Bedeutung des Ankermediums auf das physikalische Problem übertragen, infolgedessen sich entsprechend der Erwartungs-mal-Wert-Theorie bei den „Zeitungsaufgaben" eine höhere Motivation einstellt als bei der Bearbeitung von „Werbeaufgaben".

Frage 2) lässt sich durch die ungleich großen Effekte am Ende der Instruktionsphase beantworten (Tab. 89); es ist naheliegend, dass sich bei den „Werbeaufgaben" aufgrund der kleineren Unterschiede zwischen EG und KG die Motivationsgrade nach Abschluss der Instruktion schneller einander nähern als bei den „Zeitungsaufgaben".

Einen Erklärungshinweis auf Frage 3) liefert eine Arbeit von Salomon (1983, 1984), der die Lernwirksamkeit von Lehrfilmen und Printmedien miteinander verglich. Salomon konnte zeigen, dass beim Einsatz von Videos sich die Assoziation mit Unterhaltung negativ auf den Lernerfolg auswirkt: Schülerinnen und Schüler, die mittels Fernseher statt durch Printmedien instruiert werden, schätzen die Aufgabenschwierigkeit geringer und ihre eigene Fähigkeit höher ein; als Folge investieren sie weniger Anstrengung, um die Inhalte zu begreifen. Unter Umständen führen negative Assoziationen (einfach formulierte Texte, unerwünschtes Medium,...) bei der Bearbeitung von „Werbeaufgaben" zu ähnlichen Effekten, so dass man auch hier von einem „Erwartungs-mal-Wert-Phänomen" sprechen kann.

Ein weiterer Erklärungsansatz von Frage 3) stellt die Größe des Motivationsunterschieds zwischen EG und KG dar, welcher bei den „Zeitungsaufgaben" viel stärker ausgeprägt ist. Vielleicht muss auch hier ein Schwellenwert überschritten werden, damit sich ein Motivationsunterschied auf die Lernleistung auswirkt.

Abb. 65: Werbeprospekte sind oftmals unerwünscht[37]

Abb. 66: Zeitungen besitzen im Allg. ein höheres Ansehen als Werbeprospekte[38]

Abschließend ist festzustellen, dass Zeitungsartikel und Werbeanzeigen natürlich unterschiedliche Medien darstellen, die bei genauer Betrachtung die Kriterien für ein wirksames Ankermedium (im Sinne von Kapitel 2) in unterschiedlichem Maße erfüllen. Dies ist eine der Stellen, an denen auch ein systematisches, quantitatives Untersuchungsprogramm der gemeinsamen Hintergrundtheorie von Anchored-Instruction bzw. Modified-Anchored-Instruction seinen Sinn für gemeinsame Einsichten in Lehr-Lern-Prozesse erweist.

7.5 Folgen für die Unterrichtspraxis

Auf Grundlage der umfangreichen Analysen zur Wirksamkeit von „Werbeaufgaben" im Physikunterricht der Sekundarstufe I lassen sich für die Unterrichtspraxis die folgenden Empfehlungen formulieren:

---

[37] Die Abbildung ist verfügbar unter http://www.mopf.net/files/Wallpapers/06KeineWerbung.jpg [Stand 08/2009]

[38] Die Abbildung ist verfügbar unter http://www.pecete.de/data/keine-werbung-aufkleber.jpg [Stand 08/2009]

Punktueller Einsatz von „Werbeaufgaben". Die Konzeption von „Werbeaufgaben" ist im Gegensatz zu den Videodisks des originären AI-Ansatzes nahezu kostenfrei und in ihrem Aufwand mit der Entwicklung von konventionell formulierten Alltagsproblemen vergleichbar. Aufgrund der nachgewiesenen motivationalen Vorteile des untersuchten Aufgabentyps ergibt sich somit eine ausgezeichnete „Kosten-Nutzungs-Rechnung", unter deren Berücksichtigung der Einsatz von „Werbeaufgaben" im Physikunterricht der Sekundarstufe I prinzipiell zu befürworten ist. Es ist selbstverständlich, dass kein Unterrichtsmedium als „Allerheilmittel" gesehen werden darf, weshalb auch bei „Werbeaufgaben" ein punktueller Einsatz sinnvoll erscheint; dieser sollte nicht erzwungen werden, sondern innerhalb eines Themenbereichs erfolgen, zu dem eine ansprechende Aufgabenstellung vorliegt bzw. konzipiert werden kann. Zum einen spricht die beobachtete Sättigungsgrenze des Motivationseffekts für die Gefahr einer Überdosierung des „Wirkstoffs", zum anderen ist im Sinne der vielfach propagierten Methodenvielfalt (Meyer, 2004; Helmke, 2006) die übermäßige Nutzung eines Mediums nicht vertretbar.

Bevorzugt „Zeitungsaufgaben" einsetzen. Liegen zu einem Themenbereich geeignete „Zeitungs-" wie auch „Werbeaufgaben" vor, so sollte man sich aufgrund der höheren Wirksamkeit für den Einsatz einer „Zeitungsaufgabe" entscheiden.

Fortbildungsveranstaltungen zur Konzeption von „Werbeaufgaben". Damit „Werbeaufgaben" tatsächlich die Unterrichtspraxis erreichen, müssen neben der Veröffentlichung der Untersuchungsergebnisse sowie eines Aufgabenbandes Lehrerfortbildungen angeboten werden, die zum einen über den theoretischen Hintergrund sowie die wichtigsten Untersuchungsergebnisse informieren, erste Beispiele präsentieren und genügend Raum zum Entwickeln und Diskutieren eigener Aufgabenstellungen bieten.

7.6 Weiterführende Entwicklungs- und Forschungsperspektiven

7.6.1 Überblick

In Form von Forschungsfragen werden im Folgenden weiterführende Untersuchungsaspekte formuliert, welche teilweise auf den durchgeführten Analysen beruhen oder sich unmittelbar aus dem theoretischen Hintergrund heraus aufdrängen.

1. *Wie effektiv ist ein punktueller Einsatz von „Werbeaufgaben" über einen längeren Zeitraum?*

   Unter Berücksichtigung der Gefahr einer „Überdosierung" sowie der Methodenvielfalt wurde in Kapitel 7.5 die Empfehlung formuliert, „Werbeaufgaben" punktuell in den Fortgang des Unterrichts zu integrieren. Ein empirischer Beleg dafür, dass „Werbeaufgaben" auch durch einen gelegentlichen Einsatz eine höhere Wirksamkeit besitzen als konventionelle Alltagsprobleme, wurde genau genommen noch nicht erbracht. Dieser Aspekt könnte mit einem „Einstreudesign" untersucht werden, bei dem die Lernenden der Experimentalgruppe über einen deutlich längeren Zeitraum als bei den hier beschriebenen Studien vereinzelt mit „Werbeaufgaben" instruiert werden. Obwohl ein solches Design der Empfehlung für die Unterrichtspraxis entspricht, wurde bei der vorliegenden Arbeit eine deutlich kürzere Instruktionszeit mit großer Aufgabendosis gewählt; der Grund hierfür liegt in der Kontrollierbarkeit des Experiments, welche bei dem genutzten Testablauf eher gewährleistet ist.

2. *Advertisements are easy and newspapers are serious!*

   Die Formulierung der hier implizierten Forschungsfrage erfolgt in Anlehnung an eine Arbeit von Salomon (1984) mit dem Titel „Television is `easy´ and print is `though´" (vgl. 7.4). Wie bereits beschrieben, konnte Salomon nachweisen, dass sich beim Einsatz von Videos die Assoziation mit Unterhaltung negativ auf den Lernerfolg auswirkt: Schülerinnen und Schüler, die mittels Fernseher statt durch Printmedien instruiert werden, schätzen die Aufgabenschwierigkeit geringer und ihre eigene Fähigkeit höher ein; als Folge investieren sie weniger Anstrengung, um die Inhalte zu begreifen. Möglicherweise ist ein ähnlicher Effekt dafür verantwortlich, dass „Zeitungsaufgaben" im Gegensatz zu „Werbeaufgaben" lernförderlicher sind als konventionell formulierte Alltagsprobleme. Zur Prüfung könnte man mittels Quasiexperiment die Wirksamkeit von „Zeitungs-" und „Werbeaufgaben" miteinander vergleichen und entsprechend dem Begründungszusammenhang Salomons eine Einschätzung der Bedeutsamkeit des Mediums, des physikalischen Problems, der Aufgabenschwierigkeit sowie der mentalen Anstrengung erheben.

3. *Lassen sich die gefundenen Dosis-Wirkungs-Beziehungen und insbesondere die abgeschätzten Schwellen- und Sättigungswerte replizieren und sind diese mit denen anderer Aufgabentypen und Interventionen vergleichbar?*

7.6 Weiterführende Entwicklungs- und Forschungsperspektiven

Aufgrund der geringen Zahl von Datenpunkten dürfen die in Kapitel 6.6.1 vorgenommenen sigmoidalen Kurvenanpassungen nicht überbewertet werden; dennoch liefern sie einige interessante Hinweise auf die jeweiligen Dosis-Wirkungs-Zusammenhänge, welche genauer untersucht werden könnten. Ein erster Schritt in diesem Zusammenhang wäre die Prüfung der angegebenen Schwellen- und Sättigungsgrenzen. Interessant wäre auch die Frage, ob sich bei anderen Aufgabentypen und Interventionen ähnliche Dosis-Wirkungs-Beziehungen einstellen und ob die hierzu notwendigen Dosen miteinander vergleichbar sind.

4. *Besitzen „Werbeaufgaben" auch in anderen Schulfächern eine höhere Wirksamkeit als konventionell formulierte Alltagsprobleme?*

Diese Forschungsfrage wurde in ähnlicher Form bereits von Kuhn (2008) für MAI-Medien im Allgemeinen formuliert und sie besitzt natürlich auch für „Werbeaufgaben" im Speziellen ihre Berechtigung. Da sich u. a. zum Themenbereich „Prozentrechnung" relativ einfach genügend viele Aufgaben für ein Quasiexperiment mit ähnlichem Designs konzipieren lassen, wäre das Schulfach „Mathematik" hierfür die erste Wahl.

5. *Welche Wirksamkeit besitzen andere Medien, die sich in den theoretischen Rahmen von MAI einordnen lassen?*

Auch dieser Untersuchungsaspekt wird schon von Kuhn (2008) geäußert und erste Studien dazu sind von der Arbeitsgruppe des Lehrstuhls für Physik der Universität Koblenz-Landau/Campus Landau bereits durchgeführt, initiiert oder vorgesehen. Beispiele für Medien, die sich in den theoretischen Rahmen von MAI einordnen lassen sind:

a) ästhetische/faszinierende dekorative Bilder (Abb. 67)
b) Comics/Cartoons (Abb. 68)
c) Ausschnitte aus Kinofilmen (Abb. 69)
d) Auszüge aus Originalartikeln (Abb. 70)

<u>Zu a)</u> Eine Arbeit zur Wirksamkeit von dekorativen Bildern (Abb. 67) wurde bereits abgeschlossen (Lenzner, 2009), eine weitere ist noch im Gange (Mahlmann, *in Vorbereitung*).

Wie stark muss ein Fernrohr vergrößern, damit der Saturn so groß erscheint wie der Mond?

Abb. 67: Beispiel einer Aufgabe mit affektiv ansprechenden dekorativen Bildern (Müller et al., 2009)

Welches fundamentale Naturgesetz liegt dem Cartoon zugrunde? Was sagt es aus und warum befindet sich das verhörte Atomi in einer so misslichen Lage?

Abb. 68: Beispiel einer „Cartoon-Aufgabe"; Abbildung aus (Evers, 2002)

<u>Zu b)</u> Aufgaben zu Comics/Cartoons (Abb. 68) wurden von der Arbeitsgruppe entwickelt und erste Arbeiten zur Veröffentlichung bereits angenommen (Kuhn et al., 2010; Bernshausen et al., 2010). Eine erste empirische Prüfung der Lernwirksamkeit von „Comic-" und „Cartoon-Aufgaben" befindet sich in Vorbereitung.

<u>Zu c)</u> Erste „Videoaufgaben" (Abb. 69), also Problemstellungen zu Sequenzen aus Kinofilmen, wurden bereits erstellt, eine Überprüfung ihrer Lernwirksamkeit ist in naher Zukunft jedoch nicht vorgesehen.

7.6 Weiterführende Entwicklungs- und Forschungsperspektiven

Der römische Kaiser Julius Cäsar hat den fortwährenden Widerstand des kleinen gallischen Dorfes satt und bietet den Bewohnern eine Wette an. Falls sie es schaffen, zwölf schier unlösbare Aufgaben zu bewältigen, so sollen sie die Herrschaft über ganz Rom erhalten. Bestehen sie eine der Prüfungen nicht, dann müssen sie sich dem berühmten Feldherrn unterwerfen; Asterix und Obelix nehmen die Herausforderung an.

In dem Filmausschnitt tritt Obelix gegen den besten Speerwerfer der Welt, Hermes, den Perser, an. Dieser wirft den Speer in hohem Bogen von Frankreich über den Atlantik nach Amerika, doch Obelix besiegt ihn dennoch; er wirft ihn um die ganze Erde und noch ein Stück weiter.

a) Gibt es eine physikalische Begründung dafür, dass Hermes eine so hohe Flugbahn wählt?

b) Leiten Sie die Abwurfgeschwindigkeit her, die ein geworfener Körper mindestens haben muss, damit er eine Kreisbahn nahe der Erdoberfläche beschreiben kann!

c) Schätzen Sie die Energie ab, welche Obelix zum Beschleunigen des Speers freisetzen muss!

d) Veranschaulichen Sie sich die abgeschätzte Energie durch einen Vergleich mit der potentiellen Energie, die notwendig ist, um einen Körper großer Masse zu stemmen; wie hoch kann man z. B. den Eifelturm oder einen Flugzeugträger mit dieser Energie anheben?

Abb. 69: Beispiel einer „Videoaufgabe" (Abbildung aus: Kinowelt Home Entertainment/DVD. Asterix erobert Rom, 1975)

<u>Zu d)</u> Da zur Akzeptanz des Ankermediums „Originalarbeiten" vom Autor bereits eine Voruntersuchung durchgeführt wurde, wird der Aufgabentyp „Artikelaufgabe" in Kapitel 7.6.2 genauer betrachtet sowie die Ergebnisse der Pilotstudie überblicksartig dargestellt.

6. Welche Wirksamkeit besitzt der gemeinsame Einsatz verschiedener MAI-Medien?

Hat man die Lernwirksamkeit sowie die motivationale Wirkung der verschiedenen MAI-Medien getrennt voneinander untersucht, so stellt sich die Frage, welche Effektivität ein gemeinsamer Einsatz verschiedener MAI-Medien besitzt. Zum einen entspräche ein häufiges Wechseln des Aufgabentyps der vielfach propagierten und schon mehrfach angesprochenen Methodenvielfalt und zum anderen lassen sich nicht zu allen Themenbereichen MAI-Aufgaben jeden Typs konzipieren; liegt bei der Behandlung eines Themas keine geeignete „Zeitungsaufgabe" vor, so greift man z. B. auf eine „Werbeaufgabe", ein dekoratives Bild oder eine „Comic-Aufgabe" zurück und umgekehrt.

7. *Welche Lehrer- und Unterrichtsmerkmale können die Motivation und den Lernerfolg der Schülerinnen und Schüler im besonderen Maße positiv beeinflussen?*

Die mittelgroße Einwirkung des Faktors „Lehrkraft" auf den Motivationsverlauf sowie dessen große Einwirkung auf die Leistung der Schülerinnen und Schüler wirft die Frage auf, welche Lehrermerkmale für die beobachteten Unterschiede verantwortlich sind. Mittels Videoanalysestudie könnten erfolgversprechende Lehrer- und Unterrichtsmerkmale gefunden und in die Lehreraus- und -weiterbildung integriert werden.

7.6.2   Eine explorative Pilotstudie: „Artikelaufgaben"

Einordnung von „Artikelaufgaben" in den MAI-Ansatz: Aufgrund der Tatsache, dass Originalarbeiten die Überlegungen, Gedankengänge und das Vorgehen von Physikern originalgetreu wiedergeben, besitzen sie eine Authentizität wie kaum ein anderes Medium. Dies lässt bereits die Herkunft des Worts „Authentizität" unschwer erkennen, stammt es doch aus dem griech./lat. und bedeutet „Echtheit" im Sinne von „als Original befunden". Gleiches gilt für die geforderte Narrativität, die – insbesondere durch die historische Einbettung des Artikels und der Ermöglichung eines genetischen Unterrichts, bei dem der genetisch-historische Aspekt im Vordergrund steht – stets vorhanden ist. Da auch die anderen Ankerkriterien (vgl. 2.2) erfüllt sind, können Originalartikel als MAI-Medien aufgefasst werden. Dabei ist selbstverständlich, dass infolge des hohen Anforderungsniveaus „Artikelaufgaben" ausschließlich zum Einsatz in der Sekundarstufe II (insbesondere für Leistungskurse) bzw. innerhalb der universitären Lehre als geeignet erscheinen.

Pilotstudie: Im Laufe des Sommersemesters 2007 wurden in der Lehrveranstaltung „Atom- und Kernphysik" (Teilnehmerzahl $N = 15$) der Abteilung Physik des Fachbereichs 7 der Universität Koblenz-Landau/Campus Landau vier „Artikelaufgaben" zu

7.6 Weiterführende Entwicklungs- und Forschungsperspektiven 219

den Themen „lichtelektrischer Effekt", „Comptonstreuung" und „Elektronenbeugung an Kristallen" eingesetzt, um am Ende des Semesters einen Fragebogen zur Messung der Akzeptanz des Aufgabentyps „Artikelaufgaben" einzusetzen. Dieses Instrument beinhaltet neben Items zur Einstellung gegenüber dem neuen Aufgabentyp auch Fragen zur intrinsischen Motivation sowie zur Einstellung gegenüber der Geschichte der Physik (vgl. Anhang H). Nach der Analyse des Datenmaterials können folgende Aussagen getroffen werden:

- Die Studierenden haben kein Interesse an der Bearbeitung von Originalveröffentlichungen, sei es durch eine Integration des Artikels in Lehrveranstaltungen, eine Bearbeitung im Selbststudium oder auch in Form von „Artikelaufgaben".
- Studierende möchten lieber konventionelle Aufgaben bearbeiten als „Artikelaufgaben".
- Wenn „Artikelaufgaben" eingesetzt werden, sollten sich diese auf populärwissenschaftliche Arbeiten beziehen, die in deutscher Sprache verfasst wurden.
- Auch das Interesse an der Geschichte der Physik ist mit 53 % relativ gering.
- Zwischen dem Interesse an der Geschichte der Physik und der Akzeptanz von „Artikelaufgaben" besteht eine schwache positive, jedoch nicht signifikante Korrelation.
- Die intrinsische Motivation der beteiligten Studierenden ist mit einem mittleren Motivationsgrad von 67 % geringer, als man es von der gezogenen Stichprobe (Lehramtsstudenten des Fachs Physik) erwartet hätte; bei ähnlichen Items liegt der mittlere Motivationsgrad von Schulklassen der Sekundarstufe I immerhin bei über 50 %.
- Zwischen der intrinsischen Motivation und der Akzeptanz von „Artikelaufgaben" besteht keine signifikante Korrelation.

Diskussion. Bei der Bewertung der formulierten Ergebnisse muss berücksichtigt werden, dass der Stichprobenumfang ($N = 15$) relativ klein ist. Dennoch zeigt das Ergebnis eine starke Tendenz: „Artikelaufgaben" zu Originalarbeiten, scheinen für die Population (Lehramtsstudenten der Universität Koblenz-Landau) eher nicht geeignet zu sein. Möglicherweise ist hierfür die relativ geringe intrinsische Motivation der Studierenden verantwortlich, was durch eine Studie an einer anderen Universität geprüft werden könnte; innerhalb der Studiengänge Diplom-Physik und Lehramt für Gymnasien ist die intrinische Motivation der Studierenden erfahrungsgemäß höher ausgeprägt, da die Studienwahl stärker unter Berücksichtigung des eigenen Interesses als unter Beachtung extrinsischer Faktoren (z. B. Einstellungschancen) erfolgt.

Insbesondere aus den abgeschlossenen sowie geplanten Untersuchungen der Arbeitsgruppe des Lehrstuhls für Physik der Universität Koblenz-Landau/Campus Landau zur Lernwirksamkeit weiterer Ankermedien (Forschungsperspektive 5) geht deutlich hervor, dass der von Kuhn und Müller entwickelte MAI-Ansatz keineswegs eng begrenzt ist, sondern den übergeordneten Rahmen eines ganzen Forschungsprogramms darstellt, in welches auch die vorliegende Arbeit einzuordnen ist.

7.6 Weiterführende Entwicklungs- und Forschungsperspektiven

Lichtelektrischer Effekt

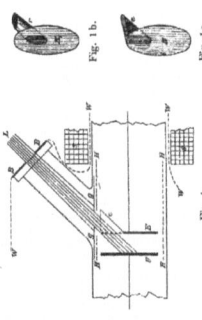

152   **9. Ueber die lichtelektrische Wirkung;
von P. Lenard.**
(Hierzu Taf. I, Figs 1 u. 2.)

In einer früheren Mitteilung habe ich gezeigt, dass ultraviolettes Licht, das auf Körper trifft, Kathodenstrahlung aus demselben veranlassen kann.²) Diese Erzeugung von Kathodenstrahlen erwies sich unabhängig vom Vorhandensein eines Gases; sie gieng, im Gegensatz zur früher allein bekannten Erzeugungsart in Entladungsröhren, auch im äussersten Vacuum vor sich.³) Charakteristisch war es, wie im Vacuum gefunden wurde, dass elektrische Kräfte diese Erregung nicht beeinflussten; ein Ansteigen der Kraft an der negativ geladenen, belichteten Oberfläche von 100 Volt/3,6 cm bis zu 45000 Volt/3,6 cm änderte nichts an der Menge der Ausstrahlung. Es war dies in Einklang mit der Vorstellung, dass Licht die Strahlenbildung nicht ausserhalb, sondern im Innern des Körpers veranlasse, wo es auch absorbirt wird, derart, dass dort negative Elektricitätsquanten mit bestimmten Anfangsgeschwindigkeiten in fortschreitende Bewegung versetzt werden, sodass aus dem Körper herausfahren können. Die Wirkung der äusseren elektrischen Kraft wäre dann, je nach ihrer Richtung, nur Beschleunigung oder Verzögerung der Bewegung der ausgestrahlten Elektricitätsquanten.

P. Lenard.

18. Die Versuchseinrichtung ist, in Fig. 1 dargestellt. U ist die zu belichtende Elektrode, einer mit Terpentinrussvollkommen überzogene, kreisförmige Aluminiumscheibe von 3,4 cm Durchmesser; ihr gegenüber steht die gleichgrosse und ebenfalls vollkommen berusste Metallscheibe E, welche eine Einstülpung e (Fig. 1 a) besitzt, so geformt, dass das durch die Blenden BB und gg abgegrenzte, schmale Lichtbündel von der Quelle L nach U gelangen kann ohne E zu streifen. Letzteres wurde durch sorgfältige Aufstellung der Lichtquelle durchaus vermieden. Die Platte E ist sich selbst parallel

Die Platte, U oder E, deren Ladungsänderung durch das Licht beobachtet werden sollte, war mit dem einen Quadrantelektrometer verbunden. Das Gehäuse des Elektrometers, welches auch über alle Leitungen und das Plattenpaar UE sich fortsetzte und woran WW in Fig. 1 und auch die Stanniolblende BB Teile sind, war von Anfang auf dasjenige Potential gebracht, welches das mit dem Elektrometer verbundene Platte haben sollte. Zur Beobachtung wurde dann ein federnder Contact gelöst, welcher in Ruhezustand die Platte mit dem Gehäuse verband, worauf das Elektrometer die durch Wirkung des Lichtes eintretende Ladungsänderung der Platte angieb.

154   P. Lenard.

14. Die in der Zeiteinheit ausgestrahlte Menge ist der wirkenden Lichtintensität proportional. — Die gesamte, durch das absorbirte Licht zur Ausstrahlung gebrachte Electricitätsmenge gelangt nach unserer Auffassung (4) dann zur Beobachtung, wenn genügend grosse äussere beschleunigende Kraft vorhanden ist. Es wurden 200 Volt benutzt bei einem Abstände UE von 40 mm; als Lichtquelle dienten 6 mm lange Funken (3) zwischen Zinkkugeln. Berechnungen der Entfernung zwischen den Funken und dem Glimmerdiaphragma gg hergestellt, welches letztere, enger als die Blende BB, in allen Fällen den Querschnitt des nach U gelangenden Lichtbündels begrenzte. Das Elektrometer war an U geschaltet. Folgendes sind die Resultate):

Tabelle IV.

1	2	3	4	
Abstand Funken-Glimmerblende	Elektrometer-ablenkung	Capacität des Elektrometersystems		In 1 sec entwickelte Elektricitätsmenge
r	A	C		$Q = A \cdot C/10$
m	Set. in 10sec	10^{-10} Farad	Set.	10^{-10} Fd. sec
0,106	7,65	1001		766
0,133	5,00	1001		501
0,206	2,21	1001		221
0,403	85,55	10,39		231,0
0,535	10,22	10,39		88,93
0,835	1,14	10,39		10,82
	90			10,82

verschiebbar, sodass der Abstand UE verändert werden kann.

Der lichtelektrische Effekt (Fotoeffekt) wurde von HEINRICH HERTZ (1857-1894) im Jahre 1887 entdeckt und von PHILIPP LENARD (1862-1947) ausführlich experimentell untersucht. Die theoretische Erklärung des Fotoeffekts gelang erstmalig ALBERT EINSTEIN (1879-1955) unter Verwendung der Lichtquantenhypothese (1905), wofür er im Jahre 1921 mit dem Nobelpreis für Physik ausgezeichnet wurde.

Der vorliegende Text stammt aus einer von PHILIPP LENARD im Jahr 1902 in den Annalen der Physik veröffentlichten Arbeit (Ann. d. Phys. 8 (1902), 149-198).

Aufgaben:

1. Beschreiben Sie den in der Einleitung des Artikels beschriebenen Effekt!
2. Zur quantitativen Untersuchung des lichtelektrischen Effekts nutzte PHILIPP LENARD die in Fig. 1 dargestellte Versuchsanordnung. Beschreiben Sie den Versuchsaufbau!
3. Begründen Sie mit Hilfe der Tabelle IV, dass die von der belichteten Elektrode U emittierte Ladung zur Lichtintensität proportional ist!

Abb. 70: Beispiel einer „Artikelaufgabe"

Anhang

Anhang A: Instruktionsmaterial 224
   A.1 Eingesetzte Aufgaben 224
   A.2 Erwartungshorizonte der eingesetzten Aufgaben 249
   A.3 Sonstiges Instruktionsmaterial 256
   A.4 Lernzielformulierung 261

Anhang B: Testinstrumente 264
   B.1 Test zur aktuellen Motivation (Pilotstudie) 264
   B.2 Test zum Motivationsverlauf (Pilot- und Hauptstudie) 266
   B.3 Kurzfassung des Potsdamer Motivationsinventars 268
   B.4 Leistungstest mit Erwartungshorizonten (Pilotstudie) 270
   B.5 Leistungstest „spezifische Wärmekapazität" mit Erwartungshorizonten (Hauptstudie) 272
   B.6 Leistungstest „Heizwert" mit Erwartungshorizonten (Hauptstudie) 274
   B.7 Konzepttest zur Wärmelehre 276

Anhang C: Unterrichtskonzept zur Forschungsfrage III 285

Anhang D: Organisationsleitfaden zur Forschungsfrage I 293

Anhang E: Checkliste für die beteiligten Lehrkräfte 298

Anhang F: Kompetenzstufen der naturwissenschaftlichen Grundbildung 299

Anhang G: Ergänzung zur Trennschärfebetrachtung 300

Anhang H: Fragebogen zur Akzeptanz von „Artikelaufgaben" 301

Anhang A: Instruktionsmaterial

A.1 Eingesetzte Aufgaben

Tab. 91: Überblick über die in den verschiedenen Untersuchungen eingesetzten Aufgaben. Die Ziffern entsprechen den Aufgabennummern der nachfolgenden Zusammenstellung.

		\multicolumn{5}{c}{spezifische Wärmekapazität}	\multicolumn{5}{c}{Heizwert von Brennstoffen}	
		Folie	HA	AB 1	HA	AB 2	HA	Folie	HA	AB 3	HA	AB 4	HA	Summe
Pilotstudie		-	1	2, 5	4	6, 7, 9	8	(A.3.4) (A.3.5)	-	10, 15, 16, 17	11, 12	14, 13, (18)[39]	(19)	17[40]
Hauptstudie	FF I	-	-	1, 2, 3	-	4, 9	-	-	-	10, 11, 12	-	13, 15, 17	-	11
Hauptstudie	FF II	-	-	1, 2, 9	-	-	-	-	-	11, 12, 17	-	-	-	6
Hauptstudie	FF III	(A.3.2)	4	2, 9	-	-	-	(A.3.4) (A.3.5)	11	10, 12, 17	-	-	-	9

<u>Erläuterungen:</u> Die Abkürzung HA steht für Hausaufgabenstellung, AB für Arbeitsblatt

---

[39] Infolge der geringen Motivation der Lernenden, weitere Aufgaben zu lösen, wurde auf die Bearbeitung der Aufgaben 18 und 19 verzichtet.

1.1 Physik rund um den Wasserkocher („Werbeaufgabe")

Um Tee zu kochen, möchtest du 1,5 Liter Wasser von 16 °C auf 100 °C erhitzen.
Gehe bei deinen Berechnungen davon aus, dass die benötigte elektrische Energie vollständig in Wärme umgewandelt wird (Wirkungsgrad $\eta = 1$).

a) Berechne die zugeführte Wärmeenergie!
b) Was kostet das Erhitzen des Wassers bei einem Kilowattstundenpreis von 14 Cent?
c) Wie lange dauert der Vorgang?
d) Erläutere die Funktionsweise der Abschaltautomatik!

1.2 Physik rund um den Wasserkocher (Alltagsproblem)

Um Tee zu kochen, möchtest du mit Hilfe eines Wasserkochers (2200 W) 1,5 Liter Wasser von 16 °C auf 100 °C erhitzen.
Gehe bei deinen Berechnungen davon aus, dass die benötigte elektrische Energie vollständig in Wärme umgewandelt wird (Wirkungsgrad $\eta = 1$).

a) Berechne die zugeführte Wärmeenergie!
b) Was kostet das Erhitzen des Wassers bei einem Kilowattstundenpreis von 14 Cent?
c) Wie lange dauert der Vorgang?
d) Erläutere die Funktionsweise der Abschaltautomatik!

1.3 (traditionelle Aufgabe ohne Alltagsbezug)

Einem Körper der Masse $m = 1,5$ kg und der spezifischen Wärmekapazität $c = 4,19 \frac{kJ}{kg \cdot K}$ wird ein konstanter Energiestrom von 2200 W zugeführt.

a) Wie groß ist die zugeführte Wärmeenergie, wenn der Körper von 16 °C auf 100 °C erhitzt wurde?
b) Was kostet das Erhitzen des Körpers bei einem Kilowattstundenpreis von 14 Cent?
c) Wie lange dauert der Vorgang?

---

[40] Da die Aufgabe (A.3.5) eine Erweiterung von (A.3.4) darstellt – bei (A.3.5) sind die Heizwerte der Brennstoffe mit angegeben, was einen Vergleich der Energiekosten ermöglicht – werden die beiden Problemstellungen bei der Summenbildung als eine Aufgabe betrachtet.

2.1 Kleinspeicher („Werbeaufgabe")

Zum Spülen von Geschirr möchtest du das Wasser eines voll gefüllten Kleinspeichers von Zimmertemperatur auf ca. 60 °C erhitzen.

a) Welche Wärmeenergie muss dem Wasser zugeführt werden?
b) Wie lange dauert der Vorgang?

2.2 Kleinspeicher (Alltagsproblem)

Zum Spülen von Geschirr möchtest du das Wasser eines voll gefüllten Kleinspeichers (5 l) von Zimmertemperatur auf ca. 60 °C erhitzen. Der Kleinspeicher hat eine Leistung von 2000 W.

a) Welche Wärmeenergie muss dem Wasser zugeführt werden?
b) Wie lange dauert der Vorgang?

2.3 (traditionelle Aufgabe ohne Alltagsbezug)

Ein Körper der spezifischen Wärmekapazität $c = 4{,}19 \dfrac{\text{kJ}}{\text{kg} \cdot \text{K}}$ und der Masse $m = 5\,\text{kg}$ soll bei einem konstanten Energiestrom von 2000 W von 20 °C auf 60 °C erhitzt werden.

a) Welche Wärmeenergie muss dem Körper zugeführt werden?
b) Wie lange dauert der Vorgang?

3.1 Der aufblasbare Whirlpool („Werbeaufgabe")

a) Steigert sich die Wassertemperatur wirklich, wie in der Werbeanzeige behauptet, um 1,5-2 °C pro Stunde? (Rechne nach!)
b) Wie lange dauert in etwa das Aufwärmen des Wassers?
c) Was kostet das Erwärmen einer Whirlpool-Füllung bei einem Kilowattstundenpreis von 14 Cent?

Ihre ganz private Wellness-Oase für Haus und Garten.
Der aufblasbare Whirlpool für 4 Personen – in nur 15 Minuten aufgebaut. Komplett mit Heizung und Filterpumpe nur 798,- €.

Übliche Spa-Thermen in vergleichbarer Größe kosten oft mehrere tausend Euro und müssen meist fest installiert werden. Jetzt jedoch zaubern Sie in nur 15 Minuten einen vollwertigen Whirlpool, wo Sie ihn haben möchten: im Sommer unter freiem Himmel, im Winter im Sauna- oder Schwimmbadbereich, im Fitnessraum, Wintergarten, ... Ohne gleich ein kleines Vermögen ausgeben zu müssen.
Aufpumpen, Heizen, Filtern und Sprudeln: Die digital gesteuerte Elektropumpe übernimmt alle Funktionen.
Einfach den Whirlpool auf einer ebenen Fläche ausgelegt, Aufblasschlauch der Elektropumpe anschließen – und in 15 Minuten sind alle 4 Kammern mit Luft gefüllt. Dann nur noch Wasser einlaufen lassen und die gewünschte Temperatur (bis 40 °C) auf dem Display einstellen. Das 2.000 W starke Schnellheizsystem erwärmt das Wasser pro Stunde um 1,5-2 °C – und hält die Wassertemperatur konstant auf dem eingestellten Wert.
Kristallklares Wasser – durch automatisches Filtersystem.
Eine leise Umwälzpumpe leitet das Wasser durch einen Kartuschenfiltereinsatz. Schmutzpartikel bleiben in der austauschbaren Filterkartusche zurück. Eine Kartusche reicht für ca. 2 Wochen (Ersatzkartuschen separat erhältlich).
Das Hygiene-Set (separat erhältlich) hilft zusätzlich bei der Reinigung und Pflege.
Mit den Teststreifen prüfen Sie den pH-Wert und die Chlorkonzentration. Spezielle Pflegemittel mit wohltuendem Kamilleduft regulieren den pH-Wert und verhindern Bakterien und Algenwuchs. Sie füllen den Whirlpool einmal und nutzen ihn über Monate ohne Wasserwechsel.
80 Air-Jet-Düsen verwöhnen Sie auf Knopfdruck mit sanfter, belebender Massage.
Tauchen Sie ein und genießen Sie vollkommene Entspannung im warmen, sprudelnden Wasserstrom – ein herrliches Gefühl, das Sie schon bald nicht mehr missen möchten.
Geräumige 140 cm Innendurchmesser bieten komfortabel Platz für 4 Erwachsene.
Viel bequemer als die harten, vorgeformten Wannen üblicher Whirlpools: Der luftgefüllte Boden und das anschmiegsame Innenpolster sorgen für uneingeschränkten Sitz- und Liegekomfort.
Wetterfestes, extrem widerstandsfähiges Material.
Der 0,45 mm starke Kunststoff mit Terylen®-Beschichtung verträgt problemlos Temperaturen von 4-80 °C und macht Ihren Whirlpool über Jahre hinweg unverwüstlich. Zum Entleeren verbinden Sie einfach einen Gartenschlauch mit dem Ablaufventil – schon können Sie das Wasser an gewünschter Stelle ablassen (Schlauchadapter mitgeliefert).
Kommt mit Elektropumpe (4,50-m-Anschlusskabel für 230 V), aufblasbarem Isolierdeckel, Abdeckplane, Dosierschwimmer für Pflegemittel und Filterkartusche. Misst aufgeblasen 206 x 79 cm (⌀ x H). Fasst ca. 900 Liter. Zusammengefaltet auf nur 26 x 48 x 20 cm Platz sparend zu verstauen. CE-Kennzeichen.

• Aufblasbarer Whirlpool	Nr. 650-408-30	€ 798,-
• Hygiene-Set	Nr. 670-844-30	€ 79,-
• Filterkartusche	Nr. 671-222-30	€ 6,50

3.2 Der aufblasbare Whirlpool (Alltagsproblem)

a) Das Schnellheizsystem eines aufblasbaren Whirlpools besitzt eine Leistung von 2000 W. Schätze mit einer Rechnung ab, um wie viel Grad Celsius sich das Wasser pro Stunde erwärmt! Das Fassungsvermögen beträgt 900 Liter.
b) Wie lange dauert in etwa das Aufwärmen des Wassers, wenn die Endtemperatur 40 °C betragen soll?
c) Schätze die Kosten für das Erwärmen einer Whirlpool-Füllung bei einem Kilowattstundenpreis von 14 Cent ab!

3.3 (traditionelle Aufgabe ohne Alltagsbezug)

a) Kann mit Hilfe eines konstanten Energiestroms von 2000 W ein Körper mit $m = 900$ kg und $c = 4{,}19 \dfrac{\text{kJ}}{\text{kg} \cdot \text{K}}$ pro Stunde um 2 °C erhitzt werden?
b) Nach wie vielen Stunden ist die Temperatur um 24 °C angestiegen?
c) Was kostet die zum Erwärmen des Körpers notwendige Energie bei einem Kilowattstundenpreis von 14 Cent?

4.1 Verschiedene Wasserkocher im Vergleich („Werbeaufgabe")

Um Tee zu kochen, möchtest du 1,5 Liter Wasser erhitzen.
a) Wie lange dauert das Erwärmen des Wassers mit den dargestellten Wasserkochern?
b) Formuliere einen Je-desto-Satz mit den Begriffen Leistung und Zeit!
c) Zum Erhitzen des Wassers wandelt ein Wasserkocher elektrische Energie in Wärmeenergie um. Welcher Wasserkocher benötigt zum Erhitzen der 1,5 Liter Wasser am meisten Strom und hat somit die höchsten Betriebskosten?

4.2 Verschiedene Wasserkocher im Vergleich (Alltagsproblem)

Um Tee zu kochen, möchtest du 1,5 Liter Wasser erhitzen. Es stehen drei verschiedene Wasserkocher unterschiedlicher Leistung zur Verfügung (2200 W/ 1800 W/ 3000 W).

a) Wie lange dauert das Erwärmen des Wassers mit den verschiedenen Wasserkochern?
b) Formuliere einen Je-desto-Satz mit den Begriffen Leistung und Zeit!
c) Zum Erhitzen des Wassers wandelt ein Wasserkocher elektrische Energie in Wärmeenergie um. Welcher Wasserkocher benötigt zum Erhitzen der 1,5 Liter Wasser am meisten Strom und hat somit die höchsten Betriebskosten?

4.3 (traditionelle Aufgabe ohne Alltagsbezug)

Ein Körper der Masse $m = 1,5$ kg und der spezifischen Wärmekapazität $c = 4,19 \frac{kJ}{kg \cdot K}$ soll bei einem konstanten Energiestrom von 2200 W (1800 W/ 3000 W) um 84 K erhitzt werden.

a) Wie lange dauert das Erwärmen des Körpers bei den verschiedenen Energieströmen/ Leistungen?
b) Formuliere einen Je-desto-Satz mit den Begriffen Leistung und Zeit!
c) Bei welchem Energiestrom wird zum Erhitzen des Körpers am meisten Energie benötigt?

5.1 Weinkühler („Werbeaufgabe")

a) Wie viel Wärmeenergie wird dem Wein innerhalb von 5 Minuten entzogen?
b) Welche effektive Leistung kann dem Kühler zugeordnet werden?

In nur 5 Minuten ist Ihr Weißwein auf Trinktemperatur gekühlt – für Stunden.

**Edelstahl-Weinkühler mit Rapid-Ice®-Element:
kühlt statt nur zu isolieren – ohne tropfendes Eis.**

Viele „Weinkühler" isolieren nur. Andere wiederum benötigen Eiswürfel, deren Tauwasser beim Einschenken herabtropft. Bei diesem Weinkühler dagegen sorgt ein Rapid-Ice®-Kühlelement für perfekt temperierte Getränke. **Kühlt den Wein in 5 Minuten von 18 °C auf 8 °C.**

Das Kühlelement liegt jederzeit bereit in Ihrem Tiefkühlfach. Im Handumdrehen setzen Sie es in die Edelstahl-Hülle des Weinkühlers und schrauben den Bodendeckel zu: Das ist schon alles. Selbst an lauen Sommerabenden bleibt Ihr Wein bis zu 4 Stunden köstlich kühl. Und kein Eiswasser ruiniert Ihren Tisch.

Ein Schmuckstück jeder Tafel.
Der wertvolle, elegant mattierte 18/10-Edelstahl und die klare, konische Form harmonieren zum fantasievoll gedeckten Tisch genauso wie zur festlich dekorierten Tafel. Höhe 20,5 cm. ⌀ 14,5 cm. Wiegt 900 g. Für alle gängigen Getränkeflaschen (⌀ bis 8 cm). Inkl. passender Rapid-Ice®-Manschette.

- Edelstahl-Weinkühler
  Nr. 120-428-52 € 28,–
- Ersatz-Kühlelement Rapid-Ice®
  Nr. 142-059-52 € 9,–

Einfach den Bodendeckel abnehmen – schon setzen Sie mit einem Griff das Rapid Ice®-Element in die Edelstahl-Hülle des Weinkühlers.

5.2 Weinkühler (Alltagsproblem)

Mit Hilfe einer Kühlmanschette kann eine Flasche Wein (0, 7 l) innerhalb von 5 Minuten von 18 °C auf 8 °C gekühlt werden.

a) Wie viel Wärmeenergie wird dem Wein innerhalb von 5 Minuten entzogen?
b) Welche effektive Leistung kann dem Kühler zugeordnet werden?

6.1 Wasserspaß durch Sonnenenergie („Werbeaufgabe")

a) Übersetze den allgemeinverständlichen Ausdruck „zieht die Sonne an" in die physikalische Fachsprache!

b) An einem heißen Sommertag absorbiert ein Planschbecken mit schwarzem Untergrund und einem Durchmesser von 150 cm (Fassungsvermögen 265 Liter) innerhalb von vier Stunden ca. 10422 kJ. Das größere Planschbecken (Fassungsvermögen 680 Liter) absorbiert in der gleichen Zeit sogar eine Wärmemenge von 26682 kJ.
Berechne die Temperaturerhöhung des Wassers bei den angegebenen Wärmeenergien!

c) Begründe, weshalb die Erwärmung des Wassers unabhängig vom Durchmesser des Planschbeckens ist!

d) Ohne schwarzen Boden werden nur ca. 4 % der einfallenden Sonnenenergie in Wärme umgewandelt. Um wie viel Grad Celsius würde das Wasser bei einem Planschbecken ohne schwarzen Boden ansteigen?

6.2 Wasserspaß durch Sonnenenergie (Alltagsproblem)

Zur schnelleren Erwärmung des Wassers besitzt ein Planschbecken häufig einen schwarzen Boden (zieht die Sonne an!).

a) Übersetze den allgemeinverständlichen Ausdruck „zieht die Sonne an" in die physikalische Fachsprache!

b) An einem heißen Sommertag absorbiert ein Planschbecken mit schwarzem Untergrund und einem Durchmesser von 150 cm (Fassungsvermögen 265 Liter) innerhalb von vier Stunden ca. 10422 kJ. Das größere Planschbecken (Fassungsvermögen 680 Liter) absorbiert in der gleichen Zeit sogar eine Wärmemenge von 26682 kJ.
Berechne die Temperaturerhöhung des Wassers bei den angegebenen Wärmeenergien!

c) Begründe, weshalb die Erwärmung des Wassers unabhängig vom Durchmesser des Planschbeckens ist!

d) Ohne schwarzen Boden werden nur ca. 4 % der einfallenden Sonnenenergie in Wärme umgewandelt. Um wie viel Grad Celsius würde das Wasser bei einem Planschbecken ohne schwarzen Boden ansteigen?

7.1 Kochen mittels elektromagnetischer Induktion („Werbeaufgabe")

a) Passen die im Kasten der Werbeanzeige getroffene Behauptung („1 Liter Wasser kocht auf einem Induktionsherd innerhalb von 4 Minuten") und die Leistungsangabe auf der Herdplatte zusammen?
b) Welche Vorteile hat das Kochen unter Nutzung der elektromagnetischen Induktion?

7.2 Kochen mittels elektromagnetischer Induktion (Alltagsproblem)

Ein Induktionsherd bringt 1 l Wasser in nur 4 min zum Sieden. Berechne seine Leistung!

8.1 Physik des Wasserkochers („Werbeaufgabe")

Endlich: Der Wasserkocher, an dem Sie sich nicht mehr die Finger verbrennen. Nur 54,95 €.
Aus isolierendem doppelwandigem Edelstahl.

Die Außenwände herkömmlicher Wasserkocher können gefährlich heiß werden. Die isolierende Doppelwand dieses eleganten Kochers hält die Hitze im Inneren – das Außengehäuse wird gerade einmal handwarm.
Mattierter 18/10-Edelstahl – viel schöner als Plastik.
Er ist besonders langlebig, unempfindlich bei Fingerabdrücken – und wird niemals rosten.
1.800 W bringen in nur ca. 4 Minuten 1,2 l Wasser zum Kochen.
Danach schaltet sich Ihr Kocher automatisch ab. Heben Sie die Kanne am hitzeisolierten Griff von der Basisstation und ohne störendes Kabel brühen Sie Ihren Kaffee, Tee oder Suppensnack auf. Der Kalkfilter im herausnehmbaren Deckel hält Rückstände einwandfrei fern. Zum Reinigen lösen Sie den verriegelten Sicherheitsdeckel per Knopfdruck. Mit zweifachem Überhitzungsschutz. 75-cm-Anschlusskabel für 230 V/1.800 W. VDE/GS/CE-geprüfte Sicherheit. Mit Basisstation 23 cm hoch, max. 14,3 cm ⌀, wiegt 1.050 g. Herstellergarantie 2 Jahre. **Bei Pro-Idee: erweiterte Garantie 3 Jahre.**
• „Cool Wall" Wasserkocher   Nr. 132-142-52   € 54,95

a) Können, wie in der Werbeanzeige behauptet, mit Hilfe des Wasserkochers 1,2 l Wasser in nur 4 Minuten zum Sieden gebracht werden?
b) Begründe, weshalb das Gehäuse des Wasserkochers nur handwarm wird!

8.2 Physik des Wasserkochers (Alltagsproblem)

Ein Wasserkocher hat eine Leistung von 1800 W. Damit sein Gehäuse nicht gefährlich heiß wird, besitzt er eine Doppelwand – so wird das Außengehäuse gerade mal handwarm.

a) Prüfe rechnerisch nach, ob 1,2 Liter Wasser in ca. 4 Minuten zum Sieden gebracht werden können!
b) Begründe, weshalb das Gehäuse des Wasserkochers nur handwarm wird!

9.1 Heizen mit elektrischem Strom („Werbeaufgabe")

Du möchtest an einem kühlen Morgen mit dem dargestellten Heizgerät euer Badezimmer ($A = 15$ m²) von 12 °C auf 20 °C aufheizen.
a) Welche Zeit musst du zum Erwärmen des Raums einplanen?
b) Was kostet das einmalige Erhitzen der Raumluft bei einem Kilowattstundenpreis von 14 Cent?

Gehe bei deiner Abschätzung davon aus, dass die aufgenommene elektrische Energie vollständig in Wärmeenergie umgewandelt wird!

Tipp: Zur Berechnung der notwendigen Energie musst du zuerst die Masse der Raumluft berechnen. Es gilt:

$$m = \rho \cdot V$$

(m Masse der Luft, ρ Dichte der Luft ($\rho_{Luft} = 1{,}3 \frac{\text{kg}}{\text{m}^3}$), V Volumen der Luft)

9.2 Heizen mit elektrischem Strom (Alltagsproblem)

Du möchtest an einem kühlen Morgen mit einem elektrischen Heizgerät (2000 W) euer Badezimmer ($A = 15$ m²) von 12 °C auf 20 °C aufheizen.
a) Welche Zeit musst du zum Erwärmen des Raums einplanen?
b) Was kostet das einmalige Erhitzen der Raumluft bei einem Kilowattstundenpreis von 14 Cent?

Gehe bei deiner Abschätzung davon aus, dass die aufgenommene elektrische Energie vollständig in Wärmeenergie umgewandelt wird!

Tipp: Zur Berechnung der notwendigen Energie musst du zuerst die Masse der Raumluft berechnen. Es gilt:

$$m = \rho \cdot V$$
- m Masse
- ρ Dichte ($\rho_{Luft} = 1{,}3 \frac{kg}{m^3}$)
- V Volumen (Grundfläche mal Höhe)

9.3 (traditionelle Aufgabe ohne Alltagsbezug)

Einem Körper der Dichte $\rho = 1{,}3 \frac{kg}{m^3}$, der spezifischen Wärmekapazität $c = 1 \frac{kJ}{kg \cdot K}$ und dem Volumen $V = 75\ m^3$ wird mit Hilfe einer Heizspirale ein konstanter Energiestrom von 2000 W zugeführt. Die Temperatur des Körpers soll um 8 °C gesteigert werden.

a) Wie lange dauert der Vorgang?
b) Was kostet das Erhitzen des Körpers?

Tipp: Zur Berechnung der notwendigen Energie musst du zuerst die Masse des Körpers berechnen. Es gilt:

$$m = \rho \cdot V$$
- m Masse
- ρ Dichte
- V Volumen

10.1 Holz – ein guter Energieträger? („Werbeaufgabe")

a) Berechne die Wärmeenergie, die beim Verbrennen von 10 kg Holzbriketts frei wird!
b) Ist das viel oder wenig? Veranschauliche dir den errechneten Betrag mit folgendem Vergleich: Wie viel Liter Wasser können mit der in a) errechneten Energie zum Sieden gebracht werden?
c) Bewerte dein Ergebnis!

Kaminholz
- Abfüllgewicht 12,5 kg
- Inhalt 21,5 dm³
- im Raschelsack
5046602
entspr. 0.26/kg
3²⁵

Holzbriketts
- 10 kg
- eckige Form
- folienverpackt
- Heizwert: 18,446 kJ/kg
3866317
entspr. 0.30/kg
2⁹⁵

10.2 Holz – ein guter Energieträger? (Alltagsproblem)

Stefan behauptet, dass beim Verbrennen von einem Kilogramm Holzbriketts eine Energie von 18,446 kJ frei wird.

a) Berechne die Wärmeenergie, die beim Verbrennen von 10 kg Holzbriketts frei wird!
b) Wie viel Liter Wasser können mit der in a) errechneten Energie zum Sieden gebracht werden?
c) Bewerte dein Ergebnis! Wo steckt der Fehler?

10.3 (traditionelle Aufgabe ohne Alltagsbezug)

Beim Verbrennen eines bestimmten Brennstoffs wird angeblich pro Kilogramm eine Energie von 18,446 kJ freigesetzt.

a) Berechne die Wärmeenergie, die beim Verbrennen von 10 kg des Brennstoffs frei wird!
b) Wie viel Kilogramm eines Stoffes der spezifischen Wärmekapazität $c = 4{,}19 \dfrac{\text{kJ}}{\text{kg} \cdot \text{K}}$ können mit der in a) errechneten Wärme um 84 °C erhitzt werden?
c) Bewerte dein Ergebnis! Wo steckt deiner Meinung nach der Fehler?

11.1 Warum mit Holz heizen? („Werbeaufgabe")

a) Wie viel Energie wird beim Verbrennen von 1 t Braunkohle frei?
b) Wie viel kg Holzbriketts müsste man verbrennen, um die gleiche Wärmeenergie zu erzielen? Berechne die anfallenden Holzkosten!
c) Welche Vorteile bringt das Heizen mit Holzbriketts mit sich?

11.2 Warum mit Holz heizen? (Alltagsproblem)

a) Wie viel Energie wird beim Verbrennen von 1 t Braunkohle frei?
b) Wie viel kg Holzbriketts müsste man verbrennen, um die gleiche Wärmeenergie zu erzielen? Berechne die anfallenden Holzkosten!

Brennstoff	Preis pro Pack	Preis pro t	Heizwert
Holzbriketts 10 kg	2,35 €	235,00 €	18,4 MJ/kg
Braunkohlebriketts 10 kg	2,99 €	299,00 €	19,00 MJ/kg

11.3 (traditionelle Aufgabe ohne Alltagsbezug)

a) Wie viel Energie wird beim Verbrennen von 1 t des Brennstoffs 2 frei?
b) Wie viel kg Brennstoff 1 müsste man verbrennen, um die gleiche Wärmeenergie zu erzielen? Berechne die anfallenden Kosten für den Brennstoff 1!

Brennstoff	Preis pro Pack	Preis pro t	Heizwert
Brennstoff 1 (10 kg)	2,35 €	235,00 €	18,4 MJ/kg
Brennstoff 2 (10 kg)	2,99 €	299,00 €	19,00 MJ/kg

12.1 Heizen mit Kamin-Briketts („Werbeaufgabe")

a) Welche Wärmeenergie wird beim Verbrennen der Briketts frei?
b) Welche Betriebskosten fallen an, wenn man bei einem Kilowattstundenpreis von 14 Cent die gleiche Wärmeenergie mit einem elektrischen Heizlüfter bereitstellen möchte?
Bewerte den Gebrauch eines solchen Heizgebläses!

12.2 Heizen mit Kamin-Briketts (Alltagsproblem)

Kohlebriketts (10 kg kosten 2,99 EUR) haben einen Heizwert von 19,0 MJ/kg.
a) Welche Wärmeenergie wird beim Verbrennen von 10 kg Briketts frei?
b) Welche Betriebskosten fallen an, wenn man bei einem Kilowattstundenpreis von 14 Cent die gleiche Wärmeenergie mit einem elektrischen Heizlüfter bereitstellen möchte?
Bewerte den Gebrauch eines solchen Heizgebläses!

12.3 (traditionelle Aufgabe ohne Alltagsbezug)

Ein Brennstoff (10 kg kosten etwa 3 EUR) hat einen Heizwert von 19,0 MJ/kg.
a) Welche Wärmeenergie wird beim Verbrennen von 10 kg des Brennstoffs frei?
b) Welche Betriebskosten fallen an, wenn man bei einem Kilowattstundenpreis von 14 Cent die gleiche Wärmeenergie mit einer Heizspirale bereitstellen will? Bewerte den Gebrauch einer solchen Heizspirale!

13.1 Heizöl oder Pellets? („Werbeaufgabe")

Deine Eltern möchten sich eine neue Zentralheizung einbauen lassen. Bei einer Internetrecherche stieß dein Vater auf die nebenstehende Abbildung.
a) Prüfe die Behauptung, dass einem Liter Heizöl etwa 2 kg Pellets entsprechen rechnerisch nach!
b) Welchen Rat würdest du deinen Eltern unter Berücksichtigung ökonomischer und ökologischer Faktoren geben? Begründe deine Antwort!

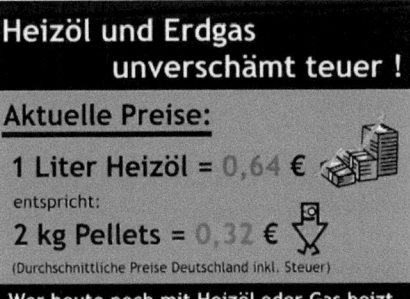

Beachte:

$H(\text{Heizöl}) \approx 42{,}6 \dfrac{\text{MJ}}{\text{kg}}$, $\rho(\text{Heizöl}) \approx 0{,}86 \dfrac{\text{kg}}{\text{dm}^3}$

$H(\text{Pellets}) \approx 17{,}64 \dfrac{\text{MJ}}{\text{kg}}$

Tipp:

Berechne erst die Masse von einem Liter Heizöl ($m = \rho \cdot V$).

13.2 Heizöl oder Pellets? (Alltagsproblem)

Deine Eltern möchten sich eine neue Zentralheizung einbauen lassen. In einem Gespräch mit einem Heizungsbauer rät dieser zu einem Pelletofen, da er auf lange Sicht die billigere Variante sei. Um die gleiche Wärme zu erzielen, die bei der Verbrennung von einem Liter Heizöl frei wird, benötige man zwar etwa 2 kg Pellets, doch diese kosten nur ca. die Hälfte des Literpreises, nämlich 0,32 EUR.

a) Prüfe die Behauptung, dass einem Liter Heizöl etwa 2 kg Pellets entsprechen rechnerisch nach!

b) Welchen Rat würdest du deinen Eltern unter Berücksichtigung ökonomischer und ökologischer Faktoren geben? Begründe deine Antwort!

Beachte:

$H(\text{Heizöl}) \approx 42{,}6 \frac{\text{MJ}}{\text{kg}}$, $\rho(\text{Heizöl}) \approx 0{,}86 \frac{\text{kg}}{\text{dm}^3}$

$H(\text{Pellets}) \approx 17{,}64 \frac{\text{MJ}}{\text{kg}}$

Tipp: Berechne erst die Masse von einem Liter Heizöl ($m = \rho \cdot V$).

13.3 (traditionelle Aufgabe ohne Alltagsbezug)

Zeige, dass bei der Verbrennung von einem Liter des Brennstoffs 1 etwa die gleiche Wärmeenergie frei wird wie bei der Verbrennung von 2 kg des Brennstoffs 2.

	Volumen	Dichte	Masse	Heizwert
Brennstoff 1 (flüssig)	1 l	$0{,}86 \frac{\text{kg}}{\text{dm}^3}$	?	$42{,}6 \frac{\text{MJ}}{\text{kg}}$
Brennstoff 2 (fest)	---	---	2 kg	$17{,}64 \frac{\text{MJ}}{\text{kg}}$

Tipp: Berechne erst die Masse von einem Liter Brennstoff 1 ($m = \rho \cdot V$)!

14.1 Mechanische Arbeit – viel oder wenig? („Werbeaufgabe")

Wie groß ist die aufzubringende Arbeit bei maximaler Hubhöhe und Tragkraft des Wagenhebers?
Ist das viel oder wenig? Veranschauliche dir den Betrag der Arbeit mit

a) der Verbrennung von Briketts; wie viel Gramm muss man verbrennen, damit die berechnete Arbeit in Form von Wärme freigesetzt wird?
b) der Verbrennung von Schokolade im menschlichen Körper; wie viel Gramm Schokolade „entsprechen" der berechneten Arbeit?
c) der Erwärmung von Wasser; um wie viel Grad Celsius kann 1 l Wasser mit der berechneten Arbeit erhitzt werden?

Bewerte dein Ergebnis!

Tipp: Die Hubarbeit kann mit folgender Formel berechnet werden: $W = m \cdot g \cdot h$

(W Hubarbeit, m Masse, g Erdbeschleunigung ($9{,}81 \frac{m}{s^2}$), h Hubhöhe)

14.2 Mechanische Arbeit – viel oder wenig? (Alltagsproblem)

Mit einem handelsüblichen Wagenheber können max. 1,5 t um höchstens 445 mm angehoben werden. Wie groß ist die aufzubringende Arbeit bei maximaler Hubhöhe und Tragkraft des Wagenhebers?

Ist das viel oder wenig? Veranschauliche dir den Betrag der Arbeit mit

a) der Verbrennung von Briketts; wie viel Gramm muss man verbrennen, damit die berechnete Arbeit in Form von Wärme freigesetzt wird?

b) der Verbrennung von Schokolade im menschlichen Körper; wie viel Gramm Schokolade „entsprechen" der berechneten Arbeit (100 g haben einen Brennwert von ca. 2282 kJ.)?

c) der Erwärmung von Wasser; um wie viel Grad Celsius kann 1 l Wasser mit der berechneten Arbeit erhitzt werden?

d) Bewerte dein Ergebnis!

Beachte: Der Heizwert von Briketts beträgt $19 \frac{MJ}{kg}$.

Tipp: Die Hubarbeit kann mit folgender Formel berechnet werden:

$$W = m \cdot g \cdot h$$

W Hubarbeit
m Masse (in kg!)
g Erdbeschleunigung ($9{,}81 \frac{m}{s^2}$)
h Hubhöhe (in m!)

A.1 Eingesetzte Aufgaben   243

15.1 Verbrauch eines Holzofens („Werbeaufgabe")

Deine Eltern heizen den Wohnbereich mit dem nebenstehenden Holzofen. Es ist Freitag und deine Mutter möchte, dass dein Vater in den Baumarkt fährt, um noch Kaminholz (H = 16 MJ/kg) zu kaufen. Dieser entgegnet, dass noch ein kompletter 25 kg-Sack im Keller steht, dieser fürs Wochenende ausreicht und er erst am Montag Nachschub holen möchte.

Reicht der Vorrat auch dann aus, wenn der Ofen dauerhaft bei Nennleistung betrieben wird? Berechne die Zeit, nach der die 25 kg Kaminholz aufgebraucht sind!

15.2 Verbrauch eines Holzofens (Alltagsproblem)

Deine Eltern heizen den Wohnbereich mit einem Holzofen, dessen Nennleistung 8 kW beträgt. Es ist Freitag und deine Mutter möchte, dass dein Vater in den Baumarkt fährt, um noch Kaminholz (H = 16 MJ/kg) zu kaufen. Dieser entgegnet, dass noch ein kompletter 25 kg-Sack im Keller steht, dieser fürs Wochenende ausreicht und er erst am Montag Nachschub holen möchte.

Reicht der Vorrat auch dann aus, wenn der Ofen dauerhaft bei Nennleistung betrieben wird? Berechne die Zeit, nach der die 25 kg Kaminholz aufgebraucht sind!

15.3 (traditionelle Aufgabe ohne Alltagsbezug)

Ein Heizgerät besitzt eine Nennleistung von 8 kW. Reichen 25 kg eines Brennstoffs (H = 16 MJ/kg) aus, um das Gerät drei Tage zu betreiben? Berechne die Zeit, nach der die 25 kg aufgebraucht sind!

16.1 Verbrauch eines Gasgebläses („Werbeaufgabe")

Bei einer Adventsfeier möchte die Klasse 10 d das nebenstehende Gasgebläse nutzen. Die Feier wird voraussichtlich ca. 6 Stunden dauern. Reicht eine 11 kg-Propangasflasche aus, um das Gasgebläse die gewünschte Zeit zu betreiben? Berechne zur Beantwortung der Frage den minimalen sowie den maximalen Gasverbrauch!

Beachte: Der Heizwert von Propan beträgt 46000 kJ.

Tipp 1: Berechne die notwendige Masse, um das Gebläse 6 Stunden betreiben zu können und zwar einmal für 15 kW und anschließend für 30 kW.

Tipp 2: In der Formel für die Leistung musst du die Wärme Q ersetzen und anschließend nach der Masse auflösen.

16.2 Verbrauch eines Gasgebläses (Alltagsproblem)

Bei einer Adventsfeier möchte die Klasse 10 d ein Gasgebläse (15-30 kW) nutzen. Die Feier wird voraussichtlich ca. 6 Stunden dauern. Reicht eine 11 kg-Propangasflasche aus, um das Gasgebläse die gewünschte Zeit zu betreiben? Berechne zur Beantwortung der Frage den minimalen sowie den maximalen Gasverbrauch!

Beachte: Der Heizwert von Propan beträgt 46000 kJ.

Tipp 1: Berechne die notwendige Masse, um das Gebläse 6 Stunden betreiben zu können und zwar einmal für 15 kW und anschließend für 30 kW.

Tipp 2: In der Formel für die Leistung musst du die Wärme Q ersetzen und anschließend nach der Masse auflösen.

17.1 Heizen mit Dieselkraftstoff („Werbeaufgabe")

a) Welchen Vorteil hat ein Diesel-Heizgebläse gegenüber einem herkömmlichen Holzofen?
b) Überprüfe rechnerisch die Leistung des Diesel-Heizgebläses!

Beachte: Der Heizwert von Diesel beträgt $42{,}5\,\dfrac{\text{MJ}}{\text{kg}}$.

17.2 Heizen mit Dieselkraftstoff (Alltagsproblem)

Ein Diesel-Heizgebläse verbraucht in einer Stunde 1,7 kg Dieselkraftstoff.
a) Welchen Vorteil hat ein Diesel-Heizgebläse gegenüber einem herkömmlichen Holzofen?
b) Berechne die Leistung des Diesel-Heizgebläses!

Beachte: Der Heizwert von Diesel beträgt $42{,}5\,\dfrac{\text{MJ}}{\text{kg}}$.

17.3 (traditionelle Aufgabe ohne Alltagsbezug)

Ein Heizgerät verbraucht pro Stunde 1,7 kg eines Brennstoffs ($H = 42{,}5\,\frac{MJ}{kg}$).
Berechne die Leistung des Heizgeräts!

18.1 Verbrauch eines Ölkessels („Werbeaufgabe")

Deine Eltern benötigen einen neuen Heizkessel und sind an dem nebenstehenden Modell interessiert.

a) Berechne den maximalen und den minimalen Heizölverbrauch pro Tag!
Gehe bei deiner Berechnung davon aus, dass die bei der Verbrennung frei werdende Energie vollständig zum Heizen genutzt werden kann.

b) Wie hoch belaufen sich die täglichen (monatlichen) Ölkosten, wenn ein Liter Heizöl 0,64 EUR kostet?

c) Kann das wirklich sein? Welche Schlussfolgerung kannst du für die Wirkungsweise eines Ölkessels ziehen? (Tipp: Denke an die Wirkungsweise eines Mikrowellenherdes.)

Ölkessel
Kesselkörper aus Spezialguss, made in Germany, Leistungsbereich zwischen 19 kW und 23 kW, hochwertige Isolierung des Kesselkörpers, umweltschonender und sehr leiser Blauflammen-Ölbrenner, NOX-reduziert, extrem umweltschonend, elektronische Kesselkreisregelung: witterungsgeführte Regelung für einen Heizkreis sowie Steuerung eines Mischkreises sowie Warmwasser-Vorrangschaltung, Breite: 48 cm, Höhe: 81 cm, Tiefe: 74 cm, Abgasanschluss: 130 mm*

Beachte: Die Dichte von Heizöl beträgt $0{,}86\,\frac{kg}{dm^3}$ und der Heizwert $42600\,\frac{kJ}{kg}$.

Tipp: Berechne erst die verbrauchte Masse in Kilogramm und anschließend das Volumen in Litern. Es gilt: $V = \frac{m}{\rho}$

(V Volumen, m Masse, ρ Dichte)

18.2 Verbrauch eines Ölkessels (Alltagsproblem)

Deine Eltern benötigen einen neuen Heizkessel und sind an einem Modell mit einer Leistung zwischen 19 kW und 23 kW interessiert.

a) Berechne den maximalen und den minimalen Heizölverbrauch pro Tag!
   Gehe bei deiner Berechnung davon aus, dass die bei der Verbrennung frei werdende Energie vollständig zum Heizen genutzt werden kann.
b) Wie hoch belaufen sich die täglichen (monatlichen) Ölkosten, wenn ein Liter Heizöl 0,64 EUR kostet?
c) Kann das wirklich sein? Welche Schlussfolgerung kannst du für die Wirkungsweise eines Ölkessels ziehen? (Tipp: Denke an die Wirkungsweise eines Mikrowellenherdes.)

Beachte: Die Dichte von Heizöl beträgt $0{,}86 \frac{\text{kg}}{\text{dm}^3}$ und der Heizwert $42600 \frac{\text{kJ}}{\text{kg}}$.

Tipp: Berechne erst die verbrauchte Masse in Kilogramm und anschließend das Volumen in Litern. Es gilt:

$$V = \frac{m}{\rho}$$

V Volumen
m Masse
ρ Dichte

19.1 Strom- oder Wärmeerzeuger? („Werbeaufgabe")

a) Berechne die elektrische Energie, die vom Stromerzeuger in 10 Stunden zur Verfügung gestellt wird!
b) Welche Wärmeenergie wird in der gleichen Zeit durch das Verbrennen des Treibstoffes freigesetzt? Gehe bei deiner Rechnung davon aus, dass als Kraftstoff Benzin zum Einsatz kommt!

Stromerzeuger
Synchron-Generator, 4-Takt, **Dauerleistung 3500 Watt**, 5,9 kW/8 PS, 2 x 230-Volt-Steckdosen, Tankinhalt 27 l, Ø-Laufzeit mit einer Tankfüllung ca. 10 Std., Ölmangelsicherung, Gewicht ca. 75 kg

Wie viel Prozent der Wärmeenergie wird in elektrische Energie umgewandelt? Bewerte dein Ergebnis!

Beachte: Die Dichte von Benzin beträgt $0{,}7\frac{kg}{dm^3}$ und der Heizwert $44000\frac{kJ}{kg}$.

Tipp zur Teilaufgabe b): Berechne erst die Masse des verbrannten Treibstoffs. Es gilt:

$$m = \rho \cdot V$$

(V Volumen, m Masse, ρ Dichte)

19.2 Strom- oder Wärmeerzeuger? („Alltagsproblem")

Ein Stromerzeuger mit einer Dauerleistung von 3500 W kann mit einer Tankfüllung von 27 l Benzin 10 Stunden betrieben werden.

a) Berechne die elektrische Energie, die vom Stromerzeuger in 10 Stunden zur Verfügung gestellt wird!
b) Welche Wärmeenergie wird in der gleichen Zeit durch das Verbrennen des Treibstoffes freigesetzt?
c) Wie viel Prozent der Wärmeenergie wird in elektrische Energie umgewandelt? Bewerte dein Ergebnis!

Beachte: Die Dichte von Benzin beträgt $0{,}7\frac{kg}{dm^3}$ und der Heizwert $44000\frac{kJ}{kg}$.

Tipp zur Teilaufgabe b): Berechne erst die Masse des verbrannten Treibstoffs:

$$m = \rho \cdot V \qquad \begin{array}{ll} m & \text{Masse} \\ \rho & \text{Dichte} \\ V & \text{Volumen} \end{array}$$

A.2 Erwartungshorizonte der eingesetzten Aufgaben

1. Physik rund um den Wasserkocher

a) $Q = c \cdot m \cdot \Delta T = 4{,}19 \dfrac{\text{kJ}}{\text{kg} \cdot \text{K}} \cdot 1{,}5 \text{ kg} \cdot 84 \text{ K} \approx 528 \text{ kJ}$

b) $\dfrac{528}{3600} \text{kWh} \cdot 14 \dfrac{\text{Ct}}{\text{kWh}} \approx 2 \text{ Ct}$

c) $t = \dfrac{Q}{P} = \dfrac{528 \text{ kWs}}{2{,}2 \text{ kW}} = 240 \text{ s} = 4 \text{ min}$

d) Beim Erreichen der Siedetemperatur wird mittels *Bimetallschalter* der Stromkreis unterbrochen.

2. Kleinspeicher

a) $Q = c \cdot m \cdot \Delta T = 4{,}19 \dfrac{\text{kJ}}{\text{kg} \cdot \text{K}} \cdot 5 \text{ kg} \cdot 40 \text{ K} = 838 \text{ kJ}$

b) $t = \dfrac{Q}{P} = \dfrac{838 \text{ kWs}}{2 \text{ kW}} = 419 \text{ s} \approx 7 \text{ min}$

3. Der aufblasbare Whirlpool

a) $P = \dfrac{Q}{t} = \dfrac{c \cdot m \cdot \Delta T}{t}$

$\Rightarrow \Delta T = \dfrac{P \cdot t}{c \cdot m} = \dfrac{2 \text{ kW} \cdot 3600 \text{ s}}{4{,}19 \dfrac{\text{kJ}}{\text{kg} \cdot \text{K}} \cdot 900 \text{ kg}} \approx 1{,}9 \text{ K} = 1{,}9 \text{ °C}$

Vernachlässigt man, dass während des Erwärmens des Wassers ständig Wärmeenergie an die Umgebung abgegeben wird, so erwärmt sich das Wasser tatsächlich um fast 2 °C pro Stunde. Der wahre Wert liegt in Folge des Wärmeaustauschs mit der Umgebung etwas höher, so dass der angegebene Wert nicht bestätigt werden kann, wohl aber die Größenordnung.

b) $\Delta T \approx 24 \text{ K}$

$\dfrac{24 \text{ K}}{2 \dfrac{\text{K}}{\text{h}}} = 12 \text{ h}$

c) $Q \approx 12 \text{ h} \cdot 2 \text{ kW} = 24 \text{ kWh}$

$$24\,\text{kWh} \cdot 0{,}14\,\frac{\text{EUR}}{\text{kWh}} = 3{,}36\,\text{EUR}$$

4. Verschiedene Wasserkocher im Vergleich

a) $t = \dfrac{Q}{P} = \dfrac{c \cdot m \cdot \Delta T}{P}$

$$t(P=2{,}2\,\text{kW}) = \frac{4{,}19\,\dfrac{\text{kJ}}{\text{kg}\cdot\text{K}} \cdot 1{,}5\,\text{kg} \cdot 84\,\text{K}}{2{,}2\,\text{kW}} \approx 240\,\text{s} = 4\,\text{min}$$

$$t(P=1{,}8\,\text{kW}) = \frac{4{,}19\,\dfrac{\text{kJ}}{\text{kg}\cdot\text{K}} \cdot 1{,}5\,\text{kg} \cdot 84\,\text{K}}{1{,}8\,\text{kW}} \approx 293\,\text{s} \approx 5\,\text{min}$$

$$t(P=3\,\text{kW}) = \frac{4{,}19\,\dfrac{\text{kJ}}{\text{kg}\cdot\text{K}} \cdot 1{,}5\,\text{kg} \cdot 84\,\text{K}}{3\,\text{kW}} \approx 176\,\text{s} \approx 3\,\text{min}$$

b) Je größer die Leistung des Wasserkochers, desto kürzer die benötigte Zeit.

c) Die benötigte Wärmeenergie und somit die anfallenden Stromkosten entsprechen einander; ein Wasserkocher größerer Leistung wandelt die benötigte Energie lediglich in einer kürzeren Zeit um.

5. Weinkühler

a) $Q \approx 4{,}19\,\dfrac{\text{kJ}}{\text{kg}\cdot\text{K}} \cdot 0{,}7\,\text{kg} \cdot 10\,\text{K} \approx 29\,\text{kJ}$

b) $P = \dfrac{Q}{t} \approx \dfrac{29 \cdot 10^3\,\text{J}}{5 \cdot 60\,\text{s}} \approx 97\,\text{W}$

Korrektur unter Berücksichtigung der Alkoholkonzentration (nicht für den Unterrichtseinsatz gedacht!):

$$\rho_{\text{Alkohol}} = 0{,}79\,\frac{\text{kg}}{\text{dm}^3}$$

$$c_{\text{Alkohol}} = 2{,}43\,\frac{\text{kJ}}{\text{kg}\cdot\text{K}}$$

Bestimmung der Dichte bzw. der spezifischen Wärmekapazität von Wein durch Bildung der gewichteten Mittel (Wein enthält ca. 12 % Alkohol):

A.2 Erwartungshorizonte der eingesetzten Aufgaben

$$\rho_{\text{Wein}} = 0,79 \frac{\text{kg}}{\text{dm}^3} \cdot 0,12 + 1 \frac{\text{kg}}{\text{dm}^3} \cdot 0,88 \approx 0,97 \frac{\text{kg}}{\text{dm}^3}$$

$$c_{\text{Wein}} = 2,43 \frac{\text{kJ}}{\text{kg} \cdot \text{K}} \cdot 0,12 + 4,19 \frac{\text{kJ}}{\text{kg} \cdot \text{K}} \cdot 0,88 \approx 3,98 \frac{\text{kJ}}{\text{kg} \cdot \text{K}}$$

a) $Q = c \cdot m \cdot \Delta T = c \cdot \rho \cdot V \cdot \Delta T$

$Q = 3,98 \frac{\text{kJ}}{\text{kg} \cdot \text{K}} \cdot 0,97 \frac{\text{kg}}{\text{dm}^3} \cdot 0,7 \text{ dm}^3 \cdot 10 \text{ K} \approx 27 \text{ kJ}$ b) $P = \frac{Q}{t} = \frac{27 \cdot 10^3 \text{ J}}{5 \cdot 60 \text{ s}} = 90 \text{ W}$

6. Wasserspaß durch Sonnenenergie

a) Durch den schwarzen Untergrund wird mehr Sonnenenergie *absorbiert*.

b) $Q(d = 150 \text{ cm}) = 10\ 422 \text{ kJ}$

$m(d = 150 \text{ cm}) = 265 \text{ kg}$

$Q(d = 240 \text{ cm}) = 26\ 682 \text{ kJ}$

$m(d = 240 \text{ cm}) = 680 \text{ kg}$

$c = 4,19 \frac{\text{kJ}}{\text{kg} \cdot \text{K}}$

$$\Delta T(d = 150 \text{ cm}) = \frac{10422 \text{ kJ}}{4,19 \frac{\text{kJ}}{\text{kg} \cdot \text{K}} \cdot 265 \text{ kg}} \approx 9 \text{ K}$$

$$\Delta T(d = 240 \text{ cm}) = \frac{26682 \text{ kJ}}{4,19 \frac{\text{kJ}}{\text{kg} \cdot \text{K}} \cdot 680 \text{ kg}} \approx 9 \text{ K}$$

c) Bei größerer Wasseroberfläche wird zwar mehr Sonnenenergie absorbiert, allerdings muss auch eine höhere Wassermasse erhitzt werden. Da bei konstantem Wasserspiegel die Masse zur Fläche proportional ist, ist die Temperaturerhöhung unabhängig vom Durchmesser des Planschbeckens.

d) $\Delta T_{\text{ohne}} = 9 \text{ K} \cdot 0,04 \approx 0,4 \text{ K}$

7. Kochen mittels elektromagnetischer Induktion

a) $t = \frac{Q}{P} = \frac{c \cdot m \cdot \Delta T}{P} \approx \frac{4,19 \text{ kJ} \cdot \text{kg}^{-1} \cdot \text{K}^{-1} \cdot 1 \text{ kg} \cdot 84 \text{ K}}{1,3 \text{ kW}} \approx 270 \text{ s} \approx 4,5 \text{ min}$

b) Die getroffene Aussage kann in ihrer Größenordnung bestätigt werden. Berücksichtigt man, dass nicht nur das Wasser, sondern auch der Topf erwärmt werden muss, so liegt der tatsächliche Wert etwas über dem angegebenen.

c) Wie aus der Bezeichnung „Induktionsherd" unschwer zu erkennen ist, beruht dessen Funktionsweise auf dem Prinzip der elektromagnetischen Induktion. Eine mit Wechselstrom betriebene Spule erzeugt ein sich ständig änderndes Magnetfeld, das im Boden eines Topfes Wirbelströme hervorruft; die Wärmewirkung dieser Wirbelströme ermöglicht das Erhitzen von Speisen. Da die Herdplatte selbst also gar nicht heiß wird, besteht nur eine geringe Verbrennungsgefahr, z. B. für Kinder oder Haustiere.

8. Physik des Wasserkochers

a) $t = \dfrac{Q}{P} = \dfrac{c \cdot m \cdot \Delta T}{P} = \dfrac{4{,}19 \cdot 10^3 \text{ J} \cdot \text{kg}^{-1} \cdot \text{K}^{-1} \cdot 1{,}2 \text{ kg} \cdot 80 \text{ K}}{1{,}8 \cdot 10^3 \text{ W}} \approx 223 \text{ s} \approx 3{,}7 \text{ min}$

Die getroffene Aussage kann bestätigt werden. Da der Wasserkocher selbst auch eine bestimmte Wärmemenge aufnimmt, muss die errechnete Zeit ein wenig nach oben korrigiert werden.

b) Luft ist im Vergleich zu Stahl ein sehr schlechter Wärmeleiter: $\dfrac{\lambda_{\text{Stahl}}}{\lambda_{\text{Luft}}} \approx \dfrac{14}{0{,}02} = 700$

9. Heizen mit elektrischem Strom

a) $c_{\text{Luft}} \approx 1 \dfrac{\text{kJ}}{\text{kg} \cdot \text{K}} \quad \rho_{\text{Luft}} \approx 1{,}3 \dfrac{\text{kg}}{\text{m}^3} \quad h \approx 2{,}5 \text{ m}$

$t = \dfrac{Q}{P} = \dfrac{c \cdot m \cdot \Delta T}{P} = \dfrac{c \cdot \rho \cdot V \cdot \Delta T}{P} = \dfrac{c \cdot \rho \cdot A \cdot h \cdot \Delta T}{P}$

$t \approx \dfrac{1 \text{ kJ} \cdot \text{kg}^{-1} \cdot \text{K}^{-1} \cdot 1{,}3 \text{ kg} \cdot \text{m}^{-3} \cdot 15 \text{ m}^2 \cdot 2{,}5 \text{ m} \cdot 8 \text{ K}}{2 \text{ kW}} \approx 195 \text{ s} \approx 3 \text{ min}$

b) $2 \text{ kW} \cdot \dfrac{195}{3600} \text{ h} \cdot 0{,}15 \dfrac{\text{€}}{\text{kWh}} \approx 0{,}015 \text{ €}$

Da nicht nur die Raumluft erhitzt werden muss, sondern auch die Wände, müssen die berechnete Energie sowie die anfallenden Kosten deutlich nach oben korrigiert werden.

10. Holz – ein guter Energieträger?

a) $Q = m \cdot H = 10 \text{ kg} \cdot 18{,}446 \dfrac{\text{kJ}}{\text{kg}} = 184{,}46 \text{ kJ}$

b) $m = \dfrac{Q}{c \cdot \Delta T} = \dfrac{184,46 \text{ kJ}}{4,19 \dfrac{\text{kJ}}{\text{kg} \cdot \text{K}} \cdot 84 \text{ K}} \approx 0,5 \text{ kg}$

c) Der in a) bzw. b) errechnete Wert ist viel zu gering! Der Fehler steckt im angegebenen Heizwert, der um drei Größenordnungen falsch angegeben ist (MJ statt kJ!).

11. Warum mit Holz heizen?

a) $1000 \text{ kg} \cdot 19 \dfrac{\text{MJ}}{\text{kg}} = 19000 \text{ MJ}$

b) $\dfrac{19000 \text{ MJ}}{18,4 \dfrac{\text{MJ}}{\text{kg}}} \approx 1033 \text{ kg}$

$1033 \text{ kg} \cdot 0,235 \dfrac{\text{€}}{\text{kg}} \approx 243 \text{ €}$

c) CO_2-neutral, nachwachsender Rohstoff, preisgünstiger

12. Heizen mit Kamin-Briketts

a) $Q = H \cdot m = 19 \dfrac{\text{MJ}}{\text{kg}} \cdot 10 \text{ kg} = 190 \text{ MJ}$

b) $\dfrac{190 \cdot 10^3}{3600} \text{ kWh} \cdot 0,14 \dfrac{\text{EUR}}{\text{kWh}} \approx 7,40 \text{ EUR}$

13. Heizöl oder Pellets?

a) $H(\text{Heizöl}) \approx 42,6 \dfrac{\text{MJ}}{\text{kg}}$, $\rho(\text{Heizöl}) \approx 860 \dfrac{\text{kg}}{\text{m}^3}$, $H(\text{Pellets}) \approx 17,64 \dfrac{\text{MJ}}{\text{kg}}$

$Q(1 \text{ Liter Heizöl}) = H \cdot m = H \cdot \rho \cdot V \approx 42,6 \dfrac{\text{MJ}}{\text{kg}} \cdot 0,86 \dfrac{\text{kg}}{\text{dm}^3} \cdot 1 \text{ dm}^3 \approx 36,6 \text{ MJ}$

$Q(2 \text{ kg Pellets}) = H \cdot m \approx 17,64 \dfrac{\text{MJ}}{\text{kg}} \cdot 2 \text{ kg} \approx 35,3 \text{ MJ}$

b) Ich würde ihnen einen Pelletofen empfehlen. Pellets sind CO_2-neutral, nachwachsend und preisgünstiger.

14. Mechanische Arbeit – viel oder wenig?

$W = m \cdot g \cdot h = 1,5 \cdot 10^3 \text{ kg} \cdot 9,81 \text{ ms}^{-2} \cdot 0,445 \text{ m} \approx 6,5 \text{ kJ}$

a) Vergleich mit Briketts $\left(H = 19\,\dfrac{\text{MJ}}{\text{kg}}\right)$

$$m = \dfrac{Q}{H} = \dfrac{6{,}5 \cdot 10^3\,\text{J}}{19 \cdot 10^6\,\text{J}\cdot\text{kg}^{-1}} \approx 0{,}34\,\text{g}$$

Der potenziellen Energie des Autos entspricht die Wärmeenergie, die beim Verbrennen von ca. 0,34 g Briketts freigesetzt wird.

b) 2282 kJ entsprechen 100 g

6,5 kJ entsprechen ca. 0,3 g

c) $\Delta T = \dfrac{Q}{c \cdot m} \approx \dfrac{6{,}5 \cdot 10^3\,\text{J}}{4{,}19 \cdot 10^3\,\text{J}\cdot\text{kg}^{-1}\text{K}^{-1} \cdot 1\,\text{kg}} \approx 1{,}6\,\text{K}$

Mit der aufgebrachten Arbeit könnte 1 Liter Wasser um etwa 1,6 °C erwärmt werden.

d) Der Vergleich mit anderen Energieumformungen zeigt, dass eine mechanische Arbeit von 6,5 kJ sehr gering ist.

15. Verbrauch eines Holzofens

$$P = \dfrac{Q}{t} = \dfrac{m \cdot H}{t}$$

$$t = \dfrac{m \cdot H}{P} = \dfrac{25\,\text{kg} \cdot 16 \cdot 10^6\,\text{Ws}\cdot\text{kg}^{-1}}{8 \cdot 10^3\,\text{W}} = 50 \cdot 10^3\,\text{s} \approx 14\,\text{h}$$

Bei einer Dauerleistung von 8 kW kann der Holzofen mit 25 kg Kaminholz etwa 14 Stunden betrieben werden. Falls keine andere Heizung dazugeschaltet werden soll, würden die 25 kg für das Wochenende nicht ausreichen.

16. Verbrauch eines Gasgebläses

$$H_{\text{Propan}} = 46 \cdot 10^6\,\dfrac{\text{J}}{\text{kg}}$$

$$P = \dfrac{Q}{t} = \dfrac{H \cdot m}{t} \Rightarrow m = \dfrac{P \cdot t}{H}$$

$$m_{\text{max}} = \dfrac{30 \cdot 10^3\,\text{W} \cdot 6 \cdot 3600\,\text{s}}{46 \cdot 10^6\,\text{J}\cdot\text{kg}^{-1}} \approx 14\,\text{kg} \qquad m_{\text{min}} = \dfrac{15 \cdot 10^3\,\text{W} \cdot 6 \cdot 3600\,\text{s}}{46 \cdot 10^6\,\text{J}\cdot\text{kg}^{-1}} \approx 7\,\text{kg}$$

Ob eine 11 kg-Gasflasche ausreicht, hängt von der gewählten Leistung ab.

17. Heizen mit Dieselkraftstoff

a) Der Heizwert von Diesel ist deutlich höher als der von Holz; man benötigt zur Bereitstellung der gleichen Wärme deutlich mehr Holz und muss öfters nachlegen.

$$\frac{H_{\text{Diesel}}}{H_{\text{Holz}}} \approx \frac{42{,}5}{16} \approx 2{,}7$$

b) $P = \dfrac{H \cdot m}{t} = \dfrac{42{,}5 \cdot 10^3 \,\frac{\text{kJ}}{\text{kg}} \cdot 1{,}7 \,\text{kg}}{3600\,\text{s}} \approx 20\,\text{kW}$

18. Verbrauch eines Ölkessels

a)
$$P = \frac{Q}{t} = \frac{H \cdot m}{t} = \frac{H \cdot \rho \cdot V}{t}$$

$$V = \frac{P \cdot t}{H \cdot \rho}$$

$$V_{\min} \approx \frac{19 \cdot 10^3\,\text{W} \cdot 24 \cdot 3600\,\text{s}}{42{,}6 \cdot 10^6\,\text{Ws} \cdot \text{kg}^{-1} \cdot 0{,}86\,\text{kg} \cdot \text{dm}^{-3}} \approx 45\,\text{l}$$

$$V_{\max} \approx \frac{23 \cdot 10^3\,\text{W} \cdot 24 \cdot 3600\,\text{s}}{42{,}6 \cdot 10^6\,\text{Ws} \cdot \text{kg}^{-1} \cdot 0{,}86\,\text{kg} \cdot \text{dm}^{-3}} \approx 54\,\text{l}$$

b) 0,64 EUR/Liter

Heizkosten pro Tag: (28,80…34,56) EUR

Heizkosten pro Monat: (864…1037) EUR

c) Die Kosten und somit der Verbrauch sind viel zu hoch. Der Leistungsbereich eines Ölkessels für ein Einfamilienhaus liegt zwar tatsächlich in dem angegebenen Intervall, allerdings schaltet sich der Ölkessel nach Bedarf ein, so dass die durchschnittliche Leistung deutlich geringer ist.

19. Strom- oder Wärmeerzeuger?

a) $W = P \cdot t = 3500\,\text{W} \cdot 10\,\text{h} = 35000\,\text{Wh} = 35\,\text{kWh}$

b) $\rho(\text{Benzin}) \approx 0{,}7\,\dfrac{\text{kg}}{\text{dm}^3}$ $H(\text{Benzin}) \approx 44 \cdot 10^6\,\dfrac{\text{J}}{\text{kg}}$

$$Q = H \cdot m = H \cdot \rho \cdot V = 44 \cdot 10^6\,\frac{\text{J}}{\text{kg}} \cdot 0{,}7\,\frac{\text{kg}}{\text{dm}^3} \cdot 27\,\text{dm}^3 \approx 831\,\text{MJ}$$

c) $831 \cdot 10^6$ J $= 831 \cdot 10^3$ kWs ≈ 231 kWh

$$\eta \approx \frac{35}{231} \approx 0,15$$

Nur etwa 15 % der durch den Verbrennungsvorgang frei werdenden Energie wird in elektrische Energie umgewandelt.

A.3 Sonstiges Instruktionsmaterial

A.3.1 Einstiegsfolie zum Thema „Wärmekapazität" (Pilotstudie)

Wie viel Wärmeenergie benötigt man für eine Badewanne heißes Wasser?

Was kostet das Erhitzen des Wassers mit Hilfe eines Elektroboilers?

A.3.2 Einstiegsfolie zum Thema „Wärmekapazität" (Forschungsfrage III)

Der erste Wasserkocher mit einstellbarer Temperatur.
Erhitzt bis zu 2 l Wasser. Von 30-100 °C in 5-°C-Schritten.
Spart Zeit und teure Energie. Mit Warmhaltefunktion.
30 °C für eine Handwaschlauge, 40 °C für eine wohltuende Gesichtskompresse, 70 °C für einen aromatischen Grüntee, ... Oder sprudelnd kochend für einen schnellen Suppensnack. Jetzt erhitzen Sie Ihr Wasser immer exakt auf den Punkt. Und sparen Geld für unnötiges Aufheizen. Und Zeit fürs Abkühlen.
Sensor-Technik hält das Wasser auf Temperatur.
Per Knopfdruck aktivieren Sie die Sensor gesteuerte Warmhaltefunktion. Die automatische Endabschaltung verhindert eine Überhitzung des Kochers (sollte das Wasser einmal ganz verdunstet sein).
Fasst ca. ½ Liter mehr als die meisten anderen Kocher.
2.300 W bringen in weniger als 6 Minuten 2 l Wasser zum Kochen. Aus mattiertem, rostfreiem Edelstahl. Hitze isolierender Griff, Sicherheitsdeckel mit Kalkfilter. Überhitzungsschutz. 360°-Sockel mit Kabelaufwicklung. 75-cm-Anschlusskabel für 230 V/ 2.300 W. Nemko/GS-geprüfte Sicherheit. Misst 27 x 21 cm (H x ⌀). Wiegt ca. 1,7 kg. Herstellergarantie 2 Jahre. **Bei Pro-Idee: erweiterte Garantie 3 Jahre.**
• Wasserkocher mit Temperaturwahl
Nr. 130-351-30
€ 99,95

Können, wie in der Werbeanzeige behauptet, 2 Liter Wasser in weniger als 6 Minuten zum Sieden gebracht werden?

a) Berechne erst die zum Erhitzen des Wassers notwendige Energie!

b) Bestimme nun die zum Erhitzen erforderliche Zeit! Benutze hierzu die aus der Mechanik oder auch aus der Elektrizitätslehre bekannte Gleichung:

$$\text{Leistung} = \frac{\text{Energie}}{\text{Zeit}}$$

c) Was kostet das Erhitzen des Wassers bei einem Kilowattstundenpreis von 14 Cent?

A.3.3 Versuchsprotokoll zur Bestimmung der spezifischen Wärmekapazität (Pilotstudie/Forschungsfrage III)

Wie viel Energie benötigt man, um 1 kg Wasser um 1 °C zu erwärmen?

Versuchsdurchführung:
Wir füllen in ein Becherglas 1 Liter Leitungswasser und messen die Anfangstemperatur. Nun erhitzen wir das Wasser um 50 °C mit Hilfe eines Tauchsieders und stoppen die dafür notwendige Zeit.

Versuchsbeobachtung:

Anfangstemperatur	ϑ_1 =
Endtemperatur	ϑ_2 =
benötigte Zeit	t =
Masse	m =
Leistung des Tauchsieders	P =

Ergebnis:
Um einen Liter Wasser von ▮ °C auf ▮ °C zu erwärmen, benötigt man mit einem ▮ -Watt-Tauchsieder ▮ s.

Folgerung:

Es gilt: $\text{Leistung} = \dfrac{\text{Energie}}{\text{Zeit}} \quad P \approx \dfrac{Q}{t}$

Wie kann man die notwendige Energie berechnen?

Energie = ▮ (Wortformel)

Q = ▮ (Gleichung mit Formelzeichen)

Q = ▮ (Zahlenwerte einsetzen)

Q ≈ ▮ (Ergebnis)

Um 1 kg Wasser um 50 °C zu erhitzen benötigt man eine Energie von ▮ .

Um 1 kg Wasser um 1 °C (1 K) zu erwärmen benötigt man eine Energie von ▮ .

A.3.4 Einstiegsfolie zum Thema „Heizwert", qualitativ
(Pilotstudie/Forschungsfrage III)

Brennstoffe im Vergleich

Was sollte man bei der Wahl des Brennstoffs berücksichtigen? Für welchen würdest du dich entscheiden?

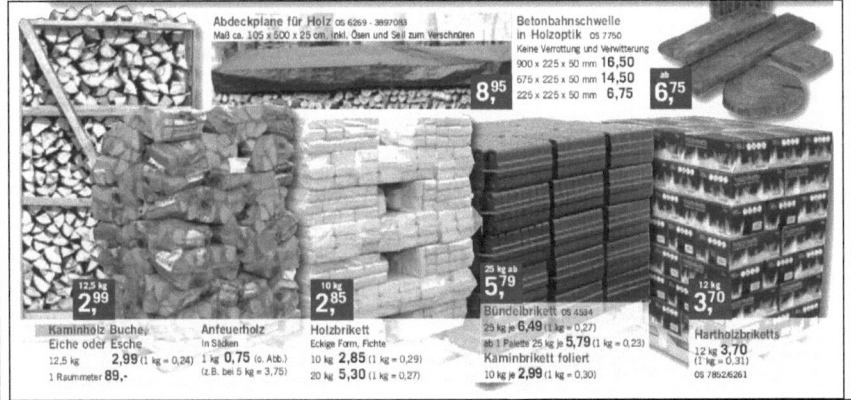

A.3.5 Einstiegsfolie zum Thema „Heizwert", quantitativ (Pilotstudie/Forschungsfrage III)

Brennstoffe im Vergleich

a) Welcher der nachfolgenden Brennstoffe ist am preisgünstigsten? Berechne zur Beantwortung der Frage den jeweiligen Preis pro Megajoule in Cent!
(Tipp: Bestimme zuerst die für den angegebenen Preis erzielbare Wärmeenergie!)

b) Welche Faktoren sollte man bei der Wahl eines Brennstoffs ebenfalls berücksichtigen?

A.4 Lernzielformulierung

Das bei der Pilot- wie auch bei der Hauptstudie eingesetzte Instruktionsmaterial soll die Lernenden beim Erreichen der im Folgenden aufgeführten Lernziele unterstützen.

A.4.1 Lernziele im Themenbereich „spezifische Wärmekapazität"

Kompetenzen, die von den Schülerinnen und Schülern neu erworben werden sollen:

Die Schülerinnen und Schüler sollen

- wissen, dass bei konstanter Masse die Temperaturerhöhung eines Körpers proportional zur zugeführten Wärmeenergie ist, sofern der Aggregatzustand des Körpers keiner Änderung unterliegt.

- wissen, dass bei konstanter Wärmezufuhr die Temperaturerhöhung sich umgekehrt proportional zur Körpermasse verhält, sofern sich der Aggregatzustand des Körpers nicht ändert.

- wissen, dass die Temperaturerhöhung eines Körpers vom Stoff abhängig ist, aus dem er besteht.

- den Begriff der spezifischen Wärmekapazität kennen.

- die spezifische Wärmekapazität als Wärmeenergie interpretieren können, die notwendig ist, um 1 kg eines Stoffes um 1 K zu erwärmen.

- wissen, dass verschiedene Stoffe Wärme unterschiedlich gut speichern und die spezifische Wärmekapazität ein Maß für die Speicherqualität eines Stoffes darstellt.

- den Betrag der spezifischen Wärmekapazität von Wasser kennen (4,19 kJ/(kg·K)).

- wissen, dass man zum Erwärmen von Wasser aufgrund dessen hoher spezifischen Wärmekapazität verhältnismäßig viel Wärmeenergie benötigt.

- wissen, dass Wasser aufgrund der hohen spezifischen Wärmekapazität ein sehr guter Wärmespeicher darstellt.

- befähigt werden, die spezifische Wärmekapazität eines Stoffes unter Nutzung geeigneter Hilfsmittel zu recherchieren.

- in der Lage sein, die spezifische Wärmekapazität einer Flüssigkeit experimentell zu bestimmen.

- die Formelzeichen und Einheiten der physikalischen Größen Wärme, spezifische Wärmekapazität, Masse, Temperatur, Temperaturdifferenz, Leistung und Zeit kennen.
- die Grundgleichung der Wärmelehre ($Q = c \cdot m \cdot \Delta T$) kennen und in neuen Problemsituationen anwenden können.
- die Grundgleichung der Wärmelehre nach der gesuchten Größe umstellen können.
- die bei der Nutzung eines elektrischen Geräts anfallenden Stromkosten unter Vorgabe der elektrischen Leistung und der Betriebszeit berechnen können.

Kompetenzen, die von den Schülerinnen und Schülern verbessert werden sollen:

Die Schülerinnen und Schüler sollen

- wissen, dass man zur Erhöhung der Temperatur eines Körpers diesem Wärme zuführen muss.
- wissen, dass Temperaturdifferenzen in °C oder in K angegeben werden können und ihre Beträge einander entsprechen.
- die Definition der Leistung als Quotient aus Arbeit und Zeit kennen.
- wissen, dass die Einheiten 1 Ws und 1 J einander entsprechen.
- eine Energie der Einheit J in kWh umrechnen können und umgekehrt.

A.4.2 Lernziele im Themenbereich „Heizwerte von Brennstoffen"

Kompetenzen, die von den Schülerinnen und Schülern neu erworben werden sollen:

Die Schülerinnen und Schüler sollen

- wissen, dass beim Verbrennen gleicher Massen verschiedener Stoffe unterschiedlich viel Wärme freigesetzt wird.
- wissen, dass die bei der Verbrennung frei werdende Energie zuvor als chemische Energie im Brennstoff und im Sauerstoff gespeichert war.
- den Begriff „Heizwert" kennen und wissen, dass es sich dabei um die Wärmeenergie handelt, die pro verbrannte Masse freigesetzt wird.
- das Formelzeichen und die Einheit des Heizwertes kennen.
- den Heizwert eines Brennstoffes experimentell bestimmen können.

A.4 Lernzielformulierung

- von den wichtigsten Energieträgern (Holz, Heizöl, Wasserstoff, ...) die Größenordnung der jeweiligen Heizwerte kennen.

- den Heizwert eines Stoffes unter Nutzung geeigneter Hilfsmittel recherchieren können.

- die beim Verbrennen einer bestimmten Masse eines Brennstoffes frei werdende Energie berechnen können ($Q = m \cdot H$).

- um die Problematik der fossilen Energieträger wissen.

- sich auf Grundlage physikalischer Erkenntnisse aktiv an der Energiediskussion beteiligen können.

Anhang B: Testinstrumente

B.1 Test zur aktuellen Motivation (Pilotstudie)

Fragebogen zum Fach PHYSIK		
Schule	Schülernummer	Klasse

Wie fandest du die zurückliegenden Physikstunden?

Mit diesem Fragebogen sollst du Auskunft darüber geben, wie der Physikunterricht **deiner Meinung nach** gerade in letzter Zeit gewesen ist. Kreuze bitte bei jeder Aussage die Ziffer an, die für dich der Aussage am meisten entspricht.

Die Ziffern haben dabei die Bedeutung wie Noten in der Schule:

Die Aussage

① = ... trifft voll und ganz zu.

② = ... trifft zu.

③ = ... trifft eher zu.

④ = ... trifft eher nicht zu.

⑤ = ... trifft nicht zu.

⑥ = ... trifft gar nicht zu.

1.	Die letzten Physikstunden haben Spaß gemacht.	①	②	③	④	⑤	⑥
2.	Die Aufgaben, die wir in den letzten Physikstunden bearbeiteten, sind im Alltag hilfreich.	①	②	③	④	⑤	⑥
3.	Der Unterrichtsstoff der letzten Physikstunden war für mich verständlich.	①	②	③	④	⑤	⑥
4.	Ich schaue zu Hause in Büchern, im Internet oder ähnlichem nach, um mehr zu Themen aus den letzten Physikstunden zu erfahren.	①	②	③	④	⑤	⑥
5.	Meine Leistungen in den letzten Physikstunden waren nach meiner eigenen Einschätzung gut.	①	②	③	④	⑤	⑥
6.	Ich habe mich aktiv an den letzten Physikstunden beteiligt.	①	②	③	④	⑤	⑥

B.1 Test zur aktuellen Motivation (Pilotstudie)

7.	Die Aufgaben, die wir in den letzten Physikstunden bearbeiteten, waren auf den Alltag bezogen.	①	②	③	④	⑤	⑥
8.	Ich erwarte, dass meine Leistungen in Physik in Zukunft gut sein werden.	①	②	③	④	⑤	⑥
9.	In meiner Freizeit beschäftige ich mich auch über die Hausaufgaben hinaus mit Themen, die mit den letzten Physikstunden zu tun haben.	①	②	③	④	⑤	⑥
10.	Die Themen (Unterrichtsstoff) aus den letzten Physikstunden sind hilfreich für das tägliche Leben.	①	②	③	④	⑤	⑥
11.	Es gelang mir stets, die Aufgaben in den letzten Physikstunden zu lösen.	①	②	③	④	⑤	⑥
12.	Ich habe mich auf die letzten Physikstunden gefreut.	①	②	③	④	⑤	⑥
13.	Die Aufgaben in den letzten Physikstunden sind für Dinge interessant, mit denen ich außerhalb der Schule zu tun habe.	①	②	③	④	⑤	⑥
14.	Ich war in den letzten Physikstunden konzentriert.	①	②	③	④	⑤	⑥
15.	Ich habe mich in den letzten Physikstunden mehr angestrengt als in anderen Fächern.	①	②	③	④	⑤	⑥
16.	Was wir in den letzten Physikstunden gelernt haben, ist im Alltag nützlich.	①	②	③	④	⑤	⑥
17.	Ein physikalisches Problem zu lösen, macht mir Spaß.	①	②	③	④	⑤	⑥
18.	Durch die Aufgaben in den letzten Physikstunden konnte ich das behandelte Thema verstehen.	①	②	③	④	⑤	⑥
19.	Ich sprach oft mit Freunden, Eltern oder Geschwistern über Dinge aus den letzten Physikstunden.	①	②	③	④	⑤	⑥
20.	Physik ist mein Lieblingsfach.	①	②	③	④	⑤	⑥
21.	In den letzten Physikstunden ging es um Dinge, die mit dem täglichen Leben zu tun haben.	①	②	③	④	⑤	⑥
22.	Ich glaube, dass mich die anderen Schüler in meiner Klasse in den letzten Physikstunden für gut hielten.	①	②	③	④	⑤	⑥
23.	Mir haben die letzten Physikstunden gefallen.	①	②	③	④	⑤	⑥
24.	Die Themen (Unterrichtsstoff) in den letzten Physikstunden sind für Dinge interessant, mit denen ich außerhalb der Schule zu tun habe.	①	②	③	④	⑤	⑥
25.	Wenn ich mich mit einem physikalischen Problem beschäftige, kann es passieren, dass ich gar nicht merke, wie die Zeit verfliegt.	①	②	③	④	⑤	⑥
26.	Die Aufgaben, die wir in den letzten Physikstunden bearbeiteten, sind nützlich für das tägliche Leben.	①	②	③	④	⑤	⑥

B.2 Test zum Motivationsverlauf (Pilot- und Hauptstudie)

Fragebogen zum Fach PHYSIK		
Schule	Schülernummer	Klasse

Wie findest du den Physikunterricht allgemein?

Mit diesem Fragebogen sollst du Auskunft darüber geben, wie der Physikunterricht **deiner Meinung nach** bislang in deiner Schulzeit gewesen ist. Kreuze bitte bei jeder Aussage die Ziffer an, die für dich der Aussage am meisten entspricht.

<u>Die Ziffern haben dabei die Bedeutung wie Noten in der Schule:</u>

Die Aussage

① = ... trifft voll und ganz zu.

② = ... trifft zu.

③ = ... trifft eher zu.

④ = ... trifft eher nicht zu.

⑤ = ... trifft nicht zu.

⑥ = ... trifft gar nicht zu.

1.	Physikunterricht macht Spaß.	①	②	③	④	⑤	⑥
2.	Die Aufgaben, die wir im Physikunterricht bearbeiten, sind im Alltag hilfreich.	①	②	③	④	⑤	⑥
3.	Der Unterrichtsstoff in Physik ist für mich verständlich.	①	②	③	④	⑤	⑥
4.	Ich schaue zu Hause in Büchern, im Internet oder ähnlichem nach, um mehr zu Themen aus dem Physikunterricht zu erfahren.	①	②	③	④	⑤	⑥
5.	Meine Leistungen in Physik sind nach meiner eigenen Einschätzung gut.	①	②	③	④	⑤	⑥
6.	Ich beteilige mich aktiv am Physikunterricht.	①	②	③	④	⑤	⑥
7.	Die Aufgaben, die wir im Physikunterricht bearbeiten, sind auf den Alltag bezogen.	①	②	③	④	⑤	⑥
8.	Ich erwarte, dass meine Leistungen in Physik in Zukunft gut sein werden.	①	②	③	④	⑤	⑥

B.2 Test zum Motivationsverlauf (Pilot- und Hauptstudie)

9.	In meiner Freizeit beschäftige ich mich auch über die Hausaufgaben hinaus mit Themen, die mit Physik zu tun haben.	①	②	③	④	⑤	⑥
10.	Die Themen (Unterrichtsstoff) aus dem Physikunterricht sind hilfreich für das tägliche Leben.	①	②	③	④	⑤	⑥
11.	Es gelingt mir stets, die Aufgaben im Physikunterricht zu lösen.	①	②	③	④	⑤	⑥
12.	Ich freue mich auf den Physikunterricht.	①	②	③	④	⑤	⑥
13.	Die Aufgaben im Physikunterricht sind für Dinge interessant, mit denen ich außerhalb der Schule zu tun habe.	①	②	③	④	⑤	⑥
14.	Ich bin im Physikunterricht konzentriert.	①	②	③	④	⑤	⑥
15.	Ich strenge mich in Physik mehr an als in anderen Fächern.	①	②	③	④	⑤	⑥
16.	Was wir im Physikunterricht lernen, ist im Alltag nützlich.	①	②	③	④	⑤	⑥
17.	Ein physikalisches Problem zu lösen, macht mir Spaß.	①	②	③	④	⑤	⑥
18.	Durch die Aufgaben in Physik kann ich das behandelte Thema verstehen.	①	②	③	④	⑤	⑥
19.	Ich spreche oft mit Freunden, Eltern oder Geschwistern über Dinge aus dem Physikunterricht.	①	②	③	④	⑤	⑥
20.	Physik ist mein Lieblingsfach.	①	②	③	④	⑤	⑥
21.	Im Physikunterricht geht es um Dinge, die mit dem täglichen Leben zu tun haben.	①	②	③	④	⑤	⑥
22.	Ich glaube, dass mich die anderen Schüler in meiner Klasse für gut in Physik halten.	①	②	③	④	⑤	⑥
23.	Mir gefällt unser Physikunterricht.	①	②	③	④	⑤	⑥
24.	Die Themen (Unterrichtsstoff) im Physikunterricht sind für Dinge interessant, mit denen ich außerhalb der Schule zu tun habe.	①	②	③	④	⑤	⑥
25.	Wenn ich mich mit einem physikalischen Problem beschäftige, kann es passieren, dass ich gar nicht merke, wie die Zeit verfliegt.	①	②	③	④	⑤	⑥
26.	Die Aufgaben, die wir im Physikunterricht bearbeiten, sind nützlich für das tägliche Leben.	①	②	③	④	⑤	⑥
27.	Die Lehrkraft war in den zurückliegenden Physikstunden engagierter als sonst.	①	②	③	④	⑤	⑥
28.	Der zurückliegende Physikunterricht hat mehr Spaß gemacht, weil die Lehrkraft engagierter war.	①	②	③	④	⑤	⑥
29.	Die Bearbeitung von Aufgaben zu Werbetexten veranlasst mich zu einem kritischeren Umgang mit Werbung, d. h. ich werde in Zukunft die Angaben in Werbetexten oder anderer Werbung stärker hinterfragen.	①	②	③	④	⑤	⑥

<u>Erläuterungen:</u> Item 27 und 28 wurden ausschließlich während der Hauptuntersuchung bei LK 1, 4, und 5 eingesetzt, Item 29 nur in deren Experimentalgruppen und zwar ausschließlich bei den Posttests.

B.3 Kurzfassung des Potsdamer Motivationsinventars

Fragebogen zum Fach PHYSIK		
Schule	Schülernummer	Klasse

		trifft voll und ganz zu					trifft überhaupt nicht zu
1.	Wenn ich mir in Physik Mühe gebe, dann kann ich es auch.	①	②	③	④	⑤	⑥
2.	Ob ich in Physik gut oder schlecht bin, ist mir persönlich egal.	①	②	③	④	⑤	⑥
3.	Im Physikunterricht habe ich Angst davor, dass ich die Aufgaben nicht kann.	①	②	③	④	⑤	⑥
4.	In Physik schaffe ich es einfach nicht, meine Gedanken bei der Sache/Aufgabe zu halten.	①	②	③	④	⑤	⑥
5.	Ob ich in Physik gut oder schlecht bin, hat keine weiteren Folgen für mich.	①	②	③	④	⑤	⑥
6.	Mich mit physikalischen Aufgaben zu beschäftigen macht mir großen Spaß.	①	②	③	④	⑤	⑥
7.	In Physik habe ich Angst davor, aufgerufen zu werden.	①	②	③	④	⑤	⑥
8.	In meiner Freizeit beschäftige ich mich auch unabhängig vom Unterricht mit Dingen, die mit Physik zu tun haben.	①	②	③	④	⑤	⑥
9.	Ein schlechtes Klassenarbeitsergebnis spornt mich dazu an, noch mehr für Physik zu tun.	①	②	③	④	⑤	⑥
10.	Auch, wenn es mir mal nicht so gut geht, schaffe ich es meist, mich für Physik wieder in eine gute Stimmung zu versetzen.	①	②	③	④	⑤	⑥
11.	Wenn ich mich in Physik richtig anstrenge, bekomme ich auch eine gute Note.	①	②	③	④	⑤	⑥
12.	Wenn ich Physikhausaufgaben mache, fühle ich mich so richtig wohl.	①	②	③	④	⑤	⑥
13.	Wenn ich mich mit Physik beschäftige, läuft alles wie von selbst.	①	②	③	④	⑤	⑥
14.	In Physik ist für mich alles klar, da brauche ich nichts zu tun.	①	②	③	④	⑤	⑥
15.	Ohne Physik würde mir etwas fehlen.	①	②	③	④	⑤	⑥
16.	In Physik bin ich gut, auch ohne dass ich dafür lerne.	①	②	③	④	⑤	⑥
17.	Für Klassenarbeiten in Physik brauche ich nichts zu lernen, das kann ich auch so.	①	②	③	④	⑤	⑥
18.	Es ist mir egal, was meine Eltern zu meinen Physiknoten sagen.	①	②	③	④	⑤	⑥

B.3 Kurzfassung des Potsdamer Motivationsinventars

		trifft voll und ganz zu					trifft überhaupt nicht zu
19.	Vor lauter Angst bin ich im Physikunterricht so aufgeregt, dass ich schon deshalb nichts verstehe.	①	②	③	④	⑤	⑥
20.	Nach einem Misserfolg in Physik grüble ich lange darüber nach, woran es denn gelegen hat.	①	②	③	④	⑤	⑥
21.	In Physik schwirren mir immer alle möglichen Gedanken durch den Kopf und stören meine Konzentration.	①	②	③	④	⑤	⑥
22.	Häufig habe ich das Gefühl, dass die Physikstunde viel schneller vorbei ist als andere Unterrichtsstunden.	①	②	③	④	⑤	⑥
23.	Nach einem Misserfolg in Physik grüble ich lange darüber nach, welche Folgen das jetzt hat.	①	②	③	④	⑤	⑥
24.	Sobald ich mich mit Physik beschäftige, bin ich hellwach und funktioniere optimal.	①	②	③	④	⑤	⑥
25.	Wenn ich mich mit Physik beschäftige, lasse ich mich von nichts anderem stören.	①	②	③	④	⑤	⑥
26.	In Physik merke ich, wie ich schwierige Dinge immer besser beherrsche und verstehe.	①	②	③	④	⑤	⑥
27.	Ich bin mir sicher, dass ich jede Physikaufgabe lösen kann, wenn ich mich darum bemühe.	①	②	③	④	⑤	⑥
28.	Wenn ich zu Hause an Physikaufgaben sitze, schaffe ich es meist nicht lang, daran zu bleiben.	①	②	③	④	⑤	⑥
29.	Physik interessiert mich nicht.	①	②	③	④	⑤	⑥
30.	Wenn ich an Physikaufgaben arbeite, habe ich das Gefühl, genau das jetzt machen zu wollen.	①	②	③	④	⑤	⑥
	In Physik viel zu können und gut zu sein ist für mich wichtig, …						
31.	damit ich keinen Ärger mit meinen Eltern bekomme.	①	②	③	④	⑤	⑥
32.	damit ich später den Beruf bekomme, den ich möchte.	①	②	③	④	⑤	⑥
33.	damit ich von meinen Mitschülern geschätzt werde.	①	②	③	④	⑤	⑥
34.	damit meine Physiklehrerin/mein Physiklehrer mit mir zufrieden ist.	①	②	③	④	⑤	⑥
35.	weil mich gerade Physik sehr interessiert.	①	②	③	④	⑤	⑥
36.	weil ich Physik mag.	①	②	③	④	⑤	⑥
37.	weil ich gute Noten bekommen möchte.	①	②	③	④	⑤	⑥
38.	weil ich einfach Spaß daran habe.	①	②	③	④	⑤	⑥
39.	weil ich einen guten Durchschnitt in Physik haben möchte.	①	②	③	④	⑤	⑥

Vielen Dank fürs Mitmachen!

B.4 Leistungstest mit Erwartungshorizonten (Pilotstudie)

1. Die spezifische Wärmekapazität von Wasser beträgt $4{,}19 \frac{kJ}{kg \cdot K}$. Was bedeutet dies in Worten?

2. Bei starker Sonneneinstrahlung kann der Sand am Strand so heiß werden, dass man barfuß kaum darauf gehen kann, während das Wasser bei gleicher Sonneneinstrahlung kühl bleibt. Gib für diese Tatsache eine Erklärung!

3. Das Wasser in einem 4 m x 12 m x 1,5 m großen Swimmingpool kühlt in der Nacht von 23 °C auf 20,5 °C ab.

    a) Wie viel Wärmeenergie gibt dieses Wasser an die Umgebung ab?

    b) Wie lange müsste ein Tauchsieder mit einer Leistung von 1000 W betrieben werden, um die gleiche Wärmemenge abzugeben? (Antwort in Tagen angeben!)

4. Das abgebildete Dampfbügeleisen mit einer 200 g schweren Aluminiumplatte soll von 20 °C auf 220 °C aufgeheizt werden. Wie lange dauert der Vorgang?

    Die spezifische Wärmekapazität von Aluminium beträgt $0{,}9 \frac{kJ}{kg \cdot K}$.

5. Der Heizwert von Kaminholz beträgt $16 \frac{MJ}{kg}$. Welche Wärme wird beim Verbrennen von 2 kg (5 kg / 7,5 kg / 12 kg) freigesetzt?

6. Welcher Brennstoff ist am preisgünstigsten? Berechne die Kosten pro Megajoule!

BRENNSTOFF	HEIZWERT IN MJ/kg	MASSE IN kg	PREIS IN EUR
Kohlebriketts	19,0	10	2,90
Holzbriketts	18,446	10	2,25
Kaminholz	16,0	12,5	3,10

7. Berechne den Heizwert von Butan!

Gasheizstrahler 'GS 4600'
Zum Aufsetzen auf Butangasflaschen, Keramikbrenner, Neigung stufenlos verstellbar, komplett mit Gasschlauch und Druckminderer, Nennwärmebelastung 4,6 kW, Gasverbrauch 336 g/h, 5 Jahre Bauhaus-Garantie

OS 6261 - 1224184   **22.49 €**

Erwartungshorizonte

Aufgabe 1:

Um 1 kg Wasser um 1 K (1 °C) zu erhitzen, ist eine Energie von 4,19 kJ erforderlich.

Aufgabe 2:

Die spezifische Wärmekapazität von Wasser ist deutlich höher als die des Sandes, weshalb dieser bei gleicher Wärmezufuhr schneller heiß wird.

Aufgabe 3:

a) $V = 4\,\text{m} \cdot 12\,\text{m} \cdot 1,5\,\text{m} = 72\,\text{m}^3 \Rightarrow m = 72000\,\text{kg},\ \Delta T = 2,5\,\text{K},\ c = 4,19\,\dfrac{\text{kJ}}{\text{kg}\cdot\text{K}}$

$Q = c \cdot m \cdot \Delta T = 754,2\,\text{MJ}$

b) $P = \dfrac{Q}{t} \Rightarrow t = \dfrac{Q}{P} = \dfrac{754,2 \cdot 10^6\,\text{J}}{1 \cdot 10^3\,\text{W}} \approx 9\,\text{Tage}$

Aufgabe 4:

$t = \dfrac{c \cdot m \cdot \Delta T}{P} = \dfrac{0,9 \cdot 10^3\,\dfrac{\text{J}}{\text{kg}\cdot\text{K}} \cdot 0,2\,\text{kg} \cdot 200\,\text{K}}{2 \cdot 10^3\,\text{W}} \approx 18\,\text{s}$

Aufgabe 5:

$Q(2\,\text{kg}) = 32\,\text{MJ}$ $Q(5\,\text{kg}) = 80\,\text{MJ}$

$Q(7,5\,\text{kg}) = 120\,\text{MJ}$ $Q(12\,\text{kg}) = 192\,\text{MJ}$

Aufgabe 6:

Kohlebriketts: $19\,\dfrac{\text{MJ}}{\text{kg}} \cdot 10\,\text{kg} = 190\,\text{MJ}$ kosten 2,90 € ➔ 1 MJ kostet 1,5 Ct

Holzbriketts: $18,446\,\dfrac{\text{MJ}}{\text{kg}} \cdot 10\,\text{kg} = 184,46\,\text{MJ}$ kosten 2,25 € ➔ 1 MJ kostet 1,2 Ct

Kaminholz: $16\,\dfrac{\text{MJ}}{\text{kg}} \cdot 12,5\,\text{kg} = 200\,\text{MJ}$ kosten 3,10 € ➔ 1 MJ kostet 1,6 Ct

Aufgabe 7:

$P = \dfrac{Q}{t} = \dfrac{H \cdot m}{t} \Rightarrow H = \dfrac{P \cdot t}{m} = \dfrac{4,6 \cdot 10^3\,\text{W} \cdot 3600\,\text{s}}{0,336\,\text{kg}} \approx 49\,\dfrac{\text{MJ}}{\text{kg}}$

B.5 Leistungstest „spezifische Wärmekapazität" mit Erwartungshorizonten (Hauptstudie)

1. Die spezifische Wärmekapazität von Wasser beträgt $4{,}19\,\frac{kJ}{kg\cdot K}$. Was bedeutet dies in Worten?

2. Ergänze die untenstehende Tabelle!

Größe	Formelzeichen	Einheit
		1 kWs = 1 kJ
Temperaturdifferenz		
	c	

3. Ein Dampfbügeleisen (2000 W) mit einer 400 g schweren Aluminiumplatte soll von 20 °C auf 220 °C aufgeheizt werden.
   a) Welche Energie muss der Aluminiumplatte zugeführt werden?
   b) Wie lange dauert der Vorgang?

   Die spezifische Wärmekapazität von Aluminium beträgt $0{,}9\,\frac{kJ}{kg\cdot K}$.

4. Um wie viele Kilowattstunden läuft das Zählwerk im Elektrizitätszähler weiter, wenn eine Waschmaschine 10 l Wasser von 16 °C auf 80 °C erwärmt?

5. Die spezifische Wärmekapazität einer Flüssigkeit soll experimentell bestimmt werden. Beschreibe, wie man vorgehen könnte!

Erwartungshorizonte

Aufgabe 1:

Um 1 kg Wasser um 1 K (1 °C) zu erwärmen, ist eine Energie von 4,19 kJ erforderlich.

Aufgabe 2:

Größe	Formelzeichen	Einheit
Wärme/Energie	Q	1 kWs = 1 kJ
Temperaturdifferenz	ΔT	1 K
sp. Wärmekapazität	c	1 kJ·kg^{-1}·K^{-1}

Aufgabe 3:

a) $Q = c \cdot m \cdot \Delta T = 0{,}9 \dfrac{\text{kJ}}{\text{kg} \cdot \text{K}} \cdot 0{,}4 \text{ kg} \cdot 200 \text{ K} = 72 \text{ kJ}$

b) $t = \dfrac{Q}{P} = \dfrac{72 \text{ kJ}}{2 \text{ kW}} = 36 \text{ s}$

Aufgabe 4:

$Q = c \cdot m \cdot \Delta T = 4{,}19 \dfrac{\text{kJ}}{\text{kg} \cdot \text{K}} \cdot 10 \text{ kg} \cdot 64 \text{ K} \approx 2680 \text{ kJ} \approx 0{,}75 \text{ kWh}$

Aufgabe 5:

Folgende Elemente sollten enthalten sein:
- Bestimmung der Masse der Flüssigkeit;
- Bestimmung der Ausgangstemperatur und Festlegung einer Endtemperatur;
- Erwärmen mit Tauchsieder bekannter Leistung (alternativ Energiezähler verwenden);
- Zum Erwärmen notwendige Zeit stoppen (bei Verwendung eines Energiezählers nicht notwendig);
- Berechnung der Energie, die notwendig ist, um die Masse um die festgelegte Temperaturdifferenz zu erwärmen;
- Berechnung der Energie, die notwendig ist, um 1 kg der Flüssigkeit um 1 K zu erwärmen.

B.6 Leistungstest „Heizwert" mit Erwartungshorizonten (Hauptstudie)

1. Was versteht man unter dem Heizwert von Brennstoffen?

2. Der Heizwert von Kaminholz beträgt $16\frac{MJ}{kg}$.

   Welche Wärme wird beim Verbrennen von 2 kg (5 kg / 7,5 kg / 12 kg) freigesetzt?

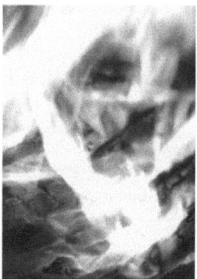

3. Ein Butan-Gasheizstrahler hat bei einer Nennleistung von 4,6 kW einen Gasverbrauch von 336 g/h. Berechne den Heizwert von Butan!

4. Wie viel Propangas muss man verbrennen, um 100 l Badewasser von 15 °C auf 40 °C zu erwärmen?

Brennstoff	Heizwert (in MJ/kg)
Benzin	44
Diesel	38
Heizöl	42
Spiritus	22
Steinkohle	29
Braunkohle	20
Holz	15
Erdgas	44
Propangas	46

5. Beschreibe ausführlich, wie man den Heizwert eines Stoffes experimentell bestimmen kann!

Erwartungshorizonte

Aufgabe 1:
Der Heizwert eines Brennstoffes gibt an, welche Energie pro Masse beim Verbrennen eines Brennstoffes freigesetzt wird.

Aufgabe 2:
$Q(2 \text{ kg}) = 32 \text{ MJ}$ $\quad Q(5 \text{ kg}) = 80 \text{ MJ}$

$Q(7,5 \text{ kg}) = 120 \text{ MJ}$ $\quad Q(12 \text{ kg}) = 192 \text{ MJ}$

Aufgabe 3:
$$P = \frac{Q}{t} = \frac{H \cdot m}{t}$$

$$H = \frac{P \cdot t}{m} = \frac{4,6 \cdot 10^3 \text{ W} \cdot 3600 \text{ s}}{0,336 \text{ kg}} \approx 49 \frac{\text{MJ}}{\text{kg}}$$

Aufgabe 4:
$$Q = c \cdot m \cdot \Delta T = 4,19 \frac{\text{kJ}}{\text{kg} \cdot \text{K}} \cdot 100 \text{ kg} \cdot 25 \text{ K} = 10475 \text{ kJ} \approx 10,5 \text{ MJ}$$

$$m = \frac{Q}{H} = \frac{10,5 \text{ MJ}}{46 \text{ MJ} \cdot \text{kg}^{-1}} \approx 0,228 \text{ kg} = 228 \text{ g}$$

Aufgabe 5:
Folgende Elemente sollten enthalten sein:
- Man erhitzt eine bestimmte Masse eines Körpers bekannter spezifischen Wärmekapazität (z. B. Wasser) durch das Verbrennen des Stoffes, dessen Heizwert bestimmt werden soll;
- Die Masse des Brennstoffes wird vor und nach dem Erhitzen bestimmt; die Differenz entspricht der Masse des Brennstoffes, die zum Erwärmen des Körpers notwendig war (die Versuchsanordnung ist so aufzubauen, dass nahezu die komplett freiwerdende Energie zum Erwärmen des Körpers genutzt wird);
- Unter Nutzung der Grundgleichung der Wärmelehre wird die bei der Verbrennung frei gewordene Energie abgeschätzt;
- Es wird berechnet, welche Energie bei der Verbrennung von einem Kilogramm des Brennstoffes freigesetzt wird.

B.7 Konzepttest zur Wärmelehre

> Physiktest für Schülerinnen und Schüler der
> 9. Klassenstufe zum Themenbereich
> „Wärmelehre"

Hinweise zur Bearbeitung

Lest jede Aufgabe sorgfältig durch und bearbeitet sie so gut ihr könnt. Benutzt zum Ankreuzen einen schwarzen oder blauen Kugelschreiber/Fineliner. Solltet ihr euch einmal verschreiben, dann kreist eure erste Antwort ein und setzt das Kreuz neu (siehe Beispiel). Achtet darauf, dass ihr innerhalb des vorgegebenen Kästchens ankreuzt.

Beispiel:

Antwortbogen

Seite 1

	a)	b)	c)	d)
Aufgabe 1	☐	⊗	☐	☒

Der Physiktest enthält ausschließlich Multiple-Choice-Aufgaben, bestehend aus einer Fragestellung und vier vorgegebenen Antwortmöglichkeiten. Es ist grundsätzlich nur **eine** der vorgegebenen Antworten anzukreuzen.

Falls ihr euch bei einer Aufgabe nicht ganz sicher seid, kreuzt auf dem **Antwortbogen** den Buchstaben der Antwort an, die ihr am ehesten für richtig haltet. Lasst keine Aufgabe aus.

Habt ihr noch Fragen? Dann meldet euch bitte jetzt!

1. Welche Temperatur haben Eiswürfel in einem Tiefkühlgefrierfach am ehesten?
   a) −10 °C
   b) 0 °C
   c) 5 °C
   d) Es hängt von der Größe der Eiswürfel ab.

2. Sebastian nimmt sechs Eiswürfel aus dem Gefrierschrank. Vier davon gibt er in ein Glas Wasser. Zwei legt er auf den Tisch. Er rührt und rührt, bis die Eiswürfel viel kleiner sind und nicht mehr schmelzen. Welche Temperatur hat das Wasser zu diesem Zeitpunkt am ehesten?
   a) −10 °C
   b) 0 °C
   c) 5 °C
   d) 10 °C

3. Die Eiswürfel, die auf der Arbeitsplatte liegen, sind fast geschmolzen und liegen in einer Wasserlache. Welche Temperatur haben diese kleinen Eiswürfel am ehesten?
   a) −10 °C
   b) 0 °C
   c) 5 °C
   d) 10 °C

4. Auf dem Herd steht ein Wasserkessel. Das Wasser fängt gerade an zu sieden. Die Temperatur des Wassers beträgt ungefähr:
   a) 88 °C
   b) 98 °C
   c) 110 °C
   d) keine der anderen Antworten ist richtig

5. Fünf Minuten später siedet das Wasser im Kessel immer noch. Die Temperatur des Wassers ist nun ungefähr:
   a) 88 °C
   b) 98 °C
   c) 110 °C
   d) 120 °C

6. Welche Temperatur hat wohl der Wasserdampf über dem siedenden Wasser im Kessel?
   a) 88 °C
   b) 98 °C
   c) 110 °C
   d) 120 °C

7. Thomas nimmt zwei gleiche Becher mit 40 °C warmem Wasser und vermischt sie mit einem Becher 10 °C kalten Wassers. Welche Temperatur hat das gemischte Wasser am ehesten?
   a) 20 °C
   b) 25 °C
   c) 30 °C
   d) 50 °C

8. Steffen glaubt, dass er siedendes Wasser nehmen muss, um Tee zu kochen. Er sagt seinen Freunden: „Ich kann beim Zelten auf einem hohen Berg keinen Tee kochen, weil Wasser in dieser Höhe nicht siedet."
   a) Sophia sagt: „Doch es siedet, aber das siedende Wasser ist nicht so heiß wie hier."
   b) Nadine sagt: „Das ist nicht wahr, Wasser siedet überall bei der gleichen Temperatur."
   c) Marcel sagt: „Der Siedepunkt des Wasser ist verringert, aber das Wasser hat trotzdem 100 °C."
   d) Mathias sagt: „Ich bin derselben Meinung wie Steffen. Das Wasser erreicht seinen Siedepunkt nicht."
   Mit welcher Meinung stimmst du überein?

9. Marcel holt aus dem Kühlschrank eine Dose Cola und eine Plastikflasche Cola, die dort über Nacht standen. Er misst schnell die Temperatur in der Coladose. Sie beträgt 7 °C. Welches ist am ehesten die Temperatur der Plastikflasche und der Cola, die sie enthält?
   a) Beide liegen unter 7 °C.
   b) Beide haben genau 7 °C.
   c) Beide haben über 7 °C.
   d) Es ist abhängig von der Colamenge und/oder der Flaschengröße.

10. Ein paar Minuten später öffnet Mathias die Coladose und erzählt den anderen, dass der Tisch unter der Dose kälter ist als der Rest des Tischs.
    a) Nadine meint: „Die Kälte ist von der Cola auf den Tisch übertragen worden."
    b) Steffen sagt: „Es ist keine Energie mehr im Tisch unter der Coladose."
    c) Sophia sagt: „Wärme wurde vom Tisch auf die Cola übertragen."
    d) Marcel sagt: „Die Dose führt dazu, dass sich die Wärme im Tisch unter der Dose wegbewegt."
    Welches ist die beste Erklärung?

11. Katharina fragt ein paar Freunde: „Wenn ich 100 Gramm Eis bei 0 °C und 100 Gramm Wasser bei 0 °C in einen Gefrierschrank stelle, welches der beiden wird wahrscheinlich die größere Wärmeenergie abgeben?
    a) Christiane ist der Meinung: „Die 100 Gramm Eis."
    b) Markus sagt: „Die 100 Gramm Wasser."
    c) Tom sagt: „Keines von beiden, weil beide die gleiche Wärmeenergie enthalten."
    d) Tina meint: „ Es gibt keine Antwort, denn es gibt kein Wasser bei 0 °C."
    Welchem ihrer Freunde würdest du zustimmen?

B.7 Konzepttest zur Wärmelehre

12. Oliver kocht Wasser in einem Kochtopf auf dem Herd. Woraus bestehen die Blasen, die aus dem Wasser aufsteigen?
    a) Luft
    b) Sauerstoff- und Wasserstoffgas
    c) Wasserdampf
    d) Es ist nichts in den Blasen.

13. Nachdem er Eier in dem siedenden Wasser gekocht hat, lässt Oliver sie in kaltem Wasser abkühlen. Welche der folgenden Antworten beschreibt den Abkühlprozess am besten?
    a) Die Eier geben Temperatur ans Wasser ab.
    b) Die Kälte des Wassers zieht in die Eier.
    c) Heiße Dinge kühlen von Natur aus ab.
    d) Die Eier geben Energie ans Wasser ab.

14. Jan sagt, dass er nicht gern auf Metallstühlen sitzt, „weil sie kälter als Plastikstühle sind".
    a) Tom stimmt zu und sagt: „Sie sind kälter, weil Metall von Natur aus kälter ist als Plastik."
    b) Martin sagt: „Die Metallstühle sind nicht kälter. Die Stühle haben die gleiche Temperatur."
    c) Martina meint: „Sie sind nicht kälter, die Metallstühle fühlen sich kälter an, weil sie schwerer sind."
    d) Uli sagt: „Sie sind kälter, weil Metall weniger Wärme abgeben kann als Plastik."
    Mit wem stimmst du überein?

15. Eine Gruppe von Freunden hört sich den Wetterbericht im Radio an. Sie hören: „…heute Nacht wird es frostige 5 °C und somit deutlich kälter als die 10 °C von letzter Nacht."
    a) Jens meint: „Das heißt, es wird heute Nacht doppelt so kalt wie letzte Nacht."
    b) Christoph sagt: „Das ist nicht richtig. 5 °C ist nicht doppelt so kalt wie 10 °C."
    c) Christine sagt: „Das ist teilweise richtig. Er sollte besser sagen, dass 10 °C doppelt so warm sind wie 5 °C."
    d) Sophia meint: „Das ist teilweise richtig. Er sollte besser sagen, dass 5 °C halb so kalt sind wie 10 °C."
    Welcher Antwort stimmst du am meisten zu?

16. Nikolas nimmt aus seinem Etui ein Metalllineal und ein Holzlineal. Er behauptet, dass das Metalllineal sich kälter als das Holzlineal anfühlt. Welche Erklärung bevorzugst du?
    a) Metall leitet die Energie schneller von der Hand weg als Holz.
    b) Holz ist von Natur aus ein wärmeres Material als Metall.
    c) Das Holzlineal enthält mehr Wärme als das Metalllineal.
    d) Kälte wird schneller vom Metall abgegeben.

17. Christiane nimmt zwei Glasflaschen mit 20 °C warmen Wasser und wickelt sie in Waschlappen ein. Ein Lappen ist nass und der andere ist trocken. 20 Minuten später misst sie die Wassertemperatur in beiden Flaschen. Die Temperatur in der Flasche mit dem nassen Lappen beträgt 18 °C. In der Flasche mit dem trockenen Lappen hat das Wasser eine Temperatur von 22 °C.
Welche Raumtemperatur herrschte während des Experiments?

   a)   26 °C   b)   21 °C
   c)   20 °C   d)   18 °C

18. Jan nimmt gleichzeitig zwei Tetrapaks Schokoladenmilch in die Hand. Einer der Kartons kommt aus dem Kühlschrank, der andere stand auf der Arbeitsplatte. Woran liegt es, dass sich der Karton aus dem Kühlschrank kälter anfühlt als der von der Arbeitsplatte? Verglichen mit dem warmen Karton...

   a)   enthält der kalte Karton mehr Kälte.
   b)   ist der kalte Karton ein schlechterer Wärmeleiter.
   c)   leitet der kalte Karton Wärme schneller von Jans Hand weg.
   d)   leitet der kalte Karton Kälte schneller zu Jans Hand hin.

19. Sebastian weiß, dass seine Mutter die Suppe im Schnellkochtopf kocht, weil es schneller geht als in einem normalen Kochtopf, aber er weiß nicht, warum das so ist. (Schnellkochtöpfe haben einen Deckel, der luftdicht abschließt, so dass der Innendruck über den Atmosphärendruck steigt.)

   a)   Christoph meint: „Unter erhöhtem Druck siedet das Wasser erst oberhalb von 100 °C."
   b)   Nadine glaubt: „Der höhere Druck erzeugt mehr Wärme."
   c)   Uli sagt: „Der Dampf hat eine höhere Temperatur als die kochende Suppe."
   d)   Tom sagt: „In Schnellkochtöpfen wird die Wärme gleichmäßiger im Essen verteilt."

Wem stimmst du zu?

20. Elena glaubt, dass ihr Vater den Kuchen in der oberen Schiene des Backofens backt, weil es oben wärmer ist als unten.

   a)   Christiane sagt, es ist oben heißer, weil Wärme nach oben steigt.
   b)   Tom denkt, es ist heißer, weil das Kuchenblech aus Metall die Wärme sammelt.
   c)   Steffen sagt, es ist oben wärmer, weil die Dichte der Luft umso geringer ist, je heißer es ist.
   d)   Tim ist mit allem nicht einverstanden und sagt, dass es nicht möglich ist, dass es oben wärmer ist.

Wer hat Recht?

21. Julia liest eine Multiple-Choice-Aufgabe aus einem Übungsbuch: „Schwitzen kühlt sie ab, denn der Schweiß auf der Haut...
    a) macht die Hautoberfläche nass, und nasse Oberflächen ziehen mehr Wärme aus dem Körper als trockene.
    b) zieht Wärme aus den Poren und verteilt sie über die Oberfläche der Haut.
    c) ist von Beginn an deutlich kühler.
    d) ist wegen der Verdunstung leicht kühler als die Haut und deshalb geht Wärme von der Haut auf den Schweiß über.
    Welche Antwort soll sie ankreuzen?

22. Immer wenn Christian seinen Fahrradreifen aufpumpt, bemerkt er, dass die Luftpumpe warm wird. Welche Erklärung trifft am besten zu?
    a) Energie wird auf die Pumpe übertragen.
    b) Temperatur wird auf die Pumpe übertragen.
    c) Wärme fließt von den Händen zur Pumpe.
    d) Das Metall in der Pumpe führt dazu, dass die Temperatur steigt.

23. Warum tragen wir bei kaltem Wetter Pullover?
    a) Um die Wärme draußen zu halten.
    b) Um Wärme zu erzeugen.
    c) Um Wärmeverluste zu vermeiden.
    d) Alle drei voranstehenden Antworten sind richtig.

24. Nadine nimmt ein Eis am Stiel aus dem Kühlschrank, wo es seit dem Tag zuvor lag, und sagt den anderen, dass der Holzstab eine höhere Temperatur als das Eis hat.
    a) Tom sagt: „Du hast Recht, weil der Holzstab nicht so kalt wird wie das Eis."
    b) Christian sagt: „Du hast Recht, weil das Eis mehr Kälte enthält als das Holz."
    c) Katharina sagt: „Das ist nicht richtig. Der Holzstab fühlt sich nur wärmer an, weil er mehr Wärme enthält."
    d) Anne sagt: „Ich denke, sie haben die gleiche Temperatur, weil sie verbunden sind."
    Wer hat am ehesten Recht?

25. Anja beschreibt eine Fernsehsendung, die sie gestern gesehen hat: „Ein Physiker hat supraleitende Magnete hergestellt, die eine Temperatur von -260 °C hatten."
   a) Nathalie bezweifelt das: „Da hast du etwas falsch in Erinnerung. Es gibt keine so tiefen Temperaturen."
   b) Christoph hat eine andere Meinung: „Doch, gibt es. Es gibt keine Grenze für die tiefste Temperatur."
   c) Thomas meint: „Ich glaube, der Magnet war in der Nähe der niedrigst möglichen Temperatur."
   d) Sebastian ist sich da nicht so sicher: „Ich glaube, Magnete sind gute Wärmeleiter und deshalb kann man sie nicht auf eine so tiefe Temperatur abkühlen."
   Wer hat am ehesten Recht?

26. Vier Studenten erzählen sich Dinge, die sie als Kinder gemacht haben. Anne: „Ich habe meine Puppen immer in Decken eingewickelt und ich konnte nie verstehen, warum sie nicht warm wurden."
   a) Christian antwortet: „Wahrscheinlich waren die Decken, die du benutzt hast, schlechte Wärmeisolatoren."
   b) Nadine meint: „Wahrscheinlich waren die Decken, die du benutzt hast, schlechte Wärmeleiter."
   c) Kevin antwortet: „Die Puppen waren wahrscheinlich aus einem Material, das lange brauchte, um warm zu werden."
   d) Sophia meint: „Keiner von euch hat Recht".
   Wem stimmst du zu?

27. Wie hoch ist die Temperatur in einem Behälter, wenn Michael einen Liter Wasser mit 80 °C und einen Liter Wasser mit 40 °C zusammenschüttet?
   a) 50 °C   b) 60 °C
   c) 70 °C   d) 120 °C

B.7 Konzepttest zur Wärmelehre

(Schule)	(Klasse)	(Schülernummer)

Seite 1

	a)	b)	c)	d)
Aufgabe 1	☐	☐	☐	☐
Aufgabe 2	☐	☐	☐	☐
Aufgabe 3	☐	☐	☐	☐
Aufgabe 4	☐	☐	☐	☐
Aufgabe 5	☐	☐	☐	☐
Aufgabe 6	☐	☐	☐	☐
Aufgabe 7	☐	☐	☐	☐

Seite 2

	a)	b)	c)	d)
Aufgabe 8	☐	☐	☐	☐
Aufgabe 9	☐	☐	☐	☐
Aufgabe 10	☐	☐	☐	☐
Aufgabe 11	☐	☐	☐	☐

Seite 3

	a)	b)	c)	d)
Aufgabe 12	☐	☐	☐	☐
Aufgabe 13	☐	☐	☐	☐
Aufgabe 14	☐	☐	☐	☐
Aufgabe 15	☐	☐	☐	☐
Aufgabe 16	☐	☐	☐	☐

Seite 4

	a)	b)	c)	d)
Aufgabe 17	☐	☐	☐	☐
Aufgabe 18	☐	☐	☐	☐
Aufgabe 19	☐	☐	☐	☐
Aufgabe 20	☐	☐	☐	☐

Seite 5

	a)	b)	c)	d)
Aufgabe 21	☐	☐	☐	☐
Aufgabe 22	☐	☐	☐	☐
Aufgabe 23	☐	☐	☐	☐
Aufgabe 24	☐	☐	☐	☐

Seite 6

	a)	b)	c)	d)
Aufgabe 25	☐	☐	☐	☐
Aufgabe 26	☐	☐	☐	☐
Aufgabe 27	☐	☐	☐	☐

Lösungsblatt

Seite 1

	a)	b)	c)	d)
Aufgabe 1	☒	☐	☐	☐
Aufgabe 2	☐	☒	☐	☐
Aufgabe 3	☐	☒	☐	☐
Aufgabe 4	☐	☒	☐	☐
Aufgabe 5	☐	☒	☐	☐
Aufgabe 6	☐	☒	☐	☐
Aufgabe 7	☐	☐	☒	☐

Seite 2

	a)	b)	c)	d)
Aufgabe 8	☒	☐	☐	☐
Aufgabe 9	☐	☒	☐	☐
Aufgabe 10	☐	☐	☒	☐
Aufgabe 11	☐	☒	☐	☐

Seite 3

	a)	b)	c)	d)
Aufgabe 12	☐	☐	☒	☐
Aufgabe 13	☐	☐	☐	☒
Aufgabe 14	☐	☒	☐	☐
Aufgabe 15	☐	☒	☐	☐
Aufgabe 16	☒	☐	☐	☐

Seite 4

	a)	b)	c)	d)
Aufgabe 17	☒	☐	☐	☐
Aufgabe 18	☐	☐	☒	☐
Aufgabe 19	☒	☐	☐	☐
Aufgabe 20	☐	☐	☐	☒

Seite 5

	a)	b)	c)	d)
Aufgabe 21	☐	☐	☐	☒
Aufgabe 22	☒	☐	☐	☐
Aufgabe 23	☐	☐	☒	☐
Aufgabe 24	☐	☐	☐	☒

Seite 6

	a)	b)	c)	d)
Aufgabe 25	☐	☐	☒	☐
Aufgabe 26	☐	☐	☐	☒
Aufgabe 27	☐	☒	☐	☐

Anhang C: Unterrichtskonzept zur Forschungsfrage III („Robustheit")

Erfassung von Kovariaten (Kontrollvariablen)

Im Zeitraum der Untersuchung (im Physikunterricht vor/nach der Untersuchung, in einem anderen Fach bzw. in Vertretungsstunden vor, nach oder während der Untersuchung) sind mittels standardisierter Tests folgende Variablen zu erfassen:

- Lesekompetenz
- Mathematische Fähigkeit
- Allgemeine Intelligenz

Die Schülerinnen und Schüler haben für die Tests jeweils zwischen 15 und 20 Minuten Zeit. Außerdem werden innerhalb des Physikunterrichts mehrere Motivationstests eingesetzt, zu deren Bearbeitung 5-10 Minuten nötig sind. Bei den Motivationstests ist darauf zu achten, dass jedem Schüler genügend Zeit bleibt, um alle Items zu beantworten.

Allgemeine Hinweise:

- Vor Beginn der Untersuchung den Schülern eine Nummer zuordnen, die sie, anstatt des Namens, auf den Testblättern notieren (z. B. entsprechend der Liste des Klassenbuchs).

- Das Datenblatt mit der Zuordnung der Schülernummern in jeder Stunde mitführen, um evtl. auftretende Verwechslungen oder Versäumnisse auszuschließen.

- Falls ein Teil der standardisierten Tests (Lesekompetenztest, Mathematiktest, IQ-Test) bei einem Kollegen durchgeführt wird, diesem die Liste mit den Schülernummern zur Verfügung stellen.

- Bei jedem Test ist eine Testsituation herzustellen, um Abschreiben zu verhindern.

- Jeder Schüler soll zunächst auf dem jeweiligen Testblatt die erforderlichen Daten notieren (Schülernummer, Klasse, Schule).

- Evtl. ist es wichtig, die Klasse zu bitten, die Tests ernsthaft sowie nach bestem Wissen und Gewissen auszufüllen.

- Bei den Motivationstests an die Schülerehrlichkeit appellieren und eventuelle Befürchtungen über mögliche Beeinflussungen der Noten beruhigen: „Wir wollen schauen, wie wir den Physikunterricht verbessern können, wobei uns eure Meinung wichtig ist. Entscheidend dabei ist, dass jeder von euch den Test für sich ausfüllt und nicht die Meinung vom Nachbarn abschreibt. Die Daten werden ausschließlich anonym weitergegeben und haben keinerlei Einfluss auf eure Zeugnisnoten..."

- Beim Test zur allgemeinen Intelligenz sollten zunächst die beiden ersten Beispielblätter besprochen und daran das Verfahren des Tests verdeutlicht werden.

- Bei der Durchführung des Mathematiktests und des Konzepttests zur Wärmelehre die Lernenden darauf hinweisen, dass die Aufgabenblätter nicht beschriftet werden sollen (ausschließlich die Antwortbögen!).

- Falls die Tests in Vertretungsstunden und in anderen Fächern (nahe liegend wäre Mathematik oder Deutsch) geschrieben werden, bitte darauf achten, dass die Testzeiten und die Hinweise zur Bearbeitung eingehalten werden.

- Hat ein Schüler einen Motivationstest, einen Leistungstest oder einen standardisierten Test versäumt, diesen bitte unbedingt nachschreiben lassen; wenn möglich außerhalb des Physikunterrichts, so dass keine weiteren Lerninhalte versäumt werden.

- Zur Auswertung der Untersuchung bitte eine Liste anlegen, die den Schülernummern das jeweilige Geschlecht sowie die momentanen mittleren Leistungsstände aus den Fächern Physik, Deutsch und Mathematik zuordnet.

- Während der Untersuchung unbedingt die Motivations- vor den Leistungstests einsetzen (Motivationstest 1 vor Leistungstest 1, Motivationstest 2 vor Leistungstest 2 usw.).

Überblick über die Unterrichtseinheit

1. Stunde: *Bestimmung der Ausgangsmotivation und -leistung*

- Motivationstest 1
- Leistungstest 1 (Konzepttest zur Wärmelehre (TCI))

Anhang C: Unterrichtskonzept zur Forschungsfrage III („Robustheit") 287

2. Stunde: *Experimentelle Bestimmung der spezifischen Wärmekapazität von Wasser*

Unterrichtsphase	Lerninhalte/ Aktivitäten	Hinweise/ Kommentare
Stundeneröffnung (Begrüßung)	Begrüßung durch die Lehrkraft (L.).	
Einstieg („Wasserkocher")	Die L. projiziert mit Hilfe des Tageslichtprojektors die Folie I („Wasserkocheraufgabe"; A.3.2).	Tageslichtprojektor, Folie I
Phase der Problemfindung (Wie viel Energie benötigt man, um eine Wassermenge um eine bestimmte Temperatur zu erhitzen?)	Im Unterrichtsgespräch wird herausgestellt, dass die Kosten von der benötigten Energie abhängen. Diese ist wiederum abhängig von der Anfangs- /Endtemperatur des Wassers sowie von der Wassermasse. Die Überschrift *(„Wie viel Energie benötigt man, um eine Wassermenge um eine bestimmte Temperatur zu erhitzen?")* wird an der Tafel fixiert und von den Schülern ins Heft übernommen.	Tafel, Hefte
Arbeit am Problem	Experimentelle Bestimmung der spezifischen Wärmekapazität als angeleitetes Demonstrationsexperiment	DemoExp
Erarbeitung I (Planung des Experiments)	Die Planung des Schülerexperiments erfolgt im Unterrichtsgespräch.	
Erarbeitung II (*c*-Bestimmung)	Das Experiment zur Bestimmung der spezifischen Wärmekapazität von Wasser wird von zwei Schülern (Zeit- /Temperaturmessung) unter Anleitung der L. durchgeführt. Ein weiterer Schüler trägt die Messwerte auf Folie II ein (vgl. A.3.3). Die Schülerinnen und Schüler übernehmen die Werte auf das Versuchsprotokoll.	Becherglas, Tauchsieder, Stoppuhr, Thermometer, Versuchsprotokoll, Folie II
Sicherung (Begriffseinführung)	Der gerundete Literaturwert wird an der Tafel fixiert und von den Lernenden ins Heft übernommen. Der Begriff der *spez. Wärmekapazität* wird eingeführt. Auf die Einheit 1 kJ/(kg·K) muss eingegangen werden.	Tafel, Hefte
Anwendung (Beantwortung der Ausgangsfrage)	Die Ausgangsfrage („Wasserkocheraufgabe") wird nun nochmals aufgegriffen und deren Lösung schrittweise (vgl. Tafelbild) im Unterrichtsgespräch erarbeitet. Es ist davon auszugehen, dass die Lernenden die Proportionalitäten $Q \propto \Delta T$ und $Q \propto m$ intuitiv voraussetzen.	Folie I, Tafel, Hefte
Hausaufgabe	HA (vgl. A.1)	

geplantes Tafelbild

Wie viel Energie benötigt man, um eine Wassermenge um eine bestimmte Temperatur zu erhitzen?

Um 1 l Wasser um 1 K zu erhitzen, benötigt man eine Energie von 4,19 kJ.

$$\text{kurz: } c = 4{,}19 \frac{\text{kJ}}{\text{kg} \cdot \text{K}}$$

a) Um 2 l Wasser um 1 K zu erhitzen, benötigt man eine Energie von 2·4,19 kJ ≈ 8,38 kJ.

Um 2 l Wasser um 84 K zu erhitzen, benötigt man eine Energie von 84·8,38 kJ ≈ 704 kJ.

---

b) $$P = \frac{Q}{t} \Rightarrow t = \frac{Q}{P} \approx \frac{704 \text{ kJ}}{2{,}3 \text{ kW}} \approx 306 \text{ s} \approx 5 \text{ min}$$

---

c) $704 \text{ kJ} = 704 \text{ kWs} = \dfrac{704}{3600} \text{ kWh} \approx 0{,}2 \text{ kWh}$

1 kWh kostet 0,14 €

0,2 kWh kosten ca. 0,03 €

Das Erwärmen des Wassers kostet ca. 3 Cent.

---

3. Stunde: *Die Grundgleichung der Wärmelehre*

Unterrichtsphase	Lerninhalte/ Aktivitäten	Hinweise/ Kommentare
Sicherung I (Bespr. der HA)	Die Hausaufgabe wird im Unterrichtsgespräch, ggf. unter Nutzung der Tafel besprochen.	ggf. Tafel, Hefte
Erarbeitung (Grundgleichung der Wärmelehre)	Ausgehend von der Lösung der Teilaufgabe a) des Ausgangsproblems der letzten Stunde wird die allgemeine Formel zur Berechnung der notwendigen Wärmeenergie Q auf- und jeweils nach den anderen Größen umgestellt (vgl. Tafelbild). Es muss unbedingt thematisiert werden, dass bei Berechnungen auf die Einheiten zu achten ist; vielleicht ist es von Vorteil, die Größen stets in SI-Einheiten einsetzen zu lassen.	Tafel, Hefte
Festigung I	Der Text auf Seite 35 des Lehrbuches (Heepmann et al.,	Buch

Unterrichtsphase	Lerninhalte/ Aktivitäten	Hinweise/ Kommentare
(Textarbeit)	1997) wird von einem Schüler verlesen. Im Anschluss wird insbesondere auf die hohe Wärmekapazität des Wassers eingegangen (man benötigt sehr viel Energie, um Wasser zu erwärmen, Wasser ist ein sehr guter Wärmespeicher, daher z. B. als Kühlflüssigkeit in Motoren sehr gut geeignet, ...)	
Festigung II	Arbeitsblatt 1 (vgl. A.1) wird in Form einer Gruppenarbeit bearbeitet. Nach einer kurzen Einarbeitung sollte eine Zwischenpräsentation stattfinden, bei der einzelne Gruppen ihre Lösungsvorschläge der gesamten Klasse vorstellen. Der Bearbeitung schließt sich eine Besprechung an.	AB 1

geplantes Tafelbild

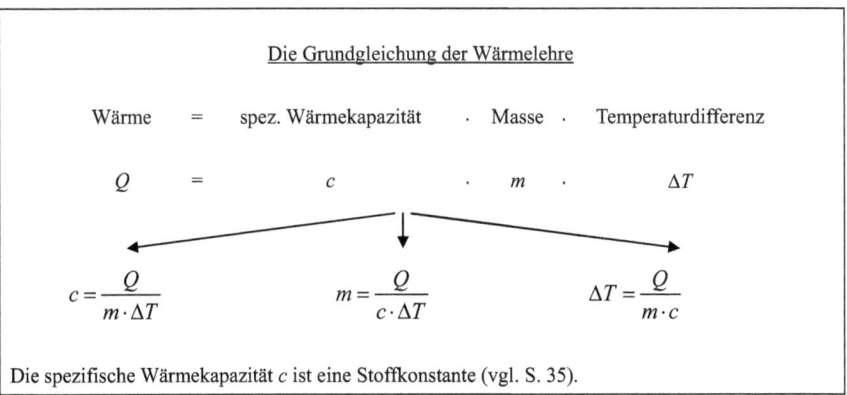

Die Grundgleichung der Wärmelehre

Wärme = spez. Wärmekapazität · Masse · Temperaturdifferenz

$Q = c \cdot m \cdot \Delta T$

$c = \dfrac{Q}{m \cdot \Delta T}$ $m = \dfrac{Q}{c \cdot \Delta T}$ $\Delta T = \dfrac{Q}{m \cdot c}$

Die spezifische Wärmekapazität c ist eine Stoffkonstante (vgl. S. 35).

4. Stunde: *Motivations- und Leistungsmessung*

- Motivationstest 2

- Leistungstest 2 (Schriftliche Überprüfung zur spezifischen Wärmekapazität)

- Unbedingt Motivationstest vor Leistungstest schreiben, nicht umgekehrt!

- Motivationstest: Die Schüler sollten darauf hingewiesen werden, dass die Antworten dieses Motivationstests mit denen des ersten verglichen werden; auch hier gilt: An Schülerehrlichkeit appellieren und eventuelle Befürchtungen über Beeinflussung der Note beseitigen.

- Hinweis, dass die Ergebnisse des Leistungstests mit in die Zeugnisnote eingehen (falls von der unterrichtenden Lehrkraft gewünscht).

- Auch die Aufgabenblätter einsammeln und zurückgeben (Lösung von Aufgabe 2 kann direkt auf das Aufgabenblatt eingetragen werden; bitte auf Aufgabenblatt **und** Lösungsblatt die Schülernummer und Klasse schreiben lassen).

- Leistungstest bitte unmittelbar zur Korrektur an den Untersuchungsleiter senden, um eine möglichst schnelle Rückgabe zu realisieren.

5. Stunde: *Einführung der Größe „Heizwert"*

Unterrichtsphase	Lerninhalte/ Aktivitäten	Hinweise/ Kommentare
Stundeneröffnung (Begrüßung)	Begrüßung durch die Lehrkraft (L.).	
Einstieg Heizwert (Brennstoffe im Vergleich)	Die L. projiziert mit Hilfe des Tageslichtprojektors die Aufgabe *„Brennstoffe im Vergleich"* (A.3.4), welche von einem Schüler verlesen wird.	Tageslichtprojektor, Folie III
Phase der Problemfindung (Wie viel Wärme wird beim Verbrennen eines Brennstoffes frei?)	Im Unterrichtsgespräch werden Kriterien erarbeitet, die bei der Wahl eines Brennstoffes berücksichtigt werden sollten. Es wird insbesondere darauf eingegangen, dass die (angegebenen) Preise pro kg nicht vergleichbar sind. Vielmehr muss für einen objektiven Kostenvergleich der Preis pro erzielbare Wärmeenergie berücksichtigt werden. Die genannten Faktoren und die Problemfrage *„Wie viel Wärme wird beim Verbrennen eines Brennstoffes frei?"* wird von der L. an der Tafel fixiert.	Tafel, Hefte
Erarbeitung (Textarbeit)	Der Text auf S. 38 („Heizwerte von Brennstoffen"; Heepmann et al., 1997) wird von einem Schüler verlesen und anschließend im Unterrichtsgespräch zusammengefasst. Der proportionale Zusammenhang zwischen freigesetzter Wärme und verbrannter Masse soll an mehreren Beispielen erläutert werden (Beim Verbrennen von 1 kg Holz werden 16 MJ frei, wie viel werden beim Verbrennen von 5 kg freigesetzt? ...).	Lehrbuch Tafel
Sicherung (Begriffseinführung)	Die Definition des Heizwertes, die Heizwerte verschiedener Stoffe, die Formelzeichen und die Gleichung werden an der Tafel festgehalten und von den Lernenden übernommen; auf die Einheiten 1 J, 1 kJ und 1 MJ wird eingegangen.	Tafel, Hefte
Anwendung (Beantwortung der Ausgangsfrage)	Die Ausgangsfrage *„Brennstoffe im Vergleich"* wird nun nochmals aufgegriffen. Dabei kommt eine sehr ähnliche Aufgabe zum Einsatz, die die Heizwerte der Brennstoffe explizit angibt (A.3.5). Die Lösung der Aufgabe erfolgt in Einzelarbeit, bei auftretenden Problemen ist Partnerarbeit zugelassen. Der Heizwert für Kaminholz muss im	Folie IV, Tageslichtprojektor, Tafel, Hefte

Anhang C: Unterrichtskonzept zur Forschungsfrage III („Robustheit") 291

Unterrichtsphase	Lerninhalte/ Aktivitäten	Hinweise/ Kommentare
	Lehrbuch nachgeschlagen werden. Bei fehlender Zeit ist die Bearbeitung der Aufgabe Hausaufgabe.	
Hausaufgabe (Anwendungsaufgabe)	Hausaufgabe ist ggf. die Fertigstellung der Aufgabenstellung der Stunde (Folie IV) und eine weitere Anwendungsaufgabe (vgl. A.1).	HA

geplantes Tafelbild

Was sollte man bei der Wahl eines Brennstoffs berücksichtigen?

- Ökologische Faktoren
- Ökonomische Faktoren

Achtung: Ein Vergleich der Preise pro kg ist unzureichend, da in verschiedenen Brennstoffen unterschiedlich viel Energie gespeichert ist!

Frage: Wie viel Energie wird beim Verbrennen eines Brennstoffs frei?

Der Heizwert eines Brennstoffs

Der Heizwert eines Brennstoffs gibt an, wie viel Wärme frei wird, wenn 1 kg des Stoffes verbrannt wird. Beispiele:

- Holzbriketts 18446 kJ pro kg
- Braunkohlebriketts 19000 kJ pro kg
- Kaminholz 16000 kJ pro kg

Formelzeichen: H

Einheit: $1 \frac{J}{kg}$ ($1 \frac{kJ}{kg}$, $1 \frac{MJ}{kg}$)

$Q = m \cdot H$

Q Wärme
H Heizwert
m Masse

6. Stunde: *Anwendungsaufgaben zum Heizwert*

Unterrichtsphase	Lerninhalte/ Aktivitäten	Hinweise/ Kommentare
Stundeneröffnung (Begrüßung)	Begrüßung durch die Lehrkraft (L.).	
Wiederholung (Besprechung der HA)	Die Hausaufgabe wird zu Beginn der Unterrichtsstunde besprochen. Bei Verständnisschwierigkeiten kommt zur Visualisierung die Tafel zum Einsatz.	ggf. Tafel
Festigung (Anwendungsaufgaben)	Arbeitsblatt 3 (vgl. A.1) wird in Kleingruppen bearbeitet. Nach einer kurzen Einarbeitung sollte eine Zwischenpräsentation stattfinden, bei der einzelne Gruppen ihre Lösungsvorschläge der gesamten Klasse vorstellen. Die Ergebnisse werden anschließend verglichen, auftretende Probleme besprochen.	AB 3

7. Stunde: *Nachtests zum Heizwert*

- Motivationstest 3

- Leistungstest 3 (Schriftliche Überprüfung zum Thema „Heizwert von Brennstoffen")

Hinweise:

- Unbedingt Motivationstest vor Leistungstest schreiben, nicht umgekehrt!

- Darauf hinweisen, dass die Ergebnisse des Leistungsposttests mit in die Zeugnisnote eingehen (falls von der unterrichtenden Lehrkraft gewünscht).

- Leistungsposttest bitte unmittelbar zur Korrektur an den Untersuchungsleiter senden, um eine möglichst schnelle Rückgabe zu realisieren.

Hieran schließen sich fünf Wochen konventionellen Unterrichts an, wonach nochmals eine Motivations- und Leistungsmessung erfolgt, um die Nachhaltigkeit eines ggf. vorhandenen Effekts zu überprüfen.

- Motivationstest 4 (Follow-up)
- Leistungstest 4 (Follow-up)

Anhang D: Organisationsleitfaden zur Forschungsfrage I

Hinweise zum Projekt „Werbeaufgaben im Physikunterricht"

In jeder Klasse wird ausschließlich **ein Aufgabentyp** (vgl. untenstehende Übersicht) eingesetzt. Die Einführung der neuen Lerninhalte steht dem Lehrer völlig frei; bitte darauf achten, dass dies in allen Klassen so parallel wie möglich erfolgt, so dass von den gleichen Lernvoraussetzungen ausgegangen werden kann.

Übersicht über den Unterrichtsverlauf (Versuchsdesign)

Woche	Stunde	V-Klasse („Werbeaufgaben")	K_A-Klasse (Alltagsprobleme)	T-Klasse (Aufgaben ohne Alltagsbezug)
1	1	Einführung der spezifischen Wärmekapazität			
	2	Grundgleichung der Wärmelehre			
		Motivationsprätest 1, Leistungsprätest 1			
2	3	Arbeitsblatt 1			
	4	Arbeitsblatt 2			
3	5	Motivationsposttest 1, Leistungsposttest 1			
	6	Einführung des Heizwertes			
4	7	Motivationsprätest 2, Leistungsprätest 2			
	8	Arbeitsblatt 3			
5	9	Arbeitsblatt 4			
	10	Motivationsposttest 2, Leistungsposttest 2			
6 … 10	11…20	konventioneller Unterricht			
11	21	Follow up (Motivation und Leistung)			

Erläuterungen: ▨ Einsatz von Instrumenten ▬ Instruktionsphase ☐ konventioneller Unterricht

Std.-Nr.	Inhalt	Arbeitsblätter	Hinweise
0	- Test zur allgemeinen Intelligenz austeilen und ausfüllen lassen - Test zur Lesekompetenz austeilen und ausfüllen lassen - Mathematiktest und Antwortblätter austeilen und ausfüllen lassen - Kompetenztest zur Wärmelehre und Antwortblätter austeilen und ausfüllen lassen	- **Test zur allgemeinen Intelligenz** (Dauer: 15-20 Minuten) - **Lesekompetenztest** (Dauer: 15-20 Minuten) - **Mathematiktest und Antwortblätter** (Dauer: 15-20 Minuten) - **Kompetenztest zur Wärmelehre und Antwortblätter** (Dauer: 15-20 Minuten)	- Vor Beginn der Untersuchung den Schülern eine Nummer zuordnen, die sie, anstatt des Namens, auf die Testblätter notieren (z. B. entsprechend der Liste des Klassenbuchs). - Das **Datenblatt mit der Zuordnung der Schülernummern** in jeder Stunde mitführen, um evtl. auftretende Verwechslungen oder Versäumnisse auszuschließen. - Falls ein Teil der standardisierten Tests (Lesekompetenztest, Mathematiktest, IQ-Test, Kompetenztest zur Wärmelehre) bei einem Kollegen durchgeführt wird, diesem die Liste mit den Schülernummern zur Verfügung stellen. - Bei jedem Test ist eine **Testsituation herzustellen**, um Abschreiben zu verhindern. - **Jeder Schüler soll zunächst auf dem jeweiligen Testblatt die erforderlichen Daten notieren (Schülernummer, Klasse, Schule).** - Evtl. ist es wichtig, die Klasse zu bitten, die Tests ernsthaft sowie nach bestem Wissen und Gewissen auszufüllen. - Beim Test zur allgemeinen Intelligenz sollten zunächst die beiden ersten **Beispielblätter besprochen** und daran das Verfahren des Tests verdeutlicht werden. - Bei der Durchführung des Mathematiktests und des Kompetenztests zur Wärmelehre die Lernenden darauf hinweisen, dass die Aufgabenblätter nicht beschriftet werden sollen (**ausschließlich die Antwortbögen!**). - Falls die Tests in Vertretungsstunden und in anderen Fächern (nahe liegend wäre Mathematik oder Deutsch) geschrieben werden, bitte darauf achten, dass die Testzeiten und die Hinweise zur Bearbeitung eingehalten werden. - Hat ein Schüler ein Motivationstest, ein Leistungstest oder einen standardisierten Test versäumt, diesen bitte **unbedingt nachschreiben lassen**; wenn möglich außerhalb des Physikunterrichts, so dass keine weiteren Lerninhalte versäumt wer-

Anhang D: Organisationsleitfaden zur Forschungsfrage I 295

Std. -Nr.	Inhalt	Arbeitsblätter	Hinweise
			den. - Zur Auswertung der Untersuchung bitte eine Liste anlegen, die den Schülernummern das jeweilige Geschlecht sowie die momentanen Leistungsstände aus den Fächern Physik, Mathematik und Deutsch zuordnet.
1	- Wert der spezifischen Wärmekapazität von Wasser - spez. WK ist eine Stoffkonstante - Einheit der spezifischen WK thematisieren: um 1 kg Wasser um 1 K (1 °C) zu erwärmen, benötigt man eine Energie von 4,19 kJ. - für Wasser besonders groß - Leistung = Wärme/Zeit	- **Folie/Arbeitsblatt** zur experimentellen Bestimmung der spezifischen Wärmekapazität von Wasser (fakultativ)	- Falls die spezifische Wärmekapazität experimentell bestimmt wird, auf die Abweichung zum Literaturwert eingehen.
2	- Aufstellen der Grundgleichung der Wärmelehre $(Q = c \cdot m \cdot \Delta T)$ - Umstellen der Gleichung - Motivationsprätest austeilen und ausfüllen lassen. - Leistungsprätest und leere HÜ-Blätter austeilen und bearbeiten lassen.	- ca. 15 Minuten - **Motivationsprätest 1** (Dauer: 5-10 Minuten) - **Leistungsprätest 1 + leere HÜ-Blätter** (Dauer: 25 Minuten)	- **Unbedingt Motivationstest vor Leistungstest bearbeiten lassen, nicht umgekehrt!** - Bei Motivationsprätest: An Schülerehrlichkeit appellieren und eventuelle Befürchtungen über Beeinflussung der Noten beruhigen: „Wir wollen schauen, wie wir den Physikunterricht verbessern können." ➔ Hinweis, dass die Schüler endlich einmal die Möglichkeit haben, ihre Meinung zu äußern. Jeder Schüler soll den Test für sich ausfüllen (nicht die Meinung vom Nachbarn abschreiben). - **Schülernummer, Klasse und Schule auf das Aufgabenblatt und das HÜ-Papier eintragen lassen**, beides einsammeln. Auch hier den Hinweis geben, dass der Test nicht mit in die Note eingeht.
3	- Arbeitsblatt 1 verteilen und nach der Methode des aufga-	**Arbeitsblatt 1**	- Das Arbeitsblatt nach der „Methode des aufgabenorientierten Lernens" bearbeiten lassen (**in Kleingruppen**):

Std.-Nr.	Inhalt	Arbeitsblätter	Hinweise
	benorientierten Lernens bearbeiten lassen		- **Informationsphase:** Die Schüler sichten das Material, klären Verständnisfragen untereinander, recherchieren ggf. die zur Lösung der Aufgabe noch erforderlichen Zusatzinformationen im Schulbuch. - **Planungsphase:** Probleme werden identifiziert, Lösungsvorschläge diskutiert. - **Zwischenpräsentation:** Lösungsansatz wird im Plenum besprochen. - **Lösungsausführung:** Ausführung der Lösung in den Kleingruppen. - **Abschlussbesprechung:** Die Ergebnisse werden verglichen, auf Probleme ggf. eingegangen. - Nicht behandelte Aufgaben können als Hausaufgabe gestellt werden, müssen aber nicht; in allen Klassen gleich handhaben.
4	- Arbeitsblatt 2 verteilen und nach der Methode des aufgabenorientierten Lernens bearbeiten lassen	**Arbeitsblatt 2**	- Das Arbeitsblatt nach der „Methode des aufgabenorientierten Lernens" bearbeiten lassen. - Nicht behandelte Aufgaben können als Hausaufgabe gestellt werden, müssen aber nicht; in allen Klassen gleich handhaben.
5	- Motivationsposttest 1 verteilen und bearbeiten lassen	- **Motivationsposttest 1** (Dauer: 5-10 Minuten)	- **Unbedingt Motivationstest vor Leistungstest schreiben, nicht umgekehrt!** - Motivationsposttest 1: Die Schüler sollten darauf hingewiesen werden, dass die Antworten dieses Motivationstests mit denen des ersten verglichen werden; auch hier gilt: An Schülerehrlichkeit appellieren und eventuelle Befürchtungen über Beeinflussung der Note beseitigen.
	- Leistungsposttest 1 und leere HÜ-Blätter verteilen und bearbeiten lassen	- **Leistungsposttest 1 und leere HÜ-Blätter** (Dauer: 25 Minuten)	- Leistungsposttest 1: Die Schüler sollten – zur Begründung, dass der gleiche Test nochmals geschrieben wird – darauf hingewiesen werden, dass die Antworten des Leistungsposttests mit denen des Leistungsprätests verglichen werden, um so Rückschlüsse über den Lernfortschritt ziehen zu können. - Hinweis, dass die Ergebnisse des Leistungsposttests mit in die Zeugnisnote eingehen, wenn von der Lehrkraft gewünscht. - **Leistungsposttest bitte unmittelbar zur Korrektur an den Untersuchungsleiter senden, um eine möglichst schnelle**

Anhang D: Organisationsleitfaden zur Forschungsfrage I

Std. -Nr.	Inhalt	Arbeitsblätter	Hinweise
6	- Heizwert von Brennstoffen ist eine Stoffkonstante - Der Heizwert eines Brennstoffes gibt an, wie viel Energie beim Verbrennen von 1 kg des Stoffes frei wird. - $Q = m \cdot H$ - Einheit thematisieren: frei werdende Energie pro Masse		**Rückgabe zu realisieren.** - Die Einführung des Heizwertes steht dem Lehrer völlig frei - Vorgeschlagen wird eine rein theoretische Einführung mittels Lehrbuch, da Experimente zur Bestimmung des Heizwertes eines Brennstoffes stark fehlerbehaftet sind und viel Zeit in Anspruch nehmen.
7	- Motivationsprätest 2 verteilen und bearbeiten lassen - Leistungsprätest 2 und leere HÜ-Blätter verteilen und bearbeiten lassen	- **Motivationsprätest 2** (Dauer: 5-10 Minuten) - **Leistungsprätest 2 + leere HÜ-Blätter** (Dauer: 25 Minuten)	- **Unbedingt Motivationstest vor Leistungstest bearbeiten lassen, nicht umgekehrt!** - Hinweise wie oben
8	- Arbeitsblatt 3 verteilen und bearbeiten lassen	**Arbeitsblatt 3**	- Das Arbeitsblatt nach der „Methode des aufgabenorientierten Lernens" bearbeiten lassen. - Nicht behandelte Aufgaben können als Hausaufgabe gestellt werden, müssen aber nicht; in allen Klassen gleich handhaben.
9	- analog	**Arbeitsblatt 4**	- analog
10	- Motivationsposttest 2 verteilen und bearbeiten lassen - Leistungsposttest 2 und leere HÜ-Blätter verteilen und bearbeiten lassen	- **Motivationsposttest 2** (Dauer: 5-10 Minuten) - **Leistungsposttest 2 und leere HÜ-Blätter** (Dauer: 25 Minuten)	- **Unbedingt erst den Motivationstest bearbeiten lassen, nicht umgekehrt!** - Hinweise wie oben.
11-20	- konventioneller Unterricht		- 5 Wochen konventioneller Unterricht
21	- Motivationsposttest (Follow up) verteilen und bearbeiten lassen - Leistungsposttest (Follow up) und leere HÜ-Blätter verteilen und bearbeiten lassen	- **Motivationsposttest 3** (Dauer: 5-10 Minuten) - **Leistungsposttest und leere HÜ-Blätter** (Follow up) (Dauer: 40 Minuten)	- Hinweise wie oben. - Insbesondere den Hinweis geben, dass dieser Test nicht in die Note mit eingeht. - Um genug Zeit für den Leistungstest zu haben, den Motivationstest ggf. eine Stunde vor dem Leistungstest bearbeiten lassen.

Anhang E: Checkliste für die beteiligten Lehrkräfte

CHECKLISTE

VORBEREITUNGSPHASE:	
Die Einverständniserklärung der Schulleitung liegt vor.	☐
Die Einverständniserklärung der Eltern bzw. der volljährigen Schüler liegt vor.	☐
Den Schülerinnen und Schülern (SuS) wurde eine Nummer zugeordnet, die sie – statt des Namens – auf jedes Testblatt notieren.	☐
Eine Liste der Schülernummern mit der Angabe des Geschlechts und dem momentanen Leistungsstand im Fach Physik wurde erstellt.	☐
TESTDURCHFÜHRUNG:	
Zum Ausfüllen der Testblätter wird eine Testsituation hergestellt, um Abschrift zu vermeiden.	☐
Die SuS tragen bei allen Testblättern die Kopfdaten (Schule, Klasse, Schülernummer) korrekt ein (evtl. stichprobenartige Kontrolle).	☐
Jeder Test wird kurz erklärt, um Verständnisschwierigkeiten zu vermeiden.	☐
Die SuS werden auf die gewissenhafte Bearbeitung der Testblätter hingewiesen (hilfreich: Hinweis auf Chance zur eigenen Meinungsäußerung und zur Verbesserung des Unterrichts.)	☐
Die Testdauer der standardisierten Tests (allgemeine Kognition, Lesekompetenz, Mathematik) beträgt jeweils 15-20 Minuten.	☐
Die Testdauer der Motivationstests beträgt zu Beginn etwa 5 – 10 Minuten, später nur noch ca. 5 Minuten **(Alle SuS sollen die Motivationstests komplett ausgefüllt haben!).**	☐
Die Testdauer für den Kompetenztest im Bereich „Wärmelehre" beträgt 15-20 min.	☐
Alle Testblätter werden nach der Bearbeitung gleich eingesammelt.	☐
Wurde durch Fehlen eines Schülers ein Test versäumt, diesen **unbedingt nachschreiben lassen**. Dies gilt auch für die standardisierten Tests zur Lesefähigkeit usw.	☐
UNTERRICHTSDURCHFÜHRUNG:	
Das Datenblatt mit der Zuordnung der Schülernummer zu den Schülernamen wird in jeder Stunde mitgeführt, um evtl. auftretende Verwechslungen oder Versäumnisse auszuschließen.	☐
Falls die standardisierten Tests (Lesekompetenz, Mathematik, Kompetenztest zur Wärmelehre, allgemeine Kognition) in Vertretungsstunden oder im Fachunterricht Deutsch bzw. Mathematik durchgeführt werden, dem betreffenden Kollegen die Hinweise zur Testdurchführung weitergeben; dies gilt insbesondere auch für die Testdauer.	☐
Nicht bearbeitete Aufgaben können als Hausaufgabe gestellt werden, müssen aber nicht; in beiden/allen drei Gruppen gleich handhaben.	☐
Insgesamt soll der Umfang der Hausaufgaben den üblichen Umfang nicht überschreiten.	☐
Die Leistungsposttests gleich nach der Durchführung zur Auswertung an die oben genannte Adresse senden; diese werden alsbald korrigiert und zur Rückgabe zurückgesendet.	☐

Anhang F: Kompetenzstufen der naturwissenschaftlichen Grundbildung

Stufen der naturwissenschaftlichen Kompetenz	Verständnis der Besonderheiten naturwissenschaftlicher Untersuchungen	Umgehen mit Evidenz	Kommunizieren naturwissenschaftlicher Beschreibungen oder Argumente	Verständnis naturwissenschaftlicher Konzepte
V Konzeptuell und prozedural (Modelle)	Naturwissenschaftliche Untersuchungen hinsichtlich Design und getesteten Vermutungen analysieren	Daten als Evidenz benutzen, um alternative Gesichtspunkte oder unterschiedliche Perspektiven zu beurteilen	Naturwissenschaftliche Argumente und/oder Beschreibungen detailliert und präzise kommunizieren	Einfache konzeptuelle Modelle entwickeln oder anwenden, um Vorhersagen zu treffen oder Erklärungen zu geben
IV Konzeptuell und prozedural	Information identifizieren oder formulieren, die man bei einer gegebenen Untersuchung zusätzlich benötigt, um gültige Schlussfolgerungen ziehen zu können	Daten systematisch auf Aussagen über mögliche Schlussfolgerungen beziehen und eine Argumentationskette entwickeln	Einfache naturwissenschaftliche Argumente und/oder Beschreibungen kommunizieren	Elaborierte naturwissenschaftliche Konzepte anwenden, um Vorhersagen zu treffen oder Erklärungen zu geben
III Funktional (naturwissenschaftliches Wissen)	Details einer naturwissenschaftlichen Untersuchung identifizieren; Fragen erkennen, die durch eine naturwissenschaftliche Untersuchung beantwortet werden können	Beim Ziehen oder Bewerten von Schlussfolgerungen zwischen relevanten und irrelevanten Aussagen unterscheiden oder Argumentationsketten auswählen		Naturwissenschaftliche Konzepte anwenden, um Vorhersagen zu treffen oder Erklärungen zu geben
II Funktional (naturwissenschaftliches Alltagswissen)	Bei Untersuchungen in vereinfachten Zusammenhängen Variablen bestimmen, die man kontrollieren muss; Fragen benennen, die naturwissenschaftlich beantwortet werden können	Schlussfolgerungen unter Verweis auf Daten oder naturwissenschaftliche Informationen ziehen oder bewerten		Naturwissenschaftliches Alltagswissen anwenden, um Vorhersagen zu treffen oder Erklärungen zu geben
I Nominell		Schlussfolgerungen auf der Basis von naturwissenschaftlichem Alltagswissen ziehen oder bewerten		Einfaches Faktenwissen wiedergeben (z. B. Bezeichnungen, Ausdrücke, Fakten, einfache Regeln)

Abb. 71: Kompetenzstufen der naturwissenschaftlichen Grundbildung, aufgegliedert nach Prozessen (Baumert et al., 2001)

Anhang G: Ergänzung zur Trennschärfebetrachtung

Aufgrund der geringen Trennschärfe von Aufgabe 2 des Leistungstests zum Thema „Heizwert" (vgl. 5.3.2) werden in der nachfolgenden Tabelle die Analysen mit und ohne Berücksichtigung der Aufgabe 2 miteinander verglichen; es ergeben sich ausschließlich geringfügige Unterschiede, welche für die Unterrichtspraxis irrelevant sind.

Tab. 92: Leistungsunterschiede zum Thema „Heizwert"; Gegenüberstellung der Ergebnisse mit und ohne Berücksichtigung der Aufgabe 2 des Leistungstests

Stichprobe	Auswerteverfahren	Gesamter Test	Test ohne Aufgabe 2
FF I	Messwiederholung (Innersubjekteffekt „LV x Gruppe")	$p = 0{,}378$; $\eta_p^2 = 0{,}008^-$	$p = 0{,}590$; $\eta_p^2 = 0{,}003^-$
FF II	Messwiederholung (Innersubjekteffekt „LV x Gruppe")	$p = 0{,}009$; $\eta_p^2 = 0{,}142^-$	$p = 0{,}015$; $\eta_p^2 = 0{,}124^-$
FF III	ANCOVA (Zwischensubjekt „Gruppe")	$p = 0{,}057$; $\eta_p^2 = 0{,}043^-$	$p = 0{,}072$; $\eta_p^2 = 0{,}038^-$
Gesamte Stichprobe	ANCOVA (Zwischensubjekt „Gruppe")	$p = 0{,}019$; $\eta_p^2 = 0{,}022^-$	$p = 0{,}018$; $\eta_p^2 = 0{,}022^-$

Anhang H: Fragebogen zur Akzeptanz von „Artikelaufgaben"

Fragebogen zum Fach PHYSIK				
Seminar/Vorlesung: Atom- und Kernphysik			
Semester: Sommersemester 07			
			☐ w	☐ m
Pseudonym		Alter	Semesterzahl	Geschlecht

Ich hatte Physik in der Oberstufe
☐ als Leistungskurs
☐ als Grundkurs
☐ abgewählt

Ich studiere
☐ Lehramt für RS
☐ Lehramt für GHS
☐

Physik ist mein
☐ 1./2. Fach
☐ weiteres Fach

Kreuzen Sie bitte bei jeder Aussage die Ziffer an, die für Sie der Aussage am meisten entspricht.

Die Ziffern haben dabei die Bedeutung wie Noten in der Schule:

Die Aussage...
① = ... trifft voll und ganz zu.
② = ... trifft zu.
③ = ... trifft eher zu.
④ = ... trifft eher nicht zu.
⑤ = ... trifft nicht zu.
⑥ = ... trifft gar nicht zu.

1. Wenn in Physikveranstaltungen die Geschichte der Physik einbezogen werden soll, sollte dies vor allem durch den Einsatz von Originaltexten geschehen.	①	②	③	④	⑤	⑥
2. Ich freue mich auf Physik-Lehrveranstaltungen.	①	②	③	④	⑤	⑥
3. Die Textauszüge zu den Aufgaben waren zum Lösen der Aufgaben hilfreich.	①	②	③	④	⑤	⑥
4. Ich würde lieber mehr Aufgaben durchrechnen als historische Anmerkungen zur Kenntnis zu nehmen.	①	②	③	④	⑤	⑥

5. Die Entdeckungsgeschichte eines Gesetzes hilft mir, dieses besser zu begreifen und sollte aus diesem Grund in Veranstaltungen erwähnt werden.	① ② ③ ④ ⑤ ⑥
6. „Artikelaufgaben" sind für mich leichter zu lösen als konventionelle Aufgaben.	① ② ③ ④ ⑤ ⑥
7. Zur Erledigung von „Artikelaufgaben" war mehr Zeit vonnöten als für konventionelle Aufgaben.	① ② ③ ④ ⑤ ⑥
8. Wenn Artikelaufgaben eingesetzt werden, sollten sie sich vorwiegend auf populärwissenschaftliche Arbeiten beziehen.	① ② ③ ④ ⑤ ⑥
9. Physik war in der Schule mein Lieblingsfach.	① ② ③ ④ ⑤ ⑥
10. Wenn in Physikveranstaltungen die Geschichte der Physik einbezogen werden soll, sollte dies vor allem durch den Einsatz von historischen Originalexperimenten geschehen.	① ② ③ ④ ⑤ ⑥
11. Es ist für mich interessant, die Originalarbeit eines „großen" Physikers zu studieren.	① ② ③ ④ ⑤ ⑥
12. Ich schätze es, wenn wir in Physikveranstaltungen historische Texte lesen und diskutieren.	① ② ③ ④ ⑤ ⑥
13. Wenn „Artikelaufgaben" eingesetzt werden, sollten sie sich auf deutschsprachige Artikel beziehen.	① ② ③ ④ ⑤ ⑥
14. Ich finde „Artikelaufgaben" zu textlastig.	① ② ③ ④ ⑤ ⑥
15. Ich schätze es, wenn die ursprünglichen Überlegungen der „großen" Forscher möglichst originalgetreu dargestellt werden.	① ② ③ ④ ⑤ ⑥
16. In meiner Freizeit beschäftige ich mich auch über die Studieninhalte hinaus mit Themen, die mit Physik zu tun haben.	① ② ③ ④ ⑤ ⑥
17. „Artikelaufgaben" sind für mich ansprechender als konventionell formulierte Aufgaben.	① ② ③ ④ ⑤ ⑥
18. Ich habe die Textauszüge aus den Artikeln völlig verstanden.	① ② ③ ④ ⑤ ⑥
19. Wenn ich mich mit einem physikalischen Problem beschäftige, kann es passieren, dass ich gar nicht merke, wie die Zeit verfliegt.	① ② ③ ④ ⑤ ⑥
20. Die Bearbeitung einer Originalveröffentlichung eines „großen" Physikers ist für mich spannender als die Erarbeitung des gleichen Inhalts mittels Lehrbuch.	① ② ③ ④ ⑤ ⑥

21. Ich finde, man sollte in der bestehenden Veranstaltungszeit vermehrt über die Geschichte der Physik berichten.	① ② ③ ④ ⑤ ⑥
22. Ich finde die „Artikelaufgaben" interessanter als „normale" Aufgaben.	① ② ③ ④ ⑤ ⑥
23. Die Lehrveranstaltungen in Physik machen Spaß.	① ② ③ ④ ⑤ ⑥
24. Die Bearbeitung einer Originalarbeit ist für mich interessanter als das Lesen eines populärwissenschaftlichen Textes zum gleichen physikalischen Inhalt.	① ② ③ ④ ⑤ ⑥
25. Ich mache für Physik mehr, als ich für das Studium brauchen würde.	① ② ③ ④ ⑤ ⑥
26. Ein physikalisches Problem zu lösen macht mir Spaß.	① ② ③ ④ ⑤ ⑥
27. Die Beschäftigung mit Physik wirkt sich positiv auf meine Stimmung aus.	① ② ③ ④ ⑤ ⑥
28. Das Lesen einer populärwissenschaftlichen Arbeit ist für mich interessanter als das Lesen des gleichen Inhalts im Lehrbuch.	① ② ③ ④ ⑤ ⑥
29. In den Physikübungen sollten auch „Artikelaufgaben" eingesetzt werden.	① ② ③ ④ ⑤ ⑥
30. Wenn ich keine „Zeit verlieren" würde, würde ich ein anderes Fach belegen und das Physikstudium abbrechen.	① ② ③ ④ ⑤ ⑥
31. Auftretende Verständnisschwierigkeiten beim Bearbeiten der Textauszüge sind eher auf (fremd)sprachliche Defizite zurückzuführen als auf fehlendes physikalisches Verständnis.	① ② ③ ④ ⑤ ⑥
32. *(nur falls ein Lehramt studiert wird)* Ich studiere Lehramt für Physik, weil ich – neben dem Wunsch Lehrer zu werden – großes Interesse am Fach Physik habe.	① ② ③ ④ ⑤ ⑥
33. Das Lösen von „Artikelaufgaben" beansprucht mehr Zeit, weshalb ich die Bearbeitung von konventionellen Aufgaben vorziehen würde.	① ② ③ ④ ⑤ ⑥
34. Ich schätze es, wenn in Physikveranstaltungen auch die Geschichte der Physik behandelt wird.	① ② ③ ④ ⑤ ⑥
35. Ich würde lieber mehr konventionelle Aufgaben bearbeiten als „Artikelaufgaben".	① ② ③ ④ ⑤ ⑥

36. Ich studiere Lehramt für Physik, weil ich mit dem Fach Physik bessere Einstellungschancen habe.	① ② ③ ④ ⑤ ⑥
37. Wenn in Physikveranstaltungen die Geschichte der Physik einbezogen werden soll, sollte dies vor allem in erzählender Form geschehen.	① ② ③ ④ ⑤ ⑥

Welche Schulnote würden Sie dem Aufgabentyp „Artikelaufgabe" erteilen?

☐ sehr gut (1)
☐ gut (2)
☐ befriedigend (3)
☐ ausreichend (4)
☐ mangelhaft (5)
☐ ungenügend (6)

Sie haben in diesem Semester den Aufgabentyp „Artikelaufgaben" kennen gelernt. Wo liegen Ihrer Meinung nach **dessen Vor- und Nachteile?**

Vorteile:
_____
_____
_____
_____
_____

Nachteile:
_____
_____
_____
_____
_____

Sonstige Bemerkungen:
_____
_____
_____
_____
_____

Literaturverzeichnis

Backhaus, K., Erichson, B., Plinke, W. & Weiber, R. (2008). Multivariate Analysemethoden. Eine anwendungsorientierte Einführung. Berlin: Springer.

Baumert, J., Klieme, E., Neubrand, M., Prenzel, M., Schiefele, U., Schneider, W., Stanat, P., Tillmann, K.-J. & Weiß, M. (Hrsg.) (2001). PISA 2000 – Basiskompetenzen von Schülerinnen und Schülern im internationalen Vergleich. Opladen: Leske + Budrich.

Bernshausen, H. & Kuhn, J. (2010). Comics von Superhelden: Ein Thema für den Astronomie- und Physikunterricht. ASTRONOMIE + RAUMFAHRT (A+R) 47, Heft 1 (zur Veröffentlichung angenommen).

Blum, W., Hammann, M., Höfer, D., Schwarz, A., Fuchs, H.-J. & Steffens, U. (2006). PISA macht Schule. Konzeptionen und Praxisbeispiele zur neuen Aufgabenkultur. Wiesbaden: Institut für Qualitätsentwicklung.

Blumschein, P. (2003). Eine Metaanalyse zur Effektivität multimedialen Lernens am Beispiel der Anchored Instruction. Unveröffentlichte Dissertation. Freiburg: Albert-Ludwigs Universität, Institut für Erziehungswissenschaften.

Bortz, J. & Döring, H. (2003). Forschungsmethoden und Evaluation für Human- und Sozialwissenschaftler. Berlin, Heidelberg, New York: Springer Verlag.

Bortz, J. (2005). Statistik für Human- und Sozialwissenschaftler. Heidelberg: Springer Medizin Verlag.

Brahler, C. J., Peterson, N. S. & Johnson, E. C. (1999). Developing on-line learning materials for higher education: An overview of current issues [Themenheft]. Educational Technology & Society, 2.

Buchner, A., Erdfelder, E., Faul, F. & Lang, A.-G. (2008). G*Power 3, Software zur Teststärkeberechnung sowie Stichprobenumfangsplanung. Verfügbar unter: http://www.psycho.uni-duesseldorf.de/abteilungen/aap/gpower3/download-and-register [Stand: 06/2009]

Bund-Länder-Kommission für Bildungsplanung und Forschungsförderung (BLK) (Hrsg.) (1997). Gutachten zur Vorbereitung des Programms ‚Steigerung der Effizienz des mathematisch-naturwissenschaftlichen Unterrichts'. Bonn: Bund-Länder-Kommission für Bildungsplanung und Forschungsförderung (BLK). Verfügbar unter: http://www.blk-bonn.de/papers/heft60.pdf [Stand: 05/2009]

Cognition and Technology Group at Vanderbilt (CTGV) (1990). Anchored Instruction and ist Relationship to Situated Cognition. Educational Researcher, 19(6), 2-10.

Cognition and Technology Group at Vanderbilt (CTGV) (1991). Technology and the Design of Generative Learning Environments. Educational Technology, 31, 34-40.

Cognition and Technology Group at Vanderbilt (CTGV) (1997). The Jasper Project. Lessons in Curriculum, Instruction, Assessment and Professional Development. Mahwah, NJ: Lawrence Erlbaum.

Cohen, J. (1988). Statistical Power Analysis for the Behavioral Sciences. Hillsdale, NJ: Lawrence Erlbaum.

Corno, L. & Snow, R. (1986). Adapting Teaching to Individual Differences Among Learners. In: Wittrock, M. (Hrsg.): Handbook of research on teaching. London: Mac- Millan, 605-629.

Crews, H., Biswas, G., Goldman, S. & Bransford, J. (1997). Anchored Interactive Learning Environments. International Journal of AI in Education, 8, 142-178.

Deutsches PISA-Konsortium (Hrsg.) (2001). PISA 2000 – Basiskompetenzen von Schülerinnen und Schülern im internationalen Vergleich. Opladen: Leske und Budrich.

Diehl, J. M. & Arbinger, R. (2001). Einführung in die Inferenzstatistik. Eschborn: Verlag Dietmar Klotz.

Evers, P. (2002). Die wundersame Welt der Atomis. Berlin: WILEY-VCH.

Greeno, J. G. (1989). Situations, Mental Models and Generative Knowledge. In D. Klahr & K. Kotovsky (Eds.), Complex Information Processing: The Impact of Herbert A. Simon (pp. 285-318). Hillsdale, NJ: Lawrence Erlbaum.

Hake, R. (1998). Interactive-engagement vs traditional methods. A six-thousand-student survey of mechanics test data for introductory physics courses. In: American Journal of Physics 66, 1, S. 64-74.

Häußler, P. & Hoffmann, L. (1998). BLK-Programmförderung „Steigerung der Effizienz des mathematisch-naturwissenschaftlichen Unterrichts". Erläuterungen zum Modul 7 (Förderung von Mädchen und Jungen). Verfügbar unter: http://sinus-transfer.uni-bayreuth.de/fileadmin/MaterialienBT/modul7.zip [Stand: 06/2009]

Häußler, P. & Lind, G. (1998). Weiterentwicklung der Aufgabenkultur im mathematisch-naturwissenschaftlichen Unterricht. BLK-Programmförderung „Steigerung der Effizienz des mathematisch-naturwissenschaftlichen Unterrichts". Erläuterungen zu Modul 1 mit Beispielen für den Physikunterricht. Verfügbar unter: http://sinus-transfer.uni-bayreuth.de/fileadmin/MaterialienBT/modul1.zip [Stand: 10/2009]

Häußler, P., Bünder, W., Duit, R., Gräber, W. & Mayer, J. (1998). Perspektiven für die Unterrichtspraxis. Kiel: IPN.

Helmke, A. & Schrader, F.-W. (2001). School achievement, cognitive and motivational determinants. In N. J. Smelser & P. B. Baltes (Eds.), International Encyclopedia of the Social and Behavioural Sciences, Vol. 20 (pp. 13552-13556). Oxford: Elsevier.

Helmke, A. (2006). Was wissen wir über guten Unterricht? Über die Notwendigkeit einer Rückbesinnung auf den Unterricht als dem „Kerngeschäft" der Schule (II. Folge). Pädagogik, 58, Heft 2, S. 42-45.

Helmke, A. (2007). Unterrichtsqualität erfassen – bewerten – verbessern. Seelze: Kallmeyer.

Helmke, A., Ridder, A. & Schrader, F.-W. (2000). Fragebogen für Schülerinnen und Schüler der 8. Klassenstufe. Landau: Fachbereich Psychologie der Universität Koblenz-Landau, Campus Landau.

Heepmann, H., Muckenfuß, H., Schröder, W. & Stiegler, L. (1997). Physik für Realschulen. Klasse 9/10 Rheinland-Pfalz. Berlin: Cornelsen.

Hestenes, D., Wells, M. & Swackhamer, G. (1992). Force Concept Inventory. The Physics Teacher, Vol. 30, S. 141-158.

Ifak Institut (2007). Verbrauchs- und Medienanalyse 08. Verfügbar unter: http://de.statista.com/statistik/diagramm/studie/87047/umfrage/abonnement-einer-tageszeitung-im-haushalt/ [Stand: 08/2009]

Jacobs, B. (2003). Einige Berechnungsmöglichkeiten von Effektstärken. Verfügbar unter: http://www.phil.uni-sb.de/~jakobs/seminar/vpl/bedeutung/effektstaerketool.htm [Stand: 09/2009]

Jung, W. (1995). Hat der Physikunterricht eine Zukunft? Überlegungen zum Verhältnis von Physik und Technik. Zeitschrift für Didaktik der Naturwissenschaften, 1, 5-14.

KMK - Sekretariat der Ständigen Konferenz der Kultusminister der Länder in der Bundesrepublik Deutschland (Hrsg.) (2005). Bildungsstandards im Fach Physik für den Mittleren Schulabschluss. München: Luchterhand.

KMK - Sekretariat der Ständigen Konferenz der Kultusminister der Länder in der Bundesrepublik Deutschland (Hrsg.) (2006). Gesamtstrategie der Kultusministerkonferenz zum Bildungsmonitoring. Bonn: Wolters Kluwer Deutschland.

Kornmann, A. & Horn, R. (2001). SSB – Screeningverfahren für Schul- und Bildungsberatung. Teil 2. Frankfurt a. M.: Swets Test Services GmbH.

Kourilsky, M. & Wittrock, M. C. (1992). Generative Teaching: An Enhancement Strategy for the Learning of Economics in Cooperative Groups. American Educational Research Journal, 29 (4), 861-876.

Kuhn, J. & Müller, A. (2005a). Ankermedien und ‚Aufgabenkultur' im Physikunterricht: Zwei empirische Studien im theoretischen Rahmen des situierten Lernens. In V. Nordmeier & A. Oberländer (Hrsg.), Didaktik der Physik. Beiträge zur Frühjahrstagung der DPG – Berlin 2005 [CD]. Berlin: Lehmanns Media.

Kuhn, J. & Müller, A. (2005b). Ein modifizierter ‚Anchored Instruction'-Ansatz im Physikunterricht: Ergebnisse einer Pilotstudie. Empirische Pädagogik (EP) 19, Heft 3, 281-303.

Kuhn, J. (2007). Authentische Aufgaben im Physikunterricht: Effektivität und Optimierung von Zeitungsaufgaben. In V. Nordmeier & A. Oberländer (Hrsg.), Didaktik der Physik. Beiträge zur Frühjahrstagung der DPG – Regensburg 2007 [CD]. Berlin: Lehmanns Media.

Kuhn, J. (2008). Authentische Aufgaben im theoretischen Rahmen von Instruktions- und Lehr-Lern-Forschung: Effektivität und Optimierung von Ankermedien für eine neue Aufgabenkultur im Physikunterricht. Habilitationsschrift am Fachbereich 7 der Universität Koblenz-Landau. Verfügbar unter: http://kola.opus.hbz-nrw.de/volltexte/2009/419/pdf/Habilitationsschrift_Kuhn_LD_Physik.pdf [Stand: 09/2009]

Kuhn, J., Bernshausen, H., Müller, A. & Müller, W. (2010). Spiderman und andere Superhelden: ‚Comicaufgaben' als Beispiele für Science Fiction im Physikunterricht. Praxis der Naturwissenschaften – Physik (PdN) 1 (59) (zur Veröffentlichung angenommen).

Kuhn, W. (2003). Aus Fehlern Lernen [Themenheft]. Praxis der Naturwissenschaften (PdN) – Physik 52, Heft 1.

Lang, D., Mengelkamp, C. & Jäger, R. S. (2004). Entwicklung von Testverfahren zur Berufsberatung von Schülern. Empirische Pädagogik, 18 (3), 281-302.

Lenzner, A. (2009). Visuelle Wissenskommunikation: Effekte von Bildern beim Lernen: Kognitive, affektive und motivationale Effekte. Hamburg: Kovac.

Mahlmann, A. (*in Vorbereitung*). Faszination und Ästhetik in den Naturwissenschaften – Kann man sie für das Lernen nutzen? Dissertationsvorhaben im Fachbereich 7 der Universität Koblenz-Landau, Campus Landau.

MARKUS (2000). Mathematik-Gesamterhebung Rheinland-Pfalz: Kompetenzen, Unterrichtsmerkmale, Schulkontext. Ministerium für Bildung, Wissenschaft und Weiterbildung Rheinland-Pfalz, Zentrum für empirische pädagogische Forschung & Fachbereich Psychologie der Universität Koblenz-Landau/Campus Landau. Mathematiktest Teil 1, Realschule, Testform A. Verfügbar unter: http://www.lars-balzer.info/projects/ markus/MARKUS_Mathetestheft1_Realschule-Form-a.pdf [Stand: 06/2009]

Mayerhofer, L. (2006). ILMES – Internet-Lexikon der Methoden der empirischen Sozialforschung (Stichwort: Sensibilität/Sensitivität und Spezifität). Verfügbar unter: http://www.lrz-muenchen.de/~wlm/ilmes.htm [Stand: 07/2009]

MBWW - Ministerium für Bildung, Wissenschaft und Weiterbildung Rheinland-Pfalz (Hrsg.) (1998a). Lehrplanentwurf Physik – Realschule, Gymnasium (Klassen 7/8 – 10). Grünstadt: Sommer.

MBWW - Ministerium für Wissenschaft und Weiterbildung Rheinland-Pfalz (Hrsg.) (1998b). Lehrplan Lernbereich Gesellschaftswissenschaften - Hauptschule, Realschule, Gymnasium (Klassen 7 - 9/10). Grünstadt: Sommer.

Meyer, H. (2004). Was ist guter Unterricht? Berlin: Cornelsen Scriptor.

Müller, A., Kuhn, J., Müller, W. & Vogt, P. (2009). Aufgabenorientiertes Lernen mit kontextorientierten Ankermedien – Ein Vergleich. Frühjahrstagung der Deutschen Physikalischen Gesellschaft (Fachverband Didaktik der Physik), Bochum. Verfügbar unter: http://www.uni-landau.de/physik/vortraege.html [Stand: 08/2009]

Müller, A., Kuhn, J., Müller, W. & Vogt, P. (2010). „Modified Anchored Instruction" im Naturwissenschaftlichen Unterricht: Ein Interventions- und Forschungsprogramm. erscheint im Tagungsband der GDCP Jahrestagung 2009, Dresden.

Müller, R. (2006). Kontextorientierung und Alltagsbezug. In H. F. Mikelskis (Hrsg.), Physikdidaktik (S. 102-118). Berlin: Cornelsen Verlag Scriptor.

Niketta, R. (2005). Kreuzvalidierung. SPSS-Anleitung, bereitgestellt durch den Fachbereich Sozialwissenschaften der Universität Osnabrück. Verfügbar unter: http://www.home.uni-osnabrueck.de/rniketta/method/html/spss-skripte.html [Stand: 10/2009]

Nunnally, J. C. & Bernstein, I. H. (1994). Psychometric theory. New York: McGraw-Hill, Inc.

Pospeschill, M. (2006). Statistische Methoden. Heidelberg: Spektrum Akademischer Verlag.

Poth, T. (2009). Adressatengerechtes Unterrichten mit dem Just-in-Time Teaching-Verfahren. Dissertationsschrift im Fachbereich Natur- und Umweltwissenschaften der Universität Kobelnz-Landau/Campus Landau. Verfügbar unter: http://kola.opus.hbz-nrw.de/volltexte/2009/416/pdf/DissertationPoth.pdf [Stand: 10/2009]

Rasch, B., Friese, M., Hofmann, W. & Naumann, E. (2006). Quantitative Methoden 2. Heidelberg: Springer Medizin Verlag.

Reinmann-Rothmeier, G. & Mandl, H. (2001). Unterrichten und Lernumgebungen gestalten. In A. Krapp & B. Weidenmann (Hrsg.), Pädagogische Psychologie. Ein Lehrbuch (S. 601-646). Weinheim: Beltz PVU.

Renkl, A. (1997). Learning from worked-out examples: A study on individual differences. Cognitive Science, 21, 1-29.

Rheinberg, F. & Wendland, M. (2003). Potsdamer Motivationsinventar Physik – DFG-Projekt „Veränderung der Lernmotivation in Mathematik und Physik: Eine Kompetenzanalyse und der Einfluss elterlicher und schulischer Kontextfaktoren".

Rheinberg, F. (1996). Lernstrategien und schulische Leistungen. In: Möller, J. & Köller, O. (Hrsg.): Emotionen, Kognitionen und Schulleistung. Weinheim: Beltz PVU, 23-48.

Rheinberg, F. (2000). Motivation. Stuttgart: Kohlhammer.

Romiszowski, A. J. (1988). The Selection and Use of Instructional Media. New Brunswick, NJ: Nichol.

Rudolf, M. & Müller, J. (2004). Multivariate Verfahren. Eine praxisorientierte Einführung mit Anwendungsbeispielen in SPSS. Göttingen, Bern, Toronto, Seattle: Hogrefe.

Salomon, G (1983). The differential investment of mental effort in learning from different sources. Educational Psychologist. 18, 42-50.

Salomon, G (1984). Television is "easy" and print is "though": The differential investment of mental effort in learning as a function of perceptions and attributions. Journal of Educational Psychology. 76 (4), 647-658.

Schmidt, A. (2000). Komplexität des Anchored-Instruction-Ansatzes in seiner unterrichtlichen Realisation als Jasper Woodbury Serie (Bericht Nr. 25). Göttingen: Georg-August Universität, Seminar für Wirtschaftspädagogik.

Schnotz, W. (2006). Pädagogische Psychologie. Workbook. Weinheim: Beltz PVU.

Shyu, H. (1999): Effects of Media Attributes in Anchored Instruction. Journal of Educational Computing Research, 21(2), 119-139.

Snow, R. & Swanson, J. (1992). Instructional Psychology: Aptitude, Adaption, and Assessment. Annual Review of Psychology, 43, 583-626.

Stark, R. (1999). Lernen mit Lösungsbeispielen. Einfluß unvollständiger Lösungsbeispiele auf Beispielelaboration, Lernerfolg und Motivation. Göttingen: Hogrefe.

TIMSS-Konsortium (1995). Internationale Leistungsvergleiche. Verfügbar unter: http://www.mpib-berlin.mpg.de/TIMSSII-Germany/Internationale_ Leistungsvergleiche/Internationale_Leistungsvergleiche.htm#Ergebnisse_in_den_Natu rwissenschaften [Stand: 10/2009]

Tutz, G. (2000): Die Analyse kategorialer Daten: Anwendungsorientierte Einführung in Logit-Modellierung und kategoriale Regression. München, Wien: Oldenbourg.

Walz, G. (2003). Lexikon der Mathematik (CD-ROM). Heidelberg: Spektrum Akademischer Verlag.

Weinert, F. E. (1998). Lehrerkompetenz als Schlüssel der inneren Schulreform. Schulreport, 98 (2), 24.

Wenninger, G. (2002). Lexikon der Psychologie. Heidelberg: Spektrum Akademischer Verlag.

Whitehead, A. (1929). The aims of education and other essays. NY: MacMillan.

Wirtz, M. & Caspar, F. (2002). Beurteilerübereinstimmung und Beurteilerreliabilität. Göttingen, Bern, Toronto, Seattle: Hogrefe Verlag für Psychologie.

Wolf, B. (1998). Effektstärkenmaße. In D. Rost (Hrsg.), Handwörterbuch der Pädagogischen Psychologie (S. 72-75). Weinheim: Beltz PVU.

Yeo, S. & Zadnik, M. (2001). Introductory thermal concept evaluation: assessing students' understanding. Physics Teacher 39, 11, 496-504.

Zanger, N. (2003). Instruktionsdesign als technologische Umsetzung psychologischer Lerntheorie am Beispiel des Jasper-Projects. Magisterarbeit im Studiengang Erziehungswissenschaften. Freiburg: Universität, Institut für Erziehungswissenschaft.

WWW.VIEWEGTEUBNER.DE

Vieweg+Teubner Research

Wir veröffentlichen Ihre wissenschaftliche Arbeit

Mit unserem Programm Vieweg+Teubner Research möchten wir der Fachwelt herausragende wissenschaftliche Arbeiten aus Technik und Naturwissenschaft präsentieren. Wir veröffentlichen Dissertationen, Habilitationen, Tagungs- und Sammelbände sowie dazu passende Schriftenreihen.

Wir bieten Ihnen:

- Ein ausgesuchtes Umfeld in einem namhaften Verlag der Verlagsgruppe Springer Science+Business Media
- Veröffentlichung von Monografien und kumulativ generierten Qualifikationsschriften als hochwertiges Buch
- Zusätzlich die Recherchier- und Zitierbarkeit online via SpringerLink
- Attraktive Autorenkonditionen (KEIN Zuschuss; günstige Bezugsmöglichkeiten für Autorenexemplare)
- Individuelle Betreuung durch das Lektorat des Vieweg+Teubner Verlags

Möchten Sie Autor bei Vieweg+Teubner werden? Kontaktieren Sie uns!
Ute Wrasmann | ute.wrasmann@viewegteubner.de | Tel.: +49(0)611.7878-239

TECHNIK BEWEGT.

MIX
Papier aus verantwortungsvollen Quellen
Paper from responsible sources
FSC® C105338

If you have any concerns about our products,
you can contact us on
ProductSafety@springernature.com

In case Publisher is established outside the EU,
the EU authorized representative is:
**Springer Nature Customer Service Center GmbH
Europaplatz 3, 69115 Heidelberg, Germany**

Printed by Libri Plureos GmbH
in Hamburg, Germany